普通高等教育电气工程/自动化系列规划教材

电力电子技术与器件应用

王　丁　朱学东　沈永良　方　圆　编著

李久胜　主审

机 械 工 业 出 版 社

本书以电力电子技术的实际应用技术为主线，讲解电力电子技术的基本理论与主要应用技术。其特点是：将有关技术内容重新进行了整合和编排，侧重介绍使用全控型器件构成的现代电力电子技术内容，重点说明常用的集成电路芯片的应用原理，提供完整的动手操作案例。

具体内容包括：电力电子系统构成，主要技术指标、特点及其分析方法，从理论和实际的角度对电力电子器件进行分析和应用指导；基本斩波电路、DC-DC 模块、开关电源和功率因数调节电路；方波逆变电路、正弦波脉宽调制逆变电路、空间矢量脉宽调制逆变电路和典型应用电路；先进的同步整流技术和 PWM 整流技术；全控器件的交流调压和矩阵变频器。

本书具有内容先进、重点突出和叙述简明的特点，其内容便于在实际工作中应用。本书可供本科自动化、电气工程和机电一体化等相关专业学生使用，也可供高职高专院校学生使用；适合参加电源技术相关的电子设计竞赛和电子制作的学生参考；还可作为广大工程技术人员快速掌握现代电力电子技术的读本。

图书在版编目(CIP)数据

电力电子技术与器件应用/王丁等编著. —北京：机械工业出版社，2015.9
普通高等教育电气工程自动化系列规划教材
ISBN 978-7-111-51036-9

Ⅰ.①电… Ⅱ.①王… Ⅲ.①电力电子技术—高等学校—教材②电力系统—电子器件—高等学校—教材 Ⅳ.①TM1②TN303

中国版本图书馆 CIP 数据核字（2015）第 176193 号

机械工业出版社（北京市百万庄大街 22 号 邮政编码 100037）
策划编辑：于苏华 责任编辑：于苏华
版式设计：赵颖喆 责任校对：张 征
封面设计：张 静 责任印制：乔 宇
北京圣夫亚美印刷有限公司印刷
2015 年 10 月第 1 版第 1 次印刷
184mm×260mm · 14 印张 · 345 千字
标准书号：ISBN 978-7-111-51036-9
定价：32.00 元

前　言

电力电子技术（Power Electronic Technology），是一种涉及电力（电能）处理的电子技术。电能就在我们周围，是广泛提供的、也正被广泛使用的能源，所以电力电子技术是最重要和应用最广泛的技术之一。就电力电子技术所具有的处理电能的对象属性来看，它是一种有历史渊源的电气技术，从电能发明之后就开始存在了。但是，从所使用的技术手段来看，还是有了很大的变化，从先前的基于电磁作用构成的有触点的继电器开关进化到基于半导体技术的无触点的电子开关。

“电力电子技术”是电类专业的重要核心课程。电力电子技术与电类主要应用技术，如电动机控制、新能源的转换和电源技术，有着直接的关联。因此，如何在理论中结合应用，如何在教学中说明技术，是一个不能忽视和回避的问题。从电力电子技术的应用形态来看，电力电子电路是一种在控制信号作用下进行电能转换的电路，因此，有关的实际电路技能是在电力电子技术学习中必须要加以考虑和培养的。电力电子电路所用的电力电子器件都是工作在开关状态的，表现为明显的非线性，其理论分析不是那么简单和优美，也要求我们在教学中注意讲解这些分析方法并应用这些方法。电力电子电路的一个主要的特点就是其可控性，是一种工作状态可控的电子电路，这种可控的实施依赖于电力电子电路所带负载的情况，也依赖于电力电子电路所处通道或环路的性能，要求在理解和使用电力电子技术中掌握必要的控制思想。

以提高电力电子技术的实用性为目标，本书编写的特点如下：

1）电力电子电路是由电力电子器件和其电连接所构成的。为此，本书以例题的形式讲解了分立器件和快速发展的集成器件（电路）的常用典型型号。这样，可以更加全面、具体和更加接近实际应用情况，既有助于理论的消化理解，又便于使用所学的技术。

2）以实际应用情况为准绳，去除无用或陈旧的内容，如传统的晶闸管技术。

3）电力电子技术是一门应用性的技术，实际实验是很重要的。在计算机普及、元器件便宜和课外电子制作增多的情况下，学生可以进行一些课外学习实践。因此，本书在每一章之后都给出了动手操作的问题。

电力电子技术是与模拟电子技术和数字电子技术相对应的电子技术，属于我们通常对电气部件所称谓的硬件技术。这样，它就要与其他电气技术一起使用，要有给它提供电能的电源，要带必要的负载，要接受电子信号的控制，形成确定的电路应用关系与特点。在第1章中，为了说明电力电子技术的应用关系，首先给出一个应用实例，再通过这个实例，对电力电子技术的应用相关要素和基本指标加以说明，以达到对电力电子技术的基本应用形态有所了解的目的。在该章的最后，概括介绍了现代电力电子技术在设计和使用中的主要特点。电力电子技术中的主体是电力电子电路，电路中的核心部件就是电力电子开关。因此，开关的工作情况是需要使用者了解和掌握的最基本的内容。从使用的角度看待电力电子开关，涉及开关的基本原理、使用特点和相关应用电路。尤为重要的是开关过程和开关特性，它决定着电力电子器件的开关频率和功耗等工作性能。第2章首先对各种开关的形态，用于分析的理想情况或实际的应用情况做了必要的介绍和描述，有助于透彻理解和认识电力电子开关的状态和性质；然后对实际的电力电子开关——电力电子器件，从使用的角度做了必要的介绍和分析，并介绍了常用的具体电力电子器件；最后对典型电力电子器件的应用问题，如何驱动和保护等问题进行了讲解。在实际中经常需要可控的直流电能，即可控的直流电压和直流电流，达到这个要求最简单的方法是对输入的直流电能用电力电子开关进行控制。在第3章中，首先介绍了基本的直流斩波电路，也叫斩波器，以这些基本斩波电路为基础，可以制作集成的直流变直流的模块（DC/DC 模块）；本章后面还对斩波电路、变压器和整流电路构成的开关稳压电源做了详细的介绍。第4章首先介绍了方波逆变器的拓扑结构、波形特点和应用实例，然后重点讲解了正弦脉宽调制（SPWM）的主要技术，最后讲解了最主要的空间矢量脉冲宽度调制（SVPWM），并简单介绍了逆变器的使用情况。整流技术是电力电子技术中最基础的技术，它和模拟电子技术中的二极管整流不同之处在于，它是一种可控整流技术。在第5章中，首先讲解了同步整流（SR）技术，接着讲解了 PWM 整流技术。交流-交流变流电路是把一种形式的交流变成另一种形式的交流电路。这一类的电能变换技术主要有两种，较为传统的交流调压技术和近年来刚刚开始应用的矩阵变换器调频技术，这些内容在第6章进行了介绍。在大学生电子设计竞赛中，有一类和电力电子技术相关的题目，构思巧妙，还可以制作，对于理论联系实际、锻炼动手能力有很大的促进作用。所以在附录A中收录了一些相关的大学生电子设计竞赛题，在附录B中给出了书中所介绍的元器件的具体参数，便于实际使用。

在本书编写过程中，参考和引用了许多技术文献，一一列入参考文献，如有疏漏，敬请谅解。

本书由黑龙江大学王丁、八一农垦大学朱学东、黑龙江大学沈永良和哈尔滨电视大学方圆编著，王丁制定编写大纲和统稿。第3章第2节、小结、习题与思考题、动手操作问题及附录A由沈永良编著，第6章第1~5节由朱学东编著，第2章第2节、目录、参考文献和附录B由方圆编著，其余部分均由王丁编著。

本书由浙江工业大学李久胜教授主审，并提出了许多宝贵意见和建议。他精湛的专业技术和严谨的审稿作风使我们获益颇多，在此表示衷心的感谢。

感谢黑龙江大学邓自立先生在本书的编写中给出的指教和对作者工作的持续关注；感谢黑龙江大学的黑龙江省控制理论和控制工程重点学科对有关工作提供的条件；感谢黑龙江大学教改项目的支持；感谢黑龙江大学周士超、郑庆伟、张振涛、郑金祥、刘化伟、林政树、邓学超、王一飞、孙祖祥、孙妍、孙丹丹、陈震、詹勇、李颖、邝静婷、宁馨、程国光、何璐、李通和赵荣健在本书编写过程中所做的工作。

由于编者水平有限，书中不妥之处在所难免，希望广大读者批评指正。

编著者

目　录

第1章 绪 论

电力电子技术是一种涉及电力（电能）处理的电子技术。让电动机运转，就要对其施加电能；而要其停下时，就要把电能切断。对电灯的控制也是同样的情况。但是，从所使用的技术手段来看，还是有了很大的变化。从先前的基于电磁作用构成的有触点继电器开关进化到了基于半导体技术的无触点电子开关。当前的技术特点是以不断发展的电子技术为基础，其技术手段具有鲜明的先进性和易用性。

在本章中，为了说明电力电子技术的应用关系，首先给出一个应用实例，再通过这个实例对电力电子技术的应用相关要素和基本指标加以说明，以达到对电力电子技术的基本应用形态有所了解的目的。

分析电路是掌握电路的必要前提。电路工作时各节点和连线有一定的电信号，因此可以通过主要节点的电信号波形来理解和分析电路原理，也可以通过实测波形与标准波形的比较来判断电路是否处于正常状态，这就是电路的波形分析方法。按照对电路的分析和理解，搭建实际电路，进行波形测量和电路调试，这就是实验法。值得注意的是，电力电子技术的应用目标就是通过实验搭建实际电路。借助现代的电子技术和信息处理技术，可以用数字仿真方法来模拟和研究电力电子电路。但是，为了精确和全面地研究电力电子电路，需要对其进行数学建模工作。本章介绍了主要电力电子电路的主要分析方法，并在后续章节中进一步扩展，从而能够在相关的技术工作中得以应用。

电力电子技术的本质和根本特点就是一种实用形态的电子技术，也就是一种具体的电子电路。随着电力电子技术的不断发展，当前的电力电子技术呈现出一些新的特点。从器件上，它的集成度越来越高；从结构上，更多的采用闭环控制；从控制信号来看，主要使用专用的微处理器来产生。在本章的最后，概括介绍了现代电力电子技术在设计和使用中的主要特点。

1.1 电力电子系统的构成

在当今的人类生活中，电能是一种必不可少的物质。随着对电能需求的变化，人类也需要不断地进行电能变换。能够进行电能变换的系统就是电力电子系统。在应用中，电力电子系统有一定的通用结构。本节中，首先通过一个应用实例来说明电力电子系统的基本情况，进而得出电力电子系统的一般构成。

1.1.1 电能变换需求

发电厂中，像火电厂、水电站和核电站，使用的能源是不同的，比如火电厂使用煤作为能源，水电站的能源是水力，核能是核电站的能量来源。但是，这些发电厂的发电机制是相同的，都是通过能量转换装置把原有的能量转换为机械能而使发电机组旋转。由于发电机组的三个感应发电绕组是在圆周上均布的（相差120°），所以一般都发出三相交流电，也就是三路周期变化的、相互之间相位差为 120°的和每路都是按正弦规律变化的交变电能。这些电能经过输电线路和配电线路，输送到用电负荷区域。这样，在用电负荷区域，用户可以直接得到三相的交流电和单相的交流电。不同的用电设备有不同的电能需求，有的可以直接使用电网提供的交流电，有的需要对电网提供的交流电进行处理和变换。除了直接使用三相交流电的三相异步电动机和直接使用其中一相交流电的常规照明灯之外，很多用电设备都需要进行电能变换。表 1-1 给出了三种常用的用电设备所涉及的电能转换情况。家用单相异步电动机是一种广泛应用于家庭场合的小功率电动机，需要使用两路相位正交（相差 90°）的交流电，这就要求从家庭中有的单相正弦交流电中变换得到。在工业生产中，旋转设备多使用三相异步电动机。如果要对三相异步电动机进行调速控制，一种比较好的方法就是改变给其提供电能的供电频率。在许多涉及到电气的工作场合，会使用一个能提供稳定的直流电的开关电源，这类开关电源是把正弦交流电变为直流电。

表 1-1　典型用电设备的电能类型

设备类型	对应应用	所需电能	电能转换方法举例	说明
家用单相异步电动机	空调、冰箱	两相交流电	原来：单相交流电经电容移相 现在：直流电产生两路对称交流电	两相对称交流电可以使异步电动机旋转
三相异步电动机	机床、生产线	三相交流电	改变供电频率	改变供电频率就可以改变三相异步电动机转速
开关直流电源	LED 灯、直流电动机	直流或可变直流	把交流变成直流 （相位整流或 PWM 整流）	

1.1.2　应用实例——降压斩波电路

本小节介绍一个电力电子电路实例。

直流降压斩波电路可以说是最为简单的电力电子电路，如图 1-1 所示。它的功能是用一个电力电子开关对输入的直流进行通断控制，使输出的直流电压平均值比输入直流电压低。它的主要电路部分由开关管 VT、二极管 VD 和电感 L 组成。这里的开关管 VT 采用的是绝缘栅双极晶体管（Insulated-Gate Bipolar Transistor，IGBT），通常为称为 IGBT 管，本教材也使用这种叫法。IGBT 管是一种基于晶体管和场效应管工艺合成的半导体器件，在共发射极情况下，输入回路的电特性与场效应管类似，而输出特性与晶体管相似。开关管 VT 与前级的直流电源 E 串联，并被控制信号 u_g 按照脉冲宽度调制（Pulse Width Modulation，PWM）方式进行开关控制，所以不与电源 E 相连的另一端就得到间断的电流 i_d 和电压 u_d。这个电能的平均值 u_d 是小于电源 E 的，就是具有降压功能。开关管 VT 对电能的通或断的开关控制作用，形象地看成是对电能的“斩断”，看作是有斩波的特点。这样，这种电路被叫作直流降压斩波电路。电感 L 起储能和滤波作

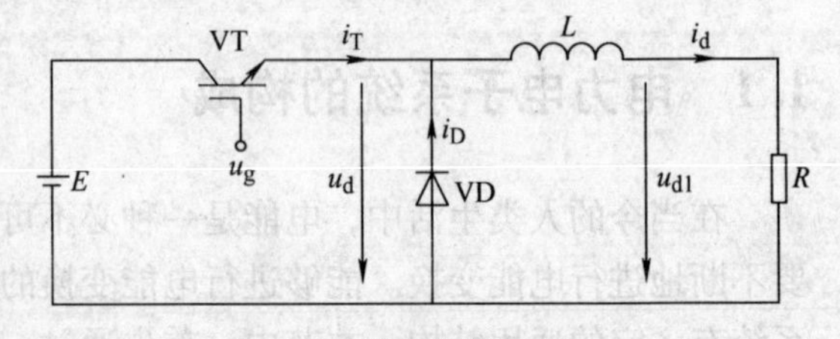

图 1-1　降压斩波电路

用，二极管 VD 起续流作用（二极管的续流作用是指：当 $u_d>0$ 时，二极管 VD 截止，电源 E 给电感线圈 L 充电；当 $u_d=0$ 时，二极管 VD 导通，电感线圈 L 经二极管 VD 放电。如果在 $u_d=0$ 时，电感线圈 L 不经二极管 VD 放电，则电感线圈 L 的电压会因电流变化率大而产生过电压）。所带的负载为电阻负载 R。

IGBT 管是电压控制器件。如果在 IGBT 管的栅极施加图 1-2 的电压驱动信号 u_g，IGBT 管在 $t=0$ 时导通，导通时 $u_d=E$；$t=t_{off}$时 IGBT 关断，$u_d=0$，关断时电感 L 经二极管 VD 续流。图 1-2 还给出了输出电流 i_d、斩波器输出电压 u_d 的波形。输出的平均电压为

$$U_d = \frac{T_{on}}{T_{on}+T_{off}}E = \frac{T_{on}}{T}E = \alpha E \tag{1-1}$$

式中：T 为开关周期；α 为占空比，或称导通比，改变 α 可以调节直流输出平均电压的大小。因为 $\alpha\leqslant1$，$U_d\leqslant E$，故该电路是降压斩波电路。

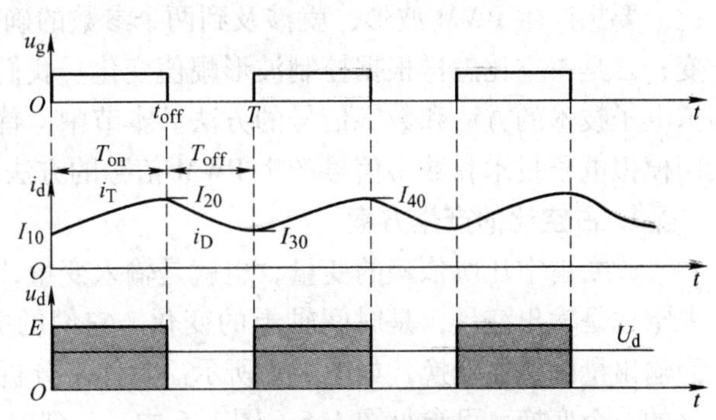

图 1-2 降压斩波电路波形分析图

进一步分析电流 i_d 的情况。在 IGBT 管导通区间有电流 i_d 经 $E_+\rightarrow$IGBT$\rightarrow L\rightarrow R\rightarrow E_-$，而二极管 VD 截止，可列电路电压方程为：

$$E = L\frac{di_d}{dt}+Ri_d \tag{1-2}$$

设 i_d 初始值为 I_{10}，$\tau=\frac{R}{L}$，得

$$i_d = i_T = I_{10}e^{-\frac{t}{\tau}}+\frac{E}{R}(1-e^{-\frac{t}{\tau}}) \tag{1-3}$$

该区间 i_d 从 0 或 I_{10}上升，电感储能。当 $t=t_{off}$时 i_d 达到 I_{20}，同时 IGBT 关断。在 IGBT 关断期间，电感 L 经电阻 R 和二极管 VD 续流，这时的回路电压方程为

$$0 = L\frac{di_d}{dt}+Ri_d \tag{1-4}$$

设 i_d 初始值为 I_{20}，解方程可得

$$i_d = i_D = I_{20}e^{-\frac{t-T_{on}}{\tau}} \tag{1-5}$$

当每个导通周期有 $I_{10}=I_{30}$，$I_{20}=I_{40}$时，电路进入稳定状态。在占空比 α 较大时，较小的电感 L 就可以使电流连续，且电流连续时，脉动很小，可以认为电流 i_d 不变。在占空比 α 较小时，电感储能不足，仍会出现电流断续，如图 1-3 所示。如果在负载 R 上并联电容，则相当于增加了电容滤波。在电容很大时，负载侧电压可视为恒值，但实际电容都是有限制的，负载侧电压仍会有脉动。

对于上述电路有几点说明：①这是一个单开关的直流电路，只能控制一路电能的大小变化，所以也被称为单象限斩波电路。②这是一个不完整的电力电子电路，最少还应该包括驱动电路和

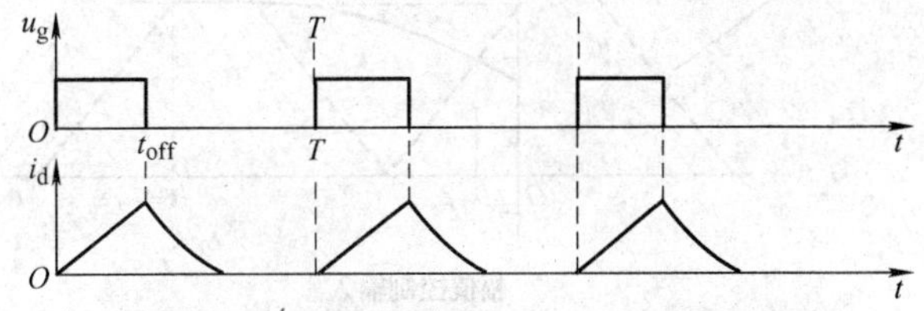

图 1-3 降压斩波电路电流断续时的波形

PWM 控制电路；PWM 控制电路把控制信号转换为控制电力电子开关的 PWM 信号，再经驱动电路处理后加到开关管的栅极上。③负载侧电压有脉动的情况下，可以对输出电压进行闭环稳压控制，这就需要对输出电压进行测量并反馈，再与给定电压比较，用两者之差经处理后对开关进行斩波控制。这种闭环控制是必须的结构，切莫忽视。

1.1.3　PWM 波形的产生原理

在图 1-1 中，没有给出产生 PWM 波形的方法，这是电力电子技术中最关键的技术，以下分析和讲解这个问题。

现在采用的 PWM 波形的特点是周期不变和占空比可调，占空比与控制波形幅值成正比。要想产生 PWM 波形，就涉及到两个参数的确定问题：一是如何确定周期和保持周期不变；二是占空比怎样根据控制波形幅值变化。我们知道，产生电子信号的方法也有两种：模拟电子技术的方法和数字信号的方法。本节中，首先介绍占空比的控制原理，再分别讨论使用模拟电子技术和数字信号产生 PWM 信号的方法。

1. 占空比的产生方案

改变占空比所依赖的变量，也就是输入变量，或者称为控制信号，都是幅值的变化。而占空比是输出变量，是时间轴上的变化。它们的关系是以控制量 u_c 为输入量、以占空比 α 为输出量的线性变换，如图 1-4 所示。具体来分析，这是一个从纵轴的幅值到横轴的时间变化的一个变换，可参见图 1-5。图 1-5 中，u_k 到 u_{k+1} 的幅值变化变换为占空比 α_k。这种变换的实现并不复杂，如前所述，它们之间是一个线性变换，可以直接使用线性变换进行转换。又考虑到占空比是一个周期性的变化，所以完整的变换应该是一个周期性的线性变换，我们一般都采用三角波，通常称为载波，如图 1-5 中虚线表示的周期性三角波。控制信号被称为调制波。可见变换的特点是：在两个三角波之间的幅值部分对应一个高电平，也就是控制信号大于三角波的部分，对应 PWM 波形的高电平，而控制信号小于三角波的部分对应 PWM 波形的低电平。所以，两个三角波之间的控制信号的幅值越高，对应的 PWM 波形的高电平越宽，低电平越窄。这符合我们对变换的要求。值得注意的是，一段幅值对应一个占空比，所以是有一定的误差的。也就是，把一段连续信号变成了一个周期的脉冲信号，就它们的平均值来说，经常是不相等的。因此，就周期性的多个转换的情况，转换规则是一样

图 1-4　占空比变换框图

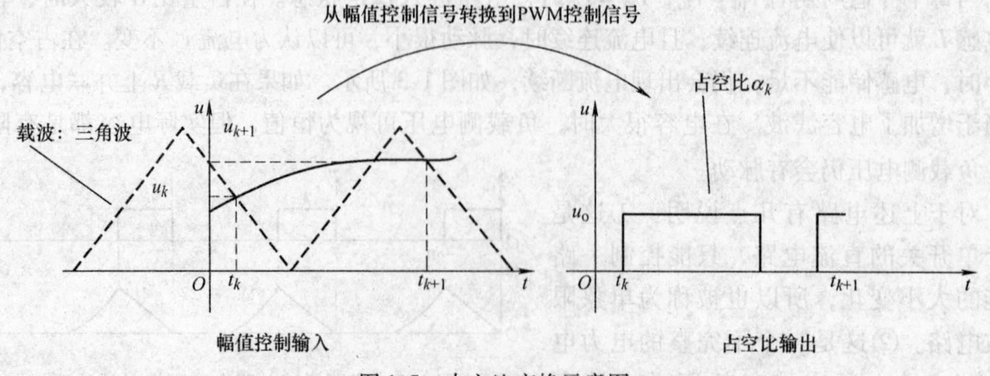

图 1-5　占空比变换示意图

的，但是误差却是不同的。另外，由于一段连续信号变为一个 PWM 信号，它们的作用效果就从连续作用变为断续作用。

2. 用模拟电子技术的方法产生 PWM 信号

模拟电子技术以放大和比较的方法连续地处理连续的信号，所以可以产生控制波和三角波，加以比较后，就能得到输出的 PWM 波形。根据图 1-6所示的比较原理，可以用比较器产生 PWM 信号，但需要在输入端和输出端进行适当的信号处理。

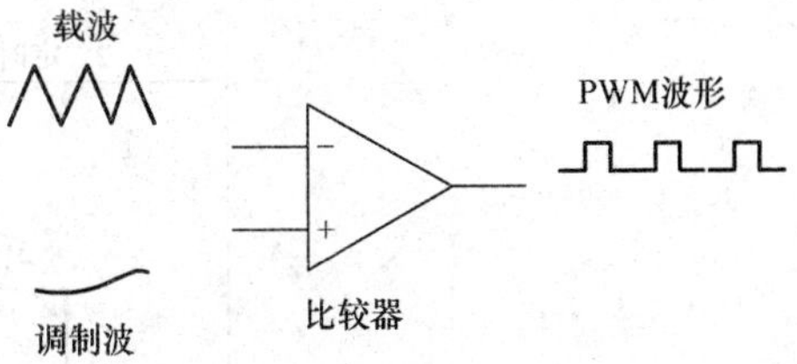

载波
PWM波形
比较器
调制波

图 1-6 用模拟电子技术的方法产生 PWM 信号的原理

3. 用纯软件的方法产生 PWM 信号

可以使用纯软件的方法产生 PWM 信号，如图 1-7所示。图中外方框表示微处理器，其中用有向线段连接的矩形框是微处理器的软件程序的一部分，可以是一个子程序或是一个专门的任务，完成所标示的内容。关键的技术是，根据控制信号的幅值和载波信号的参数计算出开关点时间，再按开关点时间控制微处理器输出 I/O 的高电平输出和低电平输出，产生 PWM 信号。这种方法所使用的硬件资源少，但是要占用较多的 CPU 资源，所以 PWM 信号的周期较大，工作频率受限。

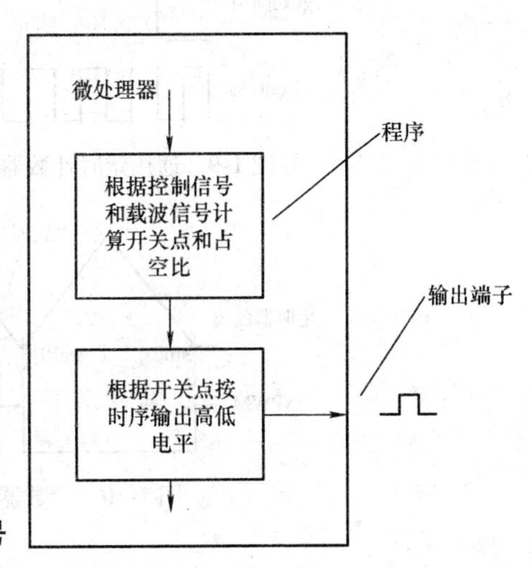

图 1-7 用软件产生 PWM 信号

4. 用软件和集成部件相结合的方法产生 PWM 信号

如果把信号产生的任务由硬件来完成，就会提高工作频率，所产生的波形性能就会更好。目前，最为有效的产生 PWM 波形的方法是：用集成部件——比较器和计数器担当产生 PWM 信号的任务，用软件来计算所需要的计数值和比较值，并对计数器和比较器进行设置，其结构关系如图 1-8 所示。在图 1-8 中，按照事先的编程设计，计数值已根据所需要的载波值确定了，每隔一定时间，软件就根据控制信号的数值来计算所需要的比较值，再对硬件计数器和比较器进行设置。图 1-9 给出了用计数器产生三角波的例子。在图中给出的时钟脉冲的条件下，由定时器控制寄存器中使能位 TxCON[6] 为 1 的情况下，连续加计数形成三角波的前边，连续减计数形成三角波的后边，一个计数周期对应一个三角波的周期。这里，周期为 6 个时钟周期，加计数值为 3，减计数值也为 3。利用计数器的比较机制，再把控制信号幅值用比较器的值连续表示，并设置到计数器上，就会得到符合要求的 PWM 信号，如图 1-10所示。图中，在每个计数器加减计数所形成的计数三角波形的上升边和下降边上，都会有和比较器设定值相等的点，即比较匹配点。在上升边上，比较匹配点会产生 PWM 波

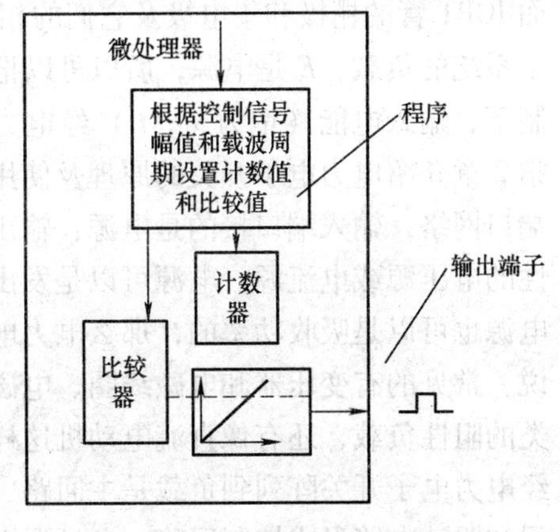

图 1-8 用软件和数字部件相结合的方法产生 PWM 信号

形的低电平，而下降边的比较匹配点会产生 PWM 波形的高电平。这样 PWM 信号的高电平对应两个三角波之间的两个比较匹配点的距离。

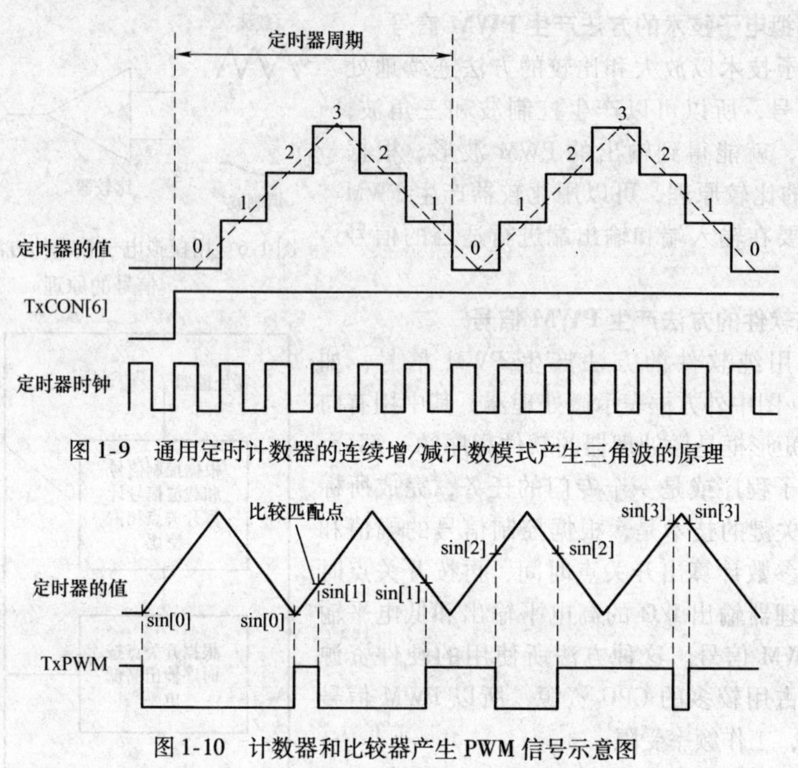

图 1-9　通用定时计数器的连续增/减计数模式产生三角波的原理

图 1-10　计数器和比较器产生 PWM 信号示意图

1.1.4　电力电子系统的构成与主要指标

1. 电力电子系统构成

上述降压斩波电路把幅值较高的直流电能，变为幅值较低的直流电能。其主体电路可以概括为两部分，由电力电子开关构成的主回路和由信号转换电路和驱动电路构成的控制电路。IGBT 管的发射极和集电极、二极管和电感线圈及它们之间的连接线路构成了主回路；而 IGBT 管的栅极和集电极及它们的相关的连接则属于控制回路的一部分。电阻 R 是这个电子系统的负载，E 是电源，所以可以把图 1-1 概括为图 1-11，其功能为在控制信号 u_c 的控制下，输入电能（记为 u_i，i_i）经电力电子开关阵列变换为输出电能（记为 u_o，i_o）。将在第 2 章介绍电力电子开关的原理及使用。根据电路原理可知，电力电子主回路系统是一个两端口网络，输入端口接的是电源，输出端口接的是负载。电源可以是直流的，也可以是周期性的电压源或电流源。电源可以是发出功率的，那么电力电子系统是负载，消耗这些功率；电源也可以是吸收功率的，那么电力电子系统就给电源回馈功率。对电力电子系统的负载来说，常见的有变压器和电磁线圈、电磁阀这样的设备，也就是感性负载；也有像白炽灯这一类的阻性负载，还有像直流电动机这样的包含感性电源的反电动势负载。从回路来看，电源经电力电子开关阵列到负载是主回路，主回路的反馈与给定所形成的控制信号经信号转换单元和驱动电路形成控制回路，参见图 1-12。

以下进一步分析和讲解更加具体和常见的电力电子结构。我们知道，现在常用的电力电

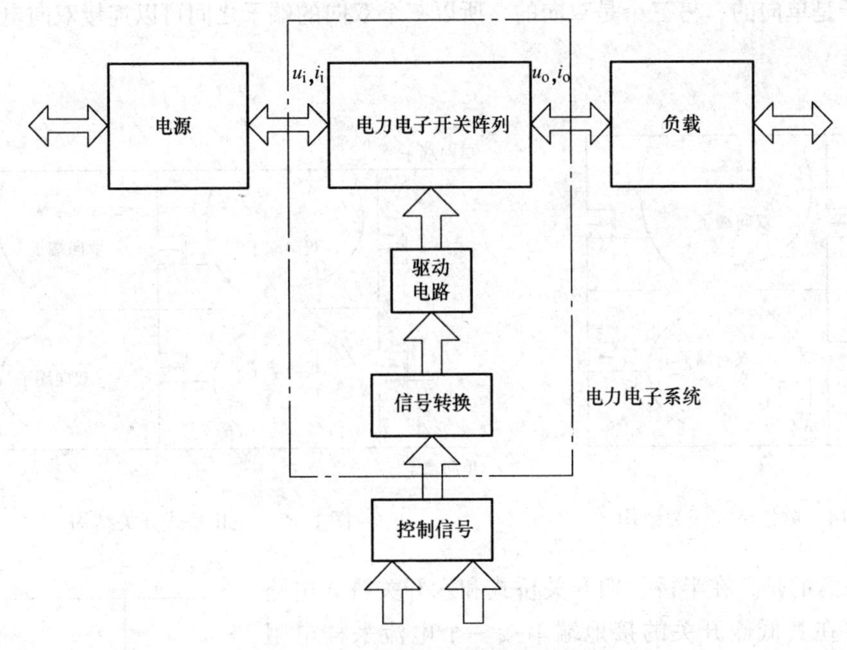

图 1-11 电力电子系统构成示意图

子开关都是单向的。为了给负载提供双极性电能，或者负载能提供双极性电能，就需要在一个节点上有双向的可控电能通路，因而形成半桥拓朴结构，如图 1-13 所示。在这种半桥拓朴结构中，两个电力电子开关串联，处于上部的开关称为高侧（high side）开关，处于低位的开关称为低侧（low side）开关。这两个开关形成三个连接端子，其中两个端子是单向的，而另一个是双向的。

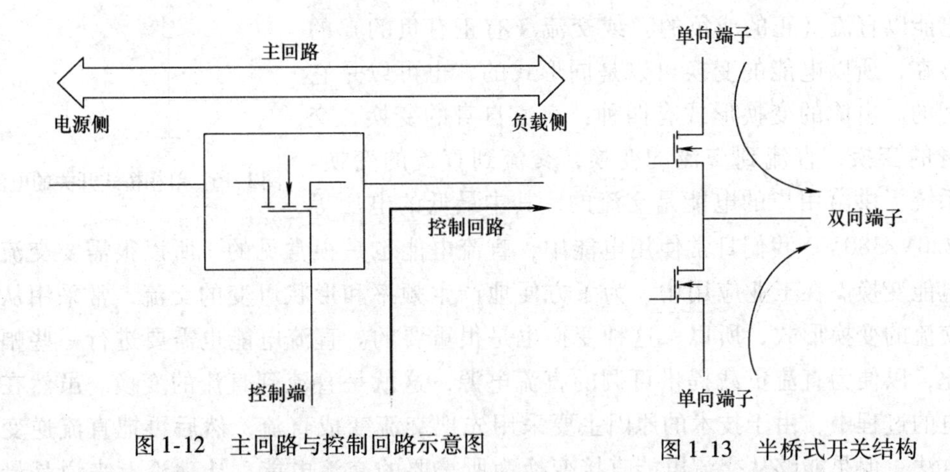

图 1-12 主回路与控制回路示意图

图 1-13 半桥式开关结构

两个半桥电路沿高侧开关和低侧开关的连接方向并联，就形成了单相（四开关）桥式电路，如图 1-14 所示。四开关桥式电路有四个端子，其中两个端子是单向的，而另两个是双向的。所以两个双向的端子之间可以连接有双向电能流过的负载。

按照上面的桥式电路的组成原理，三个半桥电路沿高侧开关和低侧开关的连接方向并联，就形成了三相（六开关）桥式电路，如图 1-15 所示。六开关桥式电路有五个端子，其中两个端子是单向的，另三个是双向的。所以三个双向的端子之间可以连接双向电能流过的负载。

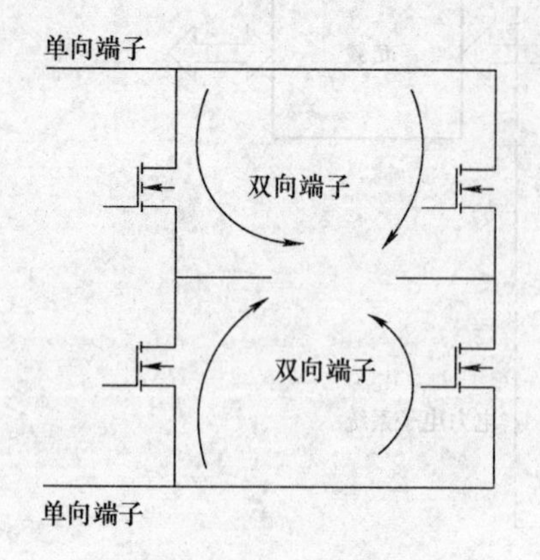

图 1-14 单相桥式开关结构

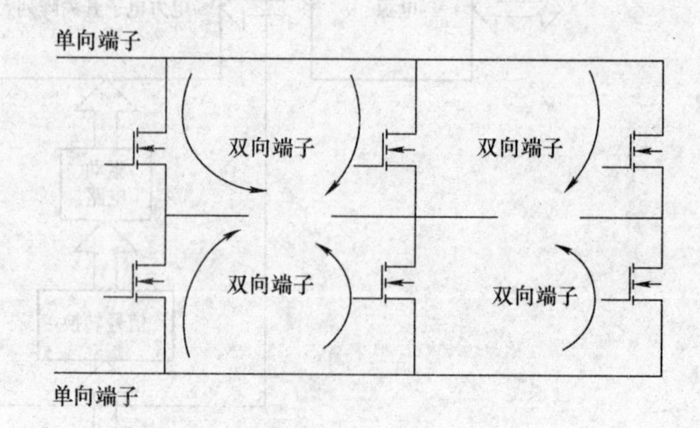

图 1-15 三相桥式开关结构

值得注意的是，在半桥、四开关桥式和六开关桥式电路中，经常要在其低侧开关的接地端串接一个电流采样电阻 R_s，如图 1-16 所示。流经 R_s 的电流在这个电阻上产生电压，利用这个电压可以进行过电流保护，也可以进行闭环电流控制，这对主回路的稳定是十分必要的，在使用这类电路时需多加留心。但是，这种检测电流的方法不是唯一的，也可以通过互感器等器件取得电流采样值。

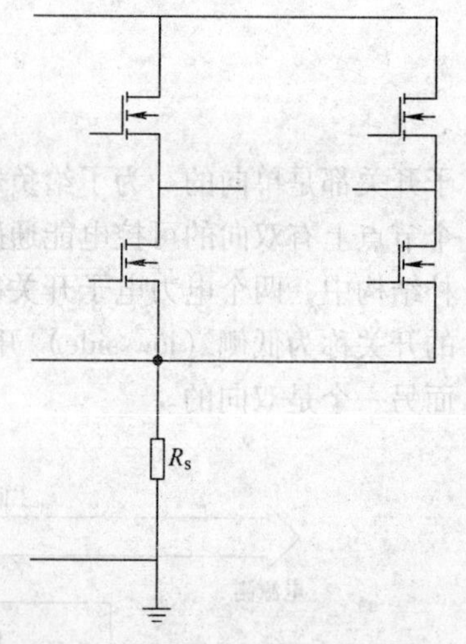

图 1-16 单相桥式开关的电流取样

2. 电能变换的形式与主要技术指标

电能以直流（正的或负的）或交流（有正有负的）的形式存在，所以电能的变换可以是同形式的，也可以是它们之间的。电能的变换形式有四种：直流自身的变换，交流自身的变换，直流到交流的变换，交流到直流的变换。电力系统提供给用户的电能是交流的，其中最低的电压等级是 220V/380V。我们日常使用电能中，直流电能也是很常见的，所以很需要交流到直流的电能变换。在工业应用中，为了方便地产生频率和形状可变的交流，常采用从直流变为交流的变换形式，所以，这种变换也是很重要的。直流电能也需要进行一些幅值上的变化，以便为直流负载提供可调的直流电源，这就是直流到直流的变换。虽然在得到交流电的过程中，由于技术的原因主要采用先把交流变成直流，然后再把直流逆变为交流的方法，但是能够从交流电能直接变换为所需要的交流电能，从理论上来说是最为理想的。

交流电能的主要指标是功率因数。电力电子系统是其前级电源的负载，输入电能经过系统后不仅幅值会有所变化，因其本身的感性的存在也会使其输入相位发生变化。这种情况对电能的传输是有很大的影响的：如果电力电子系统不是纯电阻，不是显现纯阻性的话，那就是包含电抗性的存在（一般都以感性的方式存在），这样，电力电子系统内部就有了无功功率，这就要求前级的电源不仅要提供有功功率能量，还要提供无功电能能量，也就是供电系统要有更多的无功电能。因为供电系统的功率传送能力是由有功传送能力和无功传送能力共同决定的（但不是相加的关系），结果是减小了传输有功电能的能力。这种有功传送能力可以用功率因数来描述，输入功率因数 PF（power factor）定义为：电源输入功率平均值 P_{AC} 与其视在功率 S 之比，即

$$PF = \frac{P_{AC}}{S} \tag{1-6}$$

其中

$$S = U_s I_s \tag{1-7}$$

式中，U_s 为前级电源加到电力电子系统的电压；I_s 为前级电源与电力电子系统之间的电流（通常叫做输入电流，但是电流的方向不一定总是输入的）。

若输入电压为无畸变正弦波，那么只有输入电流的基波分量 I_{s1} 影响平均输入功率，即

$$P_{AC} = U_s I_{s1} \cos\varphi_1 \tag{1-8}$$

式中，φ_1 为输入电压与输入电流基波分量之间的相位角，称为位移角。而 $\cos\varphi_1$ 被定义为位移因数 DF（displacement factor），即

$$DF = \cos\varphi_1 \tag{1-9}$$

于是输入功率因数 PF 定义为

$$PF = \frac{U_s I_{s1} \cos\varphi_1}{U_s I_s} = \frac{I_{s1}}{I_s}\cos\varphi_1 \tag{1-10}$$

式中，I_{s1}/I_s 定义为畸变因数。

在供电系统中，各个用电户都要尽量提高功率因数，也就是多使用有功电能，少使用无功电能。我国对大的用电户采用通过功率因数调节电费的收费方法，就是功率因数越低，每度电的收费越高。提高功率因数，是每个用电户和相关设备设计和生产人员的不断追求。

在上述的降压斩波电路中，其输出是直流电能。但是我们所看到的输出波形都是很不平直的。虽然极性是单一的，也就是直流的，但是包含很多交流成分，电能质量不太好。这个交流成分可以用纹波电压来描述。所谓纹波电压，是指输出电压中 50Hz 或 100Hz 的交流分量，通常用有效值或峰值表示。经过稳压环节，可以使整流滤波后的纹波电压大大降低。在纹波的分析与处理中，常用的指标是最大纹波电压和纹波系数。最大纹波电压定义为：在额定输出电压和负载电流下，输出电压的纹波（包括噪声）的绝对值的大小，通常以峰-峰值（peak to peak）或有效值表示。纹波系数 Y（%）定义为：当输入侧电压从允许输入的最低值变化到规定的最大值时，输出电压的相对变化值占额定输出电压的百分比，一般不超过 0.1%。在额定负载电流下，输出纹波电压的有效值 U_{rms} 与输出直流电压 U_o 之比，即 $Y = U_{rms}/U_o \times 100\%$ 。这里需注意：噪声不同于纹波。纹波是出现在输出端子间的一种与输入频率和开关频率同步的成分，用峰-峰值表示，一般在输出电压的 0.5% 以下；噪声是出现在输出端子间的纹波以外的一种高频成分，也用峰-峰值表示，一般在输出电压的 1% 左右。纹波噪声是二者的合成，用峰-峰值表示，一般在输出电压的 2% 以下。

输出电压的稳定性是十分重要的性能。我们尤其关注在输入电压有变化时和负载变化时的输出电压的稳定性。因而使用了电压调整率（voltage regulation）和负载调整率（load regulation）的概念。电压调整率是当输入侧的电压从允许输入的最小值变化到规定的最大值时，输出电压的相对变化值占额定输出电压的百分比，一般不超过 1%。负载调整率是电源负载的变化会引起电源输出的变化，负载增加，输出电压降低；反之负载减小，输出电压升高。

1.2 现代电力电子技术的特点

1.2.1 电力电子集成电路的形态

电力电子器件的最初形态一定是分立元器件（discrete devices）。用分立元器件制造电力电子产品设计周期长，劳动强度大，可靠性差，成本高，因此电力电子产品逐步向模块化、集成化方向发展，其目的是使尺寸紧凑，实现电力电子系统的小型化，缩短设计周期，减小互连导线的寄生参数等。

电力电子电路包括主回路、驱动和保护电路及 PWM 控制电路三部分，既可以把它们集成一起，也可以把这三部分分别集成化，或者把其中两部分做成集成电路。这样，就有六种电力电子集成电路，包括：主回路、驱动和保护电路及 PWM 控制电路三部分的全功能集成电路，主回路和驱动电路一体集成电路，主回路集成电路，驱动和保护电路集成电路，PWM 控制集成电路，驱动和 PWM 控制一体集成电路。下面就现在常用的集成电路类型进行介绍。

1. 全功能集成电路

从功能上来说，包括三部分的集成电路是最理想的，如图 1-17 所示，方便使用，节省空间。但是，功率大的主回路部分会发热，开关过程也有干扰，容易对其他部分产生影响，这样的集成电路对工艺的要求也是很高的。所以，只在小功率的电力电子集成电路中使用。

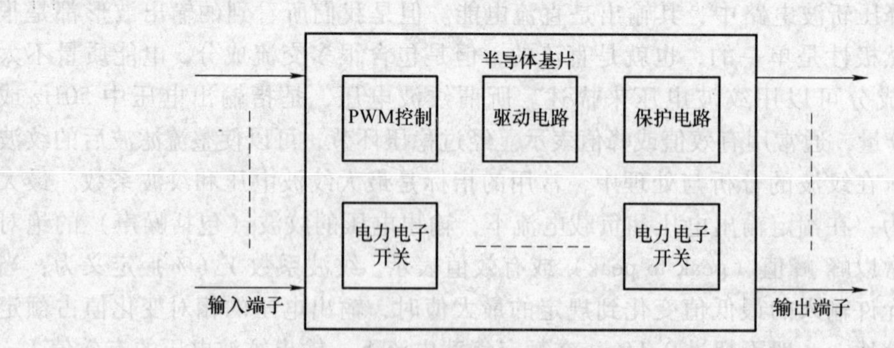

图 1-17 全功能集成电路示意图

2. 主回路和驱动电路一体集成电路

(1) 单片集成式模块

随着半导体集成电路技术的进步和发展，有可能将功率器件和驱动控制保护等电路集成在一个硅片上，形成所谓单片集成（system on chip）模块，如图 1-18 所示。集成模块简单、应用方便。但由于传热隔离等问题还没有很好解决，而且用单片集成技术将高电压大电流功率器件和控制电路集成在一起的难度较大，目前这种集成方法只适用于小功率电力电子电路中。

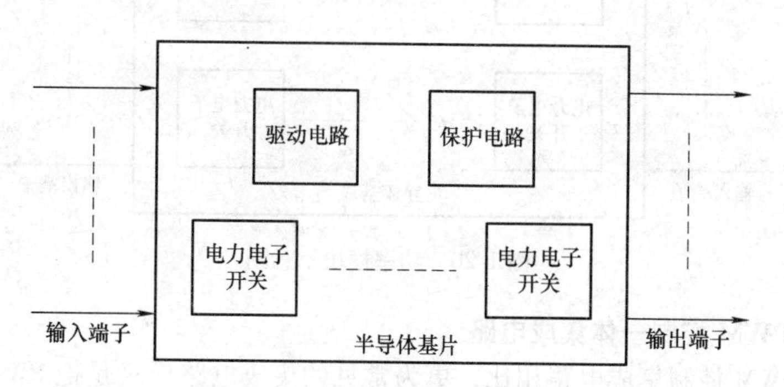

图 1-18 单片集成式模块示意图

(2) 智能功率模块 IPM

智能功率模块 IPM（Intelligent Power Module）是一种混合集成方法，20 世纪 80 年代即已开发。IPM 将具有驱动控制、自保护自诊断功能的 IC 与电力电子器件集成封装在一个绝缘外壳中，形成相对独立、有一定功能的模块功率半导体器件，和 IC 安装在同一基片（common substrate）上用引线键合（wire bonding）互连，并应用了表面贴装（surface mounted）技术，如图 1-19 所示。智能功率模块为单层单片集成一维封装，其主要问题是互连线不可靠，寄生元件（电阻、电感）太多，一维散热，在千瓦级小功率电力电子系统中应用。进一步的发展方向是多芯片模块封装以及集成电力电子封装技术。

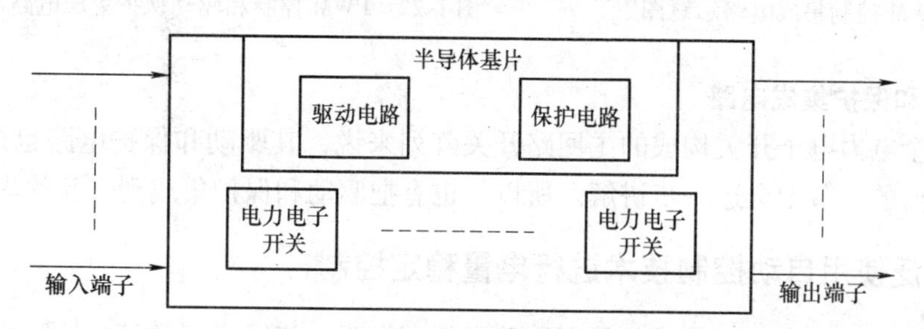

图 1-19 智能功率模块示意图

3. 主回路集成电路——功率模块

电力电子变换器常常需要多个功率器件组成。例如一个双向开关至少需要两个功率器件和两个二极管串并联；单相、三相半桥或全桥开关电路要用几个甚至几十个功率器件和一些辅助器件（如快速二极管 FD）组成。电力电子变换器的功率器件间的互连引线多，寄生电感大。为了使其结构紧凑、体积小、加工方便，更为了缩短开关器件间的互连导线，减小电感功率器件，可以把它们制作到一块半导体基片上。这样得到的集成芯片称为功率模块，其示意图如图 1-20 所示。

4. PWM 控制集成电路

电力电子电路的功能和运行方式很多，所需要的 PWM 控制信号也很多。单独把 PWM 控制电路做成一块也是常见的情况。图 1-21 给出这种方案的示意图。

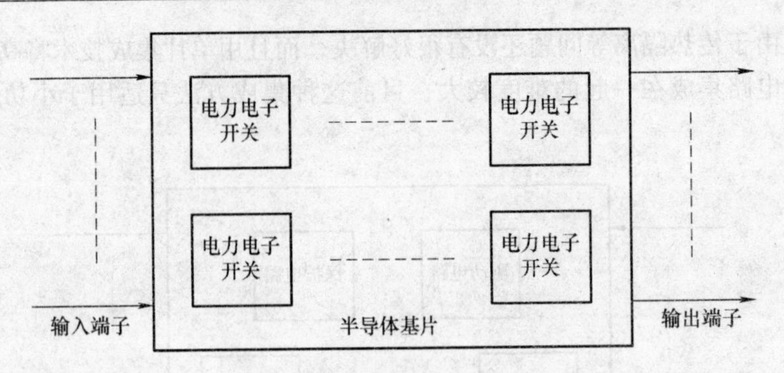

图 1-20　功率模块示意图

5. 驱动和 PWM 控制一体集成电路

与上一种 PWM 控制集成电路相比，更为常见的集成电路形式是把 PWM 控制和驱动保护电路做在一起，如图 1-22 所示。

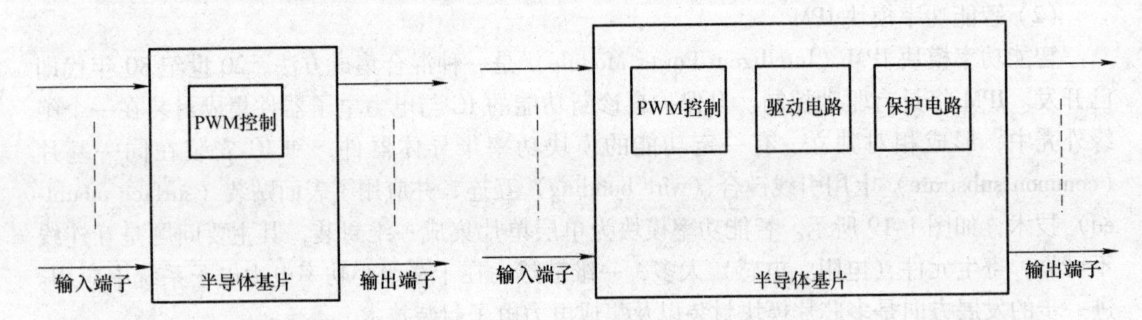

图 1-21　PWM 控制集成电路示意图　　图 1-22　PWM 控制和驱动保护集成电路示意图

6. 驱动和保护集成电路

对于多个电力电子开关构成的主回路开关阵列来说，其驱动和保护电路也是很复杂的，这一点在后面的章节中会进一步讲解。所以，也有把驱动和保护集成到一起的集成电路。

1.2.2　广泛使用自动控制技术进行电量稳定控制

在前面已经将电力电子系统的控制回路进行了说明。值得注意的是，控制回路不仅仅执行控制命令，还担负着对输出量和其他相关量的稳定工作。在这个回路中，不仅有驱动和信号处理电路，还有执行控制算法的部分，现将有关的单元分析一下。首先应该认识到，控制是电力电子系统的组成部分，它的特点是抽象性，居于系统中比较高的层次。更为重要的是，我们应该认识到控制在提高电力电子系统性能方面起着决定性的作用。它对电力电子系统的稳定运行起着保护作用，对电力电子系统的高性能起着“点睛”作用。

在使用电力电子器件对电能进行控制和转换的过程中，也就是搭建电能控制和转换电路中，经常需要某些电能量是稳定的，比如降压斩波电路的输出电压。这种稳定的意义是，在输入电能变化的情况下，使输出电能稳定，或者是在输出负载变化时还能保持输出电压不变，所以要对需要稳定的电量进行闭环负反馈控制。在本小节中，首先说明控制在电力电子系统中的意义和作用，进而介绍相关的技术，以便于理解控制的特点和与其他技术的相互关系，为全面、深入的使用做好准备。

1. 控制回路中的反馈

对于图 1-1 所示直流降压斩波电路，为了稳定输出电压，就要对其进行闭环负反馈控制。一个经典的闭环负反馈控制结构如图 1-23 所示，在这个结构中，从输出端取出的电压信号作为反馈信号，与控制器内部的电压参考信号求差而得到输出的误差信号，也就是实际控制信号，经控制器加到 PWM 调制器上，最后化为 PWM 信号加到电力电子开关 MOSFET 的驱动器上，使 MOSFET 按要求开关。我们可以把这个控制结构进行抽象，一个更为一般的负反馈示意图如图 1-24 所示。

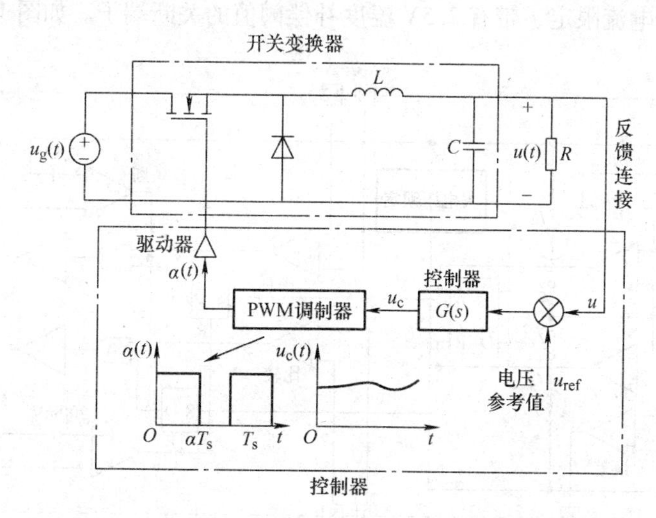

图 1-23 直流降压斩波电路与输出电压负反馈框图

为了理解和掌握与电力电子电路相关的自动控制技术的内容，有以下几点值得注意：对需要稳定的电量进行闭环负反馈控制，就会形成控制环路，这样，完整的电力电子电路是包括电力电子开关主回路和控制回路的。从控制回路来看，主回路是其环路中的一部分。按照自动控制理论，要想设计和使用好控制功能，就要掌握控制环路中所有环节的性能，这些环节的性能最好以数学模型的方式来体现。因此，电力电力电路的数学建模从性能提高的角度来看，是十分必要的。

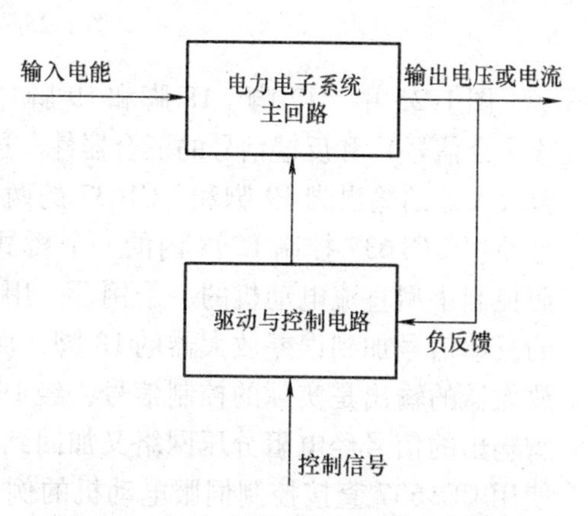

图 1-24 电力电子系统负反馈示意图

既然电力电子电路的控制环路是电力电子电路整体的一部分，在学习电力电子技术中就有必要对其了解和掌握。要注意控制环路的反馈采样点和执行部分，要知晓所形成的控制环路结构，还要注意控制环路中还有一个起控制作用的控制器部分。这个控制器部分的设计首先是以主回路的数学模型的性质为基础的，决定了控制回路对被控量的控制快速性、相对于给定值的超调量和误差等。控制器部分的控制算法通常采用比例-积分-微分（Proportion Integral Differential）控制，简称为 PID 控制。

我们知道，在系统设计中，稳定一个量的基本方法就是对其施加负反馈作用。在电力电子系统设计中，要使输出的电压或电流稳定，也经常要进行负反馈控制。下面例子中的集成芯片 UC1637 在使用中就形成了明确的反馈控制回路。

【例 1-1】 反馈回路示例：用于直流电机驱动的控制器 UC1637

UC1637 是一个脉冲宽度调制电路，用于 PWM 直流电动机驱动和放大器应用，可以是单向也可以是双向的应用。它可以代替传统的驱动控制，效率高，功率损耗小。其主要电路产生一个误差信号，并按这个误差信号的幅值和相位产生并输出双路脉冲串。这个集成电路有一个锯齿波振荡器，一个误差放大器，两个带有 ± 100mA 的 PWM 比较器。保护电路包括欠电压保护、脉冲电流限定、带有 2.5V 温度补偿阈值的关断端子。如图 1-25 所示。

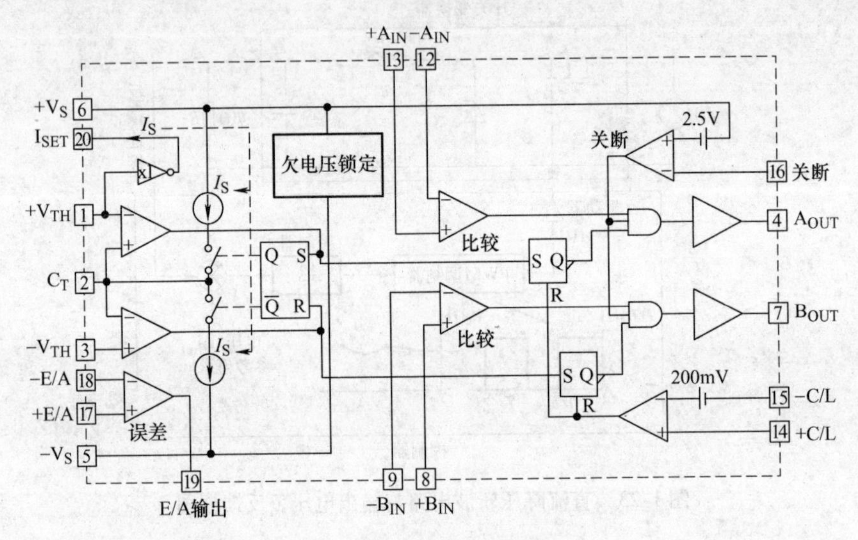

图 1-25　UC1637 的内部结构图

图 1-25 中，17 脚、18 脚和 19 脚之间的误差放大器，就是控制信号（又称给定信号或命令信号）和反馈信号的汇合器件。这两个信号分别加在误差放大器的 17 脚和 18 脚。误差放大器的输出脚 19 脚和 UC1637 的两个比较器相连，控制 PWM 信号的占空比。图 1-26 是使用 UC1637 控制 L298 内的一个桥式斩波电路（L298 里一共有 2 个桥式斩波电路），而控制小型直流电动机的一个例子。用于检测直流电动机 M 的测速发电机 G 的电压性质的反馈信号加到误差放大器的 18 脚，而速度给定信号加到了误差放大器的 17 脚。该误差放大器的输出是实际的控制信号，经 19 脚输出后还要引入这个芯片中。在图 1-26 中，19 脚输出的信号经电阻分压网络又加回到 9 脚和 13 脚，但产生的作用是相反的。图 1-27 是使用 UC1637 直接控制伺服电动机的例子，其反馈回路的设置原理与图 1-25 的设置原理是一样的，但接法稍有不同。

2. 反馈算法

前述的负反馈回路、驱动回路和主回路的一部分构成了一个闭环。在这个闭环系统中，负载往往存在一定的惯性和滞后，甚至非线性，电路部分也可能存在类似的问题。为了克服这些不利的因素，取得更好的控制效果，在这个闭环中要有一个控制算法部分。这个控制算法部分，在控制理论和控制系统设计中，通常称为控制器。最简单和最常用的控制算法是 PID 控制。

图 1-28 给出了一个具体的包含控制器的闭环系统示意图。

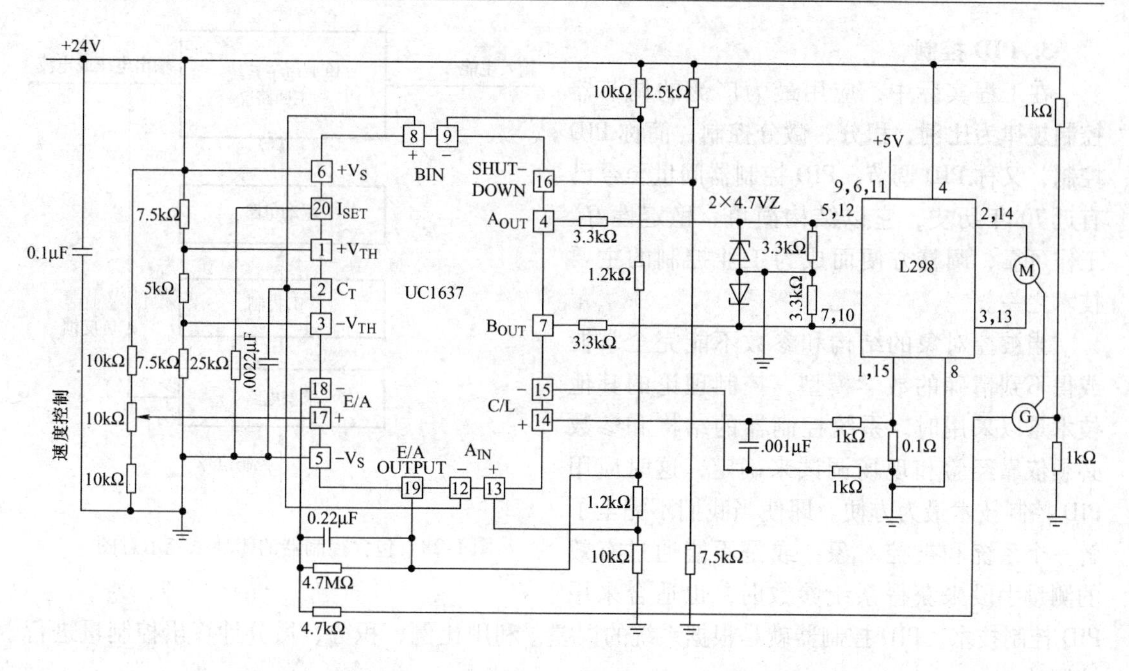

图 1-26　使用 UC1637 控制 L298 内的一个桥式斩波电路

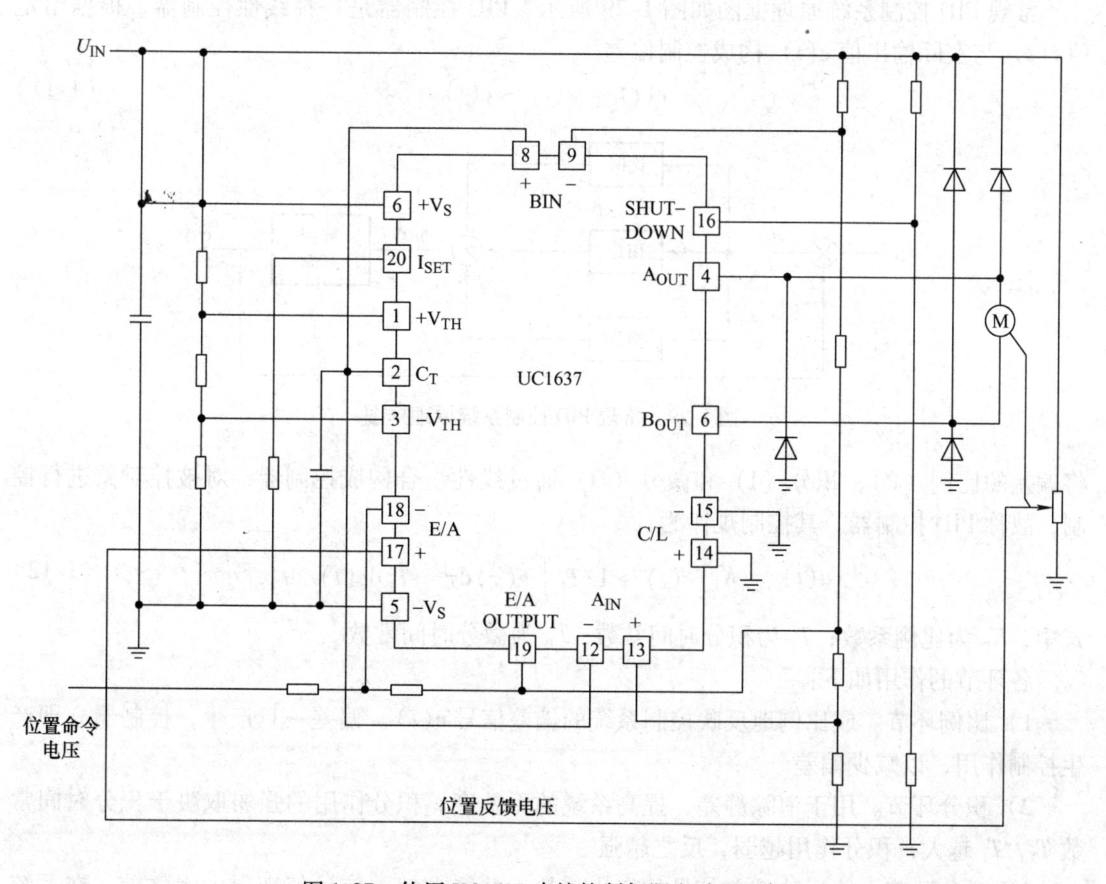

图 1-27　使用 UC1637 直接控制伺服电动机示例

3. PID 控制

在工程实际中，应用最为广泛的调节器控制规律为比例、积分、微分控制，简称 PID 控制，又称 PID 调节。PID 控制器问世至今已有近 70 年历史，它以结构简单、稳定性好、工作可靠、调整方便而成为工业控制的主要技术之一。

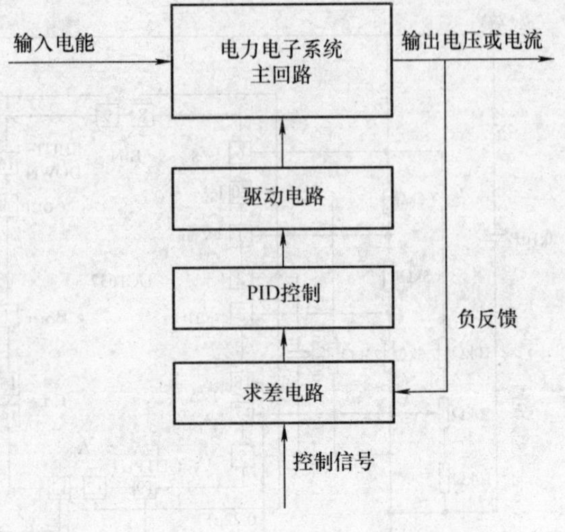

图 1-28　包含控制器的闭环系统示意图

当被控对象的结构和参数不能完全掌握或得不到精确的数学模型，控制理论的其他技术难以采用时，系统控制器的结构和参数必须依靠经验和现场调试来确定，这时应用 PID 控制技术最为方便。即使当我们不完全了解一个系统和被控对象，或是不能通过有效的测量手段来获得系统参数时，也适合采用 PID 控制技术。PID 控制器就是根据系统的误差，利用比例、积分、微分计算出控制量进行控制的。

常规 PID 控制系统原理框图如图 1-29 所示。PID 控制器是一种线性控制器，根据给定值 $r(t)$ 与实际输出值 $c(t)$ 构成控制偏差

$$e(t) = r(t) - c(t) \tag{1-11}$$

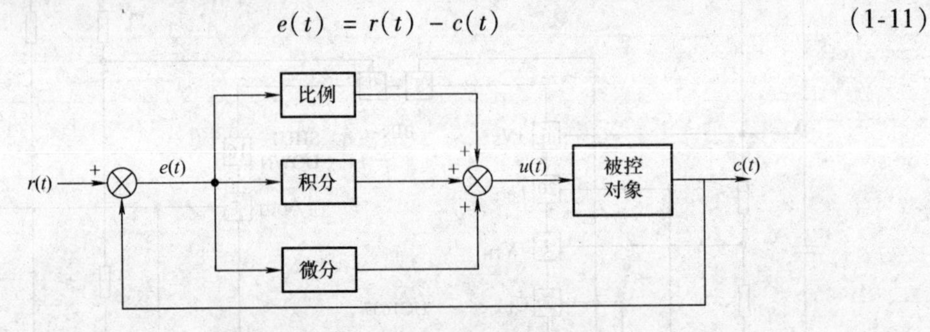

图 1-29　常规 PID 控制系统原理框图

将偏差的比例（P）、积分（I）和微分（D）通过线性组合构成控制器，对被控对象进行控制，故称 PID 控制器。其控制规律为：

$$u(t) = K_{\mathrm{P}}\left[e(t) + 1/T_{\mathrm{I}}\int_0^t e(\tau)\mathrm{d}\tau + T_{\mathrm{D}}\mathrm{d}e(t)/\mathrm{d}t\right] \tag{1-12}$$

式中，K_{P} 为比例系数；T_{I} 为积分时间常数；T_{D} 为微分时间常数。

各环节的作用如下：

1）比例环节。成比例地反映控制系统的偏差信号 $e(t)$，偏差一旦产生，控制器立即产生控制作用，以减少偏差。

2）积分环节。用于消除静差，提高系统的无差度。积分作用的强弱取决于积分时间常数 T_{I}，T_{I} 越大，积分作用越弱，反之越强。

3）微分环节。能反映偏差信号的变化趋势，并能在偏差信号值变得太大之前，在系统中引入一个有效的早期修正信号，加快系统的动作速度，减小调节时间。

PID控制器的作用本质是：以其自身的性质对所控制的对象和反馈回路的不良性质加以补偿，以提高整个闭环系统的性能。所以，PID控制器也经常称为补偿器。

在计算机控制系统中，使用的是数字PID控制器，数字PID控制算法通常分为位置式PID控制算法和增量式PID控制算法。前者由于全量输出，所以每次输出均与过去的状态有关，计算机工作量大。后者只是在算法上做了一点改进，却带来了不少优点，一是由于计算机输出增量，所以误动作时影响小，必要时可用逻辑判断的方法去掉；二是手动/自动切换时冲击小，便于实现无扰切换。

在计算机控制系统中，PID控制规律是用计算机程序来实现的，因此它的灵活性很大。一些原来在模拟PID控制器中无法实现的问题，在引入计算机以后，就可以得到解决。数字PID控制在单回路控制系统、串级控制系统中应用广泛。

【例1-2】 PID控制算法示例：精确运动控制器LM629

LM629是为各种可以提供增量型位置反馈信号的直流以及直流无刷伺服电机的伺服机构设计的专用运动控制处理器。该芯片能执行高性能数字运动控制所需要的实时计算。主机控制接口由高级指令简化。一个基于LM629的伺服系统需要一个增量型编码器、一个用8位分辨率PWM直接驱动的H开关桥。

（1）LM629的特性

1）内部有32位的位置、速度和加速度寄存器；

2）带16位参数的可编程数字PID控制器；

3）可编程的微分采样时间；

4）8位脉冲调制PWM信号输出；

5）速度、位置及PID参数可在运动过程中实时改变；

6）位置、速度两种控制方式；

7）具备增量式编码器接口；

8）可随时向上位机反馈各运动状态信息。

（2）LM629的管脚功能

LM629的引脚分布如图1-30所示。

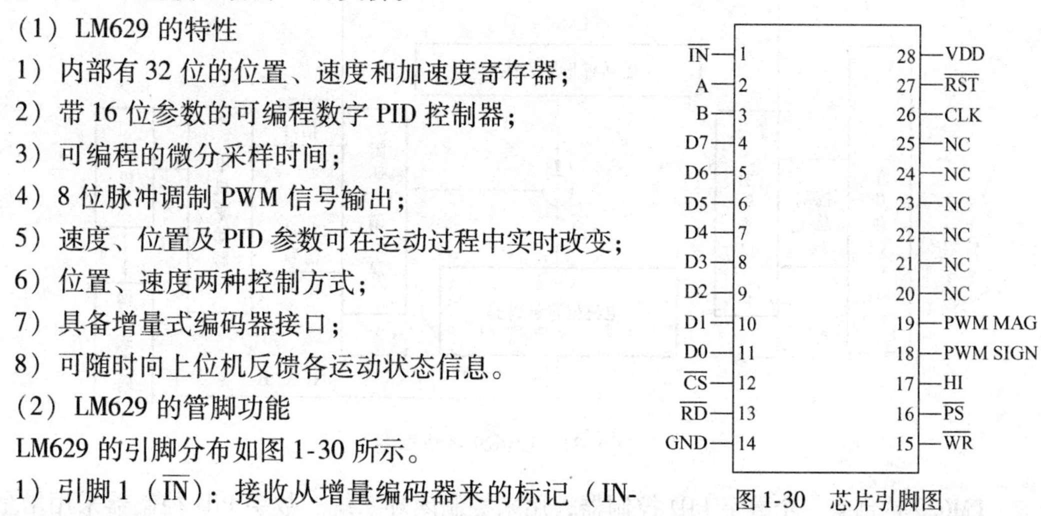

图1-30 芯片引脚图

1）引脚1（$\overline{IN}$）：接收从增量编码器来的标记（INDEX）信号。

2）引脚2和3（A，B）：接收从增量编码器来的两个正交信号。当电机正转时，2脚信号应超前于3脚信号90°。

3）引脚4~11（D0~D7）：连接主计算机或主处理器的I/O口。利用$\overline{CS}$（12脚）、$\overline{PS}$（16脚）、$\overline{RD}$（13脚）和$\overline{WR}$（15脚）可向LM629写入指令和数据，或从LM629读出状态字节和数据。

4）引脚12（$\overline{CS}$）：片选输入，由主机用来选用LM629，进行读写操作。

5）引脚13（$\overline{RD}$）：由主机用来读出LM629状态和数据。

6）引脚14（GND）：电源地。

7）引脚15（$\overline{WR}$）：用来写入指令和数据。

8）引脚16（$\overline{PS}$）：用来选择指令口或数据口。当PS为低电平时，向指令口写入指令，或从指令口读出状态，当PS为高电平时，经数据口写入或读出数据。

9）引脚 17（HI）：高电平有效，通知主计算机中断条件已具备。

10）引脚 18（PWM SIGN）：输出 PWM 方波的符号。

11）引脚 19（PWM MAG）：输出 PWM 方波的幅值。

12）引脚 26（CLK）：系统时钟输入端。

13）引脚 27（$\overline{\text{RST}}$）：复位输入端，低电平有效。

14）引脚 28（VDD）：电源，电压为 4.5～5.5V，电流小于 100mA。

（3）LM629 功能分析

LM629 通过 I/O 口与单片机进行通信，输入运动参数和控制参数，输出状态信息。用一个增量式光电编码器来反馈电动机的实际位置。来自增量式光电编码器的位置信号 A、B 经过 LM629 四倍频后，提高了分辨率。A 脉冲与 B 脉冲逻辑状态每变化一次，LM629 内的位置寄存器就会加（减）1。编码盘的 A、B、Z 信号同时低电平时，就产生一个 INDEX 信号送入 LM629 寄存器，记录电动机的绝对位置。LM629 的速度梯形图发生器用于计算所需的梯形速度分布图。在位置控制方式时，主处理器提供加速度、最高转速、最终位置数据，LM629 利用这些数据计算运行轨迹。LM629 系统框图如图 1-31 所示。

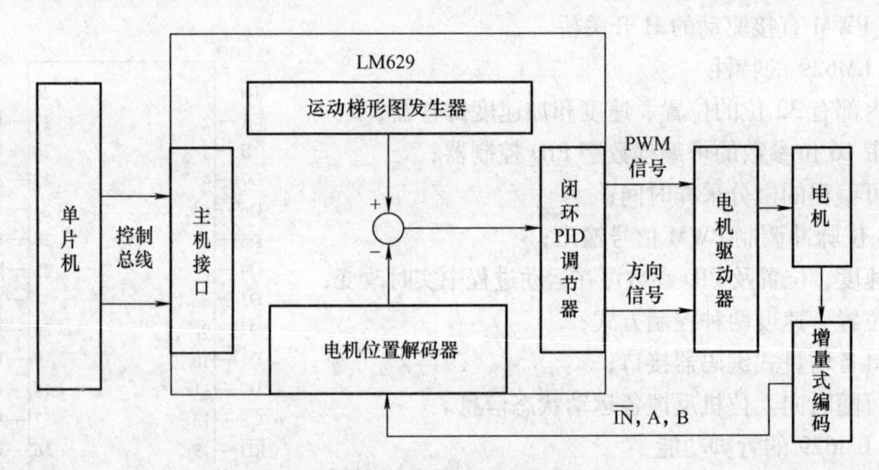

图 1-31　LM629 系统框图

LM629 内部有一个数字 PID 控制器，用来控制闭环系统。数字 PID 控制器采用增量式 PID 控制算法，所需的比例、积分、微分系数由主处理器提供。在运动伺服控制系统中，单片机所要做的只是通过总线对 LM629 发放指令以及各运动参数和 PID 参数，并从 LM629 接收各运动状态信息实现监控，而其他烦琐的控制运算任务全部交由 LM629 完成。因此，在这个控制系统中，单片机可以得到最大程度的“解放”，使其可以有更多的时间从事其他控制任务。而且，作为一款专业的运动控制处理器，它的运动控制处理能力也是普通单片机所无法比的。

LM629 提供了增量式编码器的接口，编码器输出的转速检测信息直接送往 LM629 中，无需人为干预。LM629 的编码器接口提供了 3 个输入口：编码器 A、B 两相波形输入和一个 $\overline{\text{IN}}$零位脉冲信号输入。其中，$\overline{\text{IN}}$信号是电机每转一圈出现一次低电平。三路信号的关系如图 1-32所示。

从图 1-32 可以看出，A、B 两相波形信号跟踪电机的绝对位置和方向，它们组成四个逻

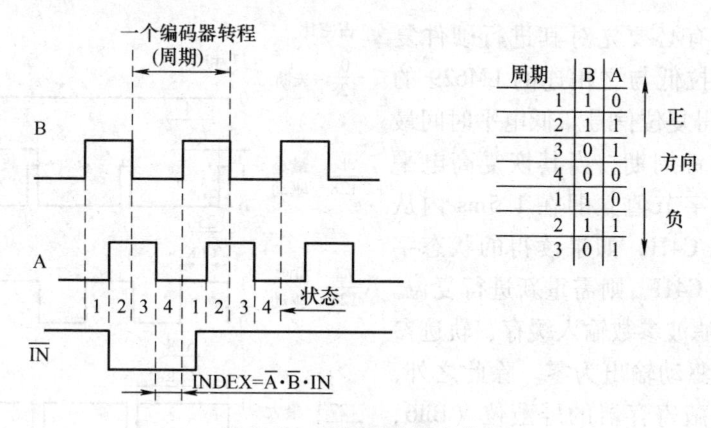

图1-32 编码器的输入信号

辑状态，此逻辑状态的每一次改变，LM629内部的位置寄存器计数相应增减1，这样系统就达到了四倍频的目的。

鉴别编码器每个状态的最小时钟周期数为8个时钟周期，这决定了编码器信号的最大捕获速率。在8MHz的输入时钟下，最大捕获频率可达1MHz，采用的编码器为600线时，时钟频率为8MHz，计算可得电机允许最大转速为：

$$n_{\max} = \frac{1}{\dfrac{\text{最小时钟周期数}}{\text{最大捕捉频率} \times \text{时钟频率}} \times \text{编码器状态} \times \text{编码器分辨率}} \times 60$$

$$= \frac{1}{\dfrac{8}{8 \times 10^6} \times 4 \times 600} \times 60 = 2.5 \times 10^4 \text{r/min} \tag{1-13}$$

因此，该系统的电机转速最大为25000r/min。

LM629输出的PWM脉冲具有从最大负向驱动到最大正向驱动的8位分辨率，当调制信号输出为0时，为停止状态。

LM629的PWM脚输出的调制信号如图1-33所示。

如果LM629接8MHz晶体振荡器，其最小输出占空比（1/128）时的接通时间为：$4/(8\times10^6)$ s$=0.5\mu$s。

（4）LM629指令分析

LM629的主机接口为上位机对其编程和监控提供了方便，而上位机的编程和监控功能则是通过向LM629下达用户指令来实现的。LM629支持的指令包括初始化指令、中断指令、PID控制指令、运动指令、状态和信息指令。其中一些指令是单独的，而大多数指令需要一个包含多个数据的系列式数据结构。这些附加的数据给出了命令要求的相关参数。比如指令STT（启动）不需要附加数据，而指令LFIL（装入滤波器参数）则需要附加上微分项采样间隔和滤波器参数等2~10个字节的数据。数据首先被写入主寄存器，只有在写入相关的命令之后主寄存器中的数据才能进一步装入工作寄存器，这样就使数据能够在使用之前先被存储在LM629内，消除了一般存在于数据通信上的瓶颈效应，并为多轴同步操作提供了一种解决方法。当控制字或数据字写入LM629时，总是高位字节在前，低位字节在后。

整个控制系统上电后，由于LM629内部寄存器处于未知状态，任何读写命令都会产生错误结果，这时有必要先对其进行硬件复位。单片机通过拉低与之相连的 LM629 的 RST 管脚电平获得复位信号。低电平时间最少要保持 8 个时钟周期。当其恢复高电平时，芯片的状态字节值立即在 1.5ms 内从 00H 变为 84H 或 C4H，如果读得的状态字节值不是 84H 或 C4H，则需重新进行复位。复位成功将设置滤波参数输入缓存、轨迹参数缓存、电机的驱动输出为零。除此之外，还将清除中断屏蔽寄存器的屏蔽位（Bit6，断点中断屏蔽位除外），电机驱动输出设置为关断状态，当前的绝对位置作为原点位置。为确保复位成功，可执行 RSTI 命令复位所有中断，以进行进一步检查。若芯片复位正常则状态字节应从 84H 或 C4H 变为 80H 或 C0H。

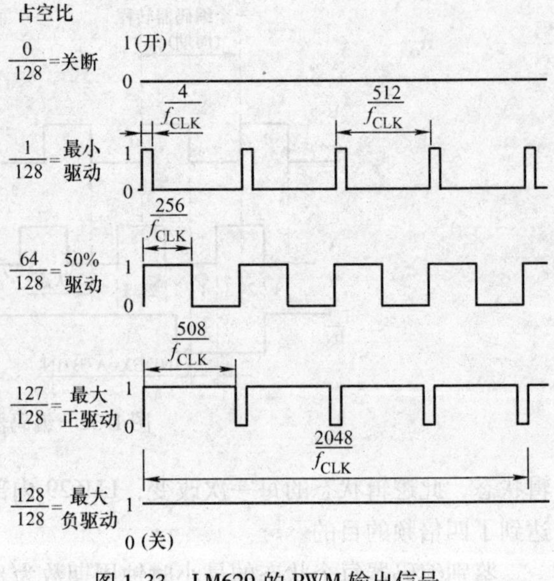

图 1-33　LM629 的 PWM 输出信号

LM629 内部有一个 8 位的状态寄存器，当中断控制及其他相应条件引起的中断条件发生时，该寄存器相应位被置位，同时 LM629 的 17 引脚反应有中断发生，输出高电平。但是，该中断能够通过 17 引脚反应的前提是相对应的中断屏蔽寄存器开中断（Bit = 1）。具体状态位见表 1-2。

表 1-2　状态字位表

Bit 位	Bit7	Bit6	Bit5	Bit4	Bit3	Bit2	Bit1	Bit0
功能	关闭电机	断点位置达到	位置误差超标	溢出中断	INDEX 脉冲中断	轨迹完成中断	命令错误中断	忙标志

单片机可以通过读状态字节指令 RDSTAT 来确定 LM629 的状态。它没有确定的命令码，通过$\overline{CS}$、$\overline{RD}$、$\overline{PS}$控制的硬件支持，通常用于主机与 LM629 的通信。当主机读取 LM629 状态字时，拉低 LM629 的$\overline{PS}$引脚表明当前要读状态字。当读指令发出时，$\overline{RD}$引脚为低电平，与 P00 ~ P07 相连的 D0 ~ D7 打出状态字节值。RSTI 用于复位中发生中断的 Bit 位。主机可以复位一个或所有的状态字的 Bit 位。用户也可以根据编程定义的优先权提供相应的服务后依次复位。RSTI 命令发生时，$\overline{PS}$为低电平，表明当前要写入的数据是命令代码。RSTI 后附加 2 个字节的数据，由于状态字节是 8 位的，故高 8 位无用，低 8 位有效，0 复位。这两个字节是通过写两次获得的。此时$\overline{PS}$应设定为高电平，表明当前写的是数据。

需要指出的是，主机和 LM629 之间的交流是通过状态字中第 0 位（忙位）进行的，在指令配给和数据输入、输出以前，主机必须检测“忙位”是否为逻辑 0。逻辑 0 代表 LM629 处于空闲状态，可以接收指令、数据或发送数据。比如上面的 RSTI 命令码和附加的数据之间必须通过 RDSTAT 命令来判断当前 LM629 是否空闲。

复位检测正常后，需要主机下载 LM629 内部数字滤波器参数值。PID 滤波器系数用 LFIL 命令装入，包括比例系数、积分系数、微分系数、积分极限 I_1。积分极限将积分常数的幅值限制在 I_1之下，如果积分幅值超过积分极限，将用 I_1代替积分项。此外离散采样周期也可以通过该命令来控制。命令码给出后，附加的数据前两个字节为滤波控制字。由该控制字决定采样周期数值、比例系数、积分系数、微分系数、积分极限 I_l 是否装入。在控制字之后可以写入这 4 个具体滤波参数值，写入的顺序是按照控制字的 bit 3 到 bit 0 所确定的参数的顺序。比如写入顺序为 K_p，K_i，K_d 和 I_l，这些系数均为 16 位数值。除了命令码和附加的数据之间要检测 LM629 是否空闲外，每写入一个 16 位的数据都必须检测状态字的 0 位。当输入 LFIL 命令代码时，$\overline{PS}$为低电平，输入滤波器控制字和相应的滤波器参数时，$\overline{PS}$为高电平。滤波器控制字位具体见表 1-3。

表 1-3 滤波器控制字

Bit 位	Bit15 ~ 8	Bit7 ~ 4	Bit3	Bit2	Bit1	Bit0
功能	离散采样周期控制	未使用	比例系数载入	积分系数载入	微分系数载入	积分限制值载入

由于 LM629 内部参数输入采取双缓冲结构，使用 LFIL 命令输入滤波器参数后或者调整任一滤波器参数后必须执行 UDF 命令才能生效。该命令通常与 LFIL 命令配合使用。最后需要使用 LTRJ 命令使电机按运动轨迹参数（位置、速度、加速度）指定的方式运动。同时 LTRJ 命令决定这些参数中哪些是绝对值，哪些是相对值；运动模式是位置模式、速度模式或手动停止方式，见表 1-4。

表 1-4 轨迹控制字

Bit 位	Bit13 ~ 15	Bit12	Bit11	Bit10	Bit9	Bit8	Bit6 ~ 7	Bit5	Bit4	Bit3	Bit2	Bit1	Bit0
功能	未使用	正转	速度方式	慢停	快停	PWM = 0	未使用	加速度参数载入	相对加速度	速度参数载入	相对速度	位置参数载入	相对位置

上述轨迹参数这样确定：先写入 LTRJ 命令字节，紧跟着写入轨迹控制字。输入轨迹控制字后，随后输入的参数都以双 16 位数据字输入，这些参数按其在轨迹控制字相关联的控制 Bit 位的降序排列依次为加速度、速度、位置。每个双控制字输入时都按从最高有效位到最低有效位的顺序写入 LM629。需要注意的是，除了加速度以外，这些参数都可以在运动中更新。只有在轨迹完成，或轨迹控制字的第 8 位发出的指令是电机关闭时，加速度才能改变。如果加速度改变了，而且 STT 已经发出，但电机驱动的加速度仍是当前的，将会产生一个错误中断指令，同时当前指令被忽略。当该命令发出时，$\overline{PS}$引脚的状态与发出 LFIL 命令时的$\overline{PS}$引脚的状态类似，都是低电平。

与 LFIL 命令类似，LM629 内部采取双缓冲结构存储这些轨迹参数。这些数据先存入主寄存器，等 STT 命令发出，这些轨迹数据传送至有双重缓冲区电路的工作寄存器以使电机起动。

（5）PID 参数调整

PID 调节器在控制领域中的应用十分广泛，在应用计算机实现控制的系统中，PID 控制算法也是应用十分广泛的一种控制规律，这不仅是由于 PID 调节是连续控制系统中技术成熟、应用广泛的一种方法，而且也因为 PID 调节的参数整定方便，结构改变很灵活，对于大多数控制对象都能获得满意的控制效果。

LM629 采用数字 PID 控制器进行闭环控制。电机的控制量为位置误差值的比例项、积分项与微分项之和，下面的差分方程即为 LM629 的控制算式：

$$U(n) = K_p \times e(n) + K_i \sum_{N=0}^{n} e(n) + K_d [e(n) - e(n-1)] \tag{1-14}$$

式中，$U(n)$ 为采样时刻 n 时的电机控制信号输出；$e(n)$ 为采样时刻 n 时的位置误差值；K_p，K_i，K_d 为载入的 PID 参数；n 代表以微分采样速率采样。

当系统第一次连接时，可能闭环控制循环求和节点各输入信号间相位是不正确的。按照正确的负反馈闭环要求，给定信号与输入信号应该为反相。如果连接错误，它们之间同相，整个闭环形成了正反馈，这样很容易引起强烈的振动。严重时，在轻微的驱动下，电机会越转越快，最终处于高速旋转状态，形成“飞车”现象。所以，在确定 PID 系数前首先要检查闭环相位是否正确。建议使用非常小的比例增益系数 K_p（如 $K_p=1$），保持 K_i、K_d 为 0，使用 LTRJ 命令，使电机运行在位置模式下，不载入轨迹参数（即各轨迹值保持为0），如果电机出现振动或“飞车”现象，则反馈相位不正确。可以采取三种方式调整：①交换编码器输入信号 A、B 与 LM629 连接位置；②改变直流电机的电源极性；③通过反相器改变 PWM 驱动信号相位。

除了 K_p、K_d、K_i 之外，LM629 还提供两个控制变量：积分限制常数 I_1 及微分采样时间系数 d_s，对积分项进行限制并根据系统要求对微分采样时间编程以获得更好的微分控制作用，微分采样时间为 LM629 采样周期的 1～256 倍、积分限制项 I_1 必须与 K_i 一起装入，它限制了积分项的最大值，积分项的累积不能超过其限制值，超出之后将不采用超出值，微分采样时间可编程，有助于提高低速高惯性负载的稳定性。在低速运行时，速度的小数值作用较为明显，目标及实际位置值只有在经过几个采样周期的积累之后才会发生变化，这将导致误差值在连续几个采样周期内不会变化。而微分项是微分常数 K_d 与误差变化量之积，因此将进一步导致微分项在连续几个采样期内无法产生作用，适当延长微分采样时间可以得到极为稳定的微分项，从而提高稳定性。

对于动态特性未知的系统，PID 控制器通常是靠经验来整定的。对于运动伺服控制系统我们的目标是得到最优的轨迹、最短的调节时间。这里通过手动调节以及观察来确定 PID 的值，直到得到良好的响应，分以下 5 步进行：

1）准备。启动系统，初始化参数：使 K_p、K_i 为 0，$K_d=2$；$d_s=1$。此时电机轴应处于静止状态，电机的实际位置和目标位置都应为零。如果二者不相等，但因为 K_p、K_i 为 0，所以控制系统不会纠正这个偏差。

2）设定微分系数。调节器微分项的作用是消除震荡、减少超调量，它可以大大减小系统的动态偏差及调节时间，改善动态品质，它是位置偏差变化速度的增益。调整时，逐渐增加 K_d 直至电机发生高频震荡。通常，在保持电机震荡尽量低的情况下，使 K_d 尽量大。

3）设定比例系数。当电机轴静止，因为扰动、负载变化、目标位置的变化而产生位置偏差时，调节器的比例项将产生一个回复力以减少位置偏差。回复力的大小与位置偏差成比例。K_p 是比例的常数系数，需反复调整才能决定。一边增大 K_p 一边估计系统的阻尼，直到系统处于最佳阻尼状态。系统的阻尼是手工估计的，通过手工整定可以发现，增加 K_p 会增加电机轴的刚性。可以感觉到电机轴好像加了“弹性”负载，如果强行将其转离原位，轴将“弹”回原位。如果 K_p 太小，系统将处于过阻尼状态，轴会很慢地回到原位。如果 K_p 太大，系统将处于欠阻尼状态，轴会很快地回到原位，这将产生超调、震荡。在不产生过大的超调、震荡的情况下，比例增益系数 K_p 应调到最大。

4）反复调整微分系数和比例系数。按步骤2）及步骤3）的调节方法反复调节 K_d、K_p，直到系统处于最佳阻尼状态，拥有最优的跟踪能力、调整时间。

5）设定积分增益系数。该项可以消除轴转动时产生的跟随误差和当轴静止时恒扭矩负载使轴产生的偏差。该项与位置偏差和时间的增长成比例。高 K_i 值可提供快速的扭矩补偿，但也增加了超调量和震荡。通常在保持超调量、调整时间、消除恒扭矩负载所需时间这三个系统参数间合适的平衡条件下，K_i 应尽量小。对于无明显扭矩负载的系统，如可行的话，K_i 可以为零。

1.2.3 在开关控制信号产生和电量自动控制中采用微处理器技术

无论是电力电子开关的控制信号，还是对电力电子电路中电量的采样，或是其中的控制算法，都只能是通过电子技术（模拟电子技术和数字电子技术）或微处理器技术来实现。随着微处理器技术的不断发展和强大，它已成为电力电子技术中的主流实现技术。微处理器强大的数字量和模拟量的同时（从外部信号来看，而不是内部运行机制）管理和处理能力，可以极少的用量（通常是1块微处理器）来取代复杂的电子电路。微处理器的程序编制能力为精确的控制、复杂控制信号的产生和智能化的控制方法提供了可能。

例如，对于图1-23所示的完整直流降压斩波电路与输出电压负反馈系统，当前最常规的实现方案就是把控制器部分用一个微处理器来实现，【例1-2】就是这样的一个例子。因此，在电力电子技术的学习中，一个重点的内容就是基于微处理器运行机制的电力电子系统的运行原理。这是现代电力电子技术的一个主要特征。

1.3 主要分析方法

在了解了电力电子系统的基本情况后，就要建立和介绍其分析方法。这些方法中，首先介绍的波形分析法是最简单、最常用的。但是，要想进一步进行精确分析和真正闭环系统应用的话，就需要使用数学模型分析了。其实，由于电力电子系统是一种实际电系统，所以最好的方法是搭建实际电路并加以调试和测试的物理实验法，也可以简单地使用数字仿真方法。

1.3.1 波形分析法

波形分析法是把电力电子系统的主要点的电参数用波形图表示出来，以说明电路工作原理的一种方法。通常画的波形是输入电压、输出电压和开关管的控制电压波形。在1.1.1小节中，对降压斩波电路的分析就是采用的这种方法。

波形分析法的主要步骤如下：

1）选定一个具体电路，一般应该是一个完整的电路，也就是包括电源和负载的电路。

2）根据电路原理、模拟电子技术、数字电子技术和电力电子技术，对所选电路的原理进行初步的分析。

3）根据电路的大体情况和以往的经验，确定需要画波形的电路的关键点。在电力电子电路中，这些主要点是输入电压的波形，输出负载上的电压波形，开关管的控制电压波形，从外部微控制器来的控制信号等。

4）根据分析、以往的经验或测量值，具体画出各主要点的波形。

5）根据电路原理和各点波形图，比较全面深刻地理解和掌握所分析的电路的工作原理。

波形分析法具有简单和直观的特点。它的主要缺点是仅限于定性分析，只能揭示电路的基本原理。

1.3.2　物理实验法

电力电子系统是一种现实的电子系统，了解其工作原理和电路特点的最好方法就是搭建电路并加以调试。通过实验，即可以熟悉电路的运行原理，也可以加强对电路的物理直觉和真实感受。所以，在可能的情况下，要尽量使用这种物理实验法进行电路原理分析和研究。在教材特地编选了一些动手问题，以供实验式学习。

物理实验法的主要步骤如下：

1）选定一个具体电路，一般应该是一个完整的电路，也就是包括电源和负载的电路。

2）根据电路原理、模拟电子技术、数字电子技术和电力电子技术，对所选电路的原理进行初步的分析。

3）列出所选电路的元件表，参数要准确，尤其是要注意各个器件的功率值大小。主回路和控制回路的电流有时差别很大。

4）按照元件表去市场选购元器件，主回路的开关部件等要考虑可能烧坏而备用的情况。

5）使用万用板或更专门的电路板，将元器件焊上。注意不要虚焊和漏焊。

6）先调试控制信号回路，从信号来的方向调起，再调试主回路，也是从输入调起。

7）在调试中，测量必要点的波形，通过波形看电路是否连接正确。在电路连接正确的情况下看实际的波形有什么不同。

1.3.3　数学模型分析法

要想定量分析电力电子系统，尤其是要分析其动态性能，就必须知道它的数学模型。尤其是在闭环控制时，要尽可能地更全面、更准确地掌握电力电子系统的数学模型。为此，这里比较详细地介绍了各种数学建模方法。虽然在以后分析中没有使用，但是还是要让大家懂得，更好地分析应该这样来做。这就为以后进一步的开发和研究明确了方向和途径。

电力电子开关的通断式斩波控制是一种明显的非线性状态，关键的问题就是如何来对它建立数学模型。这里举一个平均模型的例子。

直流电源与一个电力电子开关串联时，随着开关通断的变化，其输出电压进行高低变化，这样，我们可以用其平均的戴维南电压来等效这一部分，就得到了平均模型，如图1-34所示。用这个平均模型来处理降压斩波电路，就得到降压斩波电路的平均模型，如

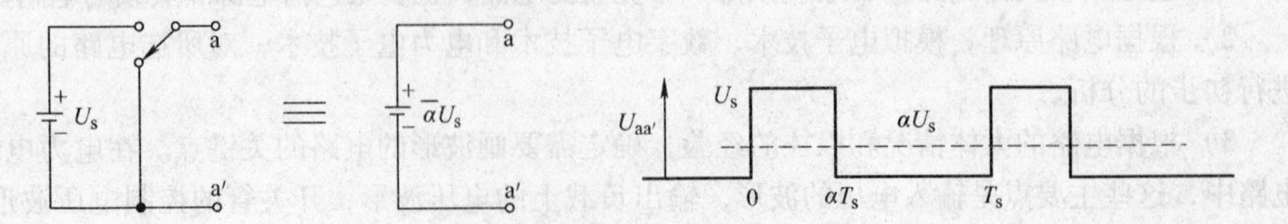

图1-34　单个开关的平均模型

图1-35所示，其中只有开关部分被等效，其他元器件都保持不变。

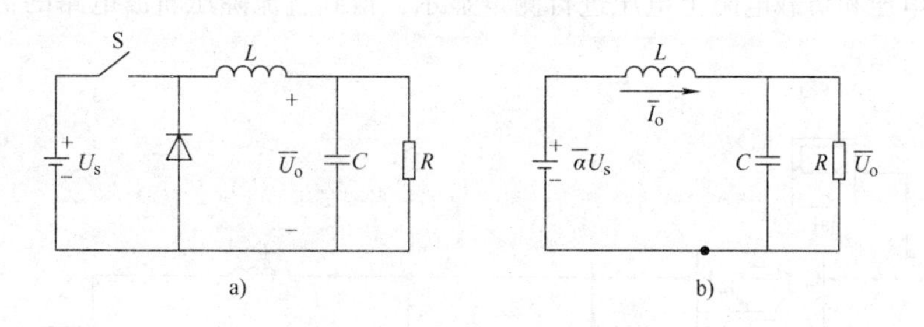

图1-35 降压斩波电路的平均模型

1.3.4 MATLAB数字仿真方法

1. Simulink中电气方面工具箱

MATLAB是目前最流行、应用最广泛的工程计算、科学研究和仿真软件，它将计算、可视化和编程等功能同时集于一个易于开发的环境。MATLAB主要应用于数学计算、算法开发、数据采集、建模、仿真和原型设计、数据分析、工程绘图以及应用开发环境等。Simulink是MATLAB软件下的基于框图的仿真平台，是快速、准确的仿真工具箱。该工具箱的功能是在MATLAB环境下，以MATLAB的强大计算功能为基础，把一系列模块连接起来，构成复杂的系统模型，以直观的模块框图进行仿真和计算。它可以对通信、自动控制、数字信号处理及电力电子技术等领域进行建模和仿真分析，实现高效率开发系统的目标。Simulink环境下的电力系统仿真工具箱（SimPowerSystems）功能强大，用于电路、电力电子系统、电机系统、电力传输等领域的仿真。它提供了一种类似电路搭建的方法，用于系统的建模。这种实体图形化模型的仿真具有简单方便、节省设计制作时间和成本低等特点。

电力系统仿真工具箱包括了电路、电力电子、电机等电气工程学科中常用的元件模型，这些元件模型分布在七个模块库中：①电源模块库（Electrical Sources），包括交流、直流及可控的电压源和电流源。②连接模块库（Connectors），包括地线、中性点、连接点等。③元件模块库（Elements），包括串联及并联的RLC支路负载、变压器、互感、开关等。④电机模块库（Machines），包括直流、交流等各种电机模块。⑤测量模块库（Measurements），包括电流、电压等测量模块。⑥电力电子模块库（Power Electronics），包括二极管、晶闸管、GTO、IGBT、MOSFET等电力电子器件，还有通用桥（Universal Bridge），它可设定成不同电力电子器件的单臂、双臂和三臂桥。⑦附加模块库（Extra library），主要有控制模块库，内有同步6脉冲发生器、PWM发生器、时钟、三相可编程电源等；离散测量模块库，包括各种离散测量模块；离散控制模块库，包括离散PI、PID控制器，离散PWM发生器和二阶滤波器等；测量模块库，有交流调速中的abc到dq0的坐标变换等；三相模块库，包括三相串联、并联的RLC支路负载、各种接法的三相变压器等。

2. 降压斩波电路仿真简况

可以使用MATLAB/Simulink对图1-1所示的降压斩波电路进行数字仿真研究。将各个元器件在 Simulink 环境按照电路图连接起来，并对流过开关管和二极管上的电流进行显示，对直流输出电压和负载电阻上电压进行测量显示，得到直流降压斩波电路的仿真模型，如图 1-36所示。

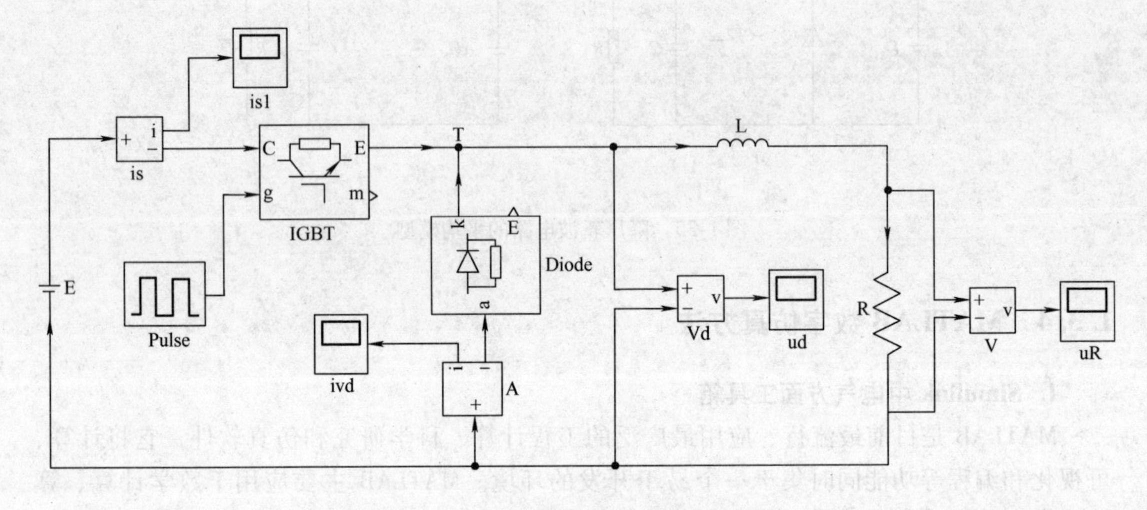

图 1-36　直流降压斩波电路的仿真模型

本章小结

本章首先分析了人类社会中对电能需要处理的情况，那就是电能处理和变换是十分重要而又普遍的。进而介绍了一个实际的直流降压斩波电路。由此抽象概括出电力电子系统的构成情况，并介绍了常用的电路拓扑结构，应用电力电子技术中常用的分析指标，也给予必要的说明。

现代电力电子技术的特点决定了学习的重点和主要内容。首先要对主要的集成电路器件有比较好的掌握。在此基础上，要从自动控制的闭环调节的角度对整个电力电子系统进行理解，而不仅仅是主回路，这样，才便于我们使用微处理器搭建实际的电力电子系统。

在学习和掌握电力电子技术中，会遇到如何分析电力电子系统的问题。本章中介绍了四种分析方法，现把其优缺点列于表 1-5 中。

表 1-5　四种分析方法优缺点

方　法	特　征	优　点	缺　点
波形分析法	把电力电子系统的主要点的电参数用波形图表示出来	简单、直观	仅限于定性分析，只能揭示电路的基本原理
物理实验法	搭建电路并加以调试	加强对电路的物理直觉和真实感受	缺少对规律的掌握

（续）

方法	特征	优点	缺点
数学模型分析法	用数学公式表述	定量分析	需要有数学基础
MATLAB 数字仿真方法	用数字模型或程序语言表示	不需要物质投入，有一定直观性	不够直观

习题与思考题

1. 例举除了教材之外的需要使用电能变换的其他例子。
2. 降压斩波电路的输出电压并不是平的，而是高低变化的，为何还说它是直流？
3. 对于图 1-1 所示的降压斩波电路，分析并画出续流二极管上的电流波形。
4. 对于一个感性负载，其功率因数会相对低些，如何才能提高其功率因数？所提出的提高其功率因数的方法在具体实现中有哪些问题不太好解决？
5. 对于一个电路的端口，也就是两个端子间的电路，有电压加上，并有电流流过，如何判断其功率因数大小？可以采用什么方法提高功率因数？
6. 如果一个电路的输出电压有纹波，可以采用哪些方法进行解决？
7. UC1637 属于六种电力电子集成电路中的哪一种？
8. 在降压斩波电路中，引入输出电压反馈的目的是什么？
9. 如果降压斩波电路没有采用输出电压反馈，应如何进行调试？如果有输出电压反馈，又该如何调试？
10. 阅读数字仿真软件 MATLAB 中 Simulink 的电力电子工具箱内容，说明其中的两个环节。
11. 电力电子电路的数学模型反映的是电力电子电路的哪些性质？
12. 指出图 1-23 中的哪些模块可以用微处理器的软件模块实现？

动手操作问题

P1.1 拆卸没有连接电源线的小用电设备

[操作指导] 找到一个或若干个不用的手机充电电源（或电动剃须刀）。首先一定要断开与房间里电源的连接，也就是不得与其他任何金属导线或构件相连接。接下来将其拆开，看看都有哪些器件，思考各个元器件的功能，并尝试分析一下电能的处理和使用过程。

P1.2 做一个手动的简易降压斩波电路并测试参数

[操作指导] 根据图 1-1 所示的降压斩波电路，设计一个简易的降压斩波电路如图 1-37 所示，其特点是用一个手动按钮代替电力电子开关，这样，在电路运行时，可以比较规律地用手按动按钮。A、B、C 和 G 为测试点，在焊接电路时予以留意。具体操作过程为：准备好图示元器件，将其合理安放、固定于万用印制电路板上，用细铜导线按电路图进行连接，各测试点应有便于测量的突出端子；先用万用表电压档（量程为 10V）测量 AG 间的电压，这个电压是干电池的实际电压；用手规则地按动按钮，用万用表电压档（量程为 10V）测

量 BG 间的电压，这个电压的相对稳定值就是输出直流电压；用手规则地按动按钮，用数字示波器测量 BG 间和 CG 间的波形，则 BG 间波形是输出电压的波形，而 CG 间的波形与电感线圈上的电流波形相似；将测试数据和波形进行记录、分析。

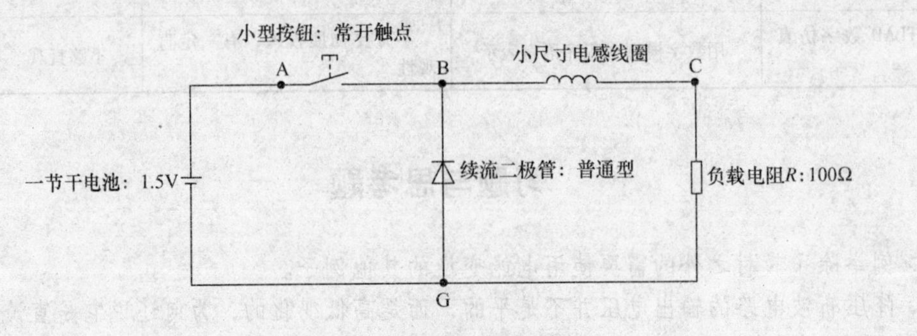

图 1-37　简易降压斩波电路

第 2 章　电力电子开关原理与使用

在电力电子技术中，其主体是电力电子电路。电力电子电路中的核心部件就是电力电子技术开关。因此，开关的工作情况是需要使用者了解和掌握的最为基本的内容。从使用的角度看待电力电子开关，涉及到电力电子开关的基本原理、使用特点和相关应用电路。尤为重要的是开关过程和开关特性，它决定着电力电子器件的开关频率和功耗这样的工作性能。

本章首先对各种开关的形态，用于分析的理想情况或实际的应用情况，做必要的介绍和描述，有助于透彻理解和认识电力电子开关的状态和性质。然后，对实际的电力电子开关——电力电子器件，从使用的角度做必要的介绍和分析，并介绍两种常用的电力电子器件。最后，对典型电力电子器件的应用问题，如何驱动和保护电力电子器件进行讲解。

2.1　独立电力电子器件开关过程分析与各种开关形态

电力电子系统中，电力电子开关阵列是最重要的部件，其性质主要可以从两个方面进行描述：一个是它的电路形式，可以称之为拓扑结构；另一个是它的导通情况、截止情况及导通和截止之间的转换情况，可以称之为开关过程。它的拓扑结构和开关过程决定了电力电子系统的主要性质。第 3 ~6 章，将具体讲解各种特定功能的拓扑结构和多个电力电子器件的协同开关过程。这里，重点分析一下独立电力电子开关的开关过程，以简单的方式揭示开关的本质特点。

正如我们在前面的实例中所看到的，电力电子开关的开关过程是一个对电能快速进行导通和关断交替进行控制的过程。在这样的开关过程中，快速性和低的功率损耗是主要的应用目标。快速性依赖于电力电子器件的动态开关性能，会在本章进一步说明。低的功率损耗涉及到开关所处的电气环境及导通和关断的时机。本节内容侧重于低功率损耗条件下的开关时机的分析和解决方法。

2.1.1　理想开关与开关损耗

电力电子开关实际上是用半导体开关器件完成的。半导体开关器件的具体情况在第 2.2 节中讲解。由半导体开关器件担当的电力电子开关是具有实际电特性的（不是理想的）开关。由于半导体开关器件所具有的电抗性，实际开关在导通时是逐渐导通的，导通后还有小的导通电阻；而在关断时，更是有明显的过渡过程。为了简化电力电子电路的分析过程，突出主要的技术特点，作为分析的出发点，首先把电力电子开关看成是理想的。理想开关的意义是：导通时没有电压降，可以通过任意大小的电流；关断时没有电流，可以承受任意大小的电压；在关断中或开通中没有功率损耗。其定义式为：

$$
\begin{aligned}
&\text{导通状态：} u_s = 0,\ -\infty < i_s < \infty \\
&\text{关断状态：} i_s = 0,\ -\infty < u_s < \infty \\
&\text{开关特性：无能量转换,可主动开通与关断}
\end{aligned}
\tag{2-1}
$$

当理想开关控制一个电阻负载时，也可以看成是一个理想开关串联一个电阻，由于电阻对电能的无滞后（由欧姆定律所表征的性质），所以当理想开关导通时，其上的电压立即为零，而当理想开关关断时，流过理想开关的电流立即为零，不会对理想开关的通断有影响。这样，无论理想开关是导通还是关断，都不会产生功率损耗。

一个十分重要的情况是：当用理想开关控制电感和电容这一类能够暂存电能的器件时，有时理想开关是有功率损耗的，有时损耗是很小的。下面详细说明这些情况。首先分析理想开关和电感线圈串联的情况，如图 2-1 所示。在导通和关断时，电路处于稳态，理想开关的状态决定了电路的状态，得到与上述理想开关电路一样的状态。但是，由于电路中电感的存在，电感的储能作用对电路的暂态是有影响的。当理想开关从关断变为导通时，虽然理想开关两端是有电压的，但其电流是导通后才逐渐升高的，所以导通时没有电流就没有开关损耗，这是无条件的无损耗导通（在有些文献中称之为主动开通）。而在相对的另一种情况下，从导通变为关断时，如果有电流，由于电感的储能作用，原来电路中的电流不会在关断瞬间为零，而理想开关两端是有电压的，所以一定有损耗存在。只有在电路电流为零时，才没有损耗，所以是有条件的无损耗导通（在有些文献中称之为被动关断）。这样的情况可以用式（2-2）来表示。

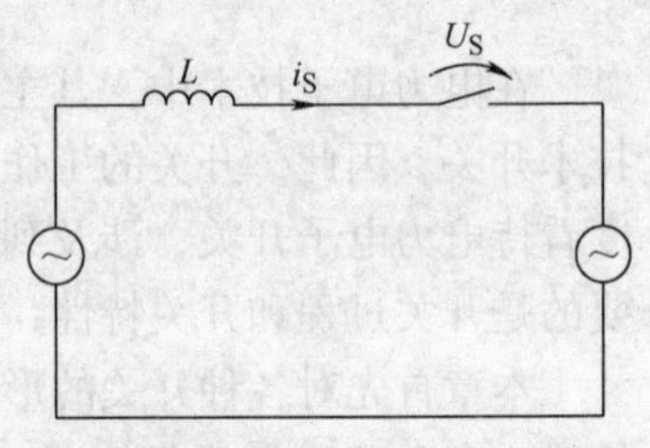

图 2-1　理想开关与电感线圈串联的情况

$$
\begin{aligned}
&\text{导通状态：} u_s = 0,\ -\infty < i_s < \infty \\
&\text{关断状态：} i_s = 0,\ -\infty < u_s < \infty \\
&\text{开关特性：当} |u_s| > 0 \text{ 时，无条件开通} \\
&\qquad\qquad\ \text{当} i_s = 0 \text{ 时，有条件关断}
\end{aligned}
\tag{2-2}
$$

现在分析理想开关和电容串联的情况，如图 2-2 所示。在导通和关断时，电路处于稳态，得到与上述的理想开关电路一样的状态。由于电路中电容的存在，电容的储能作用对电路的暂态也是有影响的。当理想开关从关断变为导通时，其两端是有电压的，而且是能够保持一段时间的，但其电流是导通就有的，所以一定有损耗存在。理想开关两端电压为零时导通，才没有损耗，所以是有条件的无损耗导通（在有些文献中称之为被动导通）。而在相对的另一种情况下，从导通变为关断时，由于电容的储能作用，原来电路中的电压不会在关断瞬间跃变，理想开关两端没有电压，所以没有损耗，是无条件的无损耗关断（在有些文献中称之为主动关断）。这样的情况可以用式（2-3）来表示。

$$
\begin{aligned}
&\text{导通状态：} u_s = 0,\ -\infty < i_s < \infty \\
&\text{关断状态：} i_s = 0,\ -\infty < u_s < \infty \\
&\text{开关特性：当} |i_s| > 0 \text{ 时，无条件关断} \\
&\qquad\qquad\ \text{当} u_s = 0 \text{ 时，有条件开通}
\end{aligned}
\tag{2-3}
$$

上述各种情况汇总如图 2-3 所示。在图 2-3 中，一共有四种情况，其中两种情况是涉及带电感负载的，另两种情况是涉及带电容负载的。由于电感线圈的电流存储性，导通前是没有电流的，导通后电流不会很快上升，但也不会很快流走，所以是无条件开通和有条件关断。而电容由于电压存储性的存在，它就是有条件开通和无条件关断。

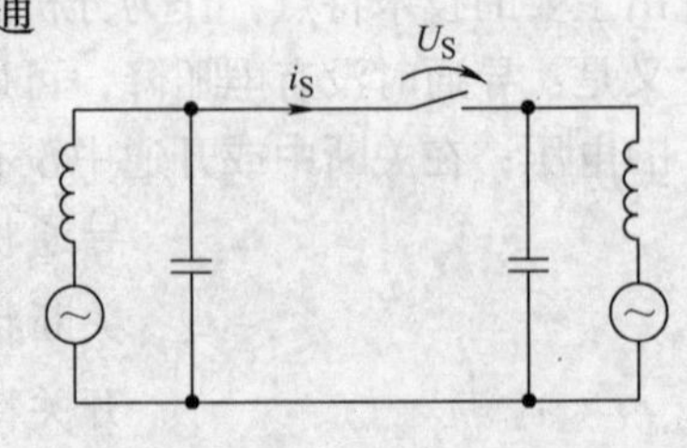

图 2-2　理想开关与电容串联的情况

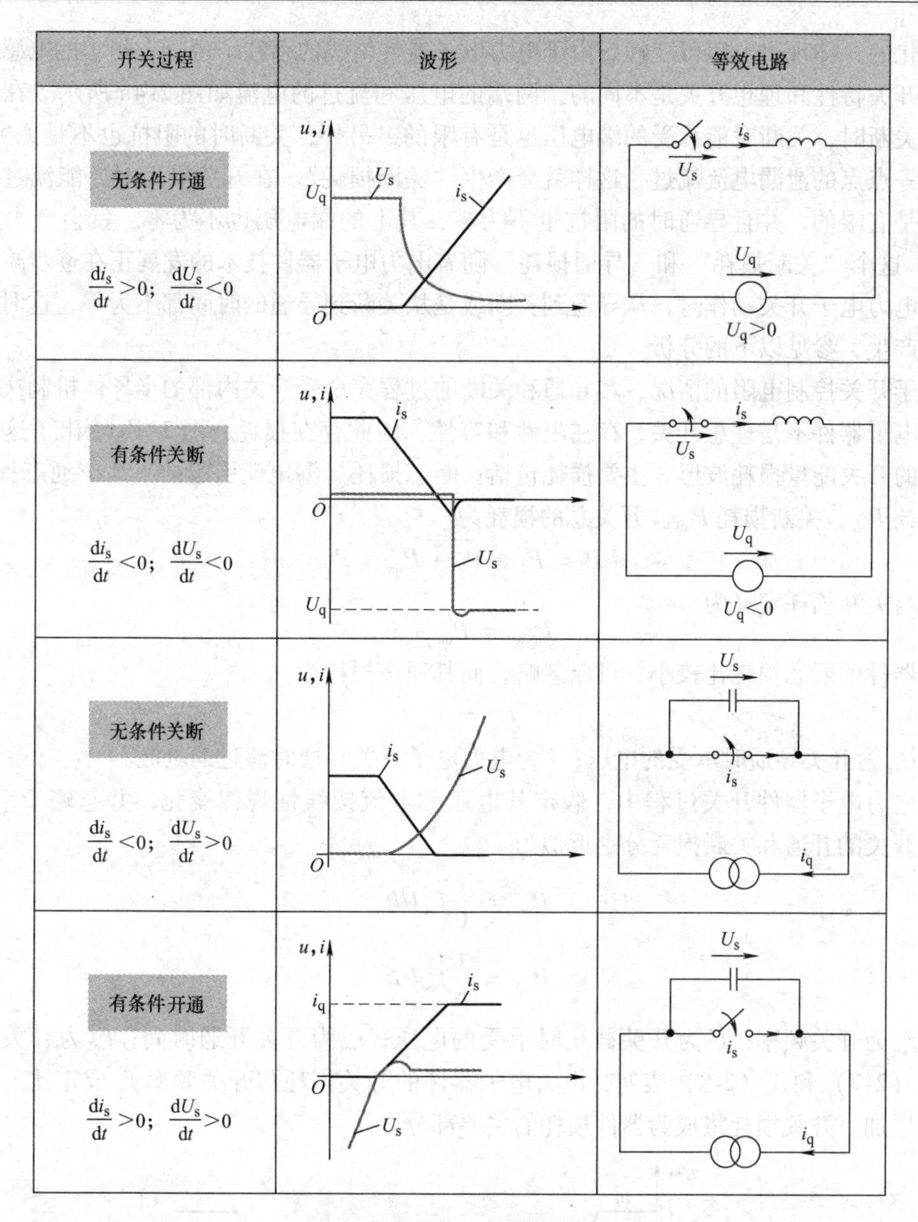

图 2-3 各种开关过程汇总

2.1.2 电力电子开关的实际开关特性

对于实际的电力电子开关来说，与理想开关的情况相比，在控制电阻、电感和电容性负载时，有同样的物理性质，但是其导通和关断机制显然有所不同。

电力电子开关由于其内部的半导体机制，存在较大的容性和一定的感性和阻性。由于在P型半导体区域或N型半导体区域，也包括耗尽层里，内部载流子的存在，也就是电子和空穴的存在，说明有电荷的存储现象，而使电力电子器件体现出容性的电气性能。当电力电子器件的功率较大时，这是一种常见的情况，掺杂半导体区域也很大，流经和存储的载流子也多，容性就较大。电力电子器件导通时电阻很小，而截止时电阻很大，反映了在工作时其电阻是变化的，体现出电阻可变性。由于电力电子器件引线的存在，也会有稍小的电感性。因此，其开关特性和理想开关是不同的，两端的电压和流过的电流如图 2-4a 所示。在电力电子开关关断时，关断时能承受的端电压也是有限的，另外，关断时的阻抗也不是无穷大的，还是有一点点的泄漏电流流过，这样就会产生“关断损耗”。在开关导通时，能流过的最大电流也是有限的，并且导通时的阻抗也不为零，其上的端电压也不为零，就会产生“导通损耗”。这个“关断损耗”和“导通损耗”随着电力电子器件技术的发展正在逐步减小。

在电力电子开关动作时，从导通到关断或是从关断到导通的时间都不为零，这时就有开关损耗产生，参见以下的分析。

对于开关控制电阻的情况，其导通和关断的过程完全受开关内部的半导体机制决定。由于电力电子器件不是理想开关，存在阻性和容性，因此存在损耗。图 2-4b 给出了这种情况下相应的开关能量损耗波形。主要损耗包括：断态损耗（漏电流引起的）P_1，通态损耗 P_2，开通损耗 P_{on}，关断损耗 P_{off}。开关总的损耗为

$$P = P_1 + P_2 + P_{on} + P_{off} \tag{2-4}$$

其开通与关断损耗定义为

$$P_{SW} = P_{on} + P_{off} \tag{2-5}$$

通常，器件的断态损耗比较小，可以忽略，而其通态损耗为

$$P_2 \approx U_{on} I \tag{2-6}$$

式中，U_{on} 为开关导通时承受的电压；I 为电力电子开关导通时流过的电流。

在电力电子器件开关过程中，假定其电压和电流按线性规律变化，并忽略 U_{on} 和漏电流，则开关的开通和关断损耗分别近似为

$$P_{on} = \frac{1}{6} f_{sw} U I t_{on} \tag{2-7}$$

$$P_{off} = \frac{1}{6} f_{sw} U I t_{off} \tag{2-8}$$

式中，f_{sw} 为开关频率；U 为开关截止时承受的电压；t_{on} 为开关开通时间；t_{off} 为开关关断时间。式（2-7）和式（2-8）表明，电力电子器件的开关损耗与开关频率 f_{sw} 成正比。随着开关频率增加，开关损耗将成为器件损耗的主要部分。

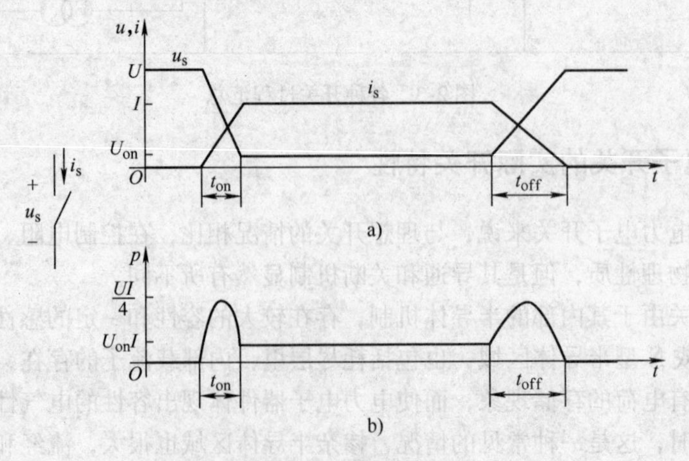

图 2-4 电力电子开关损耗波形示意图

a）开关特性 b）开关能量损耗波形

电力电子开关与电感线圈串联无条件开通后，将要接续电流的开关两端具有正向电压。当开关被控制器触发导通后，该电压降低，且开关电流的上升过程由半导体器件的开通机制所决定。与回路的串联电感一起，半导体的开通机制限制了电流的上升速度，并影响了回路中半导体器件和电感之间的电压分布。对于给定的半导体器件，开通损耗随电感值的增大而减小，直至一个最小值。一个具有正向电流的电力电子开关在有条件关断时，电流在外部电压的作用下先是降至零。此时，半导体中储存的载流子使得电流向相反的方向流动，直至半导体重新获得截止能力，并开始承受回路的反向电压为止。这段反向导通时间，叫做反向恢复时间（Reverse Recovery Time），用 t_{rr} 表示。这种情况的存在，会拉长开关过程，使开关时间变大。我们希望电力电子器件的反向恢复时间越小越好。

处于导通状态的电力电子器件在无条件关断时（所带的负载为容性的），一旦开始关断，这个器件上的电压先是正向上升，然后，所并联的等效电容上的电荷会随之改变，而产生电流。电流的上升速度由器件的关断机制所决定。对于给定的半导体器件，关断损耗随电容值的增加而降低。一个有条件开通的电力电子器件在开通前具有反向电压。如果在外电路的作用下，该电压变为正值，器件将承受正向电流。若该电流上升速度过快，则会引起开通过电压。

2.1.3　具体开关类型分类

根据上述分析，实际电力电子开关会存在损耗。针对这种情况，已提出应用了多种减少电力电子开关损耗的方法，如软开关技术和谐振开关技术。这样，就形成了多种开关形态并存的情况。下面，结合图2-5，对这些开关类型进行简要说明。

1. 硬开关（HS）

根据前边的分析，一个实际的电力电子开关如果带有感性或容性负载，而在开关时没有考虑开关的外部电特性条件（时机），就会产生很大的功率损耗。这种工作情况的开关，称为硬开关。

硬开通的特征如下：在电流换流期间 t_k，换流电压 u_k几乎全部降落在导通电流的开关 S 上，半导体内的功率损耗因此而出现一个可观的峰值。此时的换流电感值为最小，也就是说，电流的上升速度由正在开通的半导体开关所决定。在开关 S 被动关断后，电流的换流过程结束。换流时间与开关时间大致相等。

2. 软开关（ZCS，ZVS）

电力电子器件的无条件开通和关断只是产生很小的损耗，所以在考虑降低功率损耗时主要讨论有条件开通和有条件关断的情况。我们可以按照所分析的电力电子器件的有条件开通和有条件关断的条件控制电力电子器件，也就是当电力电子器件带感性负载时，在这个回路的电流为零（流过开关的电流为零）时才关断；而当电力电子器件带容性负载时，则是电力电子器件两端的电压为零才导通。这样的控制方式能降低开关损耗，这种控制方式的开关称为软开关。当流过开关的电流为零时关断的软开关称为零电流开关（Zero Current Switch，ZCS），当开关两端电压为零时关断的软开关称为零电压开关（Zero Voltage Switch，ZVS）。

当一个零电流开关软开通时，如果这个开关所串联的等效电感 L_K 足够大，则开关电压就很快下降到其导通压降的数值，等效电感 L_K 也称为换流电感。因此，在电流换流期间，开关损耗几乎是可以完全避免的。换流电感 L_K 决定了电流的上升速度。电流换流过程结束于开关 S_2 的被动关断，因而换流时间 t_k 长于开关的开通时间 T_S。

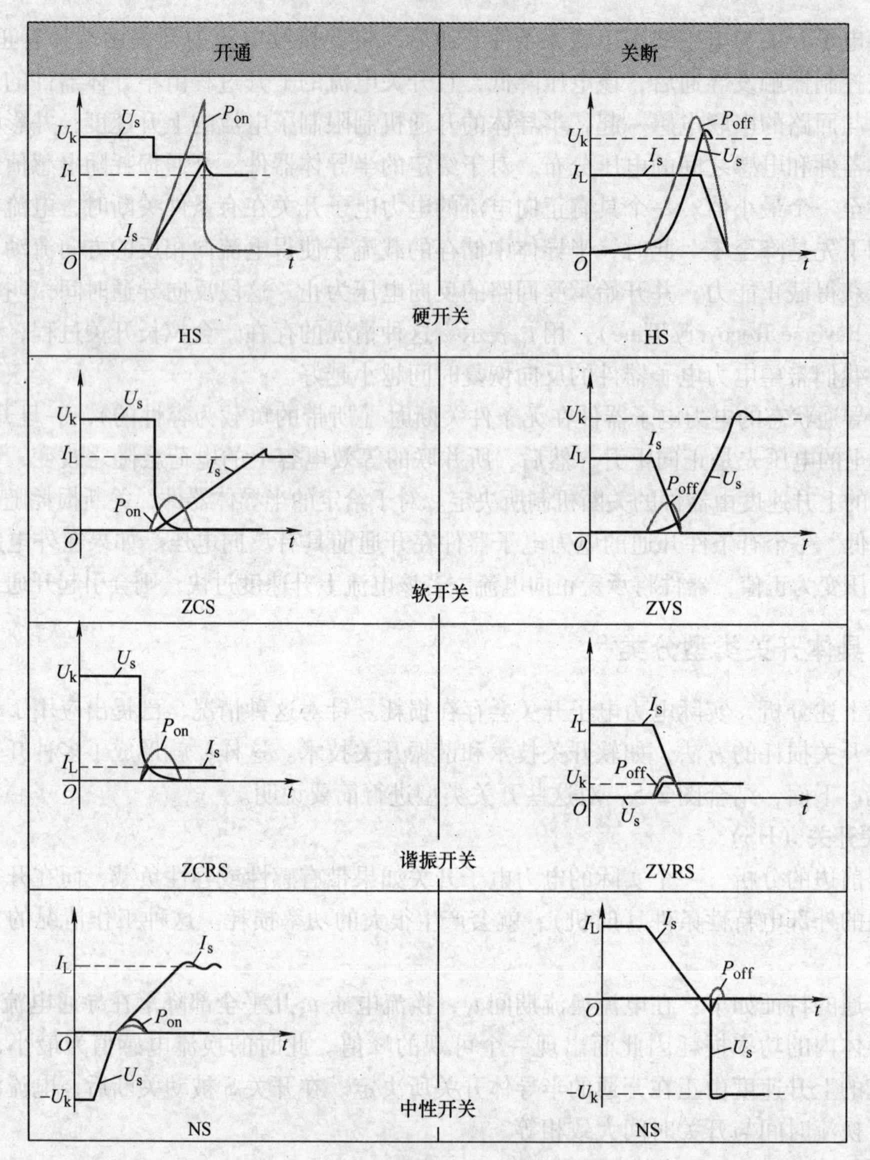

U_k—换流电压；I_L—负载电流。

图 2-5　各种实际开关类型的电压、电流波形图

零电压开关的关断过程始于 S_1 的主动关断。开关的电流逐渐变小，并流进这个开关所并联的等效电容 C_K 中，意味着电压的换流过程开始，等效电容 C_K 称为换流电容。换流电容 C_K 比最小换流电容 C_{KMIN} 大，它在相当程度上影响了电压的上升速度。由于开关电压的上升较缓，损耗得以减小。

3. 谐振开关（ZCRS，ZVRS）

如果在一个零电流开关上加上一个谐振网络，在电流 I_L 接近零时开始导通，则称之为“零电流谐振开关”。此时的开关损耗比零电流开关软开通时更低。所以系统也失去了一个控制自由度。

而一个零电压谐振关断则表现为，在关断的过程中，所加的谐振网络会使换流电压接近

为零。此时的的开关损耗比零电压开关软关断时更低。但是因为电流过零点不能由开关主动地决定，所以系统失去了一个控制自由度。

4. 中性开关（NS）

如果开关电压和开关电流在开关瞬间均为零，则称之为中性开关。一般来说，二极管就工作在这种状态之下。

2.2　实际电力电子器件

电力电子器件是电力电子系统的主体和核心，是决定着电力电子电路的性能、功耗和可靠性的主要因素。当前，电力电子器件已进入全控（即能控制其导通，又能控制其截止）器件阶段，涉及到的主要器件是双极型晶体管、VMOS场效应管和绝缘栅双极型晶体管。我们要重点学习这三种器件的不同之处。

2.2.1　电力晶体管

1. GTR的结构与工作原理

电力晶体管（Giant Transistor，GTR）是一种耐压较高、电流较大的双极结型晶体管（Bipolar Junction Transistor，BJT），其工作原理与一般双极结型晶体管相同。图2-6给出这种晶体管的结构、图形符号和工作原理示意图。图2-6c通过表示其内部载流子的流动来说明晶体管的共射极接法的放大作用。集电极电流 I_C 与基极电流 I_B 之比为 β，是GTR的电流放大系数，反映了基极电流对集电极电流的控制能力。

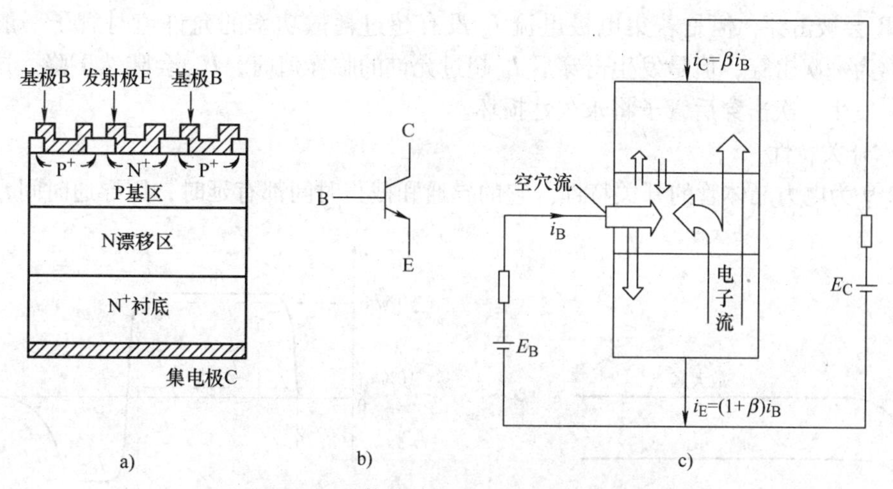

图2-6　晶体管结构和工作原理示意图

a）内部结构断面示意图　b）电气图形符号　c）内部截流子的流动

当考虑到集电极和发射极间的漏电流 I_{CEO} 时，I_C 和 I_B 的关系为 $I_C=\beta I_B+I_{CEO}$。单管GTR的 β 值比小功率的晶体管小得多，通常为10左右，采用达林顿接法可有效增大电流增益。通常采用至少由两个晶体管按达林顿接法组成的单元结构，如图2-7所示。采用集成电路工艺将许多这种单元并联而成。它与普通的极结型晶体管基本原理是一样的。主要特性是耐压高、电流大、开关特性好。

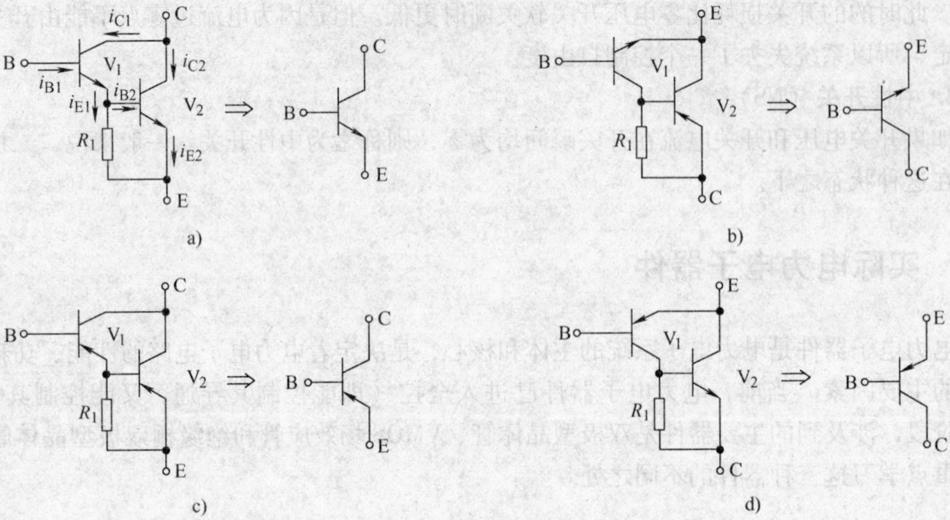

图 2-7 达林顿结构示意图

2. 电力晶体管的工作特性

（1）输出特性

GTR 和一般晶体管有相类似的输出特性，如图 2-8 所示，根据基极驱动情况可分为截止区、放大区和饱和区，GTR 一般工作在截止区和饱和区，即工作在开关状态，在开关的过渡过程中要经放大区。基极电流 I_B 小于一定值时 GTR 截止，大于一定值时 GTR 饱和导通，工作在饱和区时集电极和发射极之间的电压降 U_{CE} 很小。在无驱动时，集电极电压超过规定值时 GTR 会被击穿，但是若集电极电流 I_C 没有超过耗散功率的允许值时管子一般不会损坏，这称为一次击穿，但是发生击穿后 I_C 超过允许的临界值时，U_{CE} 会陡然下降，这称为二次击穿，发生二次击穿后管子将永久性损坏。

（2）开关特性

图 2-9 为电力晶体管的开关特性。它的导通和截止时间都有延时，用导通时间 t_{on} 和截止

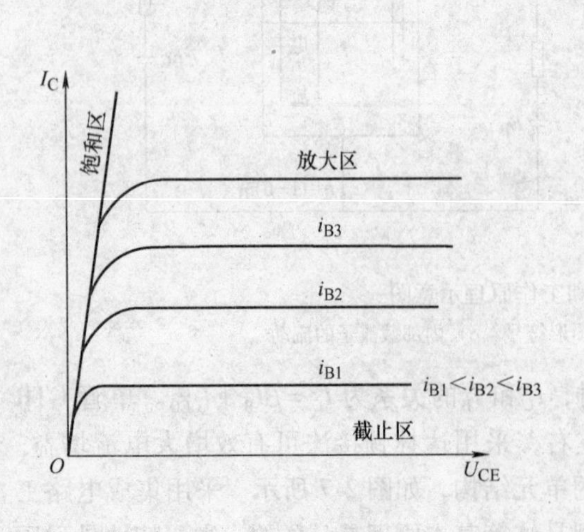

图 2-8 电力晶体管的输出特性

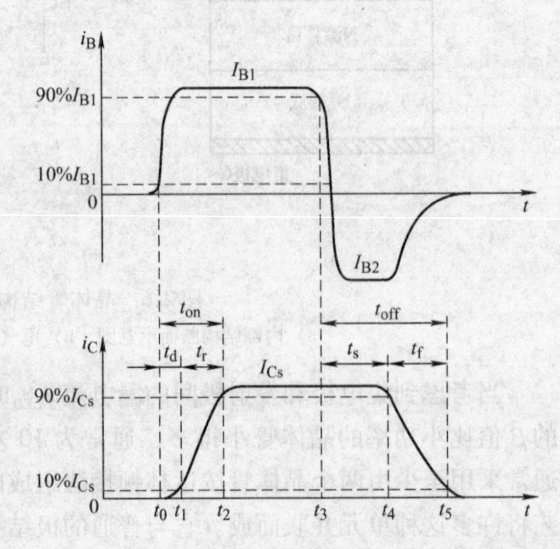

图 2-9 电力晶体管的开关特性

时间 t_{off}表示。开关特性主要由关断时间的主要部分——存储时间所决定。要使在基极层积累的载流子流出需要一定的时间，这个时间可以通过在基极上强迫流过反向电流而缩短。

3. GTR 的主要参数

GTR 的主要参数有：最高工作电压，包括发射极开路时集基极间的反向击穿电压 BU_{CBO}，基极开路时集射极间反向击穿电压 BU_{CEO}；集电极最大允许电流 I_{CM}；集极最大耗散功率 P_{CM}等。

2.2.2 电力场效应晶体管

1. 电力场效应晶体管的结构和工作原理

电力场效应晶体管种类和结构有许多种，按导电沟道可分为 P 沟道和 N 沟道，同时又有耗尽型和增强型之分。在电力电子装置中，主要采用 *N* 沟道增强型。

电力场效应晶体管导电机理与小功率绝缘栅 MOS 管相同，但结构有很大区别。小功率绝缘栅 MOS 管是一次扩散形成的器件，导电沟道平行于芯片表面，横向导电。电力场效应晶体管大多采用垂直导电结构，提高了器件的耐电压和耐电流的能力。按垂直导电结构的不同，又可分为 2 种：V 形槽 VVMOSFET 和双扩散 VDMOSFET。

电力场效应晶体管采用多单元集成结构，一个器件由成千上万个小的 MOSFET 组成。N 沟道增强型双扩散电力场效应晶体管一个单元的剖面图如图 2-10a 所示，电气符号如图 2-10b所示。

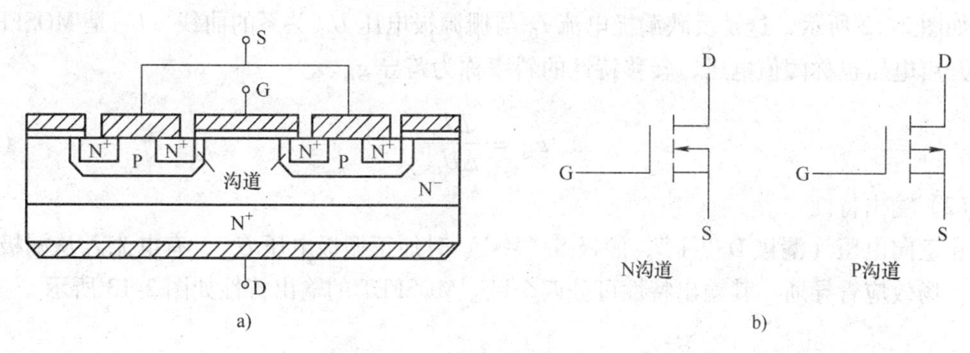

图 2-10 电力场效应晶体管结构与符号

a）内部结构剖面示意图 b）电气符号

电力场效应晶体管有 3 个端子：漏极 D、源极 S 和栅极 G。当漏极接电源正，源极接电源负时，栅极和源极之间电压为 0，沟道不导电，管子处于截止状态。如果在栅极和源极之间加一正向电压 U_{GS}，并且使 U_{GS}大于或等于管子的开启电压 U_{T}，则管子开通，在漏、源极间流过电流 I_{D}。U_{GS}超过 U_{T}越大，导电能力越强，漏极电流越大。

VMOS 场效应管（VMOSFET）简称 VMOS 管或功率场效应管，其全称为 V 型槽 MOS 场效应管，它是继 MOSFET 之后发展起来的高效功率开关器件。它不仅继承了 MOS 场效应管输入阻抗高、驱动电流小的优点，还具有耐压高、工作电流大、输出功率高、跨导的线性好、开关速度快等优良特性。正是由于它将电子管与功率晶体管之优点集于一身，因此在电压放大器（电压放大倍数可达数千倍）、功率放大器、开关电源和逆变器中获得广泛应用。VMOS 场效应管具有极高的输入阻抗及较大的线性放大区等优点，尤其是其具有负的电流温度系数，即在栅-源电压不变的情况下，导通电流会随管温升高而减小，故不存在由于“二次击穿”现象所引起的管子损坏现象。

众所周知，传统的 MOS 场效应管的栅极、源极和漏极大致处于同一水平面的芯片上，其工作电流基本上是沿水平方向流动。VMOS 管则不同，从图 2-11 上可以看出其两大结构特点：第一，金属栅极采用 V 型槽结构；第二，具有垂直导电性。由于漏极从芯片的背面引出，所以漏极电流 I_D 不是沿芯片水平流动，而是自重掺杂 N^+ 区（源极 S）出发，经过 P 沟道流入轻掺杂 N－漂移区，最后垂直向下到达漏极 D。电流方向如图中箭头所示，因为流通截面积增大，所以能通过大电流。由于在栅极与芯片之间有二氧化硅绝缘层，因此它仍属于绝缘栅型 MOS 场效应管。

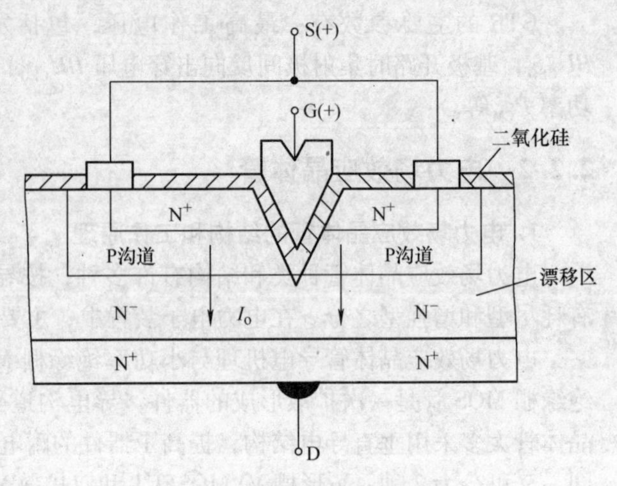

图 2-11　VMOS 管结构示意图

2. 主要特性

（1）转移特性

如图 2-12 所示，这是反映漏极电流 I_D 与栅源极电压 U_{GS}关系的曲线。U_T 是 MOSFET 的栅极开启电压也称阈值电压，转移特性的斜率称为跨导 g_m。

$$g_m = \frac{\Delta I_D}{\Delta U_{GS}} \tag{2-9}$$

（2）输出特性

在正向电压（漏极 D“+”，源极 S“－”）时加正栅极电压 U_{GS}，有电流 I_D从漏极流向源极，场效应管导通。其输出特性可分四个区。MOSFET 的输出特性如图 2-13 所示。

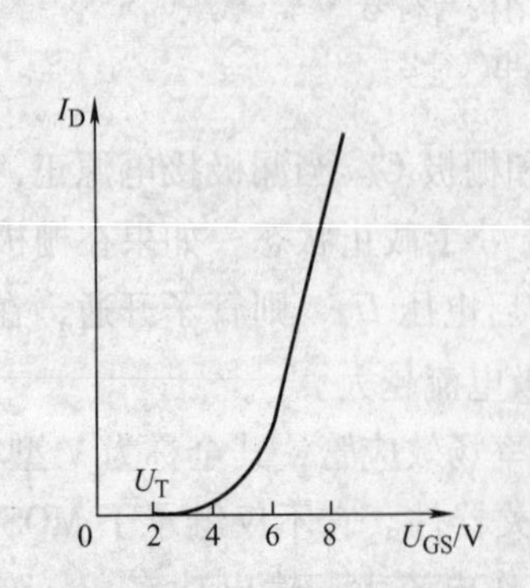

图 2-12　功率 MOSFET 管的转移特性

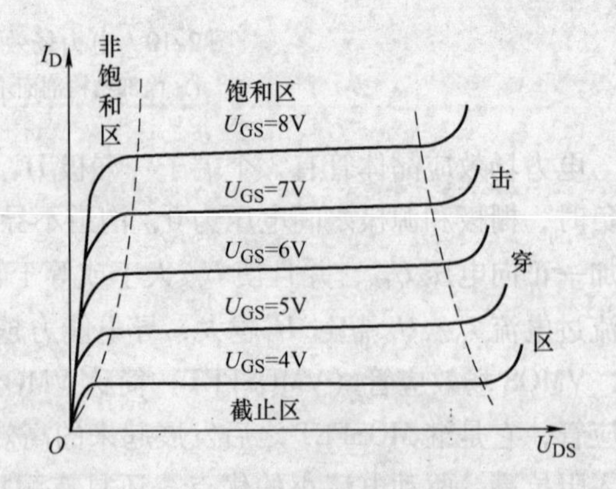

图 2-13　功率 MOSFET 管的输出特性

（3）开关特性

由于功率 MOSFET 管没有积蓄载流子现象，所以本质上开关速度很快，其速度与各电极之间的寄生电容的充放电时间相当。为此，用大的栅极电流充电时，导通时间变短；同样，用大的栅极电流放电时，关断时间也变短。功率 MOSFET 管的栅极驱动电路为了控制这个充放电时间，通常采用两电源方式。充放电时间用栅极电路的电阻调节。

3. 主要参数

1）通态电阻 R_{on}。指在确定的栅压 U_{GS}时，MOSFET 从非饱和区进入饱和区时的漏源极间等效电阻。R_{on}受温度变化的影响很大，并且耐压高的器件 R_{on}也较大，管压降也较大，因此它不易制成高压器件。

2）开启电压 U_T。应用中常将漏极短接条件下 I_D为 1mA 时的栅极电压定义为开启电压。

3）漏极击穿电压 BU_{DS}。避免器件进入击穿区的最高极限电压，是 MOSFET 标定的额定电压。

4）栅极击穿电压 BU_{GS}。一般栅源电压 U_{GS}的极限值为 ±20V。

5）漏极连续电流 I_D和漏极峰值电流 I_{DM}。这是 MOSFET 的电流额定值和极限值，使用中要重点注意。

6）极间电容。极间电容包括栅极电容 C_{GS}、栅漏电容 C_{GD}、漏源电容 C_{DS}。MOSFET 的工作频率高，极间电容的影响不容忽视。厂家一般提供的是输入电容 C_{iss}、输出电容 C_{oss}、反向转移电容 C_{rss}，它们和极间电容的关系为 $C_{iss}=C_{GS}+C_{GD}$，$C_{oss}=C_{DS}+C_{GD}$，$C_{rss}=C_{GD}$。

7）开关时间。包括开通时间 t_{on}和关断时间 t_{off}，开通时间和关断时间都在数十纳秒左右。

4. 注意事项

1）为了安全使用场效应管，在线路的设计中不能超过管的耗散功率、最大漏源电压、最大栅源电压和最大电流等参数的极限值。

2）在使用时，各类场效应管都要严格按要求的偏置条件接入电路中，要遵守场效应管偏置的极性。

3）MOS 场效应管由于输入阻抗极高，所以在运输、储藏中必须将引出脚短路，要用屏蔽包装，以防止外来感应电动势将栅极击穿。尤其要注意，不能将 MOS 场效应管放入塑料盒子内，保存时最好放在金属盒内，同时也要注意管子防潮。

4）为了防止场效应管栅极感应击穿，要求一切测试仪器、工作台、电烙铁、线路本身都必须有良好的接地；管脚在焊接时，先焊源极；在连入电路之前，管子的全部引线端保持互相短接状态，焊接完后才把短接材料去掉；从元器件架上取下管子时，应以适当的方式确保人体接地，如采用接地环等；如果能采用先进的气热型电烙铁，则焊接场效应管是比较方便的，并且能确保安全；在未关断电源时，绝对不可以把管子插入电路或从电路中拔出。以上安全措施在使用场效应管时必须注意。

5）在安装场效应管时，注意安装的位置要尽量避免靠近发热元件；为了防止管件振动，有必要将管壳体紧固起来；管脚引线在弯曲时，应当在大于根部尺寸 5mm 处进行，以防止弯断管脚等。对于功率型场效应管，要有良好的散热条件。因为功率型场效应管在高负荷条件下运用，必须设计足够的散热器，确保壳体温度不超过额定值，使器件长期稳定可靠地工作。

【例 2-1】　电力 MOSFETIRLML2402。

IRLML2402 是一款有着超低导通电阻、快速开关速度和加强型设计的 N 沟道的应用广泛的 MOSFET，它的典型值是 $U_{DSS}=20V$ 和 $R_{DS(ON)}=0.25\Omega$。图 2-14 为 IRLML2402 的引脚分布图和外形图。根据附录 B 中参数表 B-3 可以看到，这款芯片的工作电流和工作电压不是很大。图 2-15 为 IRLML2402 的开关波形，在使用时要注意参照。

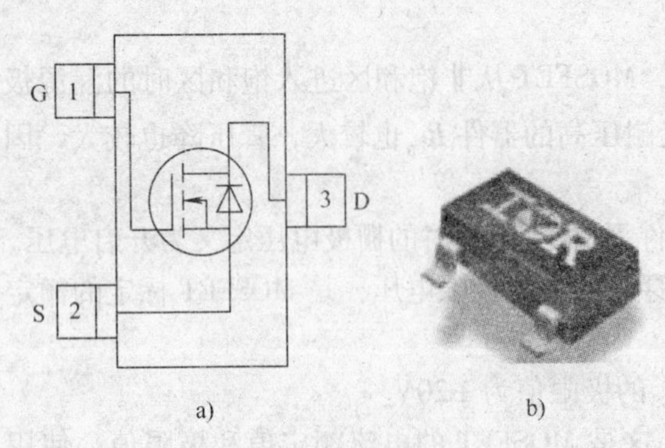

图 2-14　IRLML2402 的引脚分布图和外形图

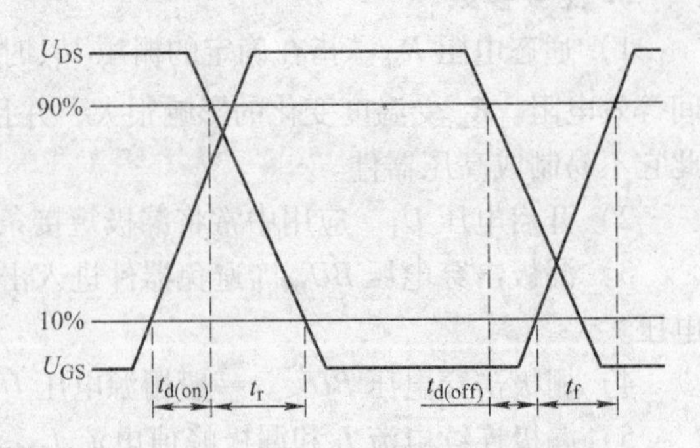

图 2-15　IRLML2402 的开关波形

2.2.3　绝缘栅双极型晶体管

绝缘栅双极型晶体管（Insulated Gate Bipolar Transistor，IGBT）是一种复合型器件，它的输入部分为 MOSFET，输出部分为双极型晶体管，因此它兼有 MOSFET 输入阻抗高、电压控制、驱动功率小、开关速度快、工作频率高（IGBT 工作频率可达 10～50kHz）的特点和 GTR 电压电流容量大的特点，克服了 MOSFET 管压降大和 GTR 驱动功率大的缺陷，故在较高频率的大、中功率应用中占据了主导地位。

1. 等效电路和工作原理

IGBT 的等效电路和电气符号如图 2-16 所示。由图可知，若在 IGBT 的栅极和发射极之间加上驱动正电压，则 MOSFET 导通，这样 PNP 晶体管的集电极与基极之间成低阻状态而使得晶体管导通；若 IGBT 的栅极和发射极之间电压为 0V，则 MOSFET 截止，切断 PNP 晶体管基极电流的供给，使得晶体管截止。

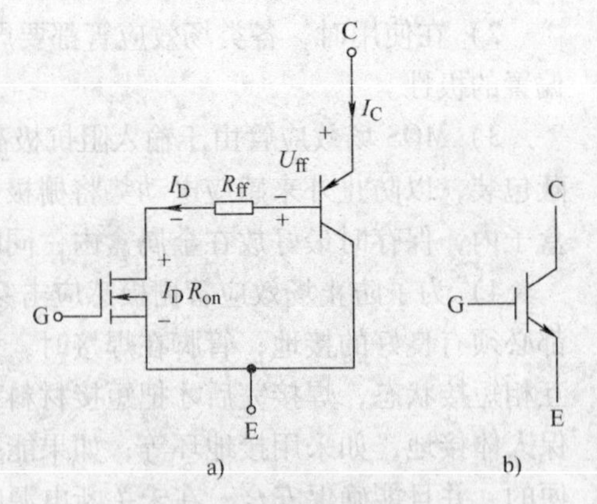

图 2-16　IGBT 的等效电路和电气符号
a）等效电路　b）电气符号

由此可知，IGBT 的安全可靠与否主要由以下因素决定：IGBT 栅极与发射极之间的电压；IGBT 集电极与发射极之间的电压；流过 IGBT 集电极-发射极的电流；IGBT 的结温。

如果 IGBT 栅极与发射极之间的电压，即驱动电压过低，则 IGBT 不能稳定正常地工作，如果过高超过栅极-发射极之间的耐压，则 IGBT 可能永久性损坏；同样，如果加在 IGBT 集电极与发射极的电压超过集电极-发射极之间的允许耐压，流过 IGBT 集电极-发射极的电流超过集电极-发射极允许的最大电流，IGBT 的结温超过其结温的允许值，IGBT 可能会永久性损坏。

2. 特性分析

（1）双极型晶体管的影响

IGBT 中双极型 PNP 晶体管的存在，虽然带来了电导调制效应的好处，但也引入了少子储存现象，因而IGBT的开关速度低于电力MOSFET。IGBT的击穿电压、通态压降和关断时间也是需要折衷的参数。高压器件的N基区必须有足够宽度和较高的电阻率，这会引起通态压降的增大和关断时间的延长。所谓擎住效应问题：由于IGBT存在一个寄生的晶体管，当I_C大到一定程度，寄生晶体管导通，栅极失去控制作用。此时，漏电流增大，造成功耗急剧增加，器件损坏。安全工作区随着开关速度的增加将减小。

（2）栅极特性

IGBT是电压控制型器件，在它的栅极和发射极间施加十几伏的直流电压，只有微安级的漏电流流过，基本上不消耗功率。但IGBT的栅极和发射极间存在着较大的寄生电容（几千至上万pF），在驱动脉冲电压的上升及下降沿需要提供数安培的充放电电流，才能满足开通和关断的动态要求，这使得它的驱动电路也必须输出一定的峰值电流。IGBT作为一种大功率的复合器件，存在着过电流时可能发生锁定现象而造成损坏的问题。在过电流时如采用一般的速度封锁栅极电压，过高的电流变化率会引起过电压，为此需要采用软关断技术，因而掌握好IGBT的驱动和保护特性是十分必要的。

IGBT的栅极通过一层氧化膜与发射极实现电隔离。由于此氧化膜很薄，其击穿电压一般只能达到20~30V，因此栅极击穿是IGBT失效的常见原因之一。在应用中有时虽然保证了栅极驱动电压没有超过栅极最大额定电压，但栅极连线的寄生电感和栅极-集电极间的电容耦合，也会产生使氧化层损坏的振荡电压。为此，通常采用绞线来传送驱动信号，以减小寄生电感。在栅极连线中串联小电阻也可以抑制振荡电压。由于IGBT的栅极-发射极和栅极-集电极间存在着分布电容C_{GE}和C_{GC}，以及发射极驱动电路中存在分布电感L_E，这些分布参数的影响，使得IGBT的实际驱动波形与理想驱动波形不完全相同，并产生了不利于IGBT开通和关断的因素。由于电容C_{GC}的存在，使得IGBT的关断过程也延长了许多。为了减小此影响，一方面应选择C_{GC}较小的IGBT器件；另一方面应减小驱动电路的内阻抗，使流入C_{GC}的充电电流增加，加快u_{GE}的上升速度。

在实际应用中，IGBT的u_{GE}幅值也影响着饱和导通压降，u_{GE}增加，饱和导通电压将减小。由于饱和导通电压是IGBT发热的主要原因之一，因此必须尽量减小。通常u_{GE}为15~18V，若过高，容易造成栅极击穿，因此u_{GE}一般取15V。IGBT关断时给其栅极-发射极加一定的负偏压有利于提高IGBT的抗干扰能力，通常取5~10V。

栅极驱动电压的上升、下降速率对IGBT开通关断过程有较大的影响。IGBT的MOS沟道受栅极电压的直接控制，而MOSFET部分的漏极电流控制着双极部分的栅极电流，使得IGBT的开通特性主要决定于它的MOSFET部分，所以IGBT的开通受栅极驱动波形的影响较大。IGBT的关断特性主要取决于内部少子的复合速率，少子的复合受MOSFET关断的影响，所以栅极驱动对IGBT的关断也有影响。在高频应用时，驱动电压的上升、下降速率应快一些，以提高IGBT开关速率降低损耗。在正常状态下IGBT开通越快，损耗越小。但在开通过程中如有续流二极管的反向恢复电流和吸收电容的放电电流，则开通越快，IGBT承受的峰值电流越大，越容易导致IGBT损坏。此时应降低栅极驱动电压的上升速率，即增加栅极串联电阻的阻值，抑制该电流的峰值，其代价是较大的开通损耗。利用此技术，开通过程的电流峰值可以控制在任意值。由以上分析可知，栅极串联电阻和驱动电路内阻抗对IGBT的开通过程影响较大，而对关断过程影响小一些，串联电阻小有利于加快关断速率，减小关断损耗，但过小会造成di/dt过大，产生较大的集电极电压尖峰。因此对串联电阻要根据具体设计要求进行全面综合的考虑。

栅极电阻对驱动脉冲的波形也有影响。电阻值过小时会造成脉冲振荡，过大时脉冲波形的前后沿会发生延迟和变缓。IGBT 的栅极输入电容 C_{GE} 随着其额定电流容量的增加而增大。为了保持相同的驱动脉冲前后沿速率，对于电流容量大的 IGBT 器件，应提供较大的前后沿充电电流。为此，栅极串联电阻的电阻值应随着 IGBT 电流容量的增加而减小。

（3）开关特性

IGBT 的开关速度高，但开关时间比电力 MOSFET 要长，开关损耗小。在电压 1000V 以上时，开关损耗只有 GTR 的 1/10，与电力 MOSFET 相当。相同电压和电流定额时，安全工作区比 GTR 大，且具有耐脉冲电流冲击能力。通态压降比 VDMOSFET 低，特别是在电流较大的区域。输入阻抗高，输入特性与 MOSFET 类似。与 MOSFET 和 GTR 相比，耐压和通流能力还可以进一步提高，同时保持开关频率高的特点。

3. 主要参数

1）最大集射极电压 U_{CES}。这是 IGBT 的额定电压，超过该电压 IGBT 将可能击穿。

2）最大集电极电流。包括通态时的直流电流 I_C 和 1ms 脉冲宽度的最大电流 I_{CP}。最大集极电流 I_{CP} 是根据避免擎住效应确定的。

3）最大集电极功耗 P_{CM}。

4）开通时间和关断时间。

【例 2-2】 绝缘栅双极型晶体管 FGA25N120AN。

这是一款具有低的导通和开关损耗的 IGBT，其特点是开关速度高、饱和电压低和输入阻抗高，主要应用于感应加热、不间断电源（UPS）、交流和直流电机控制和通用变频器。图 2-17 给出了 FGA25N120AN 的外形和引脚分布。从附录 B 中表 B-6 和表 B-7 可知，这是一个工作电流和工作电压都很大的 IGBT 芯片。

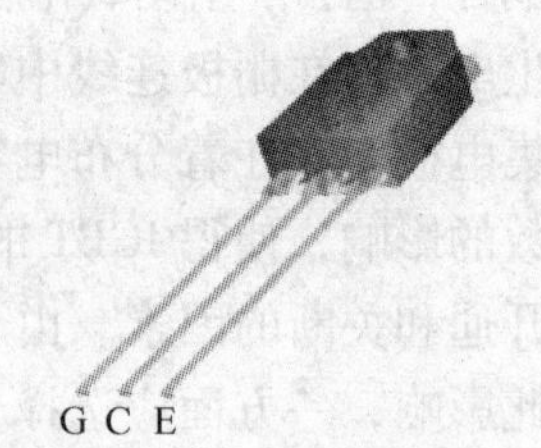

图 2-17 FGA25N120AN 的外形和引脚分布

2.3 电力电子器件的驱动

2.3.1 电力电子器件驱动电路概述

驱动电路是主电路与控制电路之间的接口，它使器件工作在较理想的开关状态，缩短开关时间，减小开关损耗，对装置的运行效率、可靠性和安全性都有重要意义。对器件和整个装置的一些保护措施也往往设在驱动电路中或通过驱动电路实现。

驱动电路的基本任务将信号电子电路传来的信号按控制目标的要求，转换为加在电力电子器件控制端和公共端之间、可以使其开通或关断的信号。驱动电路还要提供控制电路与主电路之间的电气隔离环节，一般采用光隔离和磁隔离，光隔离一般采用光耦合器，磁隔离的元件一般是脉冲变压器。驱动电路还必须要有放大或缩小信号的能力，以使主电路和控制电路之间的信号匹配。同时，驱动电路也担负着抗干扰的功能。

2.3.2 GTR 的驱动电路

开通驱动电流使 GTR 处于准饱和导通状态，使之不进入放大区和深饱和区。关断 GTR

时，施加一定的负基极电流有利于减小关断时间和关断损耗，关断后同样应在基射极之间施加一定幅值（6V左右）的负偏压。理想的GTR基极驱动电流波形如图2-18所示。

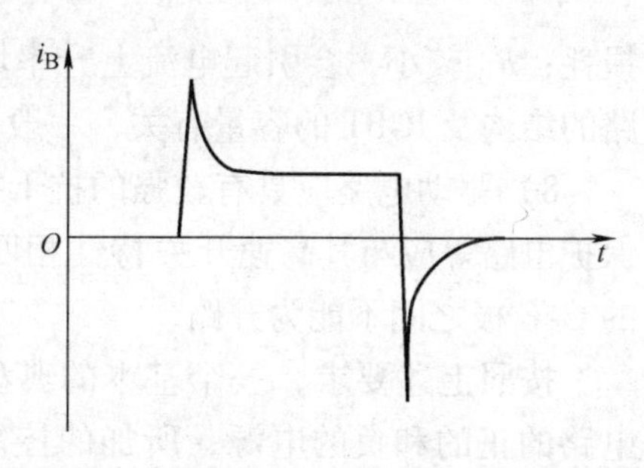

图2-18　理想的GTR基极驱动电流波形

GTR的一种驱动电路如图2-19所示，包括电气隔离和晶体管放大电路两部分。V是被驱动控制的目标电力晶体管，二极管VD_2和电位补偿二极管VD_3构成贝克箝位电路，也即一种抗饱和电路。负载较轻时，如V_5发射极电流全注入V，会使V过饱和。有了贝克箝位电路，当V过饱和使得集电极电位低于基极电位时，VD_2会自动导通，使多余的驱动电流流入集电极，维持$U_{BC}\approx0$。C_2为加速开通过程的电容，开通时，R_5被C_2短路，可实现驱动电流的过冲，并增加前沿的陡度，加快开通。

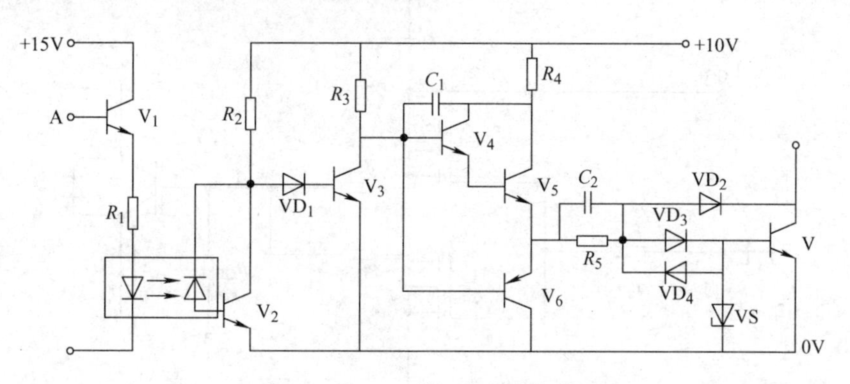

图2-19　GTR的一种驱动电路

2.3.3　MOSFET和IGBT的驱动电路

MOSFET已成为开关电源最常用的功率开关器件之一。而驱动电路的好坏直接影响开关电源工作的可靠性及性能指标。一个好的MOSFET驱动电路的要求是：

1）开关管开通瞬时，驱动电路应能提供足够大的充电电流使MOSFET栅源极间电压迅速上升到所需值，保证开关管能快速开通且不存在上升沿的高频振荡。

2）开关管导通期间驱动电路能保证MOSFET栅源极间电压保持稳定使其可靠导通。

3）关断瞬间驱动电路能提供一个尽可能低阻抗的通路供MOSFET栅源极间电容电压的快速泄放，保证开关管能快速关断。

4）关断期间驱动电路最好能提供一定的负电压避免受到干扰产生误导通。

5）另外要求驱动电路结构简单可靠，损耗小，最好有隔离。

6）使MOSFET开通的驱动电压一般为10~15V，使IGBT开通的驱动电压一般为15~20V。关断时施加一定幅值的负驱动电压（一般取 -5~-15V），有利于减小关断时间和关断损耗。

7）在栅极串入一只低值电阻（数十欧左右），可以减小寄生振荡，该电阻阻值应随被驱动器件电流额定值的增大而减小。IGBT驱动电路中的电阻R_G对工作性能有较大的影响，R_G较大，有利于抑制IGBT的电流上升率及电压上升率，但会增加IGBT的开关时间和开关损耗；R_G 较小，会引起电流上升率增大，使 IGBT 误导通或损坏。R_G 的具体数据与驱动电路的结构及 IGBT 的容量有关，一般在几欧～几十欧，小容量的 IGBT 其 R_G 值较大。

8）驱动电路应具有较强的抗干扰能力及对 IGBT 的自保护功能。IGBT 的控制、驱动及保护电路等应与其高速开关特性相匹配，另外，在未采取适当的防静电措施情况下，IGBT 的 G-E 极之间不能为开路。

按照上述要求，一个基本的典型 IGBT 驱动电路如图 2-20 所示。U_{GG+} 和 U_{GG-} 是驱动电路的正的和负的电源，所加的控制信号是双极性的，经推挽放大后驱动 IGBT。图中所用的推挽放大采用小功率 MOSFET 构成的互补型源极跟随放大器。其他放大器，如 MOSFET构成的互补型漏极跟随放大器、双极性晶体管构成的集电极跟随器和推挽放大器也经常使用。

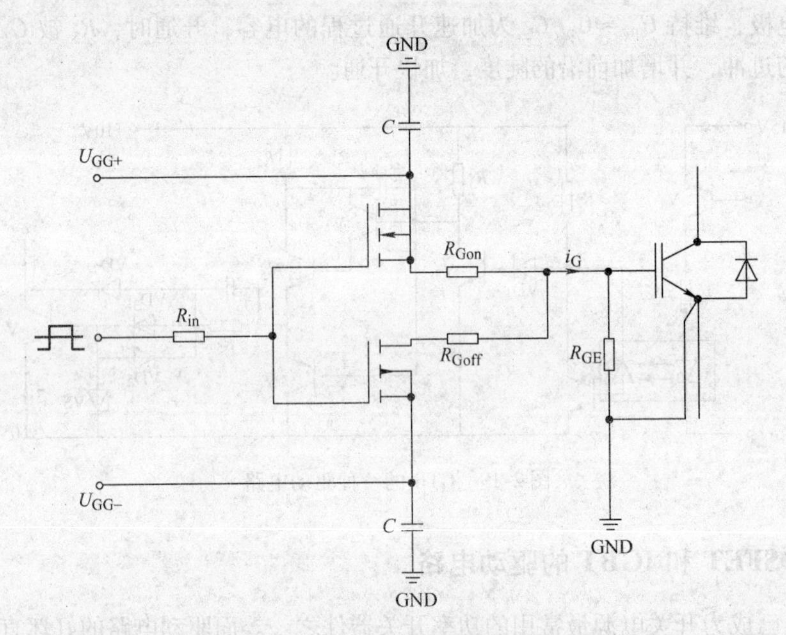

图 2-20　基本的 IGBT 驱动电路

一种类似的电力 MOSFET 的驱动电路如图 2-21 所示。此电路包括电气隔离和晶体管放大电路两部分，无输入信号时高速放大器 A 输出负电平，V_3 导通输出负驱动电压；有输入信号时 A 输出正电平，V_2 导通输出正驱动电压。

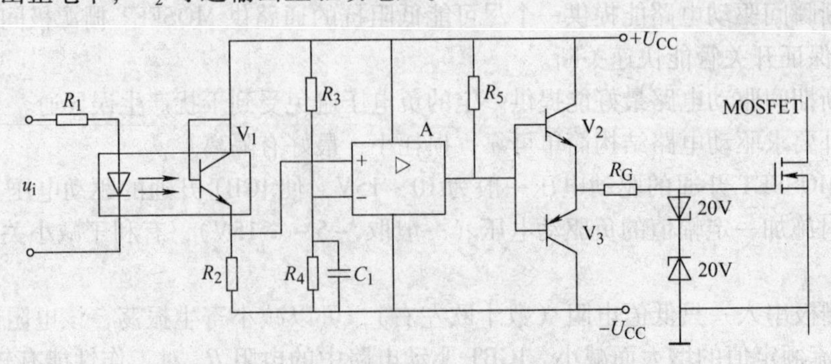

图 2-21　电力 MOSFET 的一种驱动电路

在半桥栅极式开关管的驱动中，因为每个开关管的栅极驱动电压信号都是相对于其自身的源极（MOSFET 的情况）或发射极（IGBT 的情况）加的，使用同一电源会使两个管的源极（MOSFET 的情况）或发射极（IGBT 的情况）直接连接，而使高侧控制电压的参考电压降低，使所需的控制电压幅值大幅提高。所以，高侧和低侧的开关管必须使用不同的电源。这样，半桥式电路才会比较全面地体现驱动电路的特点。一个半桥式电路的典型驱动电路如图 2-22 所示。

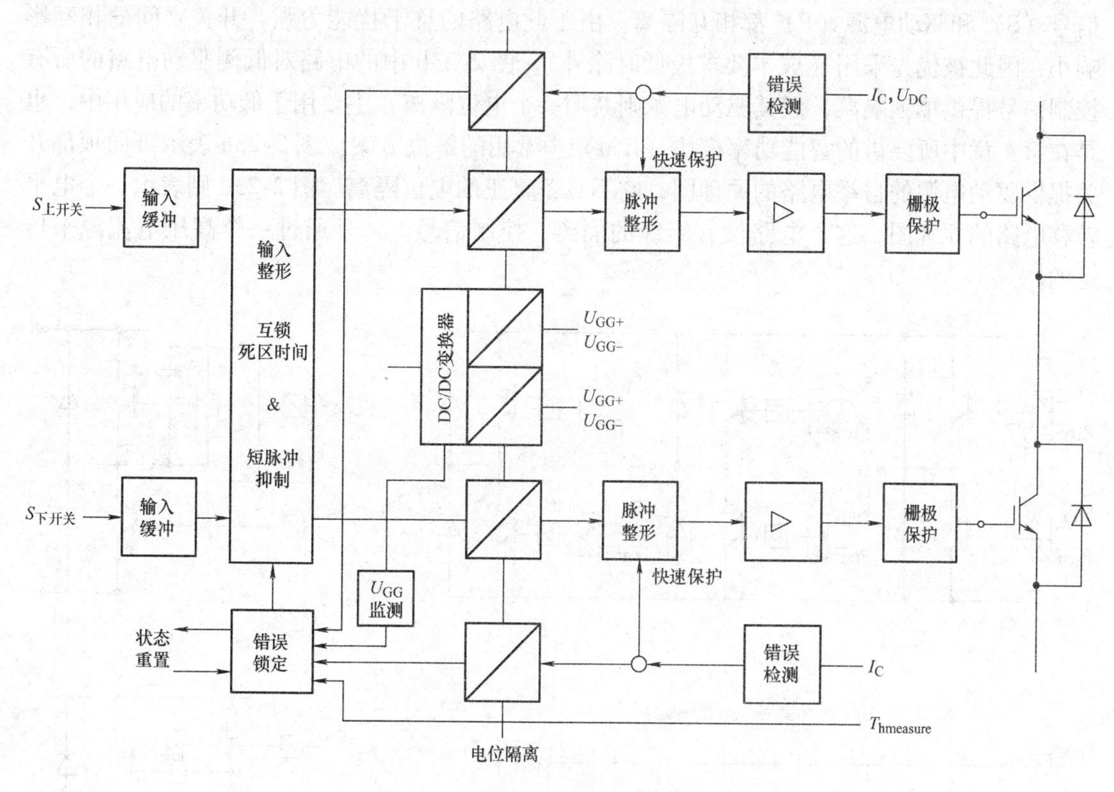

图 2-22　半桥式电路的典型驱动电路

在这个驱动电路中，上桥和下桥开关及其各部分的信号处理之间，如驱动信号、驱动电源及输出信号和错误信号的反馈，均采用了真正的电位隔离。当然，在较为简单一些的驱动电路中，某些隔离是可以合并的（如驱动信号与其放大部分共用一个电源），或部分地或全部地省略（如为上部开关供电的自举电路）。而对于低工作电压的开关，特别是对于低侧的斩波开关（只有底部开关工作），由于单开关不再需要互锁功能与死区时间，驱动电路的结构还可以进一步简化。

栅极驱动单元是驱动电路的核心部分，在多数情况下包括原边的各个控制单元，如时间延迟、内部互锁、最小开通和关断时间的控制、电位隔离（有时需要脉冲整形）以及栅极的正/负驱动电压发生器。另外，在靠近功率晶体管的栅极处，还可以加上过电压保护，也可以结合使用连接到 U_{DS}或 U_{CE}的有源箝位。

驱动电路是一个信号处理单元，也需要施加直流电能，所以驱动电路涉及信号和驱动电路电源的问题。在多个电力电子开关组成的电路中，需要多路控制信号和多路驱动电源。那么，这些控制信号和驱动电路电源的关系就有多种情况，体现出不同的性能和电路结构。控制信号必须从控制单元传送到驱动级。同样，驱动的状态和故障信号，有时还有模拟的测量值（电流、温度，某些情况下还有直流母线电压），则需要被送回。在大多数的应用情况下，信号是通过光电式或变压器式（感应式）的隔离单元或准隔离单元，如自举电路或电平转移电路来传输的，如图 2-23 所示。在图中，用 S_{TOP}、P_{TOP}分别表示高侧电力电子开关的控制信号和对应的驱动电路电源；用 S_{BOT}、P_{BOT}分别表示低侧电力电子开关的控制信号和对应的驱动电路电源。图 2-23a 中的信号传输形式是最为常用的。图中每一个驱动电路的控制信号（S）和驱动电源（P）都相互隔离。由于此电路的抗干扰能力强，开关之间的相互影响小，因此被优先采用（成本要求极低时除外）。图 2-23b 中的电路对低侧驱动电路的所有控制信号提供单独隔离，但其驱动电源则共用一个电位隔离，主要用于低功率的应用中，也是在第 4 章中所要讲的智能功率模块（IPM）中常用的解决方案。图 2-23c 表示可向顶部开关提供驱动电源的自举电路的原理图，它不具备真正的电位隔离。图 2-23d 则表示一个电平转移电路的原理图，这个电路没有绝缘的隔离，控制信号 S_{TOP}是通过一个高压电流源来传送的。

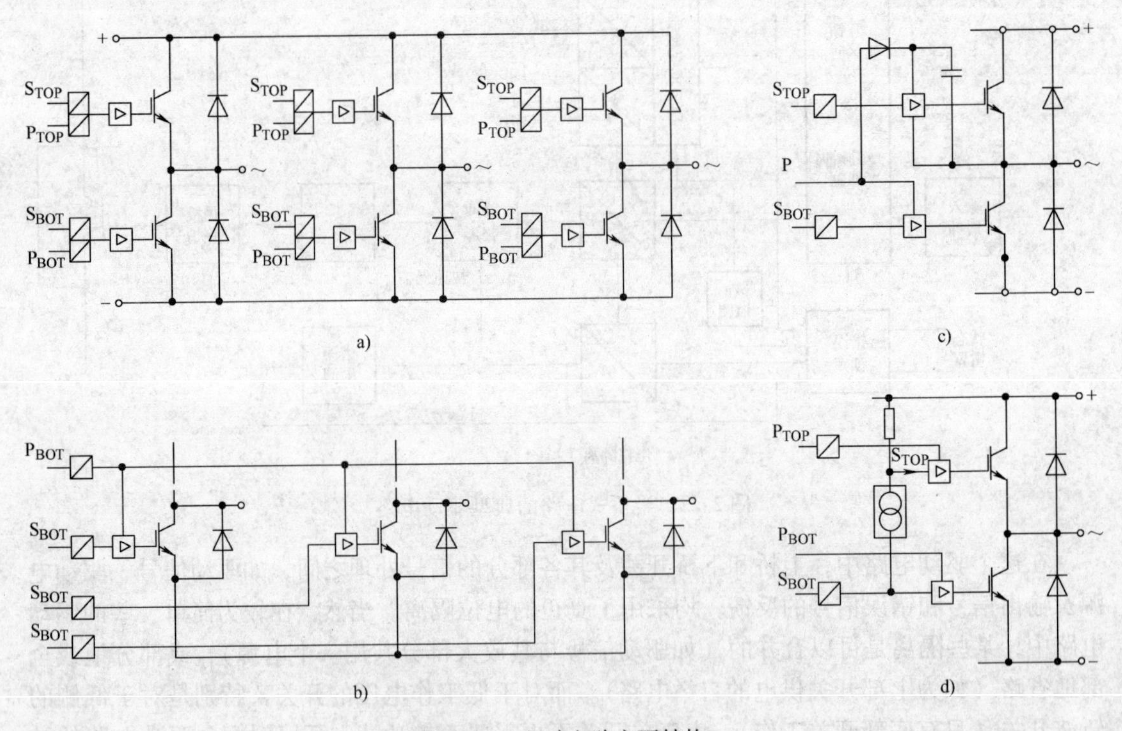

图 2-23　驱动电路主要结构

P—驱动电路供电电源　S—驱动电路的驱动控制信号

a）控制信号独立与驱动电路电源独立的驱动电路　b）控制信号独立与驱动电路电源共用的低侧驱动电路
c）控制信号独立与高侧驱动电路电源自举的驱动电路　d）高侧控制信号不独立与驱动电路电源独立的驱动电路

应该注意到，信号的具体传输形式有好几种，这些信号的传输形式与特点如表 2-1 所示。目前，最为常见的传输形式是光电式，其次是变压器式。同样的，驱动电路电源也有几种。电能传输的形式与特点如表 2-2 所示。

表2-1　信号的传输形式与特点

隔离方式	变压器式	光电式	光学式	无隔离
系统	脉冲变压器	光耦	光纤	电平转移电路
模块耐压/V	>1700	1700	>1700	1200
传输方向	双向	单向	单/双向	单向
占空比限制	有	无	无	无
耦合电容/pF	5~20	1~5	<1	>20
抗 du/dt 能力	高	低	高	低
成本	中	低	高	低

表2-2　电能传输的形式与特点

隔离方式	变压器式			无隔离
系统	50Hz交流电源	开关电源		自举电路
供电方式	辅助电压或电网电压	辅助电压	直流母线	低侧的工作电压
交流频率	低	很高	中	中（脉冲频率）
滤波要求	高	很低	低	低
模块耐压/V	1200	>1700	1700	1200
输出电压	正/负	正/负		仅为正
占空比限制	无	无	无	有
耦合电容	高	低	中等	低
无线电干扰（高频）	无	高	低	无
成本	低	低	高	很低

【例2-3】　IR2103(S) 半桥驱动器（HALF-BRIDGE DRIVER）。

IR2103（S）是一种具有高和低侧参考输出通道的电力MOSFET和IGBT驱动器。其逻辑输入兼容标准的CMOS或TTL输出，低至3.3V逻辑。这个驱动器的特点是有专门为最小驱动器交叉导通（cross-conduction）而设计的高脉冲电流的缓存级。浮动通道可以用来驱动主回路设置（high side configuration）电压达到600V的N沟道电力MOSFET或IGBT。

其内部功能示意图如图2-24所示。两路控制信号以PWM的方式加到这个电路单元上，分别经滞环环节和死区环节，再分别与欠电压检测环节相与后加到后面的环节中；高侧电力电子开关的控制信号HIN以连接于COM端子的参考地电平为参考电平，低侧电力电子开关的控制信号$\overline{\text{LIN}}$以连接于V_{CC}端子的外加电源高电平为参考电平，说明控制信号HIN和$\overline{\text{LIN}}$为同一电源体系；每路输入信号的滞环环节，对输入信号进行整形；每个信号通道的死区环节确定了高侧电力电子开关驱动信号HO和低侧电力电子开关输出信号LO的错开情况，如图2-24所示；当欠电压（UV）环节检测到设置的低电压而工作时，输出低电平，同时关断控制信号HIN和$\overline{\text{LIN}}$的输出传输通道，起到欠电压保护功能。图2-24中低侧电力电子开关控制信号经与门输出，再经场效应管构成的推挽放大电路放大后通过LO端子输出；而高侧电力电子开关控制信号经与门输出，经脉冲发生器变换为两路信号后加到后面的差分放大电路，因为这个控制信号的两路分量是从差分放大电路的两路输出端取的，这个电压不依赖于COM所定义的电位体系，所以不与低侧驱动电路共地，最后也是经场效应管构成的推挽放大电路放大后通过 HO 端子输出。

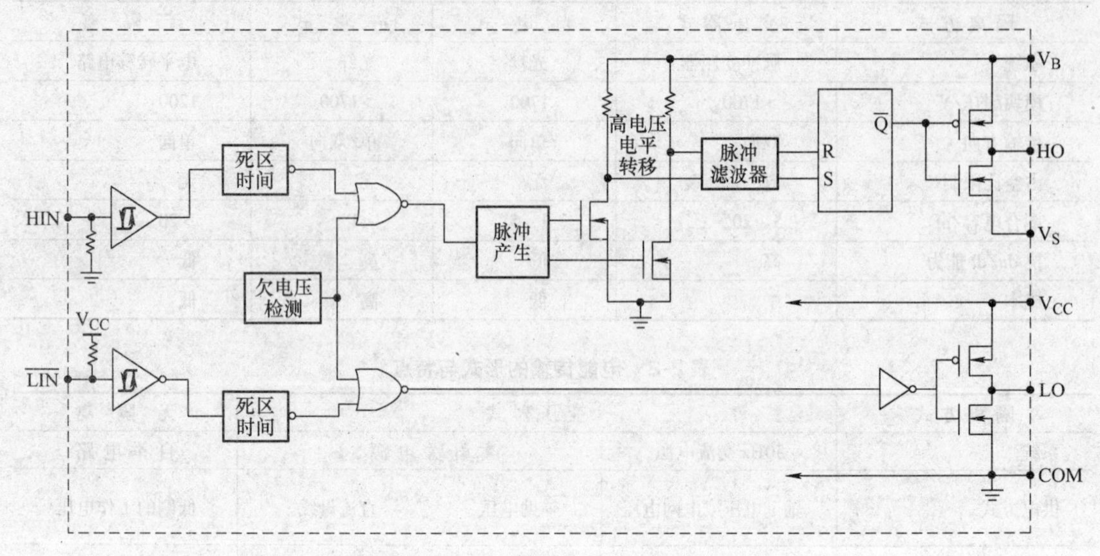

图 2-24　IR2103(S) 功能示意图

图 2-25 给出了 IR2103(S) 的逻辑关系。控制信号 HIN 和 $\overline{LIN}$同时为高电平时，开关驱动信号 HO 为高电平，而开关输出信号 LO 为低电平；控制信号 HIN 和$\overline{LIN}$同时为低电平时，开关驱动信号 HO 为低电平，而开关输出信号 LO 为高电平；控制信号 HIN 和$\overline{LIN}$中一个为高电平，另一个为低电平时，开关驱动信号 HO 和 LO 均为低电平。所以，控制信号 HIN 和$\overline{LIN}$可以连在一起使用。

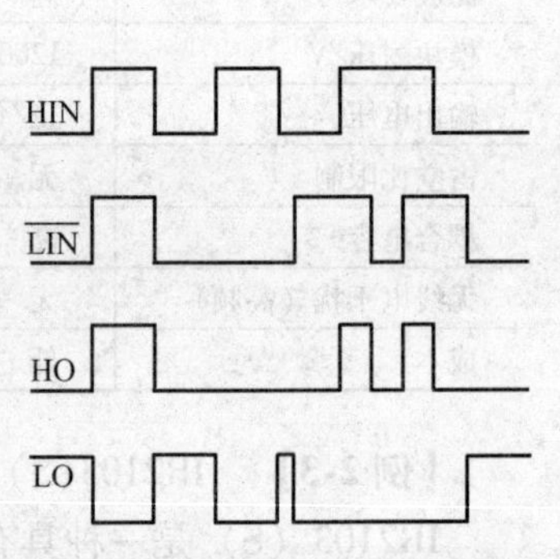

图 2-25　IR2103 (S) 的逻辑关系示意图

IR2103(S) 的应用电路如图 2-26 所示，控制信号 HIN 和 $\overline{LIN}$是电路的输入端，HO 和 LO 是输出的驱动信号。注意到外加电源只有一路 V_{CC}。这是一个专门的驱动芯片，是一个外部连接简单的集成电路芯片，使用方便。

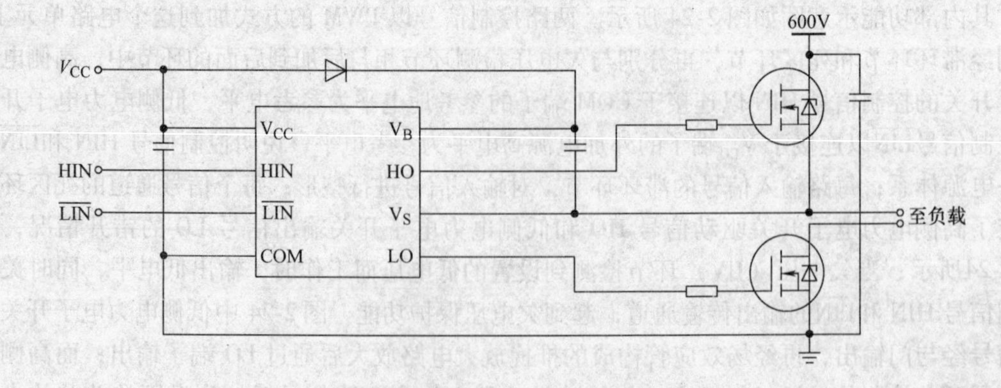

图 2-26　IR2103 (S) 的应用电路图

图 2-27 给出了 IR2103(S) 开关特性曲线，可以参考附录 B 中表 B-8 ~ 表 B-11 具体开关

特性的数据。图2-28所示为IR2103(S)的死区时间示意图。

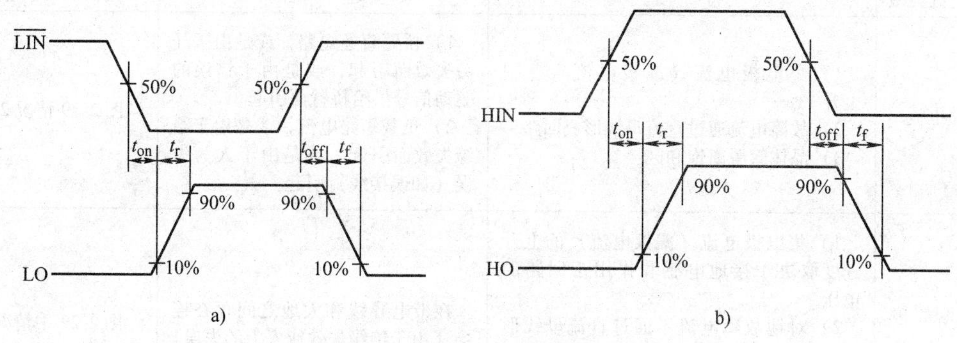

图2-27　IR2103(S)的开关特性

a）开关特性一　b）开关特性二

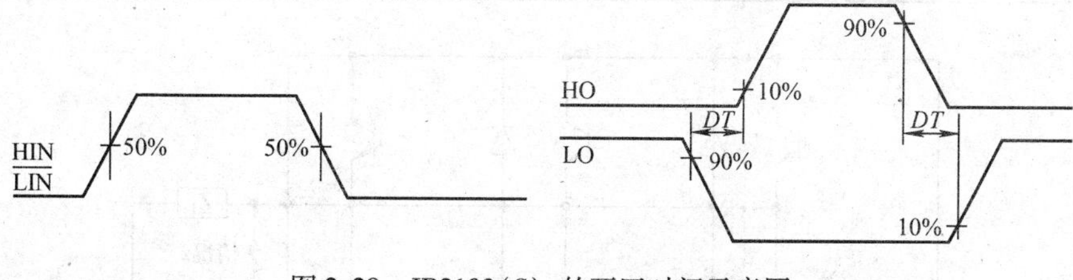

图2-28　IR2103(S)的死区时间示意图

2.4　电力电子器件的保护

2.4.1　故障的种类

为了做好电力电子器件的保护，首先要了解其故障的情况。在运行状态下，电力电子器件需要受到保护以避免不必要的影响。也就是说，要避免使器件离开参数表中给出的安全工作区。脱离安全工作区将导致器件损坏，使其寿命减少，更严重时还会导致元件的损坏。因此，最重要的一点是先检测出临界的状态和故障，然后进行适当、及时的处理。

1. 故障电流

所谓故障电流，指的是其值超过工作点运行范围的集电极或漏极电流。它一般是由控制错误或是负载的非正常变化引起的。故障电流会导致电力电子器件损坏，其原因有：由高功率损耗导致的热损坏；动态雪崩击穿；静态或动态的擎住效应；由过电流引起的过电压。

可以把故障电流分为三类，其特征与起因如表2-3所示。图2-29给出了故障电流的类型。

表2-3　故障电流分类

故障电流类型	特　征	起　因	与图2-29对应情况
过电流	1）集电极电流（漏极电流）di/dt 低（取决于负载电感和驱动电压） 2）故障电流通过直流母线形成回路 3）晶体管没有离开饱和区	1）负载阻抗降低 2）逆变器控制出错	图2-29情况1

（续）

故障电流类型	特　征	起　因	与图2-29对应情况
短路电流	1）集电极电流（漏极电流）急剧上升 2）故障电流通过直流母线形成回路 3）晶体管脱离饱和区	1）桥臂直通短路，或是由于开关失效而引起，或是由于错误的驱动信号供给桥臂而引起 2）负载短路电流，或是由于绝缘失效而引起，或是由于人为失误（如误接线）引起	图2-29情况2
对地故障电流	1）集电极电流（漏极电流）的上升速度取决于接地电感和作用于回路的电压 2）对地故障电流不通过直流母线形成回路 3）晶体管是否脱离饱和取决于故障电流的大小	在带电导线和大地之间存在连接（由于绝缘失效或人为的失误）	图2-29中情况3

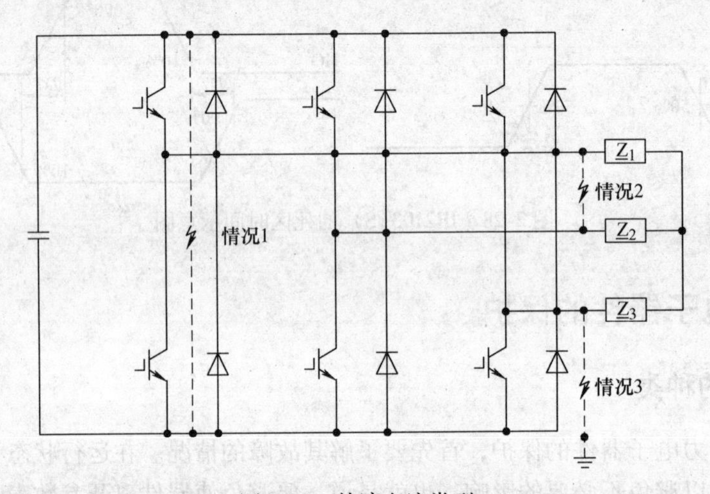

图2-29　故障电流类型

2. 过电压

当电力电子器件的雪崩击穿电压被超过时，即是这里所讨论的具有危险的过电压。这个定义对电力双极性晶体管和二极管都是适用的。对于IGBT和MOSFET而言，过电压可在集电极和发射极之间（或栅极和源极之间，也就是在主电路端子之间）发生，也可以在栅极和发射极之间（或栅极和源极之间，也就是在控制电路端子之间）发生。过电压可以周期性的（从几赫兹到几千赫兹）或非周期性地出现在电力电子系统中的运行期间或是故障运行期间。

在图2-30中，以一个换流电路为例，说明了主电路端子之间不同类型的过电压。在一个换流电路中，一般可将过电压分为外部或内部过电压。“外部”过电压可以理解为外加换流电压U_K的瞬间的上升。这在驱动电力机车的直流电网中时有发生。类似的情况还有直流母线电压的升高（例如，由回馈型负载或脉冲整流器的错误引起）。“内部”过电压可以理解为电力电子开关切断换流电路的电感L_K时产生，这种情况下的各种具体产生原因如下：

1）在变流器正常运行时，负载电流I_L被有源开关S_1和S_2主动关断；许多开关电源设备中的电感L_K由变压器的漏抗构成，其值可达10～100μH。

2）在硬开关电力电子系统或软开关（ZCS）电力电子系统中，快速二极管被迫关断，产生反向恢复电流及 di/dt，ZCS 变流器中，存在一个较大的换流电感，在 10μH 左右。

3）在电压型变流器短路时及短路电流关断期间，出现高的 di/dt（10kA/μs）。

4）电流型变流器出现故障时，被迫中断含有大电感的电流。

5）由串联开关的静态或动态不对称产生。

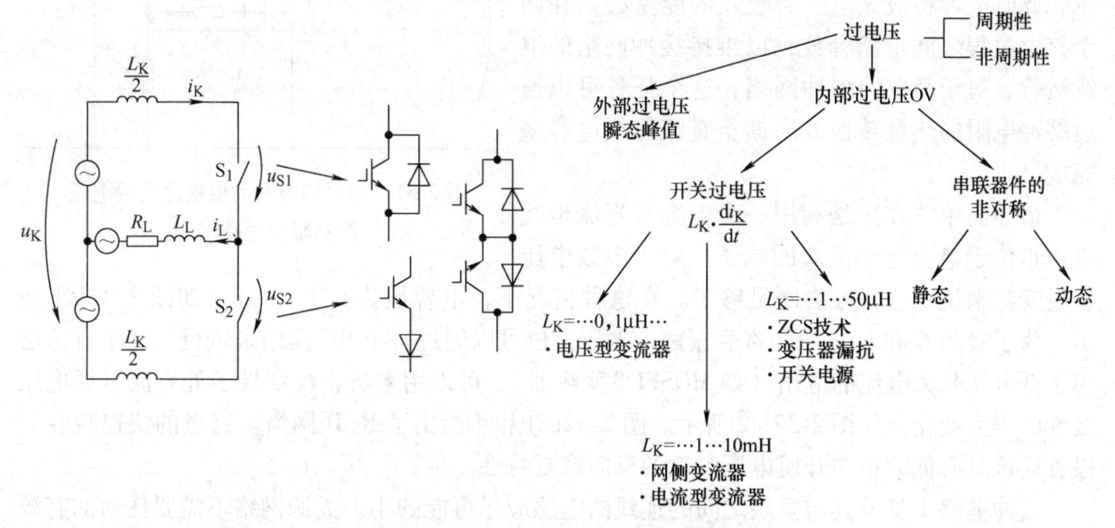

图 2-30　主回路过电压的种类

MOSFET 和 IGBT 控制端子之间产生过电压的主要原因有：

1）驱动电源的电压故障。

2）米勒电容的 du/dt 反馈（流向栅极的位移电流）。

3）发射极或源极的 di/dt 反馈。

4）在有源箝位期间栅极电压的上升。

3. 过温

如果器件在运行中超过最高结温，就会出现危险的过温。在变频器中，常见的过温原因如下：

1）由故障电流引起的功耗增加。

2）由驱动器故障引起的功耗增加。

3）冷却系统的故障。

2.4.2　器件的保护

针对不同的故障，采用不同的方法加以解决。

1. 通过栅极和发射极之间的电压控制限定短路电流

当集电极和发射极电流增大时，可以用多发射极结构把这个电流引出，加到电阻上，如图 2-31 所示。这样，用电阻上的电压来控制一个漏源极跨接在需保护管的栅极和源极之间的 MOSFET 开关管。当需保护管的集电极和发射极电流变大到一定程度时，电阻上电压使保护管 M_1 导通，M_1 的漏源极之间的电阻变得很小，而使需保护管的栅极和源极之间的电压降低，限制了需保护管的集电极和发射极电流。

2. 无源过电压限制网络

无源过电压限制网络的原理是附加一个电容，来吸收存储于换流回路电感 L_K 中的能量，从而避免了电感 L_K 所感应出的危险过电压，如图 2-32 所示，此时电容将被充电。所吸收的能量必须在两个充电过程之间重新释放，以维持缓冲网络的继续运行。对于简单的缓冲网络，这个任务可以通过缓冲电阻的热量转换或回馈至直流母线电容来完成。

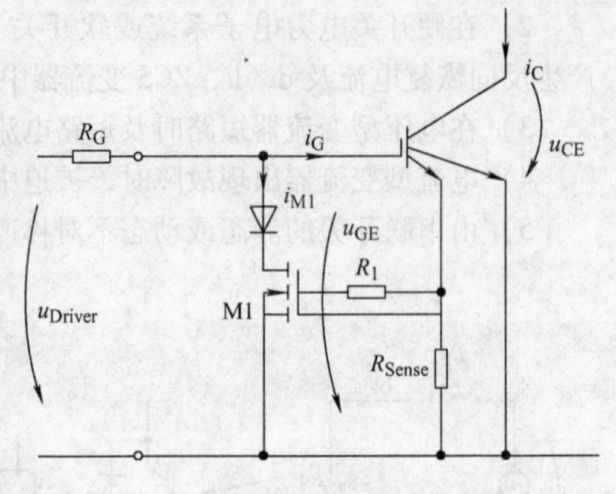

图 2-31　通过栅极和发射极之间的电压控制限定短路电流

最为简单的方法是利用一个电容将直流母线电压箝位于电力电子模块的端子。对于多数电压型逆变器来说，这一方法便足够了。在这种情况下，电容值为 0.1 ~ 2μF，如图 2-32b①所示。为了吸收 C 和 L_K 之间的寄生振荡，电压箝位可以通过一个 RC 网络来进行，这个方法适用于低电压与大电流的应用（如 MOSFET 变流器），可以用来防止模块端子处直流母线电压极性的寄生变化，如图 2-32b②所示。图 2-32b③和④给出了 RCD 网络。这里的快速吸收二极管应该具有低的正向开通电压和软的反向恢复特性。

缓冲电路本身及其与模块之间的连线的电感应尽可能的小。无源网络不需要任何的有源元件，这是除了其电路结构简单之外的另一个优点。但是另一方面，过电压的限定值与变流器的工作点相关，因此设计时必须考虑到最坏的情况。

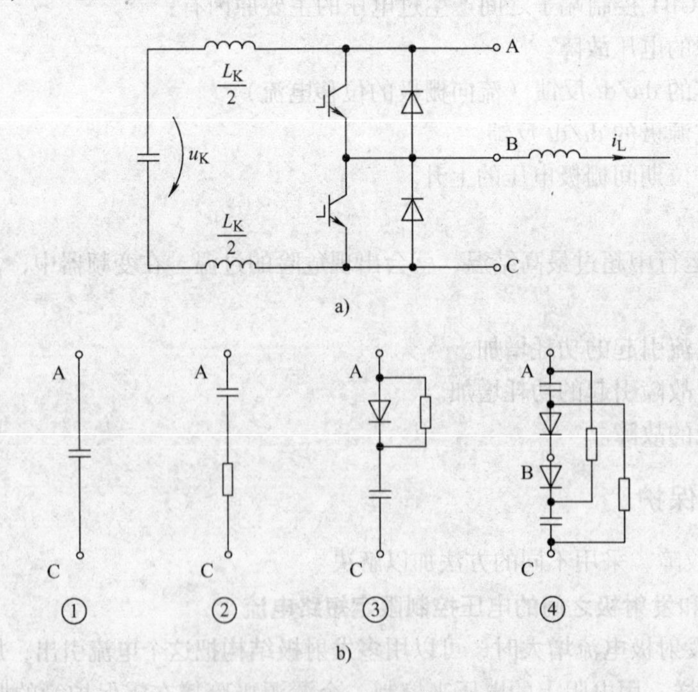

图 2-32　无源过电压限制网络
a）基本电路　b）吸收电路

3. 有源箝位

有源箝位是将集电极或漏极电位通过一个稳压元件直接反馈到栅极。图 2-33a 给出了其基本原理。反馈支路包括一个稳压元件 Z 和一个串联二极管 VD_S，后者可以防止在 IGBT 开通期间电流从驱动电路流向集电极。如果集电极-发射极电压超过稳压元件的雪崩击穿电压，则通过耦合作用，电流流入 IGBT 的栅极，从而将栅极电位提高至一个由 IGBT 的转移和输出特性所给定的值。只要由串联电感所引起的电流还在流动，箝位过程将继续进行。位于开关管两端的电压由稳压元件的电流、电压特性所决定。开关管工作在其输出特性的放大区，并将存储在 L_K 中的能量转换成热能。

稳压元件 Z 的具体实现电路如图 2-33b 所示。在图 2-33b 中左边第一个变形电路容易实现，并可用于低箝位能量的应用中（例如在电压型脉冲变流器中）；图 2-33b 中第二和第五个变形电路中的 MOSFET 及二极管工作在雪崩击穿模式下；图 2-33b 中第三个和第四个变形电路中的 MODFET 或 IGBT 成为稳压管电流的放大器，且图 2-33b 中第四个变形电路特别耐受冲击。

有源箝位的特性可以概括如下：

1）电路结构简单；

2）被保护的开关管是保护电路的一部分，并在箝位过程中转换大部分存储在 L_K 中的能量；

3）不需要功率电阻和缓冲电容；

4）箝位特性陡峭；

5）被限制的开关电压与电力电子系统的工作点无关；

6）原理上不需要一个隔离电源；

7）可以采用通用的驱动器；

8）采用同样方法可以限制电力电子系统反向二极管反向恢复期间的过电压；

9）既可以为每一个开关管设置箝位电路，又可以为一对或几对开关设置集中箝位电路。

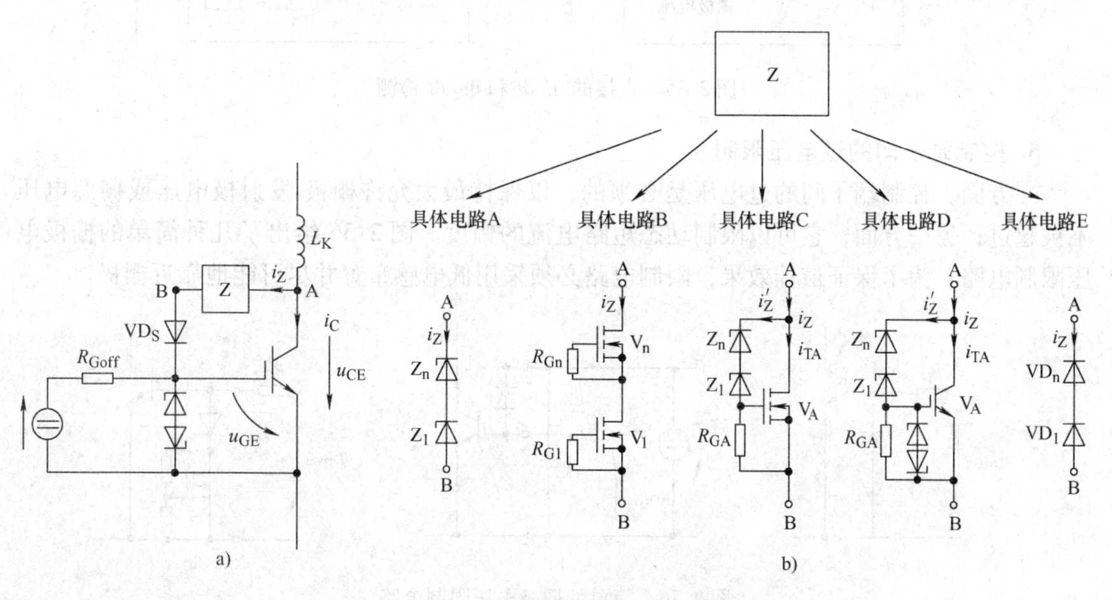

图 2-33 有源箝位原理与具体电路

a）基本原理 b）稳压元件 Z 的具体原理

4. 动态栅极控制

在动态的栅极控制过程中，di/dt 和 du/dt 及由此而引起的过电压可以通过驱动器来直接影响。一个简单的动态栅极控制的保护方式是，在 IGBT 和 MOSFET 过电流或短路情况下减慢关断过程。这可以通过串接一个大的栅极电阻或注入一个预先定义的电流来实现（电流源控制），如图 2-34 所示。还可以将 di/dt 和 du/dt 检测并反馈到驱动电路，如图 2-35 所示。在这里，di/dt 和 du/dt 检测分别借助发射极处的电感或集电极处的电容来获得。

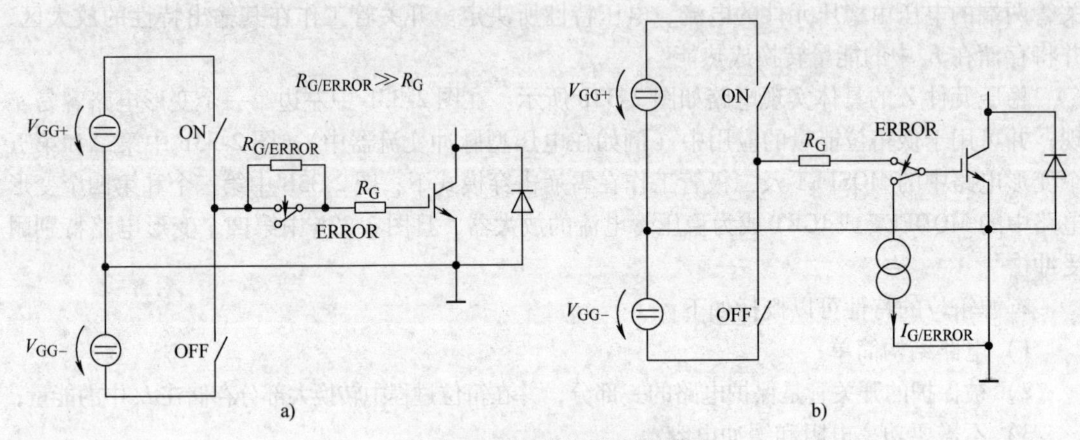

图 2-34 动态栅极控制电路

a）串接栅极电阻 b）串接电流源

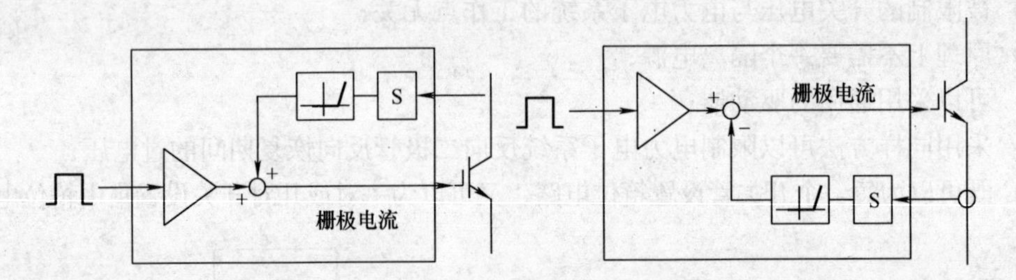

图 2-35 直接的 di/dt 和 du/dt 检测

5. 控制端子间的过电压限制

一方面，控制端子间的过电压是必须的，以保持最大允许栅极-发射极电压或栅源电压不被超过；另一方面，它可以限制动态短路电流的幅度。图 2-36 给出了几种简单的栅极电压限制电路。为了保证最佳效果，限制电路必须采用低电感布置并尽可能地靠近栅极。

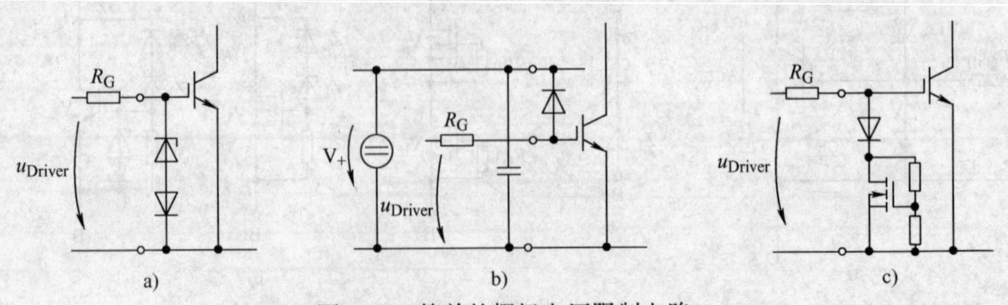

图 2-36 简单的栅极电压限制电路

a）稳压二极管 b）肖特基二极管 c）MOSFET

6. 过温检测

可以使用温度传感器检测半导体器件的温度过热情况。只有当温度传感器极其靠近半导体器件时，结温的直接测量才成为可能（例如，通过单芯片的集成或将温度传感器置于电力电子半导体芯片之上）。这种技术已用于智能功率器件之中。

本章小结

电力电子器件是构成电力电子技术的主体物质单元，只有对它有所了解和掌握，才能进行其他内容和其他相关技术知识的学习。否则就不会分析电力电子器件作为开关控制电能的有关现象和问题，也就更不能把电力电子技术加以应用了。

电力电子器件的相关知识主要有三个方面的内容：

首先，作为一种电能转换和通断控制开关，它与所控制的外部连接电路在开关时的电能变化情况是一个主要的内容。如果假定电力电子开关是理想的，开关控制的外部电路是阻性的，那么就没有电能损耗，也是最理想的一种情况。如果假定电力电子开关是理想的，但是开关控制的外部电路是感性的和容性的，那么有时是有损耗的，有时是没有损耗的。为了描述这样的特定情况，我们把无条件的没有损耗的情况视为主动的，把只有在特定条件下才没有损耗的情况视为是被动的。根据前述分析，含有电感性负载的理想开关电路是无条件的主动开通和有条件的被动关断的，而含有电容性负载的理想开关电路是有条件的被动开通和无条件的主动关断的。那么，在考虑电力电子器件的实际特性时，也就是非理想时，它的内部半导体结构所决定的导通和关断机制是这样的：导通时电流不能立即升到最大值，关断时也不能立即减小为零。所以，实际的电力电子开关在开关过程中总是有损耗的。我们还要注意到，它所控制的外部负载的不同，也会产生不同的损耗。这样，我们既要减少电力电子开关内部的开关损耗，也要注意选择开关的时机和条件，以使外部负载所产生的损耗也减为更小。减小电力电子开关内部的开关损耗一直是电力电子器件生产厂家的努力方向。软开关电路和谐振开关电路的发明，减少了因外部负载影响所产生的功率损耗。

对电力电子器件的掌握是第二个内容。在学习中，必须知道电力电子器件的结构、特点、特性和参数。在使用时，器件的型号的选择，使用中器件状态的测定更为重要。在电力电子技术发展过程中，发明了双极性晶体管、MOSFET 晶体管和 IGBT 晶体管。双极性晶体管物理意义明确，可靠耐用，应用广泛。但是，它需要的输入控制功率相对较大，工作频率相对较低，所以现在更多地使用 MOSFET 和 IGBT。表 2-4 给出了这些器件的主要特点。以这些分立电力电子器件为基础，已制作出许多集成电路。这些分立器件还可以用在单路电能控制中和非标准的电路结构中。

表2-4 常用全控型电力电子器件特点归纳表

名 称	发明时间	优 点	缺 点
电力双极型晶体管	20 世纪 70 年代	耐压高，电流大，开关特性好，通流能力强，饱和压降低	开关速度低，电流型驱动，所需驱动功率电路复杂，存在二次击穿问题
电力场效应晶体管	20 世纪 80 年代	输入阻抗高，驱动电路简单，需要的驱动功率小，开关速度快，工作频率高，热稳定性比电力双极型晶体管好	电流容量小，耐压低

（续）

名　称	发明时间	优　点	缺　点
绝缘栅双极型晶体管	1983 年	输入阻抗高，需要的驱动功率小，开关速度快，工作频率高，具有耐脉冲电流冲击的能力，通态压降较低	

在电力电子分立元器件处于静态和动态情况下，不要超过最大额定值（maximum rated value），如最大工作电压、峰值电流、结温和允许的安全工作区域。功率器件的许多参数会随着温度的上升而变得不好。所以，最高工作温度特别值得注意。大多数的功率模块工作在由交流电网经单相或三相整流而获得的直流母线电压下。常用电网的电压等级决定了 MOSFET 和 IGBT 模块的最大工作电压，如表 2-5 所示。所以，应根据电网电压 U_N 或理想空载直流电压 U_{di} 来选择大概的最大工作电压。然后，再来验证出现的最大电压是否超过模块的最大允许电压，具体情况有：稳态时输入电压最大值（电网的额定电压加上波动幅度，例如 15%）；电网的动态过电压；关断过电压。

表 2-5　MOSFET 和 IGBT 模块的最大工作电压

U_N/V	整流电路	U_{di}/V	U_{DSS} 或 U_{CES}/V
24	单相桥式	22	50
48	单相桥式	44	100
125	单相桥式	110	200
200 ~ 246	单相桥式	180 ~ 221	500、600
400 ~ 460	单相桥式	540 ~ 621	1200
576 ~ 690	单相桥式	777 ~ 932	1700
	三相桥式	1500	3300

第三个内容就是如何驱动和保护电力电子器件。电力电子器件在使用中要控制电能，工作在相对较为苛刻的工作条件下，所以使用中有时损坏较多，这就产生了如何保护的问题。本章对其做了全面的分析。

习题与思考题

1. 如何理解本章所定义的理想开关在切换控制电路时也可能产生损耗？
2. 电力电子开关在感性电路与容性电路中应用各有什么要求？
3. 试解释开关损耗与开关频率成正比的原因。
4. 简要总结独立电力电子器件的开关情况。
5. 电力晶体管与模拟电子技术中的晶体管的主要区别是什么？
6. 画出 IGBT 在正常开关工作时，体二极管上的电流波形。
7. 在电力晶体管驱动电路中，有哪些提高开关速度的方法？
8. 说明图 3-19 电力晶体管驱动电路中的贝克箝位电路和加速电容采取的是电压性的还是电流性的措施？
9. 分析光电耦合器在驱动电路中的作用。
10. 说明 MOS 场效应管驱动的注意事项。

11. 概括 IGBT 管驱动的注意事项。

12. 根据 FGA25N120AN 的参数表，说明其开关速度高、饱和电压低和高输入阻抗的特点。

13. FGA25N120AN 的最大工作电压和最大工作电流是怎样的?

14. 为什么 GTR 和 IGBT 的驱动方法明显不同?

15. 在一个电能输入电路中，怎样设置输入电源极性接反保护?

动手操作问题

P2.1 统计市场上主要的 MOSFET 和 IGBT 的型号和参数

[操作指导] 去某一个销售电子元器件的市场，了解、记录出售的 MOSFET 和 IGBT 的型号，之后查出这些元器件的参数并填入表格中。

P2.2 用测电阻法判别检测 MOS 管 IRLML2402

[操作指导]

1) 判定栅极 G

将万用表拨至 R×1k 档分别测量三个引脚之间的电阻。若发现某引脚与其他引脚的电阻均呈无穷大，并且交换表笔后仍为无穷大，则证明此引脚为 G 极，因为它和另外两个引脚是绝缘的。

2) 判定源极 S、漏极 D

在源-漏极之间有一个 PN 结，因此根据 PN 结正、反向电阻存在差异，可识别 S 极与 D 极。用交换表笔法测两次电阻，其中电阻值较低（一般为几千欧至十几千欧）的一次为正向电阻，此时黑表笔接的是 S 极，红表笔接 D 极。

3) 测量漏-源极通态电阻 R_{DS} (on)

将 G-S 极短路，选择万用表的 R×1 档，黑表笔接 S 极，红表笔接 D 极，阻值应为几欧至十几欧。由于测试条件不同，测出的 R_{DS} (on) 值比手册中给出的典型值要高一些。

4) 检查跨导

将万用表置于 R×1k（或 R×100）档，红表笔接 S 极，黑表笔接 D 极，手持旋具去碰触栅极，表针应有明显偏转，偏转愈大，管子的跨导愈高。

第3章　基于斩波原理的可控直流电路、集成模块与装置

在工作中，经常需要可控的直流电能，即可控的直流电压和直流电流。这里可控的意义是：输出幅值可变（可调）；输出电能稳定，也就是在负载变化时保持输出电能稳定。为了得到可变的直流电能，最简单的方法是对输入的直流电能用电力电子开关进行控制。第1章1.1节中直流降压斩波电路就是一个这样的电路。本章介绍其他基本斩波电路。

直流斩波电路也叫斩波器（DC Chopper），它是将电压固定的直流电，转换为电压可变的直流电源装置，是一种直流到直流的转换器（Converter），所以常叫做DC-DC电路。主要含开关、二极管和电感线圈的斩波电路单元已被广泛使用，如直流电机之速度控制、开关电源（Switching Power Supply）等。用直流斩波器代替变阻器调节直流电压可节约电能20%～30%。

以这些基本斩波电路为基础，可以制作集成的直流变直流的模块（DC-DC模块）。这些DC-DC模块在各个领域的电能使用中得到广泛的应用。3.2节中，将对其进行较为详细的介绍。

在斩波电路的基础上，加上变压器和整流电路可以构成开关稳压电源，这是一种已广泛应用的实际装置。在本章的后面章节中，对此做了详细的介绍和讲解。最后介绍了在集成电路中已广泛应用的有源功率因数校正技术。

3.1　直流斩波电路与应用模块

3.1.1　升压斩波电路

如果把电感线圈和直流电源串联，它们上面的电压就是叠加的关系。由于电感线圈的储能作用，所以就可以在电感线圈有电能时，将直流电源和电感线圈电能加到后级的电路上，使得后级的电能大于直流电源的电压，则这个电路具有升压作用。但是，还要对其进行通断式（电力电子式）控制，使其输出幅值可调。这里用电力电子开关对电感线圈输出端子进行通断式接地控制，因而得到如图3-1所示的升压斩波电路。图中只给出了主电路，没有给出驱动和PWM控制电路。

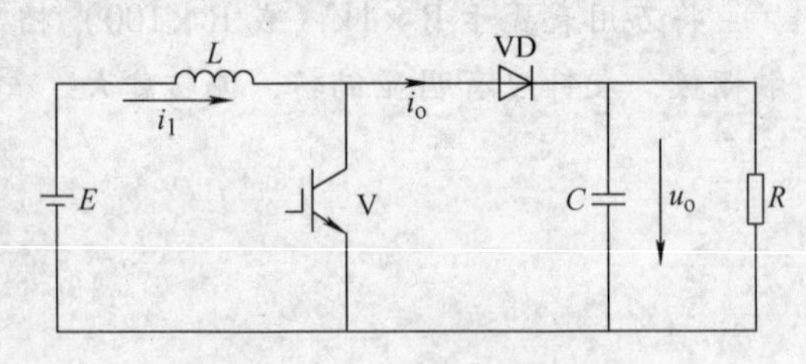

图3-1　升压斩波电路

对于图3-1所示的升压斩波电路，假设L、C值很大，V导通时，E向L充电，充电电流恒为I_1，同时C的电压向负载供电，因C值很大，输出电压u_o为恒值，记为U_o。设V导通的时间为t_{on}，此阶段L上积蓄的能量为EI_1t_{on}。V关断时，E和L共同向C充电并向负载R供电。设V关断的时间为t_{off}，则此期间电感L释放能量为$(U_o-E)\ I_1t_{off}$。

稳态时，一个周期T中L积蓄能量与释放能量相等

$$EI_1t_{on}=(U_o-E)I_1t_{off} \tag{3-1}$$

化简得

$$U_o = \frac{t_{on} + t_{off}}{t_{off}}E = \frac{T}{t_{off}}E \tag{3-2}$$

因为 $T/t_{off} \geqslant 1$，所以输出电压高于电源电压，故称为升压斩波电路，也称为 boost 变换器。T/t_{off}为升压比，调节其即可改变 U_o。将升压比的倒数记作 β，即 $\beta = \frac{t_{off}}{T}$。$\beta$ 和导通占空比有如下关系：

$$\alpha + \beta = 1 \tag{3-3}$$

因此，式（3-1）可表示为

$$U_o = \frac{1}{\beta}E = \frac{1}{1-\alpha}E \tag{3-4}$$

升压斩波电路能使输出电压高于电源电压的原因是：L 储能之后具有使电压泵升的作用，电容 C 可将输出电压保持住。

【例 3-1】　升压斩波电路用于直流电动机再生制动

直流电动机是这样工作的：励磁绕组装于定子上，电枢绕组装于转子上并通过电刷和换向器接到机座上。在直流电动机正常工作时，定子的励磁绕组加电，转子上电枢绕组加电，则两个绕组的电磁力相互作用而使转子转动，电枢绕组会产生感应电压；当外加给电枢绕组的电压小于电枢绕组的感应电压时，电动机就会变为发电状态（再生制动），并向外提供电能，如图 3-2 所示。这时，就可以在外电路中选用升压斩波电路，用于直流电动机再生制动时把电能回馈给直流电源。电动机反电动势相当于图 3-1 中的电源，此时直流电源相当于图 3-1中的负载。由于直流电源的电压基本是恒定的，因此不必并联电容器。

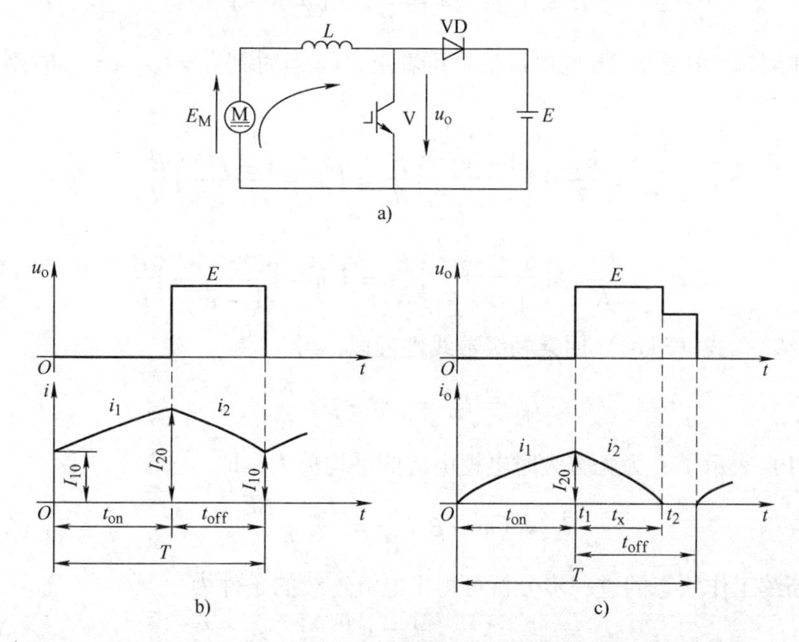

图 3-2　用于直流电动机回馈能量的升压斩波电路及其波形

a）电路图　b）电流连续时　c）电流断续时

实际 L 值不可能为无穷大，因此有电动机电枢电流连续和断续两种工作状态。在图 3-2b 中，给出的是电动机电枢电流连续的情况：当 V 导通时，输出电压 u_o因开关管的集电极与发射极饱和导通而接近 0，但电枢回路电动势对电感线圈充电，而使回路电流增加，对应 t_{on} 时间段；V 关断时，电枢回路电动势对电感线圈放电，二极管 VD 导通，输出电压 u_o 为电源 E，而使回路电流减小，对应 t_{off} 时间段。

在图 3-2c 中，给出的是电动机电枢电流断续的情况：当 V 导通时，输出电压 u_o 因开关管的集电极与发射极饱合导通而接近 0，但电枢回路电动势对电感线圈充电，而使回路电流增加，对应 t_{on} 时间段，与连续时不同的是，初始电流因断续而为 0；V 关断时，电枢回路电动势对电感线圈放电，二极管 VD 导通，输出电压 u_o 为电源 E，而使回路电流减小，会出现持续电流为 0 的情况，对应 t_{off} 时间段。

基于“分段线性”的思想对电路进行解析。V 处于通态时，设电动机电枢电流为 i_1，得

$$L\frac{\mathrm{d}i_1}{\mathrm{d}t}+Ri_1=E_m \tag{3-5}$$

式中，R 为电动机电枢回路电阻与线路电阻之和。

设 i_1 的初值为 I_{10}，解上式得

$$i_1=I_{10}\mathrm{e}^{-\frac{t}{\tau}}+\frac{E_m}{R}(1-\mathrm{e}^{-\frac{t}{\tau}}) \tag{3-6}$$

当 V 处于断态时，设电动机电枢电流为 i_2，得

$$L\frac{\mathrm{d}i_2}{\mathrm{d}t}+Ri_2=E_m-E \tag{3-7}$$

设 i_2 的初值为 I_{20}，解上式得

$$i_2=I_{20}\mathrm{e}^{-\frac{t}{\tau}}-\frac{E-E_m}{R}(1-\mathrm{e}^{-\frac{t}{\tau}}) \tag{3-8}$$

当电流连续时，从图 3-2b 的电流波形可看出，$t=t_{on}$ 时刻 $i_1=I_{20}$，$t=t_{off}$ 时刻 $i_2=I_{10}$，由此可得

$$I_{10}=\frac{E_m}{R}-\left(\frac{1-\mathrm{e}^{-\frac{t_{off}}{\tau}}}{1-\mathrm{e}^{-\frac{T}{\tau}}}\right)\frac{E}{R}=\left(m-\frac{1-\mathrm{e}^{-\beta\rho}}{1-\mathrm{e}^{-\rho}}\right)\frac{E}{R} \tag{3-9}$$

$$I_{20}=\frac{E_m}{R}-\left(\frac{\mathrm{e}^{-\frac{t_{on}}{\tau}}-\mathrm{e}^{\frac{T}{\tau}}}{1-\mathrm{e}^{-\frac{T}{\tau}}}\right)\frac{E}{R}=\left(m-\frac{\mathrm{e}^{-\alpha\rho}-\mathrm{e}^{-\rho}}{1-\mathrm{e}^{-\rho}}\right)\frac{E}{R} \tag{3-10}$$

把式（3-9）、式（3-10）用泰勒级数线性近似，得

$$I_{10}=I_{20}=(m-\beta)\frac{E}{R} \tag{3-11}$$

式（3-11）表示了 L 为无穷大时电枢电流的平均值 I_o，即

$$I_o=(m-\beta)\frac{E}{R}=\frac{E_m-\beta E}{R} \tag{3-12}$$

对电流断续工作状态的进一步分析可得出电流连续的条件为

$$m<\frac{1-\mathrm{e}^{-\beta\rho}}{1-\mathrm{e}^{-\rho}} \tag{3-13}$$

根据式（3-13）可对电路的工作状态做出判断。

【例 3-2】 同步降压转换器 TPS54020

TPS54020 是一款带有两个集成的 N 沟道 MOSFET 的 17V/10A 的同步降压转换器（Synchronous Step-down (buck) Converter)，如图3-3所示。为了提高加电后的性能和闭环的暂态特性，TPS54020设置有可以简化外部频率补偿的固定频率的峰值电流控制模式。当选取输出滤波器部件时，200～1200 kHz的宽的开关频率范围优化了效率和尺寸。RT/CLK引脚对地之间的电阻用来调节频率。TPS54020有一个RT/CLK引脚控制的内部锁相环（Phase Lock Loop，PLL)，用来同步开关频率和外部系统时钟的下降沿。

图3-4给出了TPS54020的内部结构图。TPS54020可以安全起动进入预设置的负载。元件设有一个VIN脚的内部低电压锁定（Under Voltage Lockout，UVLO）功能，有4V的起动电压和150mV的滞后。如果使用这个电源时需要更多的滞后，或者需要不同的起动和停止阈值，可以通过EN脚来完成。EN脚有一个内部上拉的滞后电流源，能用来调节有两个外部电阻的输入电压UVLO。在没有开关或负载时，TPS54020总的工作电流大约在600μA。当不使能TPS54020时，电源电流一般小于2μA。所集成的MOSFET允许设计高效的电源，可以提供高达10A的连续输出电流。

TPS54020通过集成引导再充电电路（Boot Recharge Circuit）减少了外部元件。在BOOT和PH引脚之间连接的电容给集成的高侧MOSFET提供了偏压。从BOOT脚到PH脚的UV-LO电路监控了引导电容电压。这个监控保证引导电压足够高侧MOSFET的栅极驱动电流之用，借助拉低PH脚以再充电引导电容。当引导电容电压比预置的2.1V的BOOT-PH UVLO阈值更高时，TPS54020暂态时可工作在100%占空比情况下。输出电压可以降低到与0.6V的电压参考值（V_{REF}）一样低。

TPS54020有一个电力性能比较器（PWRGD)，它有滞后，能通过VSENSE脚监视输出电压。PWRGD是一个开－漏的MOSFET的漏极引出脚，当VSENSE脚电压小于参考电压（V_{REF}）的91%或大于108%时会被拉低，而当VSENSE脚电压在参考电压（V_{REF}）的95%～104%之间时会被置高。

SS（Soft Start）脚用于减少冲击电流或加电时的电源加电顺序。一个小电容或电阻分压器被并联到这个脚上，以供软起动或满足严格的电源电压上升要求。

这个器件有10A、8A和6A预置电流极限阈值。

TPS54020有输出过电压、过电流和热故障保护。TPS54020利用过电压性能比较器电路减小暂态输出过电压。当过电压比较器动作时，高侧MOSFET关断，直到VSENSE脚低于参考电压（V_{REF}）的104%时才重新导通。TPS54020既装有高侧MOSFET过负荷保护，也装有低侧MOSFET过电流保护，帮助控制感应电流避免电流失控。

在电感的电流总是正的（流向负载）这样的负载条件下，TPS54020工作在连续传导模式（Continuous Conduction Mode，CCM)。当电感电流开始反向时，为了提高在更轻的负载条件下的效率，它进入脉冲跳跃模式，关断低侧MOSFET。

在需要两个转换器同步工作时，应使用SYNC_OUT脚和RT/CLK脚。两个转换器可以相差180°工作，借助把一个转换器的SYNC_OUT信号加到另一个转换器的SYNC_OUT脚的方法。

结合图3-3和图3-4可以看到，BOOT引脚和PH引脚之间的MOSFET是降压斩波电路的斩波开关，而PH引脚和PGND引脚之间的MOSFET代替续流二极管充当同步整流任务(参见第5章)。从V_{OUT}经电阻分压取出输出电压加到VSENSE引脚上。在TPS54020内部，VSENSE输入的电压反馈信号与固定电压参考信号分别加到误差放大器上。误差放大器的输出电压，也就是控制信号转换为 PWM 信号进行开关控制。因为主电路的电力电子开关 MOSFET 都在集成电路内，电流反馈和设定都在芯片内部，外部控制只需要使能信号即可。

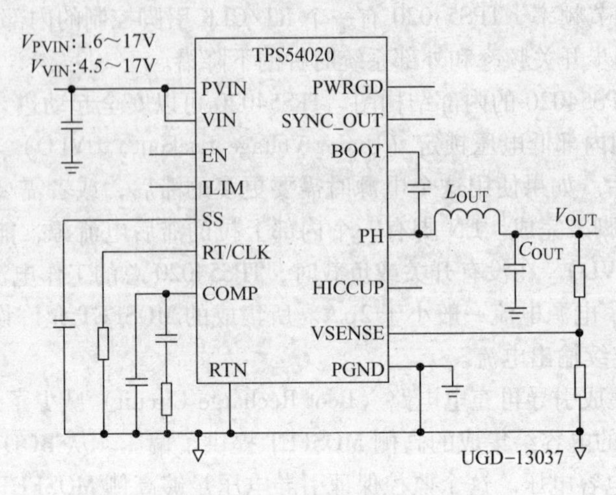

图 3-3 TPS54020 的应用框图

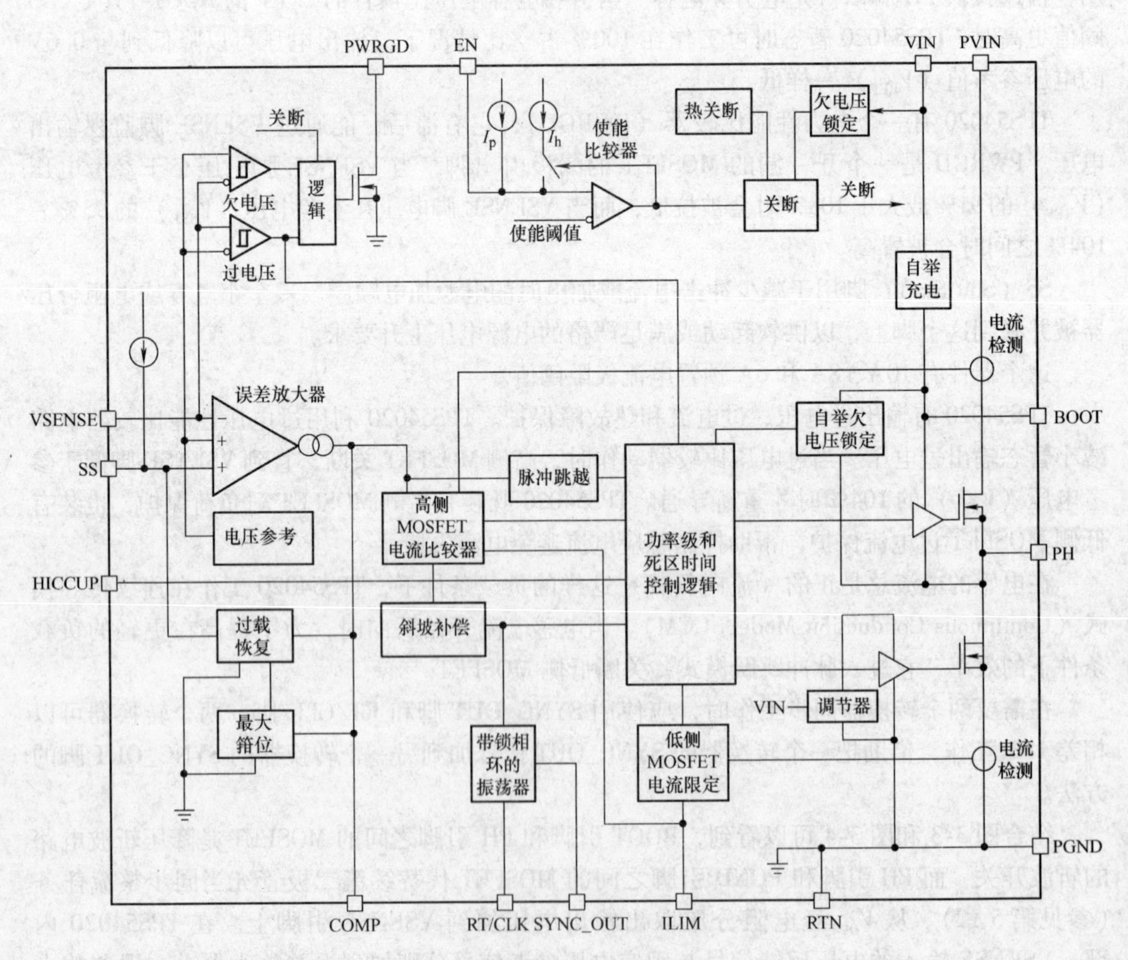

图 3-4 TPS54020 的功能框图

【例3-3】 低功率DC-DC升压转换器TPS61040

TPS61040是一种用于小功率和中功率的LCD偏置电源和白色LED背光电源的高频升压转换器，如图3-5所示。它可以从双节镍氢电池/镍镉（NiH/NiCd）电池或单节锂离子(Li-Ion)电池在理想状态下产生28V的输出电压，还可以把标准电源3.3V/5V转换为12V。

TPS61040以1 MHz的开关频率工作，这就允许使用像钽输出电容这样的陶瓷元件。它有很小的外形尺寸，内部有400 mA开关电流限定，有很低的输出电压纹波，允许使用更小的电感器；静态电流低，优化的控制方案使其能够在整个负载范围内有很高的效率。

根据图3-5和图3-6可知，因为内部的MOSFET通过引脚SW和GND接在电感线圈的输出端和地之间，所以这是一个标准的升压斩波电路。其输出电压经电阻分压后加到FB引脚作为反馈信号输入，电压参考信号内置。电流反馈也是内置的。外部控制信号只是在引脚EN加使能信号，通常和输入电压引脚VIN相连。

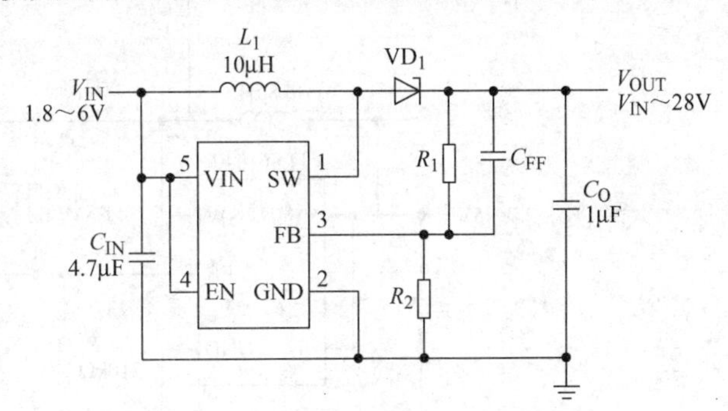

图3-5 TPS61040的应用框图

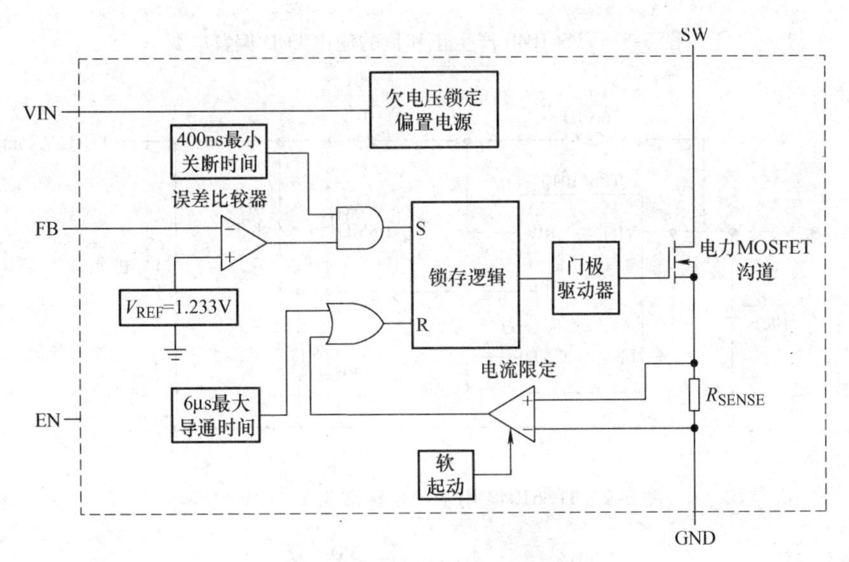

图3-6 TPS61040的功能框图

图3-7～图3-10给出了几种典型应用电路。图3-7、图3-9、图3-10和图3-5有相同的结构，但各自给出具体的数值；各个电路的不同之处在于电感值的不同和输出分压值的不同。

现分析一下图3-8所示电路产生正负两路电能的原理。正电源的产生电路与前面所分析的电路结构是一样的；负电源的设计很有特色。对于这

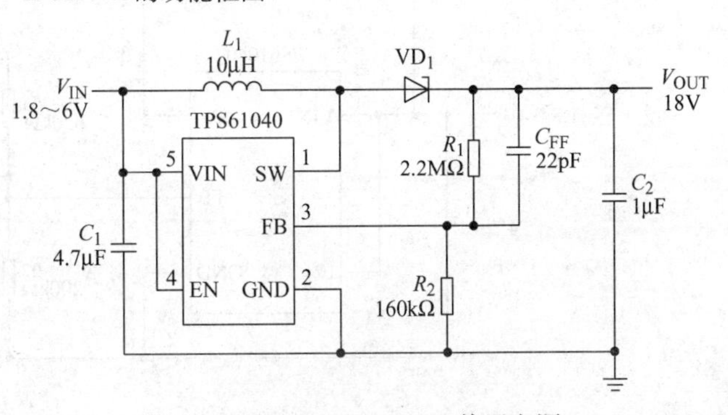

图3-7 TPS61040用于LCD偏置电源

样的升压斩波电路，电感线圈、电力电子开关和二极管的交汇点的电能波形是 PWM 波形，其占空比与电力电子开关的占空比相反。根据该电路的正电源为 10V 来推断，这个 PWM 波形的幅值为 10V。注意到电容 C_3 上的电压不能跃变，则电容 C_3 与两个稳压二极管的交点的电压波形为负极性 PWM 波形，其幅值也是 10V，则会给电容 C_4 充电为 -10V。

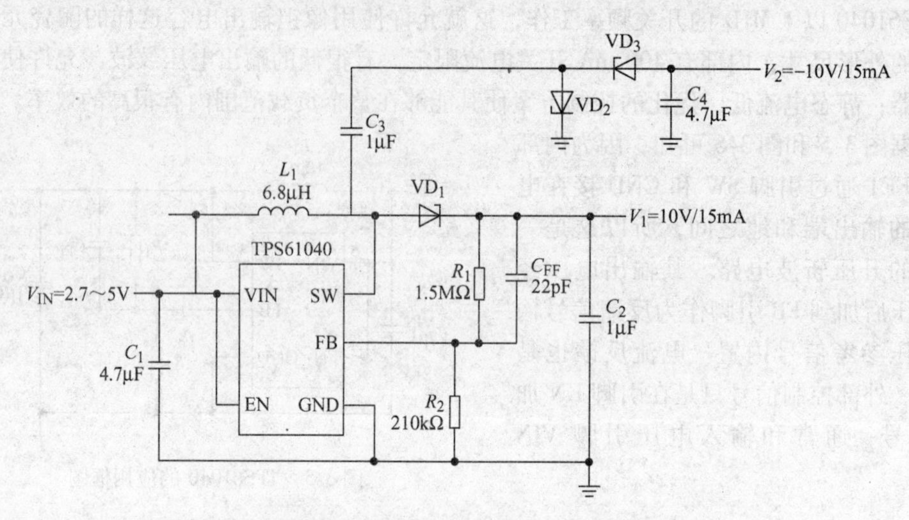

图 3-8　TPS61040 产生正和负的输出 LCD 偏置电源

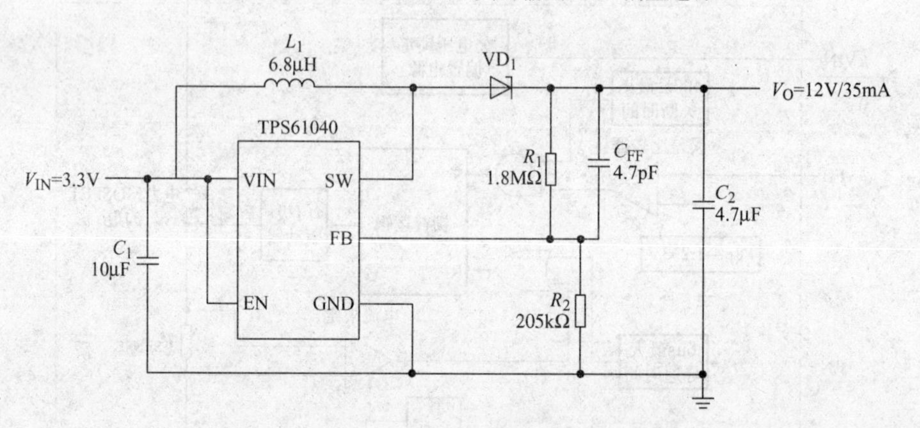

图 3-9　TPS61040 用于产生标准 3.3 ~ 12V 电源

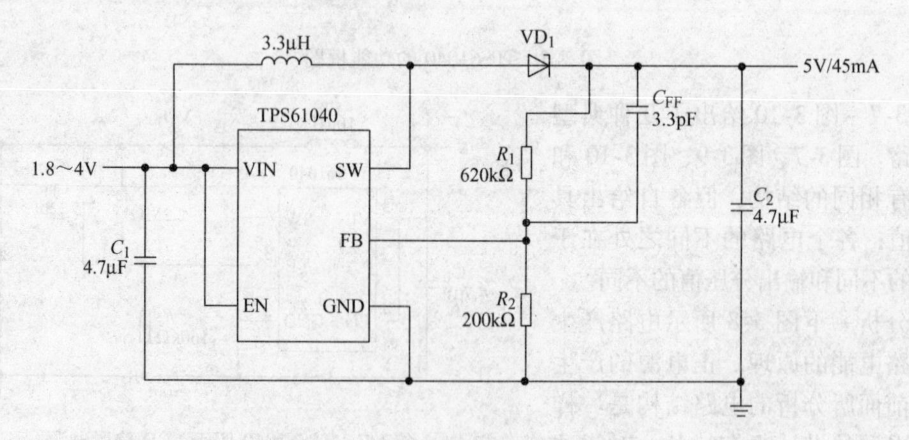

图 3-10　TPS61040 用于产生 5V 电源

3.1.2　升降压斩波电路

图3-11所示为升降压斩波电路。设L值、C值很大。使电感电流i_L和电容电压即负载电压u_o基本为恒值。V导通时，电源E经V向L供电使其储能，此时电流为i_1。同时，C维持输出电压恒定并向负载R供电。V关断时，L的能量向负载释放，电流为i_2。负载电压极性为上负下正，与电源电压极性相反，该电路也称为反极性斩波电路。

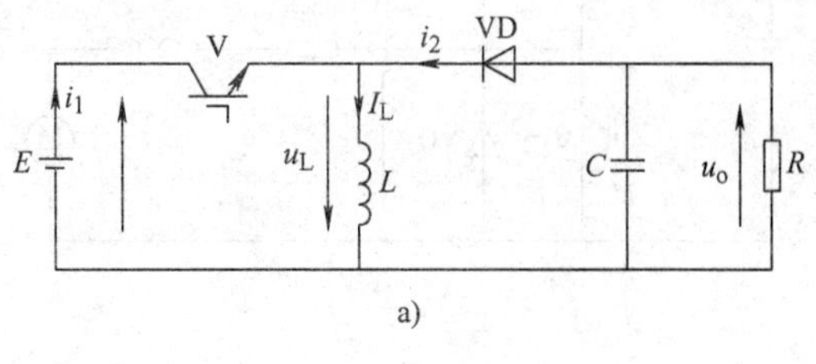

a)

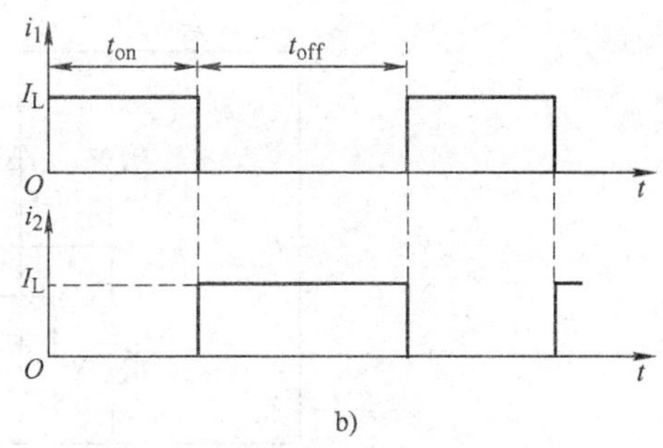

b)

图3-11　升降压斩波电路及其波形

a）电路　b）波形

稳态时，一个周期T内电感L两端电压u_L对时间的积分为零，即

$$\int_0^T u_L \mathrm{d}t = 0 \tag{3-14}$$

V处于通态期间，$u_L = E$；而V处于断态期间，$u_L = -u_o$。于是

$$Et_{on} = U_o t_{off} \tag{3-15}$$

所以输出电压为

$$U_o = \frac{t_{on}}{t_{off}}E = \frac{t_{on}}{T - t_{on}}E = \frac{\alpha}{1-\alpha}E \tag{3-16}$$

输出电压既可以比电源电压高，也可以比电源电压低。当$0<\alpha<1/2$时为降压，当$1/2<\alpha<1$时为升压，因此称为升降压斩波电路，或称之为buck-boost变换器。

3.1.3　半桥式可逆斩波电路

前边的斩波电路都是一个开关的，只能提供单一方向的可控直流电能。当我们使用半桥电路对负载进行斩波控制时，就可以形成可逆斩波电路。半桥式可逆斩波电路如图3-12a所示。两个开关器件V_1和V_2串联组成半桥电路的上下桥臂，两个二极管VD_1和VD_2与开关管反并联形成续流回路，R和L包含了电动机电枢回路的电阻和电感。下面就半桥电路给负载供电的两种情况加以分析。

1. 电动状态

电动状态如图3-12b所示，通过使V_1处于PWM控制而使V_2截止。当V_1导通时，电能经V_1和电感L加到电动机上，电感L储能；在V_1关断时，电感线圈L经电动机和二极管VD_2续流，始终给电动机供电，电动机处于电动状态。这时的电路拓扑结构与降压斩波电路相同。

2. 制动状态

制动状态如图3-12c所示，通过使V_2处于PWM控制而使V_1截止。当V_2导通时，电动机电能经V_1对电感L充电，L储能；在V_2关断时，电感L和电动机电能一起经二极管VD_1给电源E供电。因此，从电动机作为电源的角度来看，这时的电路拓扑结构与升压斩波电路相同。

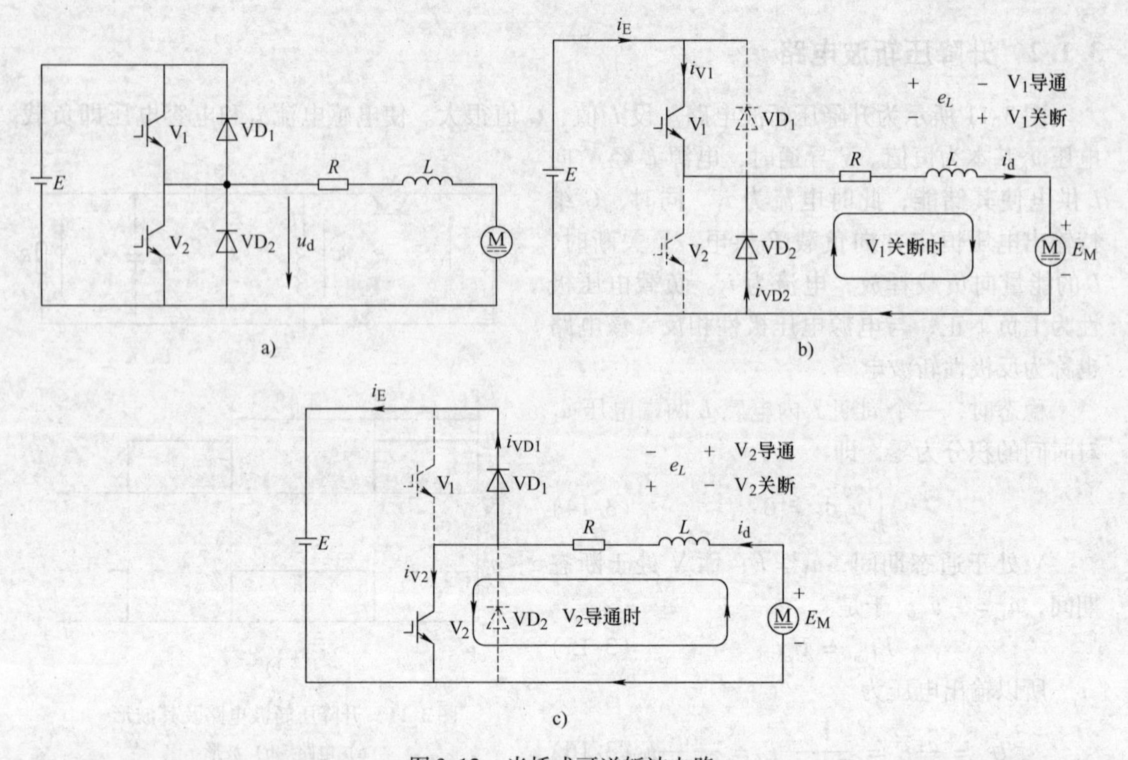

图 3-12 半桥式可逆斩波电路

a）电原理图 b）V_1 处于 PWM 控制而 V_2 截止的电路 c）V_2 处于 PWM 控制而 V_1 截止的电路

3.1.4 桥式斩波电路

桥式斩波电路是一种十分常用的斩波电路形式，如图 3-13 所示。它有三种驱动控制方式，以下分别讲解。

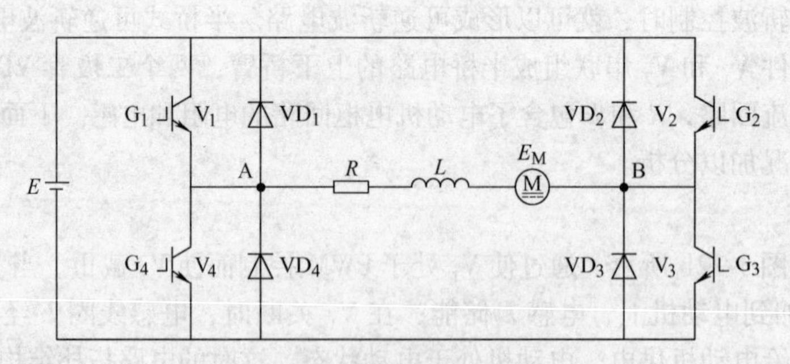

图 3-13 典型桥式斩波电路

1. 双极式斩波控制

双极式斩波的控制方式是：V_1、V_3 和 V_2、V_4 成对做 PWM 控制，并且 V_1、V_3 和 V_2、V_4 的驱动脉冲工作在互补状态，如图 3-14 所示。四个开关器件都工作在 PWM 方式，在开关频率高时，开关损耗较大，并且上下桥臂两个开关的通断如果有时差，则容易产生瞬间同时都导通的“直通”现象，一旦发生直通现象，电压 E 将被短路，这是很危险的。为了避免直通现象，上下桥臂两个开关导通之间要有一定的时间间隔，即留有一定的“死区”。

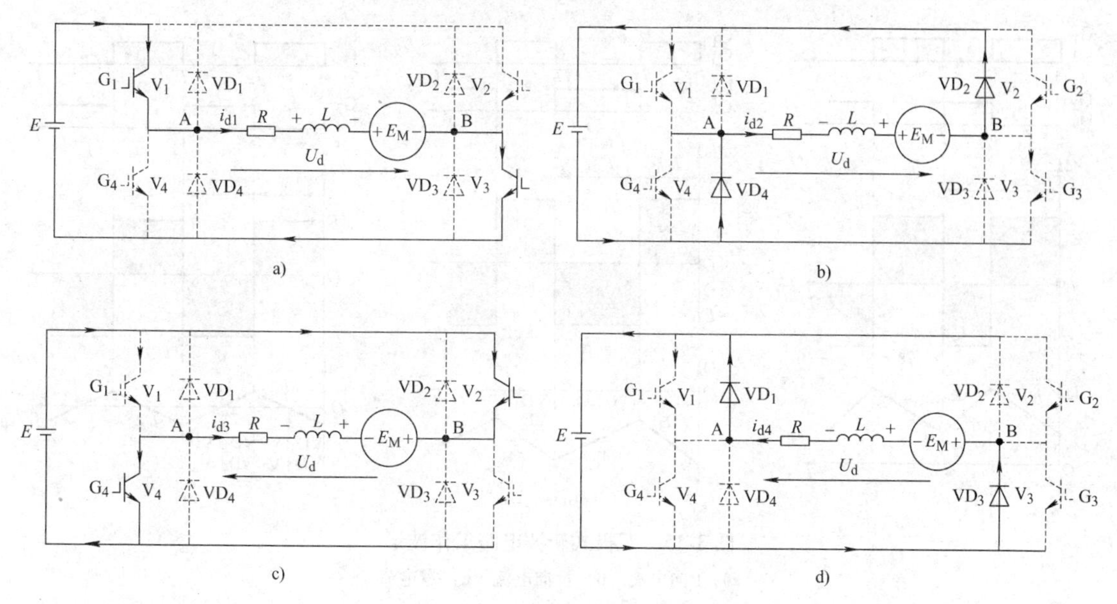

图3-14　双极式斩波控制方式示意图

a）正转时 V_1 和 V_3 导通的双极式斩波　b）正转时 V_1 和 V_3 关断的双极式斩波

c）反转时 V_2 和 V_4 导通的双极式斩波　d）反转时 V_2 和 V_4 关断的双极式斩波

双极式斩波控制有正转和反转两种工作状态、四种工作模式，如图3-14所示。对应的电压、电流波形如图3-15所示。

在模式1（见图3-14a）和模式2（见图3-15b）时，电流的方向从A到B，电动机正转，设 V_1、V_3 导通时间为 T_{on}，关断时间为 T_{off}。在 V_1 导通时A点电压为 $+E$，V_3 导通时B点电压为 $-E$，因此AB间电压为：

$$U_d = \frac{T_{on}}{T}E - \frac{T_{off}}{T}E = \frac{T_{on}}{T} - \frac{T - T_{on}}{T}E = \left(\frac{2T_{on}}{T} - 1\right)E = \alpha E \tag{3-17}$$

式中，占空比 $\alpha = \dfrac{2T_{on}}{T} - 1$。

模式3（见图3-14c）和模式4（见图3-14d）是电动机反转情况。如果 α 从1到 -1 逐步变化，则电动机电流 i_d 从正逐步变到负，变化过程中电流始终是连续的，这是双极性斩波电路的特点。即使在 $\alpha = 0$ 时，$U_d = 0$，电动机也不是完全静止不动，而是在正反电流作用下微振，电路以四种模式交替工作（见图3-15c）。

2. 单极式斩波控制

单极式斩波控制分为两种情况：一种是 V_1 进行PWM控制而 V_3 恒通的情况（假定所带电动机负载为正转）；另一种是 V_4 进行PWM控制而 V_2 恒通的情况（假定所带电动机负载为反转）。因为 V_1 或 V_4 分别导通时，就分别是 V_1 和 V_3 导通或 V_2 和 V_4 导通的情况，这是在前边的双极式斩波控制中分析过的。所以，下面重点讨论第一种情况下正转 V_1 关断时的电路变化。

正转 V_1 关断时，因为 V_3 恒通，电感 L 要经 $E_M \to V_3 \to VD_4$ 形成回路（见图3-16a），电感的能量消耗在电阻 R 上，$u_d = u_{AB} = 0$。在 VD_4 续流时，尽管 V_4 有驱动信号，但是被导通的 VD_4 短接，V_4 不会导通。但是电感续流结束后（负载较小情况），VD_4 截止，V_4 导通，

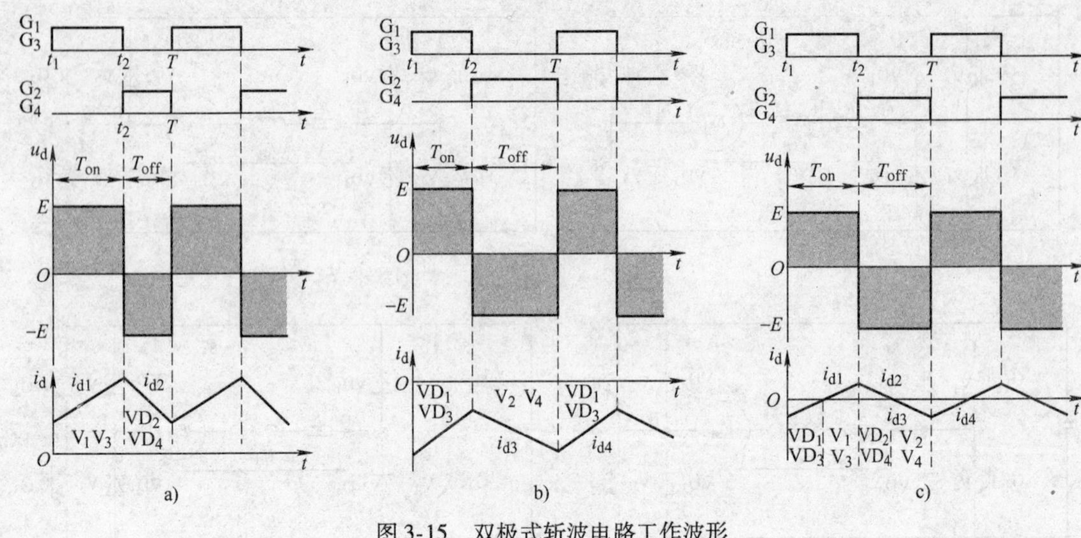

图 3-15　双极式斩波电路工作波形

a）正向电流　b）反向电流　c）零电流

电动机反电动势 E_M 将通过 V_4 和 VD_3 形成回路（见图 3-16b）。在 $t=T$ 时，V_4 关断，电感 L 经 $VD_1 \to E \to VD_3$ 放电（见图 3-16c），电动机处于回馈制动状态，$u_d = u_{AB} = E$。不管何种情

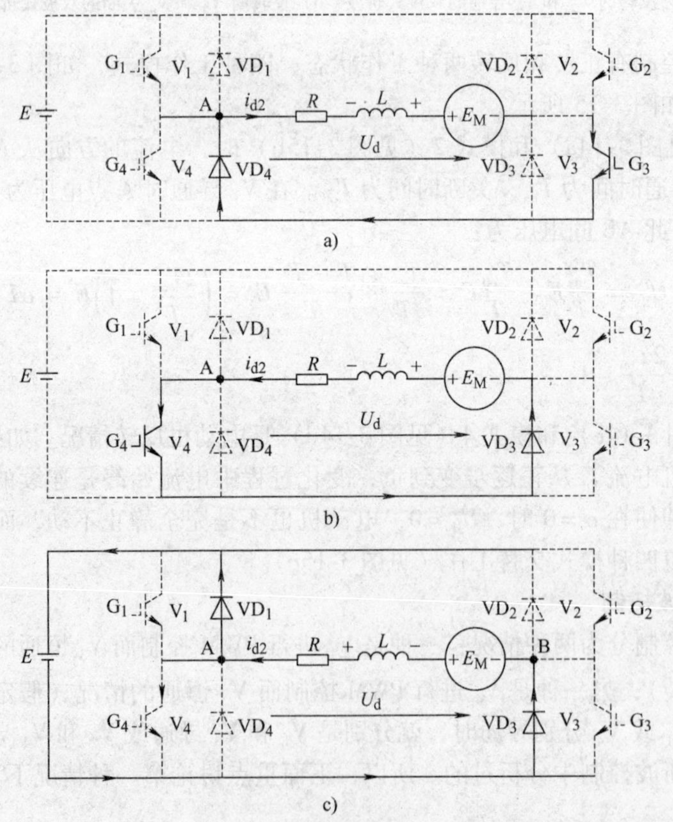

图 3-16　单极式斩波控制方式示意图

a）正转时 V_1 关断和 VD_4 导通时电感线圈放电情况　b）正转时 V_1 关断和 V_4 导通时反电动势作用的情况　c）正转时 V_1 关断和 VD_1 导通时电感线圈放电的情况

况，一周期中负载电压 u_d 只有正半周（见图3-17b），故称为单极式斩波控制。因为单极式控制正转时 V_3 恒通，反转时 V_2 恒通，所以单极式可逆斩波控制的输出平均电压为

$$U_d = \frac{T_{on}}{T}E = \alpha E \qquad (3\text{-}18)$$

且 T_{on} 在正转时是 V_1 的导通时间，在反转时是 V_4 的导通时间，在正转时 U_d 为“+”，反转时 U_d 应为“-”。

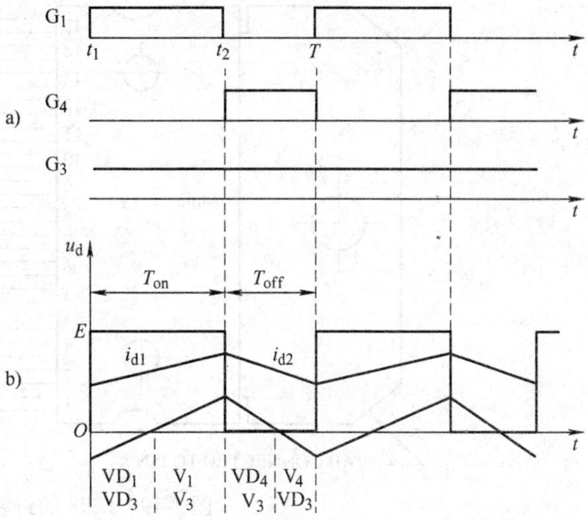

图3-17　单极型斩波控制波形及输出波形图
a）控制波形　b）输出波形

3. 受限单极式斩波控制

在单极式斩波控制中，正转时 V_4 导通的时间很少，反转时 V_1 导通的时间很少，因此可以在正转时使 V_4、V_2 恒关断，在反转时使 V_1、V_3 恒关断，这就是所谓的受限单极式斩波控制方式，波形如图3-18所示。受限单极式斩波控制在正转和反转电流连续时的工作状态与单极式控制相同。正转轻载时（电流较小），没有了反电动势 E_M 经过 V_4 的通路，i_d 断续。断续区 $u_d = E_M$，平均电压 U_d 较电流连续时要抬高，即电动机轻载时转速提高，机械特性变软。

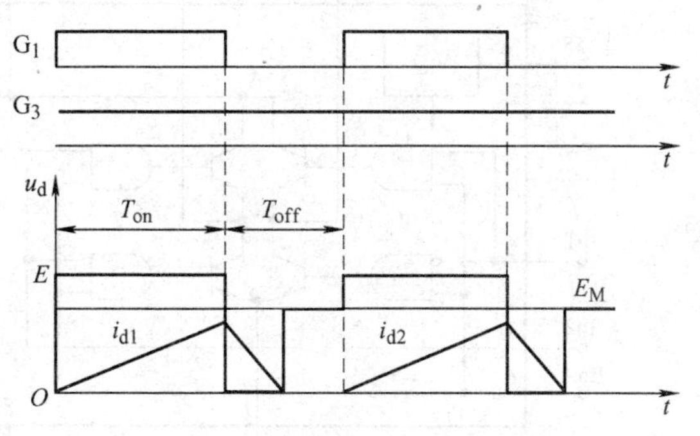

图3-18　受限单极式斩波控制波形图

【例3-4】　晶体管双桥集成电路L298

L298是一款应用领域极广的DC-DC电源模块芯片。有16脚的Multiwatt封装的和20脚的PowerSO20封装的单片集成电路，它是一种高电压和大电流的双全桥驱动器（Dual Full-Bridge Driver），使用TTL逻辑电平，主要用于感性负载的驱动，如继电器、电磁线圈、直流电动机和步进电动机。它虽然问世已久，采用晶体管作为电力电子开关，但由于传承和购买方便，所以为广大电子制作爱好者所喜爱。但它有明显的缺点：功耗大、发热严重。

L298的工作电压可以达到46V，总的输出直流电流可以达到4A，逻辑“0”的输入电压可以高达1.5V，饱和电压低，有过热保护。它的两个全桥的使能端是分开的，所以可以分别使用。每个桥的较低的两个晶体管的发射极是连在一起的，这样对应的外部端子就可以用来连接一个外部传感电阻。

L298的引脚分布如图3-19所示，其电原理图如图3-20所示。图3-21为用半个L298控制直流电动机的电原理图。由于L298内部的晶体管开关没有反并联二极管，所以要在电动机两侧接4个二极管，相当于每个二极管和L298内对应晶体管反并联。为了使电动机平稳运行，克服负载转矩和摩擦转矩的变化，建议取出 R_S 上的电压，作为实时负载电流检测，并加以控制。

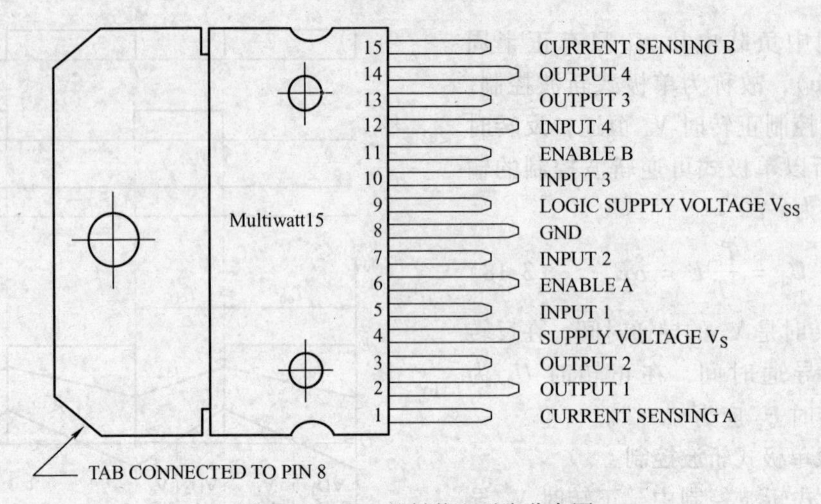

图 3-19 L298 的封装和引脚分布图

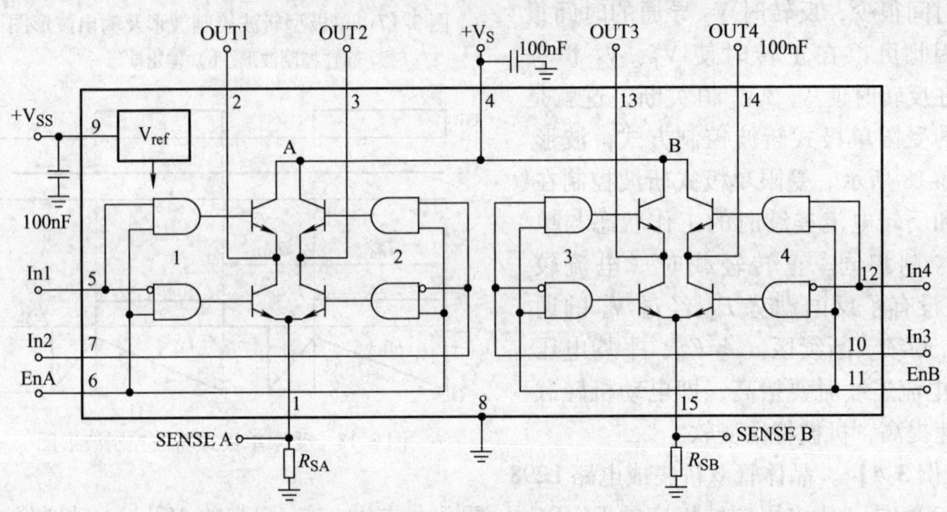

图 3-20 L298 集成 DC/DC 模块的电原理图

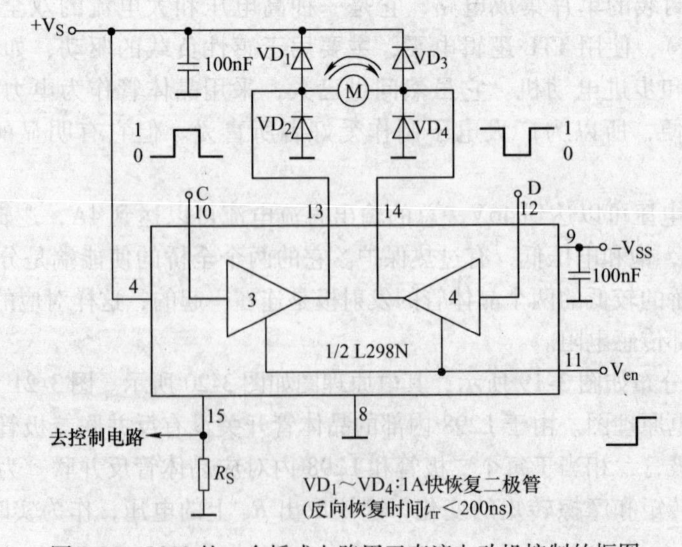

图 3-21 L298 的一个桥式电路用于直流电动机控制的框图

【例3-5】　场效应晶体管全桥集成电路L6203

随着集成技术的发展，目前集成电力电子芯片逐渐取代了很多分立电力电子器件。器件的高度集成化成为未来电子器件发展的主要趋势。L6203是DMOS器件，功耗小，发热小，由开通到关断的过渡时间小于晶体管。

这是一种用于电动机控制应用的全桥集成电路，它把DMOS功率晶体管和CMOS及双极性电路做在了一块芯片上。通过混合技术，能优化逻辑电路和功率级，以获得最好的性能。DMOS输出晶体管可以工作在高达42V电压的情况，有效地工作在高的开关速度的情况。所有的逻辑输入是TTL、CMOS和μC兼容的。器件的每个通道（半桥）都是被分别的输入控制的，但是使能端是共用的。它有三种不同的封装，封装形式和引脚定义如图3-22所示。图3-23为L6203内部电路图。引脚功能见表3-1。它本质上是H桥电路，但在左右两个MOS管的源极加入了三态门，有正转、反转、制动三种工作状态。电动机正转时1、4导通，2、3截止；反转时2、3导通，1、4截止（正转反转还与电动机接线有关）；制动时3、4导通，1、2截止。

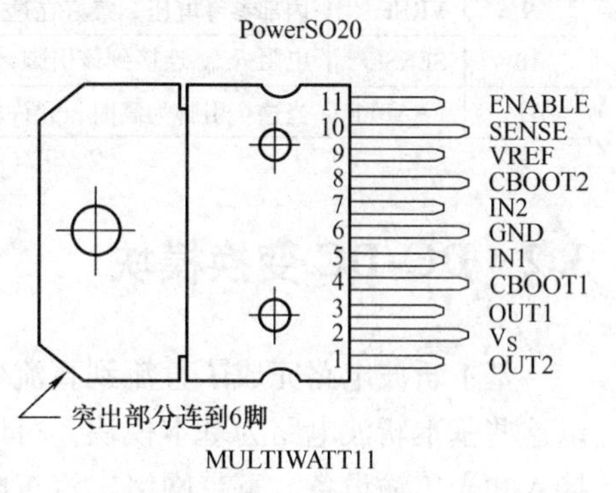

图3-22　L6203引脚及封装图

从图3-23所示电路可知，与L298相比，L6203只有一个全桥，桥的拓扑形式与L298基本一样，但L6203自带体二极管。从参数上看，L6203和L298的输出电流差不多。

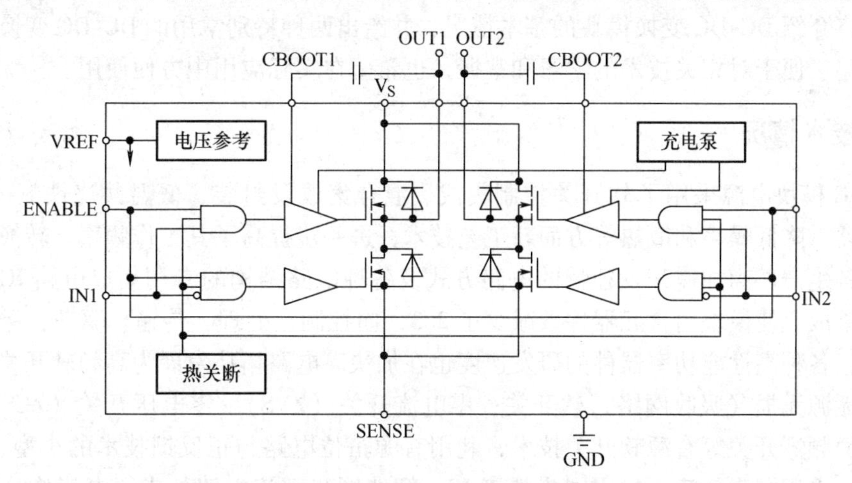

图3-23　L6203内部电路

表3-1　L6203引脚功能表

L6203	名　称	描　述
1	OUT2	第二个半桥的输出
2	Vs	电源电压
3	OUT1	第一个半桥的输出
4	CBOOT1	自举电容连到该引脚，以保证有效地驱动上边的DMOS功率管
5	IN1	从电动机控制器来的数字输入
6	GND	公共地

（续）

L6203	名　称	描　述
7	IN2	从电动机控制器来的数字输入
8	CBOOT2	自举电容连到该引脚，以保证有效地驱动上边的 DMOS 功率管
9	VREF	内部参考电压。最好在这个脚和地之间连接一个电容。内部参考电压可以提供最大 2mA 的电流
10	SENSE	电阻 R_{sense} 连接到该引脚，给电动机电流控制提供一个反馈
11	ENABLE	当这个引脚为高时，允许输入信号起到相应的控制作用

3.2 DC-DC 变换模块

基本斩波电路完成了直流到直流变换的电能转换功能，起到一种电能变换核心的作用。以这些基本斩波电路为基本模块，可以搭建模块化电源。在计算机、电信系统、电子设备、接入和光传输设备、宽带网络、汽车电子、航空航天微波及军用电子装备中，大多采用 DC-DC 模块的分布式独立供电电源。在电源模块市场，DC-DC 模块占有 90% 的市场份额，产品功率集中在 1～600W 之间，300W 以下产品占绝大多数。产品小型/薄型化、标准化、高效高功率密度化，并以积木的方式进行组合的电路拓扑结构得到日益广泛的应用。DC-DC 模块安装在各功能电路板上，通过升压、降压、反相配置满足电路板各工作点所需电压、电流要求，其特点是输入电压范围宽、多路输出稳定性好、效率高、功率损耗密度小、可靠性好、高速应答、节省板位、应用灵活、简便经济、系统升级容易等。

本节将介绍 DC-DC 变换模块的基本情况，并给出两种特别常用的 DC-DC 变换模块的具体集成电路，便于对相关技术的学习和掌握，也希望在实际应用中方便使用。

3.2.1 技术情况

DC-DC 模块电源采用了软开关控制集成、混合集成及封装、低温共烧铁氧体磁集成、平面变压器、降低噪声和散热等方面新工艺技术，进一步提高了其工作频率、转换效率、功率密度。各生产厂商加速开发独特的电路方式及各种电路结构的专用集成电路 IC，控制电路高密度集成化使模块内含元器件数减少了 2/3，向控制、处理、传输、驱动、保护的系统集成发展，各种高性能功率器件的研发速度也在加快。电路拓扑发展为高频软开关和同步整流，包括无源无损（吸收网络）软开关、零电流开关（ZVS）/零电压开关（ZCS）、谐振、准谐振和恒频零开关等有源软开关技术，利用有源箝位电路与正反馈技术的小型、高功率、低噪声化。采用同步整流、专用同步整流 IC、智能同步整流电路技术，电流均分控制电路技术及其相关的多相变换技术产品也逐步向商品化转变。厂商对新产品的研发都增加了功率密度指标，通过增加开关频率来提高其功率密度，且改善动态响应。小功率 DC-DC 开关频率从 200～500kHz 向 1MHz 以上发展，采用了多相变换器技术，使开关频率达到 1MHz 的模块电源正实现商品化。智能化的 DC-DC 模块电源采用专用 IC 或微处理器进行管理控制，保证在任何情况下模块都工作在最佳状态。

即便是一个简单的小功率开关电源的设计，也会涉及电路、功率器件、磁性元件、控制、传热、电磁兼容及安全规范等诸多专业流程化知识，且需要能够相互融合补充、灵活应用以及具有一定实际经验的专业人员来完成设计，设计难度大，周期长，成本高。而模块化可较好地解决这些问题，不少以往名不见经传的小型电源生产商依靠DC-DC模块电源获得较快发展。低电压、大电流DC-DC模块电源的市场需求量极大，近些年来的年增长率达35.5%，而输出电压为5V的模块电源的市场占有量从30%下降到11%。低电压、大电源、高效率及小型化成为行业和国际公认的模块电源发展方向，目前隔离型DC-DC模块的市场份额比非隔离型的大，但非隔离型DC-DC模块采用新技术，成本下降25%~50%，已用于集线器、路由器等通信设备中，预计今后其增长速度会更快。多相变换、有源箝位、相位调制、同步整流、软开关、ZVS/ZCS等技术将得到进一步的应用和发展，封装正从完全密封方式朝着升级框架式的方向发展，体积更小，功能更多，系统总成本更低，在今后10年内，分布式电源在DC-DC市场仍然是大势所趋，双路、多路输出以及宽温度工作范围和抗辐射加固产品预计在军品、民品市场有更大的发展空间。

3.2.2　模块电源的选择与应用

很多系统设计人员已经意识到，正确合理地选用DC-DC模块电源，可以省去电源设计、调试方面的麻烦，将主要精力集中在自己专业的领域，这样不仅可以提高整体系统的可靠性和设计水平，而且更重要的是缩短了整个产品的研发周期，为在激烈的市场竞争中领先致胜赢得宝贵商机。那么，怎样正确合理地选用DC-DC模块电源呢？从开发设计的角度，DC-DC模块电源的选择除了最基本的电压转换功能外，还有以下几个方面需要考虑。

1. 额定功率

一般建议实际使用功率是模块电源额定功率的30%~80%为宜（具体比例大小还与其他因素有关，后面将会提到），这个功率范围内模块电源各方面性能发挥都比较充分而且稳定可靠。负载太轻造成资源浪费，太重则对温升、可靠性等不利。所有模块电源均有一定的过载能力，例如某公司产品可达120%~150%，但是仍不建议长时间工作在过载情况，毕竟这是一种短时应急之计。

2. 封装形式

模块电源的封装形式多种多样，符合国际标准的也有，非标准的也有，就同一公司产品而言，相同功率产品有不同封装，相同封装有不同功率，那么怎么选择封装形式呢？主要有三个方面：①一定功率条件下体积要尽量小，这样才能给系统其他部分更多空间更多功能；②尽量选择符合国际标准封装的产品，因为兼容性较好，不局限于一两个供货厂家；③应具有可扩展性，便于系统扩容和升级。选择一种封装，系统由于功能升级对电源功率的要求提高，电源模块封装依然不变，系统线路板设计可以不必改动，从而大大简化了产品升级更新换代，节约了时间。

3. 温度范围与降额使用

一般厂家的模块电源都有几个温度范围的产品可供选用：商品级、工业级、军用级等，在选择模块电源时一定要考虑实际需要的工作温度范围，因为温度等级不同，材料和制造工艺不同，价格就相差很大，选择不当还会影响使用，因此不得不慎重考虑。可以有两种选择方法：一是根据使用功率和封装形式选择，如果在体积（封装形式）一定的条件下实际使用功率已经接近额定功率，那么模块标称的温度范围就必须严格满足实际需要甚至略有裕量。二是根据温度范围来选，如果由于考虑成本选择了较小温度范围的产品，但有时也有温度逼近极限的情况，怎么办呢？降额使用。即选择功率或封装更大一些的产品，这样“大马拉小车”，温升要低一些，能够从一定程度上缓解这一矛盾。降额比例随功率等级不同而不同。总之要么选择宽温度范围的产品，功率利用更充分，封装也更小一些，但价格高些；要么选择一般温度范围产品，价格低一些，功率裕量和封装形式就得大一些。应根据情况折中考虑。

4. 工作频率

一般而言，工作频率越高，输出纹波噪声就更小，电源动态响应也更好，但是对元器件特别是磁性材料的要求也越高，成本会有增加，所以国内模块电源产品开关频率多在300kHz以下，甚至有的只有100kHz左右，这样就难以满足变负载条件下动态响应的要求，因此要求高的场合应用要考虑采用高开关频率的产品。另一方面当模块电源开关频率接近信号工作频率时容易引起差拍振荡，选用时也要考虑到这一点。

5. 隔离电压

一般场合使用对模块电源隔离电压要求不是很高，但是更高的隔离电压可以保证模块电源具有更小的漏电流，更高的安全性和可靠性，并且EMC特性也更好一些，因此目前业界普遍的隔离电压水平为DC1500V以上。

6. 故障保护功能

有关统计数据表明，模块电源在预期有效时间内失效的主要原因是外部故障条件下损坏，而正常使用失效的概率是很低的。因此延长模块电源寿命、提高系统可靠性的重要一环是选择保护功能完善的产品，即在模块电源外部电路出现故障时模块电源能够自动进入保护状态而不至于永久失效，外部故障消失后应能自动恢复正常。模块电源的保护功能应至少包括输入过电压、欠电压、软起动保护；输出过电压、过电流、短路保护，大功率产品还应有过温保护等。

7. 功耗和效率

我们知道，输出功率一定条件下，模块损耗$P_{耗}$越小，则效率越高，温升就低，寿命更长。除了满载正常损耗外，还有两个损耗值得注意：空载损耗和短路损耗（输出短路时模块电源损耗），因为这两个损耗越小，表明模块效率越高，特别是短路未能及时采取措施的情况下，可能持续较长时间，短路损耗越小则因此失效的概率也大大减小。当然损耗越小也更符合节能的要求。

3.2.3 模块电源应用注意事项

1. 极轻载使用

一般模块电源有最小负载限制，各厂家有所不同，普遍为10%左右，因为负载太轻时储能元件续流困难会发生电流不连续，从而导致输出电压不稳定，这是由电源本身的工作原理决定的。但是如果用户的确有轻载甚至空载使用的情况怎么办呢？最方便有效的方法是加一定的假负载，为输出功率的2%左右，可以由模块厂商出厂前预置，也可以由用户在模块外安装适当电阻作为负载。值得注意的是如果选择前者，模块效率会有所降低。

2. 多路输出功率分配

选择多路输出模块电源时要注意不同路输出之间的功率分配。以双路产品为例，一般有两种类型：一种是双路平衡负载的，即双路电流大小一样；另一种是不平衡负载的，即主、辅路负载电流不相同，主路大，辅路小。对于这种产品，建议选择辅路与主路功率之比为1/5～1/2为宜，在此范围内辅路的电压稳定性才有保证（可在5%以内），否则辅路电压就会偏高或偏低。另一方面如果双路负载本来就不相同也尽量不要选用平衡负载型模块电源，因为此种电源专门针对对称负载设计，若负载不平衡辅路电压精度不高。

3. 设法降低模块电源的温升

模块内部器件的工作温度的高低直接影响模块电源的寿命，器件温度越低模块寿命越长。在一定的工作条件下，模块电源的损耗是一定的，但是可以通过改善模块电源的散热条件来降低其温升，从而大大延长其使用寿命。比如，50W以上的模块电源必须安装散热器，散热器的表面积越大越有利于散热，且散热器的安装方向应尽量有利于空气的自然对流，功率在150W以上除安装散热器以外还可以加装风扇强制风冷。此外在环境温度较高或空气流通条件较差的地方模块需降额使用以减小功耗从而降低温升，延长使用寿命。

4. 合理安装减小机械应力

模块电源的引出方式均为金属针，模块电源与外接线路、金属针与模块电源内路电路均采用焊接方式连接。在一些特殊场合，机械振动强度较大，尤其是大功率模块电源上还要加装散热器，这种情况更为严重。虽然模块电源内部一般灌封导热绝缘橡胶，可以对元件起到较好的缓冲保护作用，但焊点有可能经受不住强烈振动应力而断裂，导致模块电源工作失效，这时必须在焊接的基础上再采取另外的固定和缓冲措施，比如可以用夹具或螺栓（对于有螺孔模块）将模块与机箱、大线路板等相对抗振性能好的部件固定，并且在它们中间垫一些弹性材料以缓冲振动产生的应力。

3.3 开关电源

3.3.1 开关电源的基本工作原理

1. 线性稳压电源的工作原理及其特点

稳压电源通常分为线性稳压电源和开关稳压电源。

电子技术课程中所介绍的直流稳压电源一般是线性稳压电源，它的特点是起电压调整功能的器件始终工作在线性放大区，其原理框图如图3-24所示，由50Hz工频变压器、整流器、滤波器和串联调整稳压器组成。

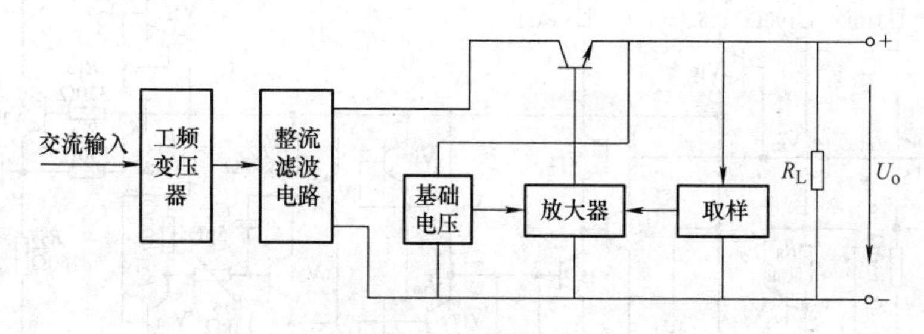

图3-24 线性稳压电源

它的基本工作原理为：工频交流电源经过变压器降压、整流、滤波后成为一稳定的直流电。图3-24中其余部分是起电压调节、实现稳压作用的控制部分。电源接上负载后，通过采样电路获得输出电压，将此输出电压与基准电压进行比较。如果输出电压小于基准电压，则将误差值经过放大电路放大后送入调节器的输入端，通过调节器调节使输出电压增加，直到与基准值相等；如果输出电压大于基准电压，则通过调节器使输出电压减小。

这种稳压电源具有优良的纹波及动态响应特性，但也存在以下缺点：

1）输入采用50 Hz工频变压器，体积庞大。

2）电压调整器件（见图3-24中的晶体管）工作在线性放大区内，损耗大，效率低。

3）过载能力差。

【例3-6】　三端可调节调节器LM117。

三端可调节正电压调节器LM117系列能够提供1.5A的从1.2～37V的电压输出范围，特别容易使用，只需两个外部电阻来设定输出电压即可。来电侧和负载都可以调节，比标准固定调节器好。另外，LM117采用通用的晶体管的封装，便于安放和处理。

这个调节器的应用电路如图3-25所示。通常情况下，在LM117离输入滤波器电容小于6in（约152.4mm）的情况下，不再需要电容，因为不需要输入旁路，可以加上一个适当的输出电容器来改善暂态特性。可调节端子可以被旁路，以获得高的纹波抑制比，这一点在标准三端调节器通常是很难做到的。除了代替固定调节器之外，LM117也有其他广泛的应用。因为调节器是“浮动的”，只能看到输入到输出的差分电压，数百伏的电压也可以调节，只要不超过最大输入到输出的电压差，即避免了短路输出。另外，它是一个特别简单的可调节开关调节器，一个可编程的调节器，或者通过在可调节端子和输出端之间连接一个固定电阻，也可以作为一个精确电流调节器。通过箝位可调节端子到地，输出被编程到1.2V，负载拉电流很小，电源被采用电控方式关断。

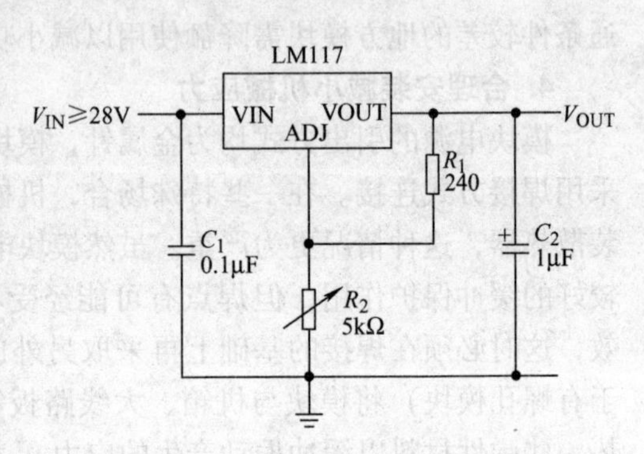

图3-25　LM117的应用电路

除了它的性能比固定调节器好之外，LM117提供了仅在集成电路中使用的完全的过负载保护。包括芯片电流限定、热过负荷保护和安全区域保护。甚至在调节端子没有连接的情况下，上述的保护还是存在的。但是，由图3-26所示的LM117内部电路原理图可以看到，这些功能都是通过模拟晶体管电路实现的。

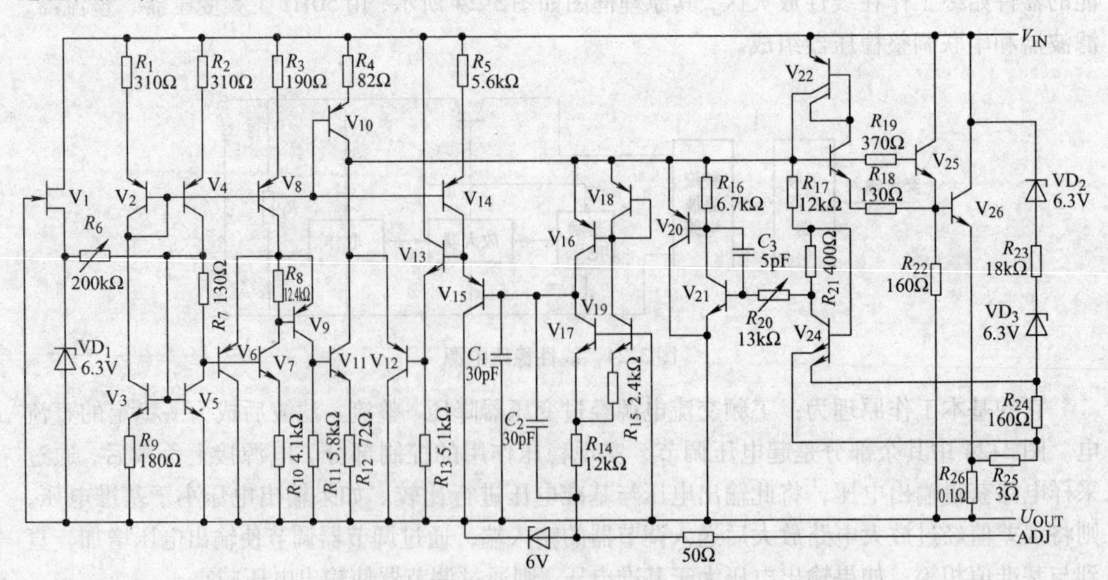

图3-26　LM117的内部电路原理图

2. 开关稳压电源的基本工作原理

开关稳压电源简称开关电源，这种电源中，起电压调整、实现稳压控制功能的器件始终以开关方式工作。图 3-27 所示为输入输出隔离的开关电源原理框图。

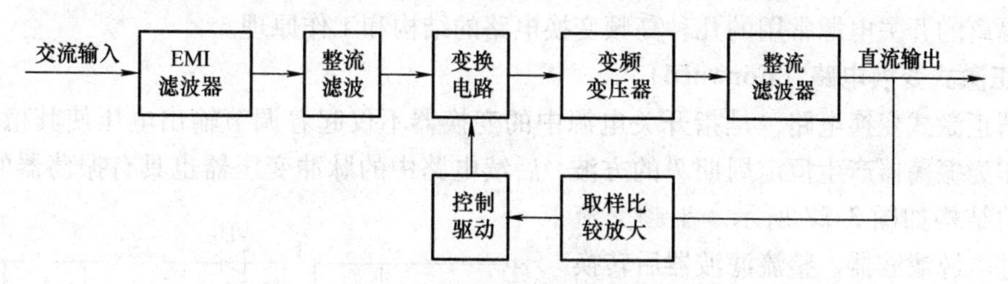

图 3-27　开关电源的基本框图

主电路的工作原理为：50 Hz 单相交流 220 V 电压或三相交流 220 V/380 V 电压首先经 EMI 防电磁干扰的电源滤波器滤波（这种滤波器主要滤除电源的谐波），直接整流滤波（不经过工频变压器降压，滤波电路主要滤除整流后的低频脉动谐波），获得直流电压；然后再将此直流电压经变换电路变换为数十或数百千赫的高频方波或准方波电压，通过高频变压器隔离并降压（或升压）后，再经高频整流、滤波电路，最后输出直流电压。

控制电路的工作原理是：电源接上负载后，通过取样电路获得其输出电压，将此电压与基准电压做比较后，将其误差值放大，用于控制驱动电路，控制变换器中功率开关管的占空比，使输出电压升高（或降低），以获得稳定的输出电压。

3. 开关稳压电源的特点

开关电源中，变换电路起着主要的调节稳压作用，这是通过调节功率开关管的占空比来实现的。开关稳压电源具有如下的优点：

（1）功耗小、效率高

开关管中的开关器件交替工作在导通—截止—导通的开关状态，转换速度快，这使得功率损耗小，电源的效率可以大幅度提高，可达 90% ~95%。

（2）体积小、重量轻

开关电源效率高，损耗小，可以省去较大体积的散热器；采用起隔离作用的高频变压器取代工频变压器，可大大减小体积，降低重量；因为开关频率高，所以输出滤波电容的容量和体积也可大为减小。

（3）稳压范围宽

开关电源的输出电压由占空比来调节，输入电压的变化可以通过占空比的大小来补偿。这样，在工频电网电压变化较大时，它仍能保证有较稳定的输出电压。

（4）电路形式灵活多样

开关电源的缺点主要是存在开关噪声干扰。在开关电源中，开关器件工作在开关状态，它产生的交流电压和电流会通过电路中的其他元器件产生尖峰干扰和谐振干扰，对这些干扰如果不采取一定的措施进行抑制、消除和屏蔽，就会严重影响整机正常工作。此外，这些干扰还会串入工频电网，使电网附近的其他电子仪器、设备和家用电器受到干扰。因此，在设计开关电源时，必须采取合理的措施来抑制其本身产生的干扰。

3.3.2 隔离式高频变换电路

在开关电源的主电路中，调频变换电路是核心部分，其电路形式多种多样，下面介绍输入输出隔离的开关电源常用的几种高频变换电路的结构和工作原理。

1. 正激式变换电路（Forward）

所谓正激式变换电路，是指开关电源中的变换器不仅起着调节输出电压使其稳定的作用，还作为振荡器产生恒定周期 T 的方波，后续电路中的脉冲变压器也具有振荡器的作用。该电路的结构如图 3-28 所示。工频交流电源通过电源滤波器、整流滤波器后转换成直流电压 U_i；V_1 为功率开关管，多为绝缘栅双极型晶体管 IGBT（其基极的驱动电路图中未画出）；T 为高频变压器；L 和 C_1 组成 LC 滤波器；二极管 VD_1 为半波整流元件，VD_2 为续流二极管；R_L 为负载电阻；U_o 为输出稳定的直流电压。当控制电路使 V_1 导通时，变压器一、二次侧均有电压输出且电压方向与图示参考方向一致，所以二极管 VD_1 导通，VD_2 截止，此时电源经变压器耦合向负载。当控制电路使 V_1 截止时，变压器一、二次侧输出电压为零。此时，变压器一次侧在 V_1 导通时储存的能量经过线圈 N_3 和二极管 VD_3 反送回电源。变压器的二次侧由于输出电压为零，所以二极管 VD_1 截止，电感 L 通过二极管 VD_2 续流并向负载释放能量，由于电容 C_1 的滤波作用，此时负载上所获得的电压保持不变，滤波电感 L 储能。

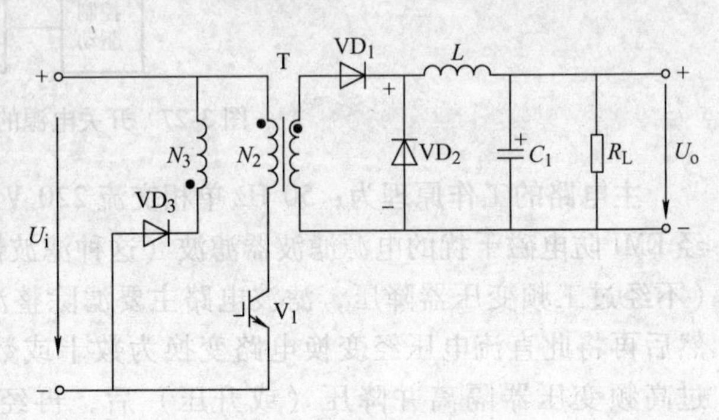

图 3-28 正激式变换电路

$$U_o = \frac{N_2}{N_1}\alpha U_i = k\alpha U_i \tag{3-19}$$

式中，k 为变压器的电压比；α 为方波的占空比；N_1、N_2 分别为变压器一、二次绕组的匝数。由式（3-19）可看出，输出电压 U_o 仅由电源电压 U_i 和占空比 α 决定。

【例 3-7】 主动箝位高电压双通道交叉电流模式控制器 LM5034。

这个直流斩波控制器的应用电路如图 3-29 所示，其引脚功能见表 3-2。它是把较高的输入直流电压变为两路输出低电压。LM5034 双通道电流模式 PWM 控制器可以控制两个独立的正激/主动箝位 DC-DC 变换器或一个单独的涉及两个交叉电源级的大电流转换器。两个控制器通道以相差 180°相位工作，以减小输入纹波电流。这个电路的两路电流控制体现在分别用电流互感器取出电流，并经整流后分别加到电流反馈端子 CS1 和 CS2 上。通过端子 AC1 和 AC2 对对应的箝位场效应晶体管进行控制。变压器二次侧采用的是同步整流技术，将在第 5 章进行介绍。每路输出电压都有电压取样，经隔离后分别加到 PWM 控制器的反馈回路输入端 COMP1 和 COMP2 上。

LM5034 内部电原理图如图 3-30 所示。每路电能输出包括一个起动调节器和一个复合（双极晶体管和 CMOS）栅极驱动器，前者的输入电压的工作范围宽达 100V，而后者有鲁棒性的高达 2.5A 的峰值吸收电流，其特点为：主动箝位的栅极驱动器，可调最大 PWM 占空比的死区时间，可编程的电源侧欠电压锁定，每周期的电流限定，带有可调再起动延迟的间断模式故障运行，PWM 斜坡补偿，软起动，还有一个具有同步能力的特定振荡器。

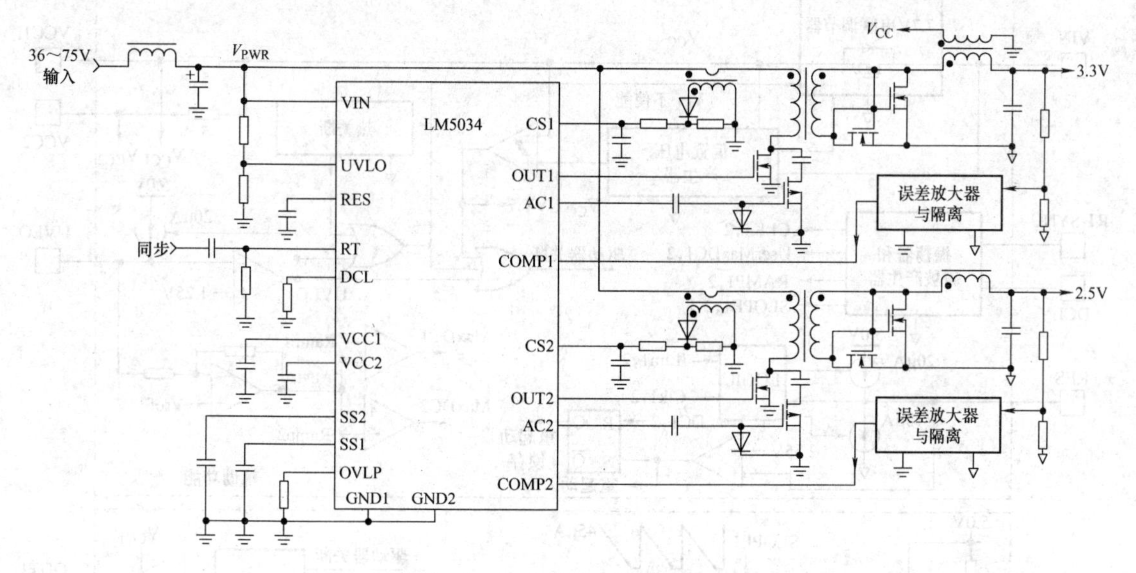

图 3-29　独立输出双交叉调节器

表 3-2　LM5034 引脚说明

引　　脚	名　　称	说　　明
1	OVLP	主动箝位重合调节（Active Clamp Overlap Adjust）
2	VIN	输入电源（Input Supply）
3	COMP1	PWM 控制，控制器 1（PWM Control，Controller 1）
4	CS1	电流传感输入，控制器 1（Current Sense Input，Controller 1）
5	SS1	软起动，控制器 1（Soft-Start，Controller 1）
6	UVLO	输入欠电压锁定（VIN Under-Voltage Lockout）
7	VCC1	软起动调节器输出，控制器 1（Start-Up Regulator Output，Controller 1）
8	OUT1	主栅极驱动，控制器 1（Main Gate Driver，Controller 1）
9	AC1	主动箝位驱动器，控制器 1（Active Clamp Driver，Controller 1）
10	GND1	地，控制器 1（Ground，Controller 1）
11	GND2	地，控制器 2（Ground，Controller 2）
12	AC2	主动箝位驱动器，控制器 2（Active Clamp Driver，Controller 2）
13	OUT2	主栅极驱动，控制器 2（Main Gate Driver，Controller 2）
14	VCC2	软起动调节器输出，控制器 2（Start-Up Regulator Output，Controller 2）
15	RES	间断模式再起动调节（Hiccup Mode Restart Adjust）
16	SS2	软起动，控制器 2（Soft-Start，Controller 2）
17	CS2	电流传感输入，控制器 2（Current Sense Input，Controller 2）
18	COMP2	PWM 控制，控制器 2（PWM Control，Controller 2）
19	DCL	占空比限定（Duty Cycle Limit）
20	RT/SYNC	振荡器调节和同步输入（Oscillator Adjust and Synchronizing Input）

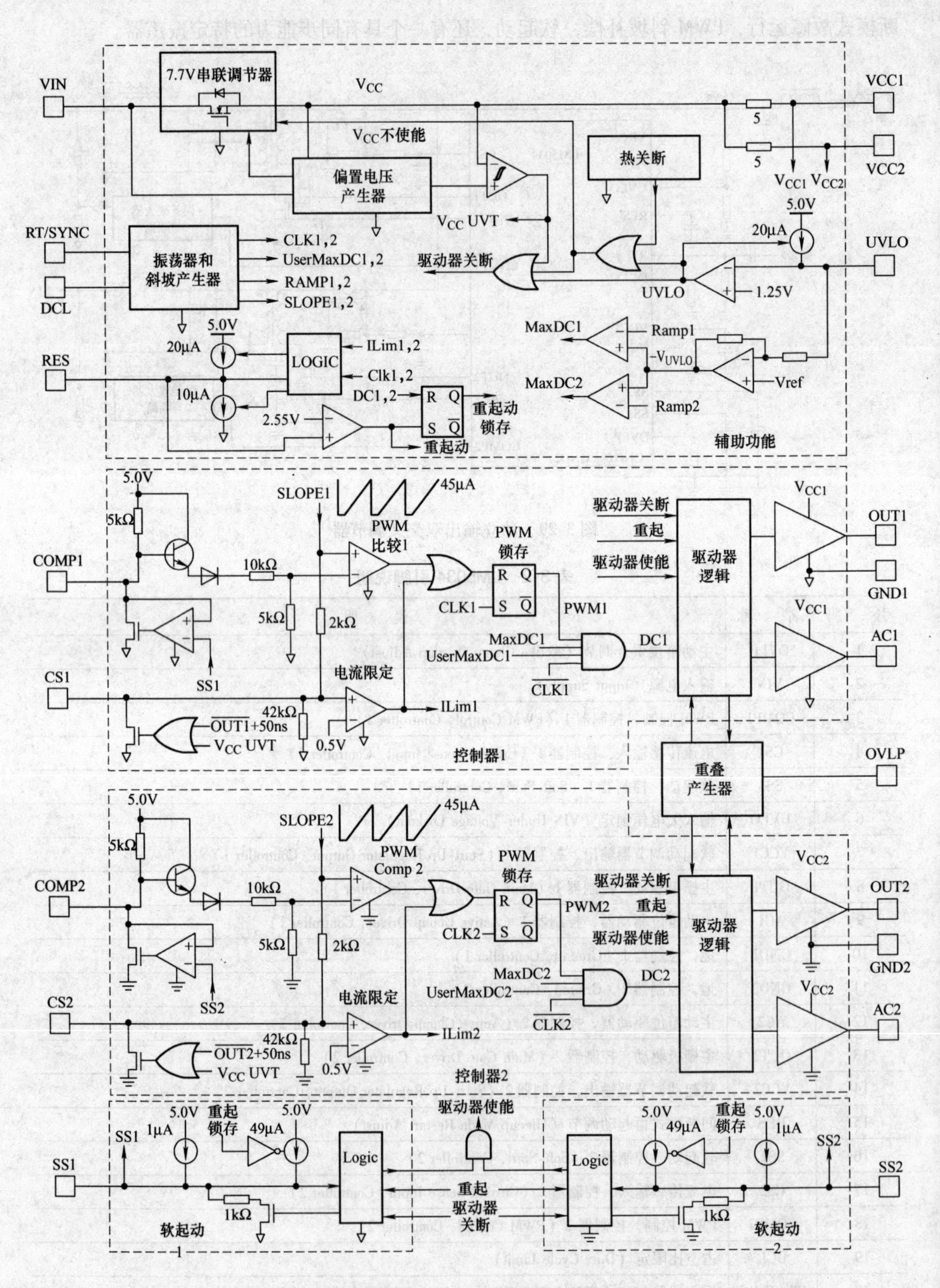

图 3-30 LM5034 内部电原理图

2. 反激式开关电源

反激式开关电源（Fly Back）是指使用反激高频变压器隔离输入输出回路的开关电源。“反激”的具体所指是当输入为高电平（开关管接通）时输出电路中串联的电感为放电状态，相反当输入为低电平（开关管断开）时输出电路中串联的电感为充电状态。与之相对的是“正激”式开关电源，当输入为高电平（开关管接通）时输出线路中串联的电感为充电状态，相反当输入为低电平（开关管断开）时输出线路中串联的电感为放电状态，以此驱动负载。正激的工作原理是在开关管导通的时候，一次侧通过变压器向二次侧传输能量，除了负载能量外多余的能量存储在输出电感和输出电容上；而当开关管截止时，输出电感和输出电容维持负载输出。反激的工作原理是在开关管导通时，一次侧将能量存储在变压器的励磁电感中（标准反激电路没有输出电感），而当开关管截止的时候，励磁电感释放能量给负载和输出电容供电，下一个开关管导通时输出电容维持负载输出。所以，正激式变压器基本上只有能量传输的作用，反激式变压器不仅具有能量传输而且还具有能量存储的作用。反激式变压器开关电源工作原理比较简单，输出电压控制范围比较大，因此在一般电器设备中应用最广泛。

图3-31所示为反激式变压器开关电源的简单工作原理图，图中 U_i 是开关电源的输入电压，T是开关变压器，S是控制开关，C 是储能滤波电容，R 是负载电阻。

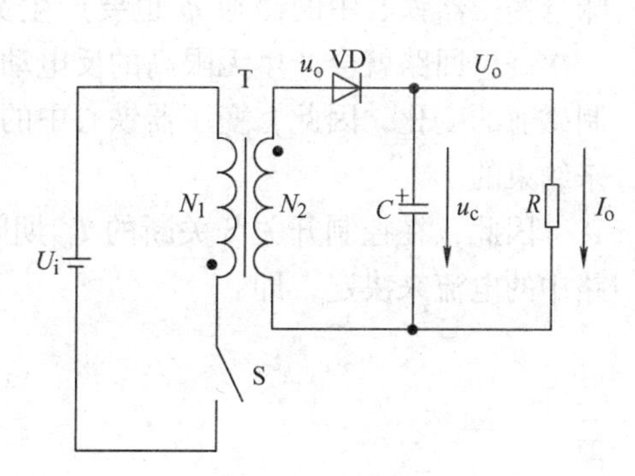

图3-31　反激式变压器开关电源的简单工作原理图

将图3-31与图3-28进行比较，如果把图3-31中开关变压器二次绕组的同名端对调一下，原来变压器输出电压的正、负极性就会完全颠倒过来。

下面我们来详细分析反激式变压器开关电源的工作过程。

图3-31中，在控制开关S接通的 T_{on} 期间，输入电压 U_i 对变压器一次绕组加电，一次绕组有电流 i_1 流过，在绕组两端产生自感电动势的同时，变压器二次绕组的两端也同时产生感应电动势，但由于整流二极管的作用，没有产生回路电流。相当于变压器二次绕组开路，变压器二次绕组相当于一个电感。因此，流过变压器一次绕组的电流就是变压器的励磁电流，一次绕组两端产生的自感电动势可由下式表示：

$$e_1 = L_1 \frac{\mathrm{d}i_1}{\mathrm{d}t} = U_i \tag{3-20}$$

或

$$e_1 = N_1 \frac{\mathrm{d}\phi}{\mathrm{d}t} = U_i \tag{3-21}$$

式中，e_1 为变压器一次绕组产生的自感电动势；L_1 为变压器一次绕组的电感；i_1 为流过变压器一次绕组的电流；N_1 为变压器一次绕组的匝数；ϕ 为变压器铁心磁通。对式（3-20）和式（3-21）进行积分，可求得

$$i_1 = \frac{U_i}{L_1}t + i_1(0) \tag{3-22}$$

$$\phi_1 = \frac{U_i}{N_1}t + \phi_1(0) \tag{3-23}$$

式中，$i_1(0)$ 为变压器一次绕组的初始电流，即控制开关刚接通瞬间流过变压器一次绕组的电流；$\phi_1(0)$ 为初始磁通，即控制开关刚接通瞬间变压器铁心中的磁通。当开关电源工作于输出临界连续电流状态时，$i_1(0)$ 正好等于0，而 $\phi_1(0)$ 正好等于剩磁通 $S \cdot B_r$。当控制开关S将要关断，且开关电源工作于输出电流临界连续状态时，i_1 和 ϕ_1 均达到最大值

$$i_{1m} = \frac{U_i}{L_1}T_{on} \tag{3-24}$$

$$\phi_m = \frac{U_i}{N_1}T_{on} + SB_r = SB_m \tag{3-25}$$

式中，i_{1m}为流过变压器一次绕组的最大电流，即控制开关关断瞬间前流过变压器一次绕组的电流；ϕ_m 为变压器铁心中的最大磁通，即控制开关关断瞬间前变压器铁心中的磁通；S 为变压器铁心导磁面积；B_r 为剩余磁感应强度；B_m 为最大磁感应强度。

当控制开关S由接通突然转为关断瞬间，流过变压器一次绕组的电流 i_1 突然为0，这意味着变压器铁心中的磁通 ϕ 也要产生突变，这是不可能的，如果 ϕ 产生突变，变压器一、二次绕组回路就会产生无限高的反电动势，反电动势又会产生无限大的电流，而电流又会抵制磁通的变化，因此，变压器铁心中的磁通变化最终还是要受变压器一、二次绕组中的电流来约束的。

因此，在控制开关S关断的 T_{off}期间，变压器铁心中的磁通 ϕ 主要由变压器二次绕组回路中的电流来决定，即

$$e_2 = -L_2\frac{di_2}{dt} = u_o \tag{3-26}$$

或

$$e_2 = -N_2\frac{d\phi}{dt} = u_o \tag{3-27}$$

式中，e_2 为变压器二次绕组产生的感应电动势；L_2 为变压器二次绕组的电感；N_2 为变压器二次绕组的匝数；i_2 为流过变压器二次绕组的电流；u_o 为变压器二次绕组的输出电压。由于反激式变压器开关电源的变压器二次绕组的输出电压都经过整流滤波，而滤波电容与负载电阻的时间常数非常大，因此，整流滤波输出电压 U_o 基本就等于 u_o 的幅值 U_p。

对式（3-26）和式（3-27）进行积分，并把 u_o 用 U_o 代之，即可求得

$$i_2 = -\frac{U_o}{L_2}t + i_2(0) \tag{3-28}$$

$$\phi_2 = -\frac{U_o}{N_2}t + \phi_2(0) \tag{3-29}$$

式中，$i_2(0)$ 为变压器二次绕组的初始电流。实际上，$i_2(0)$ 正好等于控制开关刚断开瞬间流过变压器一次绕组的电流折算到二次绕组回路的电流，即 $i_2(0) = i_{1m/n}$（n 为变压器二次绕组与一次绕组匝数比）；而 $\phi_2(0)$ 正好等于控制开关刚断开瞬间变压器铁心中的磁通，即 $\phi_2(0) = SB_m$。当控制开关S将要关断时，i_2 和 ϕ_2 均达到最小值，即

$$i_{2x} = -\frac{U_o}{L_2}T_{off} + \frac{i_{1m}}{n} \tag{3-30}$$

$$\phi_{2x} = -\frac{U_o}{N_2}T_{off} + SB_m \tag{3-31}$$

当开关电源工作于电流临界连续工作状态时，$i_{2x}=0$，而 $\phi_{2x}=S\cdot B_r$。

由式（3-20）和式（3-26），或者式（3-21）和式（3-27），并注意到，变压器二次绕组与一次绕组的匝数之比正好等于 n，就可以求得反激式变压器开关电源的输出电压为

$$U_o = \frac{nU_i}{1-\alpha}\alpha \tag{3-32}$$

式中，U_o 为反激式变压器开关电源的输出电压；U_i 为变压器一次绕组输入电压；α 为控制开关的占空比。

这里还需注意，在决定反激式开关电源输出电压的式（3-32）中，并没有使用反激输出电压最大值或峰值 U_p 的概念，而使用的正好是正激式输出电压的峰值 U_p，这是因为反激输出电压的最大值或峰值 U_p 计算比较复杂，并且峰值 U_p 的幅度不稳定，它会随着输出负载大小的变化而变化；而正激输出电压的峰值 U_p 则不会随着输出负载大小的变化而变化。顺便指出，在控制开关 S 关断的 T_{off}期间，变压器铁心中的磁通 ϕ 主要由变压器二次绕组回路中的电流来决定，这就相当于流过变压器二次绕组的电流所产生的磁场可以使变压器的铁心退磁，变压器铁心中的磁场强度恢复到初始状态。

由于控制开关突然关断，流过变压器一次绕组的励磁电流突然为0，此时，流过变压器二次绕组的电流就正好接替原来变压器一次绕组中励磁电流的作用，使变压器铁心中的磁感应强度由最大值 B_m 返回到剩磁所对应的磁感应强度 B_r，即流过 N_2 绕组的电流是由最大值逐步变化到0的。由此可知，反激式变压器开关电源在输出功率的同时，流过二次绕组回路的电流也在对变压器铁心进行退磁。反激式变压器开关电源的工作过程波形图如图3-32所示。

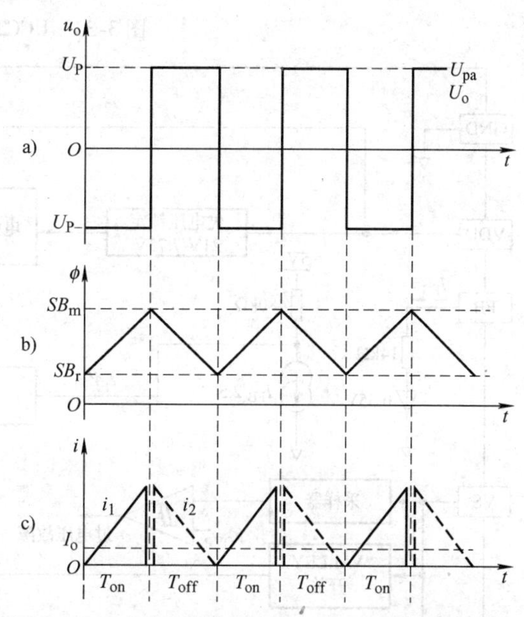

图3-32　反激式变压器开关电源的工作过程波形图
a）电压波形　b）磁通波形　c）电流波形

由此可知，反激式变压器开关稳压电源是通过改变控制开关的占空比来调节开关电源的输出电压和对储能滤波电容的充、放电电流以达到稳定电压输出的。这里还需特别指出，上面分析全部都是假定开关电源输出电压 U_o 相对不变情况下的结果，实际上，当开关电源刚开始工作的时候，即储能滤波电容刚开始充电的时候，开关电源输出电压 U_o 也是在变化的，但很快就由某个初始值过渡到某个稳定值，然后又由某个初始值（上一个稳定值）又过渡到下一个稳定值。因此，我们把开关电源电路中电压或电流由某个初始值过渡到某个稳定值的过程，称为开关电源电路的过渡过程。

【例3-8】　使用光耦合反馈的恒定电压、恒定电流反激式控制器 UCC28740。

UCC28740 的应用框图如图 3-33 所示。UCC28740 使用一个光耦合器来提供恒定电压（CV），从而改进对较大负载阶跃的瞬态响应。通过一次侧调节（PSR）技术实现恒定电流

(CC) 调节。这个器件处理来自光耦合反馈和辅助反激式绕组的信息，以实现输出电压和电流的精准高性能控制。

UCC28740 内部电路框图如图 3-34 所示。一个内部 700V 起动开关、动态控制的工作状

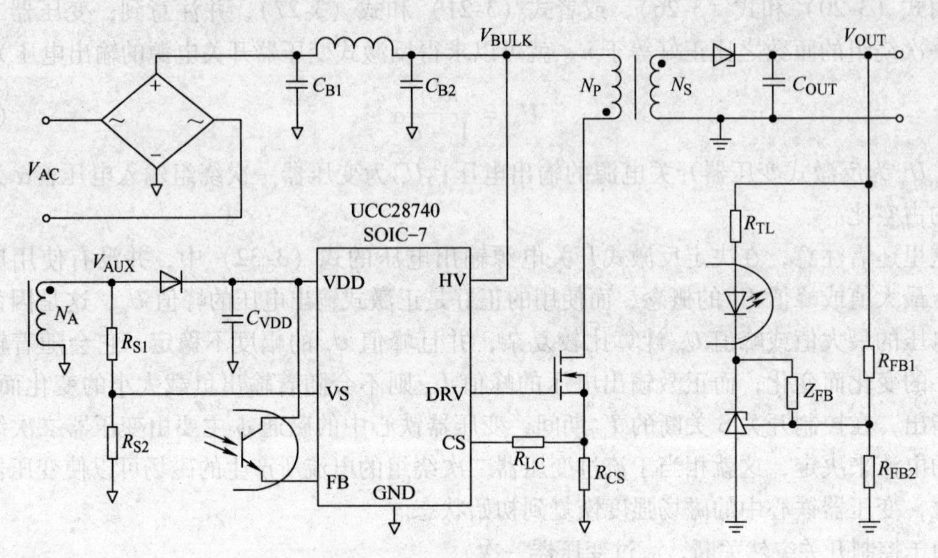

图 3-33　UCC28740 的应用框图

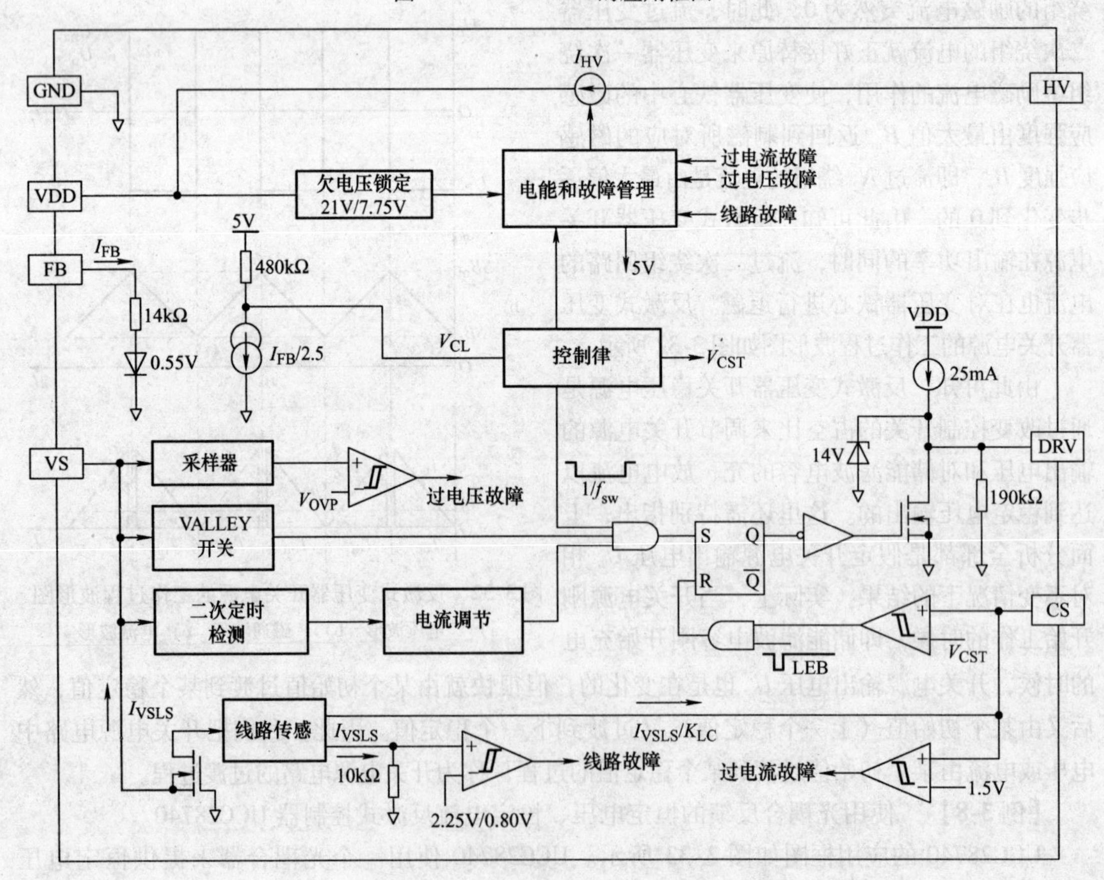

图 3-34　UCC28740 内部电路框图

态和一个定制的调制配置在不牺牲启动时间或输出瞬态响应的同时支持超低待机功耗。UCC28740 中的控制算法使得运行效率满足或者超过输出适用标准。驱动输出接至一个 MOSFET 电源开关。带有峰值开关的断续传导模式（DCM）减少了开关损耗。开关频率的调制和一次电流峰值振幅（FM 和 AM）在整个负载和线路范围内保持较高的转换效率。此控制器有一个 100kHz 的最大开关频率并且一直保持对变压器内峰值一次电流的控制。保护特性可抑制一次侧和二次侧干扰分量。170kHz 的最小开关频率可轻松实现少于 10mW 的无负载功耗。

UCC28740 主要应用于消费类电子产品的 USB 兼容适配器、充电器、智能电话、平板电脑、照相机和针对电视和台式机的待机电源。

3. 半桥变换电路

半桥变换电路又可称为半桥逆变电路，如图 3-35a 所示。工频交流电源通过电源滤波器、整流滤波器后转换成图中所示的直流电压 U_i，V_1、V_2 为功率开关管 IGBT，T 为高频变压器，L、C_3 组成 LC 滤波电路，二极管 VD_3、VD_4 组成全波整流元件。

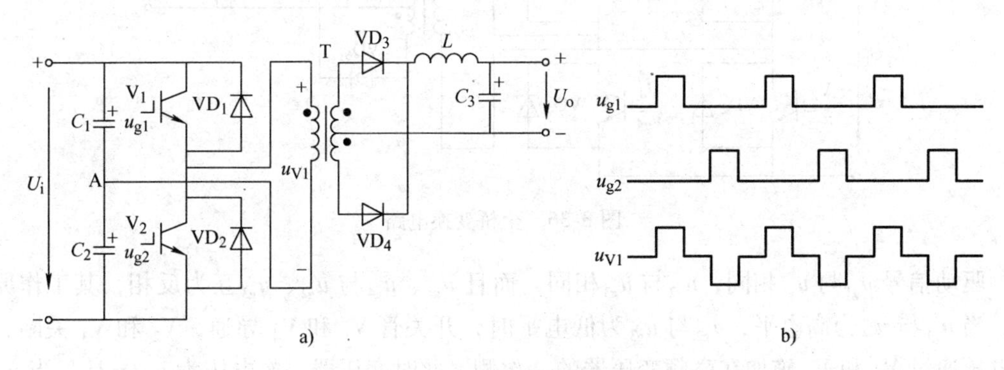

图 3-35　半桥变换电路及波形
a）电路　b）波形

半桥变换电路的工作原理为：两个输入电容 C_1、C_2 的容量相同，其中 A 点的电压 U_A 是输入电压 U_i 的一半，即 $U_{C_1}=U_{C_2}=U_i/2$。开关管 V_1 和 V_2 的驱动信号分别为 u_{g1} 和 u_{g2}，是由控制电路产生的两个互为反相的 PWM 信号，如图 3-35b 所示。当 u_{g1} 为高电平时，u_{g2} 为低电平，V_1 导通，V_2 关断。电容 C_1 两端的电压通过 VD_1 施加在高频变压器的一次侧，此时 $u_{V1}=U_i/2$，在 V_1 和 V_2 共同关断期间，一次绕组上的电压为零，即 $u_{V1}=0$。当 u_{g2} 为高电平期间，V_2 导通，V_1 关断，电容 C_2 两端的电压施加在高频变压器的一次侧，此时 $u_{V1}=-U_i/2$，其波形如图 3-35b 所示。可以看出，在一个开关周期 T 内，变压器上的电压分别为正、负、零，这一点与正激变换电路不同。为了防止开关管 V_1、V_2 同时导通造成电源短路，驱动信号 u_{g1}、u_{g2} 之间必须具有一定的死区时间。

当 $u_{V1}=U_i/2$ 时，变压器二次侧所接二极管 VD_3 导通，VD_4 截止，整流输出电压的方向与图示 U_o 方向相同；当 $u_{V1}=-U_i/2$ 时，二极管 VD_4 导通，VD_3 截止，整流输出电压的方向也与图示 U_o 方向相同；在二极管 VD_3、VD_4 导通期间，电感 L 开始储能。在开关管 V_1、V_2 同时截止期间，虽然变压器二次电压为零，但此时电感 L 释放能量，又由于电容 C_3 的作用使输出电压恒定不变。

半桥变换电路的特点为：在一个开关周期 T 内，前半个周期流过高频变压器的电流与后半个周期流过的电流大小相等，方向相反，因此，变压器的磁心工作在磁滞回线 B-H 的两端，磁心得到充分利用。在一个开关管导通时，处于截止状态的另一个开关管所承受的电压与输入电压相等，开关管由导通转为关断的瞬间，漏感引起的尖峰电压被二极管 VD_1 或 VD_2 箝位，因此开关管所承受的电压绝对不会超过输入电压，二极管 VD_1、VD_2 还作为续流二极管具有续流作用，施加在高频变压器上的电压只是输入电压的一半。欲得到与下面将介绍的全桥变换电路相同的输出功率，开关管必须流过两倍的电流，因此半桥式电路是通过降压扩流来实现大功率输出的。另外，驱动信号 u_{g1} 和 u_{g2} 需要彼此隔离的 PWM 信号。

4. 全桥变换电路

将半桥电路中的两个电解电容 C_1 和 C_2 换成另外两只开关管，并配上相应的驱动电路即可组成图 3-36 所示的全桥变换电路。

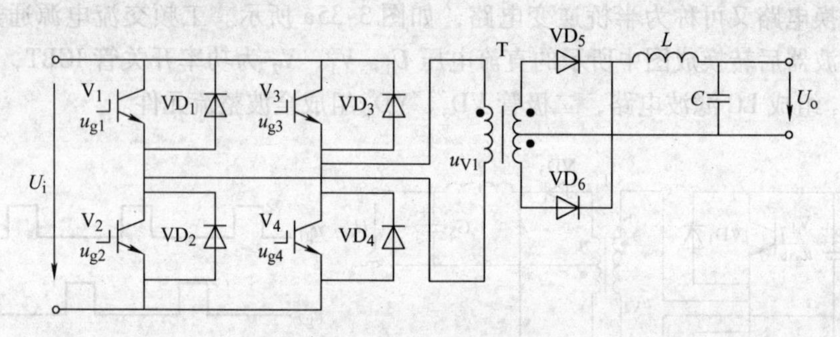

图 3-36　全桥变换电路

驱动信号 u_{g1} 与 u_{g4} 相同，u_{g2} 与 u_{g3} 相同，而且 u_{g1}、u_{g4} 与 u_{g2}、u_{g3} 互为反相，其工作原理为：当 u_{g1} 与 u_{g4} 为高电平，u_{g2} 与 u_{g3} 为低电平时，开关管 V_1 和 V_4 导通，V_2 和 V_3 关断，电源电压通过 V_1 和 V_4 施加在高频变压器的一次侧，此时变压器一次电压为 $u_{V1}=U_i$。当 u_{g1} 和 u_{g4} 为低电平，u_{g2} 与 u_{g3} 为高电平时，开关管 V_2 和 V_3 导通，V_1 和 V_4 关断，变压器一次电压为 $u_{V1}=-U_i$。与半桥电路相比，一次绕组上的电压增加了一倍，而每个开关管的耐压仍为输入电压。变压器二次侧所接二极管 VD_5、VD_6 为整流二极管，实现全波整流。电感 L、电容 C 组成 LC 滤波电路，实现对整流输出电压的滤波。

开关管 $V_1\sim V_4$ 的集电极与发射极之间反接有箝位二极管 $VD_1\sim VD_4$，由于这些箝位二极管的作用，当开关管从导通到截止时，变压器一次磁化电流的能量以及漏感储能引起的尖峰电压的最高值不会超过电源电压 U_i，同时还可将磁化电流的能量反馈给电源，从而提高整机的效率。全桥变换电路适用于数百 W 至数千 W 的开关电源。

3.4　有源功率因数校正器

3.4.1　有源电力滤波器和有源功率因数校正器

消除电力系统的谐波有无源技术和有源技术两种办法。无源技术是指在电路中接入 LC 网络，这种技术只能对某些特定的谐波进行抑制和基波移相补偿。这种方法最早用于电力系统，其电路体积和质量都很大。随着电力电子技术的发展，人们又提出了两种对策：一种是在电网的公用负载端并接一个专用的功率变换器，对无功及谐波电流进行补偿，这就是有源滤波器，如图3-37所示。它能将电网电流补偿成为与电网电压同相的正弦电流。另一种是在负载即电力电子装置本身的整流器和滤波电容之间增加一个功率变换电路，这就是有源功率因数校正（Active Power Factor Correction，APFC）。它能将整流器的输入电流校正成与电网电压同相位的正弦波，消除了谐波和无功电流，将电网功率因数提高到近似为1，其原理框图如图3-38所示。

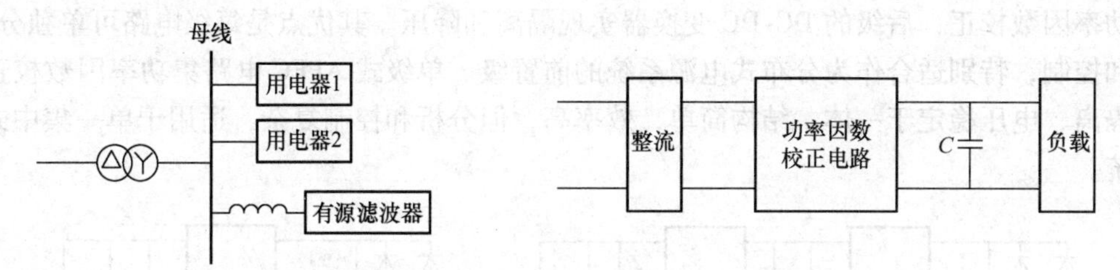

图3-37　有源滤波器应用示意图　　　图3-38　APFC的基本原理框图

1. 畸变电流的产生与APFC的基本原理

图3-39a所示为传统的整流滤波电路，整流二极管只有在输入电压 u_i 大于负载电压 u_o 时才导通。也就是说，只有在电容充电期间才有电网的输入电流 i_i，该电流为峰值很高的脉冲电流，如图3-39b所示。由于输入电流存在波形畸变，因而会导致功率因数下降并产生高次谐波分量，污染电网。

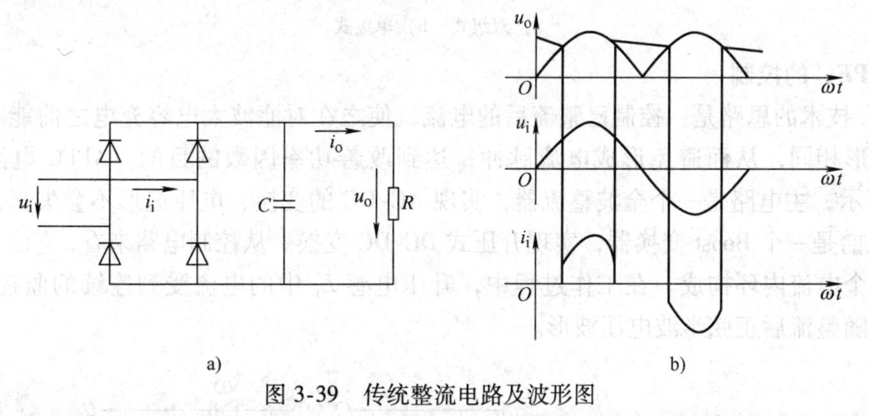

图3-39　传统整流电路及波形图
a）整流滤波电路　b）波形图

采用APFC技术是解决上述问题的有效途径。APFC技术的基本思想是将输入交流电进行全波整流，在整流电路与滤波电容之间加入DC-DC变换电路，通过适当控制使输入电流的波形自动跟随输入电压的波形，即使整流器的输出电流跟随它输出的直流脉动电压波形且要保持储能电容电压稳定，从而实现稳压输出和单位功率因数输入，其原理如图3-40所示。从原理框图来看，这就是一种开关电源，但它与传统的开关电源不同，DC-DC变换电路之前没有滤波电容，电压是全波整流器输出的半波正弦脉动电压，而不像开关电源那样是方波。这个正弦半波脉

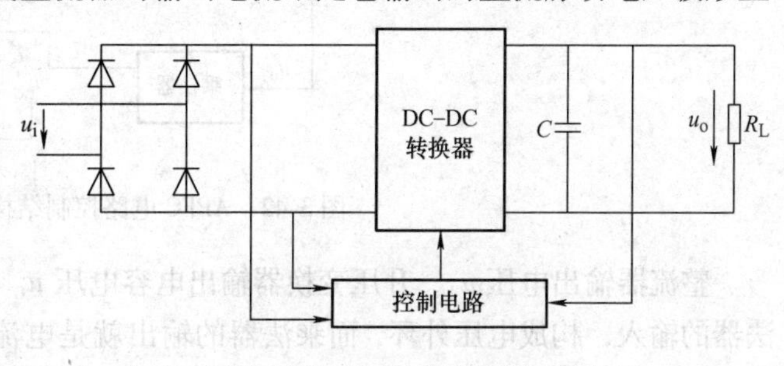

图3-40　APFC基本电路

动直流电压和整流器的输出电流及输出的负载电压都受到实时检测与监控，控制结果是使全波整流器的输入功率因数近似为 1。

2. APFC 的电路结构

APFC 的电路结构有双级式和单级式两种，如图 3-41 所示。双级式电路是由 Boost 转换器和 DC-DC 变换器级联而成的，中间直流母线电压一般都稳定在 400 V。前级的 Boost 电路实现功率因数校正，后级的 DC-DC 变换器实现隔离和降压。其优点是每级电路可单独分析、设计和控制，特别适合作为分布式电源系统的前置级。单级式 APFC 电路集功率因数校正和输出隔离、电压稳定于一体，结构简单，效率高，但分析和控制复杂，适用于单一集中式电源系统。

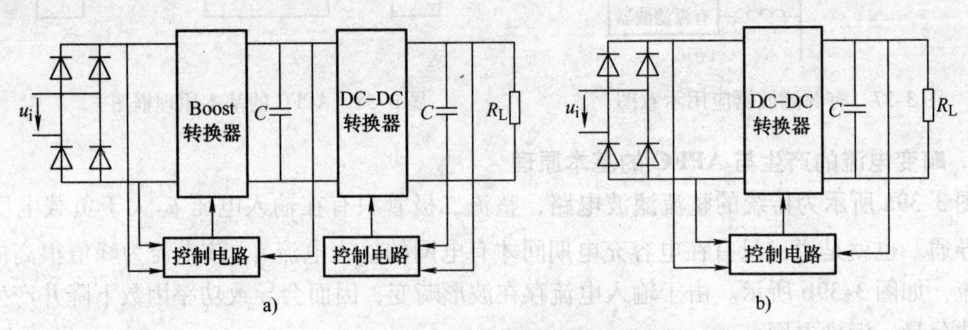

图 3-41 有源功率因数校正电路结构
a）双级式 b）单级式

3. APFC 的控制

APFC 技术的思路是：控制已整流后的电流，使之在对滤波大电容充电之前能与整流后的电压波形相同，从而避免形成电流脉冲，达到改善功率因数的目的。APFC 电路原理如图 3-42所示，主电路是一个全波整流器，实现 AC-DC 的变换，电压波形不会失真；在滤波电容 C 之前是一个 Boost 变换器，实现升压式 DC-DC 变换。从控制电路来看，它由一个电压外环和一个电流内环构成。在工作过程中，升压电感 L_1 中的电流受到连续的监控和调节，使之能跟随整流后正弦半波电压波形。

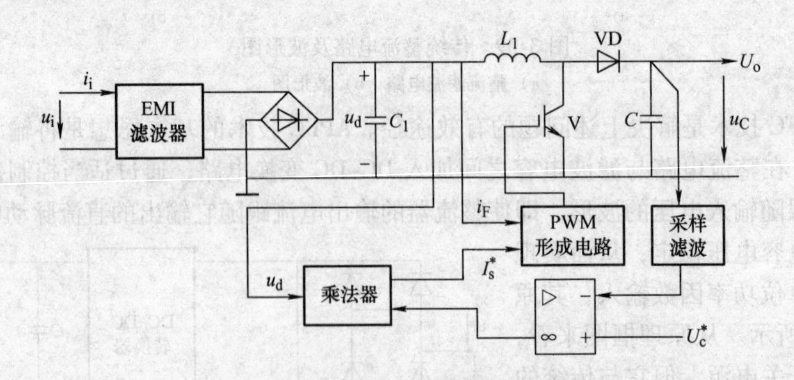

图 3-42 APFC 电路控制结构示意图

整流器输出电压 u_d、升压变换器输出电容电压 u_C 与给定电压 U_c^* 的差值都同时作为乘法器的输入，构成电压外环，而乘法器的输出就是电流环的给定电流 I_s^*。u_C 与 U_c^* 做比较的目的是判断输出电压是否与给定电压相同，如果不相同，可以通过调节器调节使之与给定电压相同，调节器（图中的运算放大器）的输出是一个直流值，这就是电压环的作用。而 u_d 显然是正弦半波电压波形，它与调节器结果相乘后波形不变，所以很明显也是正弦半波的波形且与 u_d 同相。将乘法器的输出作为电流环的给定信号 I_s^*，才能保证被控电感电流 i_L 与电压波形 u_d 一致。I_s^* 的幅值与 u_C 同 U_c^* 的差值有关，也与 u_d 的幅值有关。L_1 中的电流检测信号 i_F 与 I_s^* 构成电流环，产生 PWM 信号，即开关 V 的驱动信号。V 导通，电感电流 i_L 增加。当 i_L 增加到等于电流 I_s^* 时，V 截止，使二极管导通，电源和 L_1 释放能量，同时给电容 C 充电和向负载供电，这就是电流环的作用。

由升压直流变换器的工作原理可知，升压电感 L_1 中的电流有连续和断续两种工作模式，因此可以得到电流环中的 PWM 信号即开关 V 的驱动信号有两种产生方式：一种是电感电流临界连续的控制方式；另一种是电感电流连续的控制方式。这两种控制方式下的电压、电流波形如图 3-43 所示。

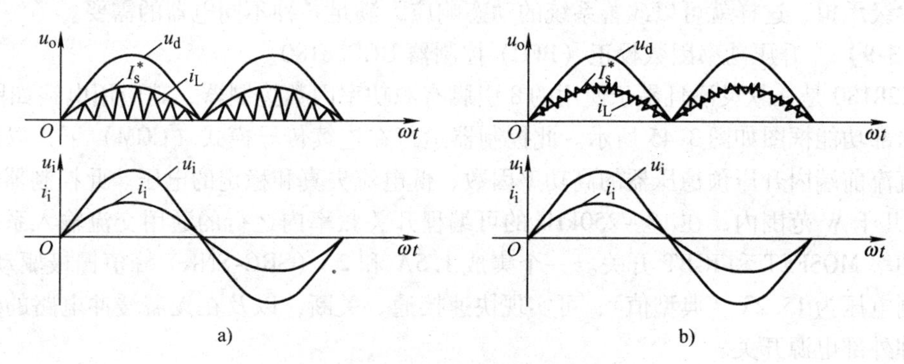

图 3-43　APFC 控制的波形

a）峰值电流控制方式　b）平均电流控制方式

由图 3-43a 可知，开关 V 截止时，电感电流 i_L 刚好降到零；开关导通时，i_L 从零逐渐开始上升；i_L 的峰值刚好等于电流给定值 I_s^*。即开关 V 导通时，电感电流从零上升；开关截止时，电感电流从峰值降到零。电感电流 i_L 的峰值包络线就是 I_s^*。因此，这种电流临界连续的控制方式又叫峰值电流控制方式。从图 3-43b 所示可知，这种方式可以控制电感电流 i_L 在给定电流 I_s^* 曲线上，由高频折线来逼近正弦曲线，这就是电流滞环控制，I_s^* 反映的是电流的平均值，因此这种电流连续的控制方式又叫平均值控制方式。电感电流 i_L 经过 C_1 和射频滤波后，得到与输入电压同频率的基波电流 i_i。

在相同的输出功率下，峰值电流控制的开关管电流容量要大一倍。平均电流控制时，在正弦半波内，电感电流不为零，每次 DC-DC 开关导通之前，电感 L_1 和二极管 VD 中都有电流，因此开关开通的瞬间，L_1 中的电流、VD 中的反向恢复电流对直流转换电路中的开关器件 V 和二极管形成了“寿命杀手”，在选择元件时要特别重视。而峰值电流控制没有这一缺点，只需检测电感电流下降时的变化率，当电流过零时就允许开关开通，而电流的峰值用一个限流电阻检测就能达到目的，这样既便宜又可靠，在小功率范围内推广应用是很适合的。

3.4.2　有源功率因数校正技术的应用

从上述控制技术可知，Boost 转换器的输出电压 U_o 是稳定的直流电压，一般为 400V。交流电网电压在一个很大的范围内变化，通过功率因数校正后的直流电压都为一稳定的电压源，随后再经过变换满足各种不同应用的需要。由于 APFC 使得电网端的功率因数为 1，减小了输入电流，降低了配电输电线的损耗，消除了用电装置谐波分量对电网的污染。因此，对于在工作中会产生非线性，引起电网电压、电流畸变的电力电子装置，如果增加功率因数校正部分，对电网带来的效益是明显的，但对于用电装置本身则会增大体积，提高成本。

同时，由于 APFC 增加了一级功率调节环节，它既要使输入电流波形呈正弦波，又要能够稳定输出电压，要同时具有这两个互相矛盾的特性，势必会造成动态响应的恶化。这种影响会因电路方式的不同而有差异，但如果合理设计输出滤波电容 C，就可得到适当补偿。增大输出滤波电容 C 的容量，使之同时满足电压纹波和交流突然断电时维持时间的要求。很显然，如果电容 C 是一个蓄电池，像 UPS 那样，那么负载变化时，快速响应由电池和级联的 DC-DC 变换解决，而前面的 APFC 保证电流波形的跟随，这样就可获得功率因数高、动态响应好的输出结果。因此，只要是双级式的 APFC，系统的动态响应就由级联的 DC-DC 变换器的后级承担，这样就可以改善系统的动态响应，满足各种不同电器的需要。

【例 3-9】 升压功率因数校正（PFC）控制器 UCC28180。

UCC28180 是一款灵活且易于使用的 8 引脚有源功率因数控制器，其应用电路如图 3-44 所示，内部功能框图如图 3-45 所示。此控制器运行在连续传导模式（CCM）下，以便实现交流－直流前端内升压预稳压器的高功率因数、低电流失真和稳定的电压。此控制器适用于 100W 至几千 W 范围内，在 18～250kHz 的可编程开关频率内运行的通用交流输入系统，方便驱动功率 MOSFET 和 IGBT 开关。一个集成 1.5A 和 2A（SRC-SNK）峰值栅极驱动输出，内部钳制电压为 15.2V（典型值），可实现快速接通、关断，以及在无需缓冲电路的情况下方便管理外部电源开关。

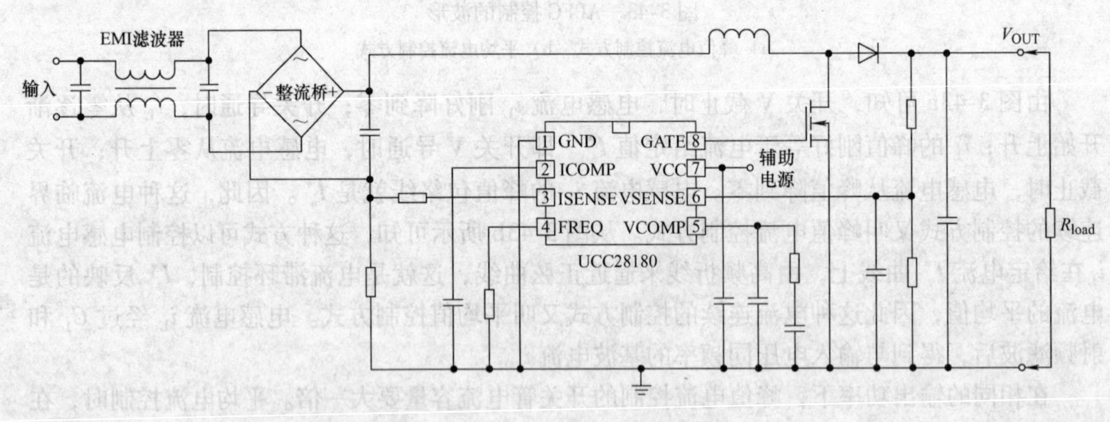

图 3-44 UCC28180 的应用框图

通过使用平均电流模式控制，在无需输入电路传感的情况下，即可实现输入电流失真小的整形，从而减少外部组件数量。此外，此控制器特有的已经减少的电流传感阈值，可使用小的分流电阻来减小功率损耗，这在大功率系统中尤其重要。为了实现电流失真小，此控制器还具有用于消除相关误差的调整电流环的稳压电路。

简单外部网络可实现电流和电压控制环路的灵活补偿。此外，UCC28180 提供一个基于电压反馈信号的增强型动态响应电路，此电路可在快速负载瞬态情况下（过电压和欠电压）提高响应。UCC28180 内提供的一个独特的 VCOMP 放电电路在电压反馈信号超过 V_{OVP_L} 时激活，从而使控制环路能够快速稳定并避免出现过电压保护功能，此时，脉宽调制的关闭经常会引起噪声。受控软起动在起动期间逐渐调节输入电流，并且减少电源开关上的应力。在此控制器上提供很多系统级保护，其中包括 VCC UVLO、峰值电流限制、软过电流、输出开环路检测、输出过电压保护和开引脚检测（VISNS）。经调整的内部基准提供精确保护阈值和稳压设置点。用户可以通过将 VSENSE 引脚下拉至低于 0.82V 来控制低功耗待机模式。

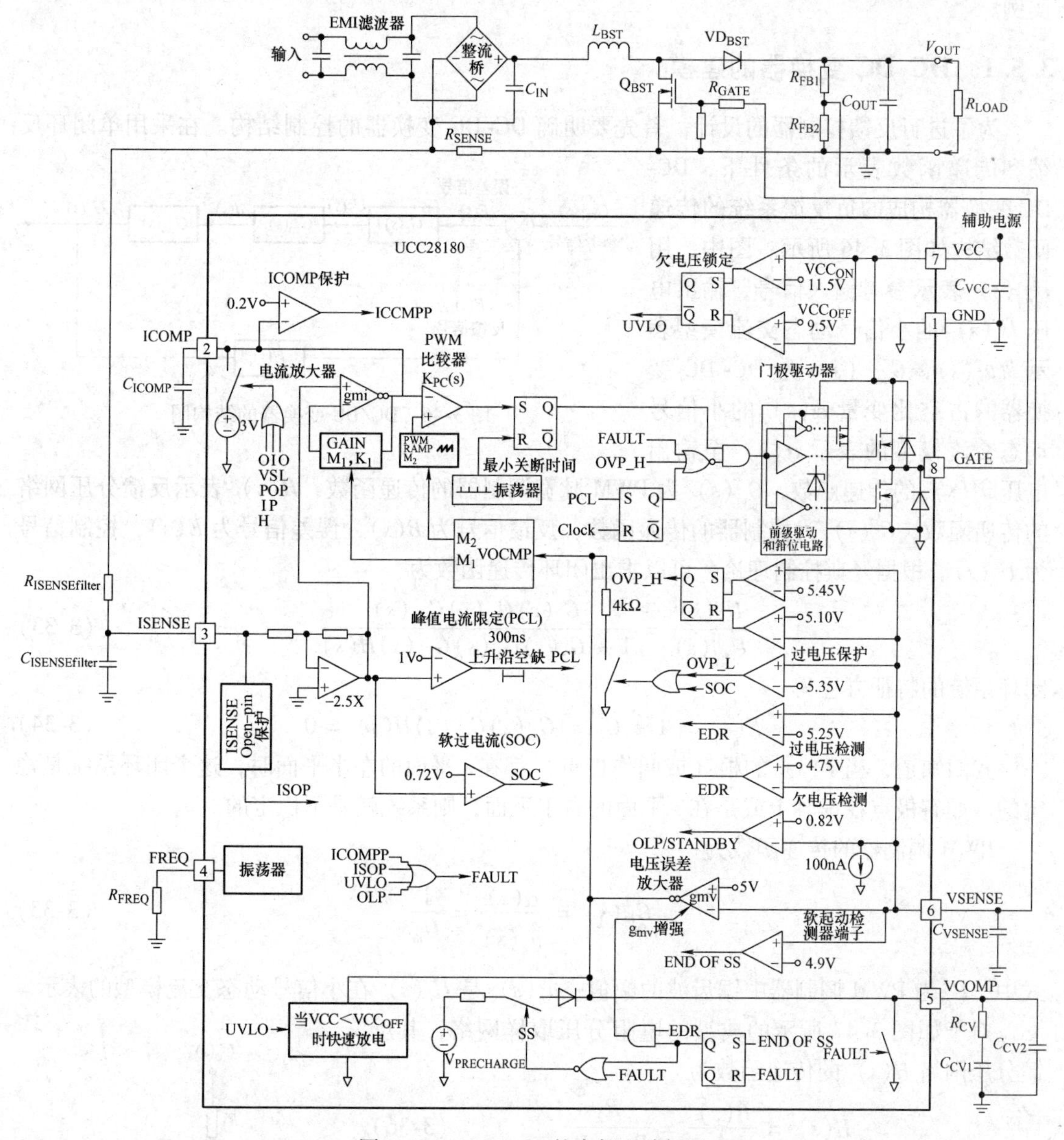

图 3-45　UCC28180 的内部电路框图

3.5　DC-DC 变换器反馈控制器设计

正如在第1章中所说，电力电子系统常采用闭环反馈结构来稳定某一电量。在本章中也已经看到，在 DC-DC 变换器中，为了稳定输出电压，应对输出采用电压闭环反馈结构。那么，就有必要掌握这种反馈控制器的设计方法。而这样的技术对于保持和提高 DC-DC 变换器的性能是十分必要的。特别指出的是，这种闭环控制器的设计技术是通用的，可以用于其他应用场合，只是在这里结合降压控制器的情况进行详细具体地讲解。

在本节中，将分析 DC-DC 变换器的数学模型，重点介绍控制器的设计，并给出了应用实例。

3.5.1 DC-DC 变换器的建模

为了进行反馈控制器的设计，首先要明确 DC-DC 变换器的控制结构。在采用单闭环反馈和传递函数表示的条件下，DC-DC 变换器构成的负反馈系统的传递函数结构如图 3-46 所示。图中，用 $U_{\rm ref}(s)$ 表示参考输入信号，输出电压 $U_{\rm o}(s)$ 的小信号动态交流模型表示为 $\hat{u}_{\rm o}(s)$，$G_{u\alpha}(s)$ 为 DC-DC 变换器的占空比变量 $\alpha(s)$ 的小信号动态交流模型的表示 $\hat{\alpha}(s)$ 至输出电压 $\hat{u}_{\rm o}(s)$ 的传递函数，$G_{\rm m}(s)$ 为 PWM 脉宽调制器的传递函数，$H(s)$ 表示反馈分压网络的传递函数，$G_{\rm c}(s)$ 为控制器的传递函数，反馈信号为 $B(s)$，误差信号为 $E(s)$，控制信号为 $U_{\rm c}(s)$。根据经典控制理论，可以求出闭环传递函数为

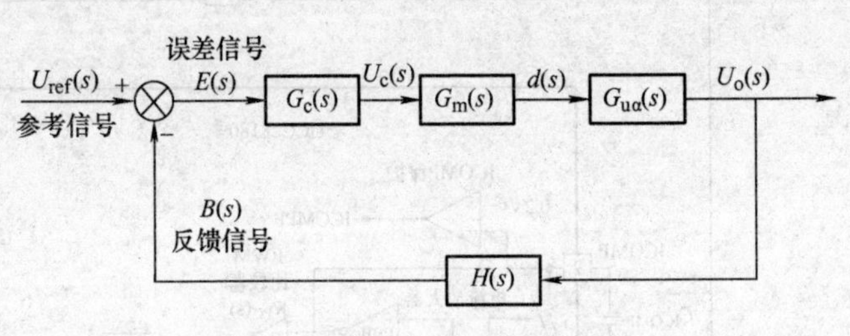

图 3-46 DC/DC 变换器的结构图

$$\frac{U_{\rm o}(s)}{U_{\rm ref}(s)} = \frac{G_{\rm c}(s)G_{\rm m}(s)G_{u\alpha}(s)}{1+G_{\rm c}(s)G_{\rm m}(s)G_{u\alpha}(s)H(s)} \tag{3-33}$$

闭环系统的特征方程为

$$F(s) = 1 + G_{\rm c}(s)G_{\rm m}(s)G_{u\alpha}(s)H(s) = 0 \tag{3-34}$$

我们知道，当 $F(s)$ 的根（或叫作极点）都在 s 平面的左半平面时，这个闭环系统是稳定的。如有极点在虚轴上或是在 s 平面的右半平面，则系统就是不稳定的。

PWM 调制器的传递函数为

$$G_{\rm m}(s) = \frac{\hat{\alpha}(s)}{\hat{u}_{\rm c}(s)} = \frac{1}{U_{\rm m}} \tag{3-35}$$

式中，$U_{\rm m}$ 为 PWM 调制器中锯齿波的幅值；$\hat{u}_{\rm c}(s)$ 是 $U_{\rm c}(s)$ 在小信号动态交流模型的表示。

对于如图 3-47 所示的典型的电阻分压取样网络，其反馈分压网络 $H(s)$ 的传递函数为

$$H(s) = \frac{B(s)}{U_{\rm o}(s)} = \frac{R_2}{R_1+R_2} \tag{3-36}$$

对于降压斩波器，利用小信号动态交流模型方法可以推出

$$G_{u\alpha}(s) = \frac{\hat{u}_{\rm o}(s)}{\hat{\alpha}(s)} = \frac{U_{\rm o}}{D}\frac{1}{1+s\dfrac{L}{R}+s^2LC} \tag{3-37}$$

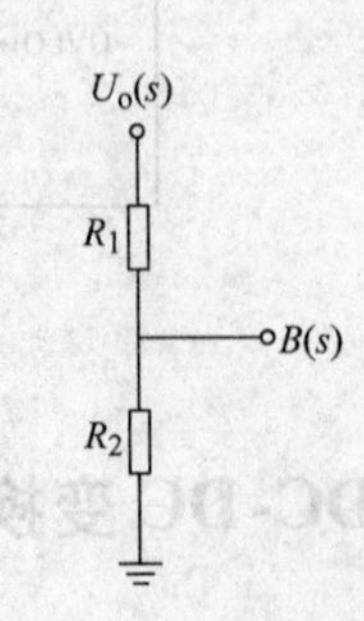

图 3-47 典型反馈分压网络示意图

式中，L 为输出滤波电感；C 为滤波电容。

3.5.2　控制器设计

根据经典控制理论，最基本的控制器是PID类型的控制器。以此为基础，可以得到一种典型的校正控制器（补偿网络），如图3-48a所示。令 $T_1=R_1C_1$，$T_2=R_2C_2$，$T_1>T_2$，$\beta=(R_1+R_2)/R_2$，则其传递函数为

$$G_c(s)=\frac{U_c(s)}{E(s)}=\frac{(1+sT_1)(1+sT_2)}{(1+s\beta T_1)(1+sT_2/\beta)} \tag{3-38}$$

零极点分布情况如图3-48b所示，相应的伯德图如图3-48c所示。

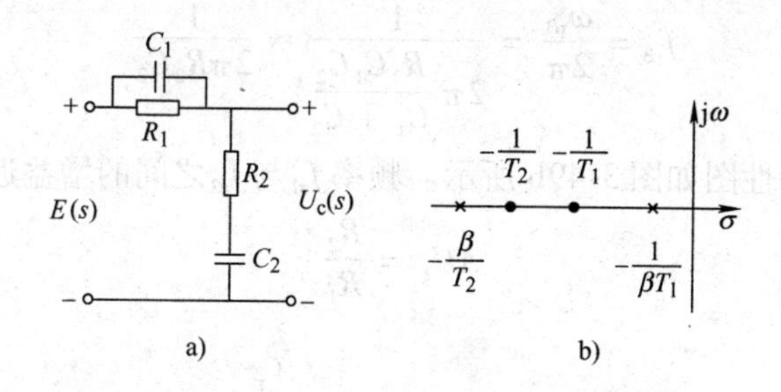

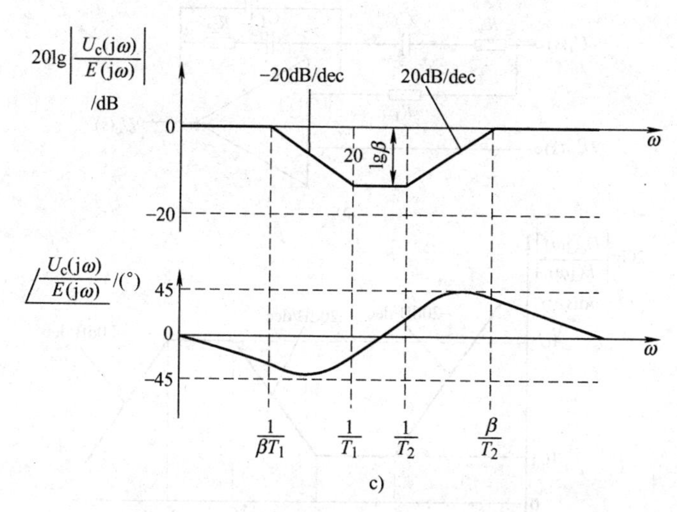

图3-48　有源超前－滞后控制（补偿网络）

a）控制器网络电路　b）零极点分布图　c）幅频和相频特性

值得注意的是，遵循这个网络所表达的传递函数完全可以用数字技术，如微处理器实现这个控制器网络。也就是说，这种控制器可以用基于微处理器的软件技术实现。在这里给出的是使用模拟放大器实现的例子。图3-49a的传递函数为

$$\frac{\hat{U}_c(s)}{\hat{B}(s)}=\frac{\left(\frac{1}{sC_2}\right)//\left(R_2+\frac{1}{sC_1}\right)}{R_1//\left(R_3+\frac{1}{sC_3}\right)}=\frac{(1+sR_2C_1)[1+s(R_1+R_3)C_3]}{[sR_1(C_1+C_2)]\left(1+s\frac{R_2C_1C_2}{C_1+C_2}\right)(1+sR_3C_3)} \tag{3-39}$$

其零点为

$$f_{z1}=\frac{\omega_{z1}}{2\pi}=\frac{1}{2\pi R_2C_1} \tag{3-40}$$

$$f_{z2}=\frac{\omega_{z2}}{2\pi}=\frac{1}{2\pi(R_1+R_3)C_3}\approx\frac{1}{2\pi R_1C_3} \tag{3-41}$$

其极点为

$$f_{p1}=\frac{\omega_{p1}}{2\pi}=0(\text{原点}) \tag{3-42}$$

$$f_{p2}=\frac{\omega_{p2}}{2\pi}=\frac{1}{2\pi R_3C_3} \tag{3-43}$$

$$f_{p3}=\frac{\omega_{p3}}{2\pi}=\frac{1}{2\pi\dfrac{R_2C_1C_2}{C_1+C_2}}\approx\frac{1}{2\pi R_2C_2} \tag{3-44}$$

据此得到其幅频特性图如图 3-49b 所示。频率f_{z1}与f_{z2}之间的增益近似为

$$AU_1=\frac{R_2}{R_1} \tag{3-45}$$

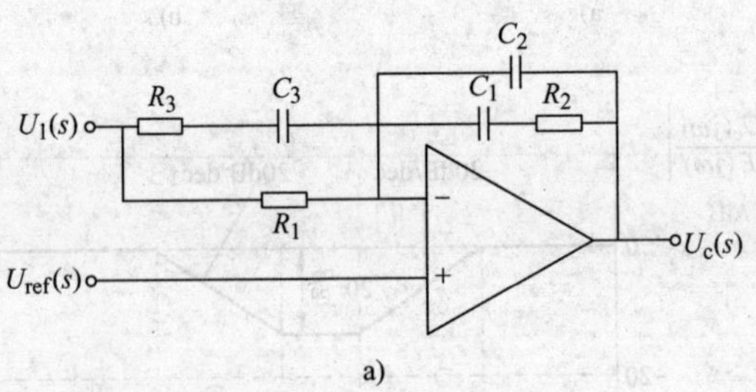

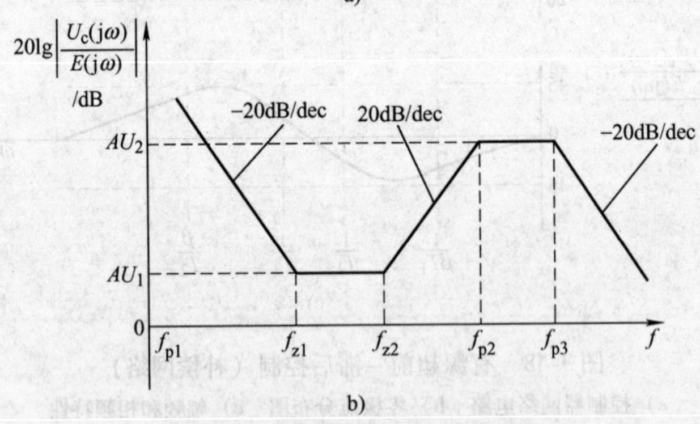

图 3-49 使用放大器实现的控制（补偿网络）实例

a）控制器网络电路 b）幅频特性

频率f_{p2}与f_{p3}之间的增益近似为

$$AU_2=\frac{R_2(R_1+R_3)}{R_1R_3}\approx\frac{R_2}{R_3} \tag{3-46}$$

一般将加入控制器网络后系统的增益交越频率f_g 设定在控制器网络的f_{z2}与f_{p2}之间。在具体设计中，一般取

$$f_g=\frac{f_s}{5} \tag{3-47}$$

如果除控制器外的开环传递函数有两个相近的极点，其极点频率为

$$f_{op1,\ op2} \approx \frac{1}{2\pi\sqrt{LC}} \tag{3-48}$$

则控制器网络的两个零点

$$f_{z1} = f_{z2} = \frac{1}{2}f_{op1,\ op2} \tag{3-49}$$

如果除控制器外的开环传递函数没有零点，则控制器网络的两个极点

$$f_{p2} = f_{p3} = (1 \sim 3)f_s \tag{3-50}$$

且f_{p3}也可以省略。如果除控制器外的开环传递函数有零点，如输出滤波电容的等效串联电阻引起的零点f_{zESR}或升压型变换器或反激型变换器在右半平面存在零点f_{zR}，则控制器网络的极点

$$f_{p2} = f_{zESR} \tag{3-51}$$

和

$$f_{p3} = f_{zR} \tag{3-52}$$

极点频率f_{p2}和f_{p3}最好能大于$f_{op1,\ op2}$的5倍。零点f_{z1}和f_{z2}之间的增益为

$$AU_1 = \frac{R_2}{R_1 + R_3} \tag{3-53}$$

极点f_{p2}的增益为

$$AU_2 = \frac{R_2}{R_3} \tag{3-54}$$

总结上述分析和讲解，求取控制器网络的各元件流程是：首先假设R_2值；由式（3-46）求R_3值；由式（3-40）求C_1；由式（3-43）求C_3；由式（3-44）求C_2；由式（3-41）求R_1。

在这个控制器网络的物理实现中，多使用集成电路内部的误差放大器外加RC网络来构成，或者将误差放大器当作缓充器，再外加运算放大器加RC网络构成。

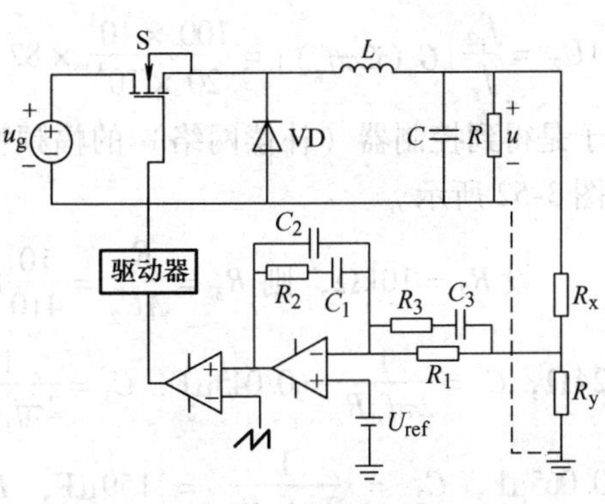

图3-50　降压变换器的反馈控制器

【例3-10】　降压变换器的反馈控制器设计实例。

降压变换器的反馈控制器如图3-50所示。其输入电压$u_g = 48\text{V}$，输出电压$u = 12\text{V}$，滤波电感$L = 0.1\text{mH}$，滤波电容$C = 500\mu\text{F}$，负载电阻$R = 1\Omega$，反馈电阻$R_x = 100\text{k}\Omega$，$R_y = 100\text{k}\Omega$，开关频率$f_s = 100\text{kHz}$，PWM调制器锯齿波幅值$u_m = 2.5\text{V}$，参考电压$u_{ref} = 6\text{V}$。设计反馈控制器。

除控制器外的开环传递函数为

$$G_o(s) = H(s)G_m(s)G_{u\alpha}(s) = \frac{R_y}{R_x + R_y}\frac{1}{u_m}\frac{u_g}{1 + s\dfrac{L}{R} + s^2LC}$$

$$= \frac{100}{100 + 100} \times \frac{1}{2.5} \times \frac{48}{1 + \dfrac{0.1 \times 10^{-3}}{1}s + 0.1 \times 10^{-3} \times 500 \times 10^{-6}s^2}$$

$$=\frac{9.6}{1+10^{-4}s+5\times10^{-8}s^2}$$

$G_o(s)$ 的直流增益为 $20\lg|G_o(0)|=20\lg|9.6|=19.6\text{dB}$；幅频特性的转折频率为

$$f_{\text{op1, op2}}\approx\frac{1}{2\pi\sqrt{LC}}=712\text{Hz}$$

转折斜率为 -40dB/dec，其幅频特性如图3-51所示。$G_o(s)$ 在2300Hz穿越0dB线，相位裕度仅为8.6°。

求控制器参数

$$f_g=\frac{f_s}{5}=\frac{1}{5}\times100\text{kHz}=20\text{kHz}$$

$$f_{z1}=f_{z2}=\frac{1}{2}f_{\text{op1, op2}}=356\text{Hz}$$

$$|G_o(\text{j}2\pi f_g)|=$$

$$\left|\frac{9.6}{1+10^{-4}\times\text{j}2\pi f_g+5\times10^{-8}\times(\text{j}2\pi f_g)^2}\right|=0.012$$

$$|G_c(\text{j}2\pi f_g)|=\frac{1}{|G_o(\text{j}2\pi f_g)|}=82$$

零点 f_{z1} 与 f_{z2} 之间的增益为

$$AU_1=\frac{f_{z2}}{f_g}|G_c(\text{j}2\pi f_g)|=\frac{356}{20\times10^3}\times82=1.46$$

极点 f_{p2} 的增益为

$$AU_2=\frac{f_{p2}}{f_g}|G_c(\text{j}2\pi f_g)|=\frac{100\times10^3}{20\times10^3}\times82=410$$

于是得到控制器（补偿网络）的幅频特性如图3-52所示。

设 $R_2=10\text{k}\Omega$，则 $R_3=\dfrac{R_2}{AU_2}=\dfrac{10}{410}\text{k}\Omega=24\Omega$，$C_1=\dfrac{1}{2\pi f_{z1}R_2}=0.045\mu\text{F}$，$C_3=\dfrac{1}{2\pi f_{p2}R_3}=0.065\mu\text{F}$，$C_2=\dfrac{1}{2\pi f_{p3}R_2}=159\mu\text{F}$，$R_1=\dfrac{1}{2\pi C_3 f_{z1}}=6.8\text{k}\Omega$。

将控制器（补偿网络）的频率特性和除控制器外的开环传递函数相加，得到补偿后的频率特性如图3-53所示。由此可知，幅频特性在20kHz处以 -20dB/dec 斜率通过0dB线，相位裕度 $PM=66°$。

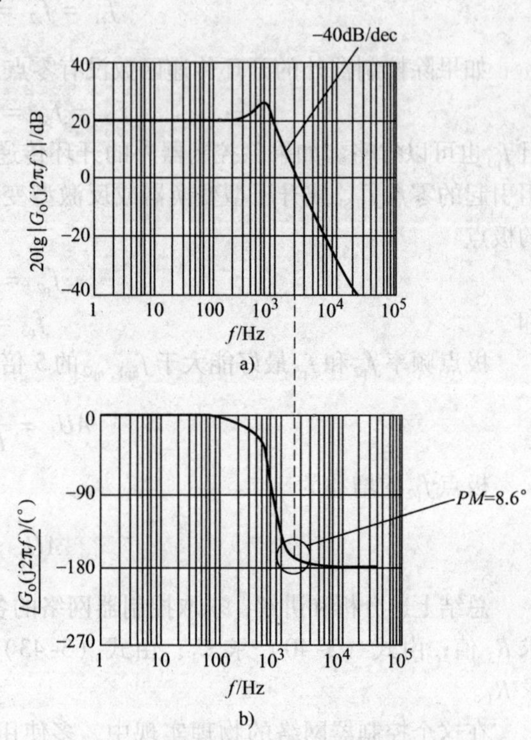

图3-51 【例3-10】除控制器外的开环传递函数频率特性

a）幅频特性　b）相频特性

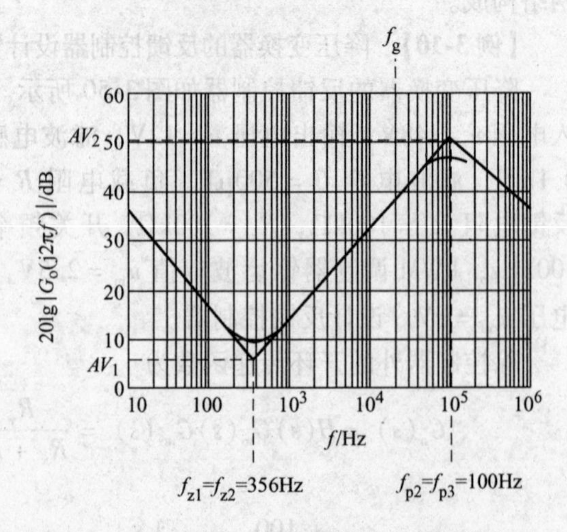

图3-52 控制器（补偿网络）的幅频特性

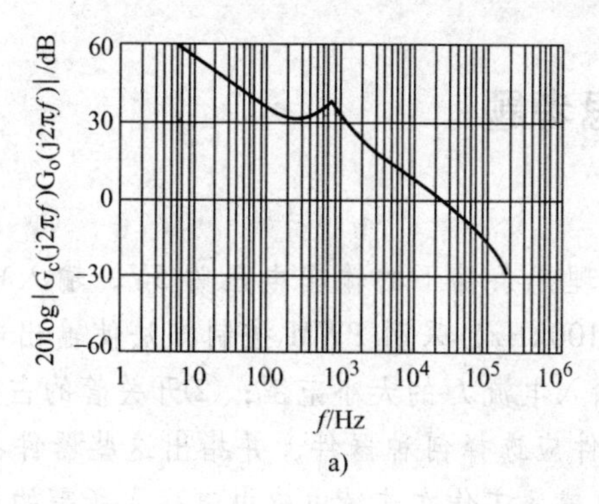

a)

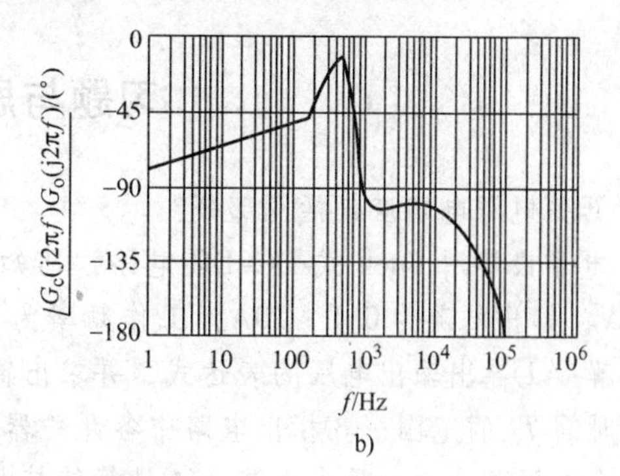

b)

图3-53　补偿后的频率特性

a）幅频特性　b）相频特性

本章小结

从直流到直流的变换，在电子制作活动中经常用到。随着便携移动式电子设备的发展，也带来了更加广泛的直流到直流的变换技术的应用。这种应用的广泛性使得直流到直流变换的集成式器件越来越多。所以本章也举了例子来说明应用的情况。这也是本章的一个特色。

本章的电路拓扑结构是以基本斩波电路为核心扩展而来的。这种扩展首先是把斩波电路集成化，同时把 PWM 控制电路、驱动和保护电路和主电路集成到一起，形成了许多全功能的电力电子集成电路。在斩波电路的电能变换通道中加入高频变换而形成的高频通道，减小了体积，提高了抗干扰的能力，形成了广泛应用的开关电源结构。而若在斩波电路的电能变换通道中，在与供电电源交接处，对电流加以控制，而使功率因数提高，就形成了功率因数调整电路。

在各种电路分析中，尤其是在实例分析和掌握中，正如第1章中所提到的，要注意从三个方面来分析电路：第一，所给出的或者说制造的电力电子电路是哪种构成形式的，是全功能的，还是部分功能的，要首先加以区分和记忆，由此可确定电路的总体结构和功能，也能明确使用场合和应用方法。第二，要注意电路的反馈构成情况。要重视反馈对电力电子电路的重要稳定作用。对反馈引入脚和反馈的取得方法要格外注意。在各个实例中，一般都是使用电阻或电阻网络来取电压或电流信号。第三，要注意电力电子电路需要哪些外部控制。本章的电路，大多包含比较多的电力电子功能，因此需要的外部控制较少，不少电路只需使能信号就可工作。所以，通过了解外部控制信号的情况有助于更好地掌握和使用电力电子电路。

在本章中，针对简单的降压斩波电路讲解了闭环控制器的设计方法。有两点是值得注意的：一是这种设计对每一个闭环电力电子系统都是必要的，请多加留心和坚持积累；二是虽然不会在本书其他章节如此集中地涉及闭环控制器的内容，但是这个方法是适用的。所以，对于其他章节的闭环电力电子系统的内容中没有闭环控制器的设计内容，可以视为是因内容有难度而进行的简化式省略。闭环控制器的设计方法请参考文献［1］进一步学习和探求。

习题与思考题

1. 开关电源电路应包括几部分？

2. 电子设备用 Buck 式 DC-DC 电路，已知理想条件下的输出电压为 5V，输入电压为 10～25V，输出电流为 0.1～10A，工作频率为 100kHz，采用 PWM 控制方法使输出电压恒定。试解：①导出输出电压的表达式，并求出输入电流 I_i 的大小范围；②开关管的占空比 α 与导通时间 T_{on} 的范围；③指出电路中各开关器件应选择何种器件，并指出这些器件各要承受的最大电压与流过的最大电流；④计算使其电感器工作在连续电感电流模式所需的最小电感量。

3. 绘出 Buck 式、Boost 式 DC-DC 主电路图，分别绘出电感上的电压、电流波形，标明相应量值。

4. 对理想条件下的 Boost DC-DC 电路，已知输出电压为 24V，输入电压为 15V，输出电流为 0.1～10A，工作频率为 100kHz，采用 PWM 控制方法使输出电压恒定。试解：①导出输出电压的表达式，并求出输入电流 I_i 的大小范围；②开关管的占空比 α 与导通时间 T_{on} 的范围；③指出电路中各开关器件应选择何种器件，并指出这些器件各要承受的最大电压与流过的最大电流；④计算使其电感工作在连续电感电流模式所需的最小电感量。

5. 对于图 3-2a 所示的情况，如果开关管一直关断，会出现什么情况？如一直导通，又会出现什么情况？

6. 做出 H 桥可逆斩波器带直流电机负载的四象限工作状态图，并在图中表示电压、电流的方向。

7. 在图 3-12c 所示半桥式可逆斩波电路中，使 VT_2 保持导通时，为什么说这个电路处于升压斩波状态？

8. 比较桥式斩波集成电路 L298 和 L6203。

9. 高频化的意义是什么？为什么提高开关频率可以减小滤波器的体积和重量？为什么提高开关频率可以减小变压器的体积和重量？

10. 将集成电路 LM117 和同类的其他集成电路进行比较。

11. 正激电路和反激电路，哪个使用得多，为什么？

12. 简述有源功率因数校正的意义与方法。

动手操作问题

P3.1 使用 TPS61040 制作 5V 直流电源

[操作指导] 参照本章【例 3-3】中对低功率 DC-DC 升压转换器 TPS61040 的介绍，根据图 3-10 所示电路，也可以参考其他教材中和网络上的类似电路图，确定制作所用的电路图；准备万用表和示波器，准备电烙铁和焊锡丝，购买万用电路板和元器件；搭建电路后进行调试。

P3.2 使用场效应晶体管全桥集成电路 L6203 搭建两路直流电动机驱动电路

[操作指导] 在课外电子制作中，经常要制作电动小车，最常用的方法是使用两个直流

电动机作为小车的后轮驱动，并使用锂电池。所以，需要两个全桥斩波输出电路，要求使用两个场效应晶体管全桥集成电路 L6203 搭建，参见【例 3-5】。在购买万用电路板和元器件后，将集成电路 L6203 和其他元器件安放于电路板上，并连线和调试。

P3.3　使用升压功率因数校正（PFC）控制器 UCC28180 制作直流电源

[操作指导] 参照【例 3-9】，确定电路原理图和元器件。在确定元器件参数时可以参照相关的现成电路。

第4章　直流-交流变换器——逆变技术

在电能的处理中，从一次能源和二次能源得到直流是很常见的应用技术。另一方面，使用交流用电设备和装置在应用中是最多的，也就是说电力电子系统的交流负载是最普遍的。从技术难度和成熟度来说，从直流电能变为交流电能的技术也比从交流电能直接变为交流电能的技术简单得多。所以，直流电能变为交流电能（DC-AC）的技术就成为电力电子技术中最重要的电能变换技术。

从直流电能变换为交流电能的方法，就要“切断”直流电能，并适当地改变极性。可以简单地“切断”并直接地改变极性，是方波逆变方法。我们也可以用切成的许多脉冲拼成一个正弦波，最终得到一系列拼成的正弦波，这种方法就是正弦脉冲宽度调制（Sine Pulse Width Modulation，SPWM）逆变方法。还可以把多路脉冲看成是一个整体矢量的分量，这个矢量就是空间矢量。在电力电子系统中，构成的多是电压源，所以常用的是电压空间矢量。可以用电压空间矢量的多个分量描述桥式逆变电路的多路输出，得到表示桥式逆变电路的一种十分重要的形式。利用电压空间矢量与交流电动机定子旋转磁场矢量的关系，控制电压空间矢量的多路脉冲组合的输出以使交流电动机定子线圈产生旋转磁场，这种方法称为空间矢量脉冲宽度调制（Space Vector Width Modulation，SVPWM）逆变方法。

本章首先介绍方波逆变器的拓扑结构、波形特点和应用实例，然后重点讲解正弦脉冲宽度调制（SPWM）的主要技术，最后讲解最重要的空间矢量脉冲宽度调制，并简单介绍逆变器产品的使用情况。

4.1　逆变类型与方波脉冲宽度调制（PWM）

4.1.1　电压源型和电流源型逆变电路

在很多情况下，负载需要的是交流电压，这时所需要的逆变器就是电压源型的逆变器。但是，也有使用电流源型逆变器的情况。所谓电压源型逆变器，就是所产生的交流电压是不会跃变和相对稳定的，而电流源型逆变器则是所产生的交流电流是不能跃变和相对稳定的。

电压源型逆变器：当直流回路采用大电容滤波时，逆变器输入电压 U_d 波动很小，具有电压源的性质，故称为电压源型逆变器，如图4-1a所示。电流源型逆变器：直流回路采用大电感滤波，电感使逆变器输入电流 I_d 波动很小，具有电流源的性质，故称为电流源型逆变器，如图4-1b所示。

4.1.2　电压源型单相全桥式方波逆变器

电压源型单相全桥式方波逆变器由四个开关器件和四个续流二极管组成，如图4-2a所

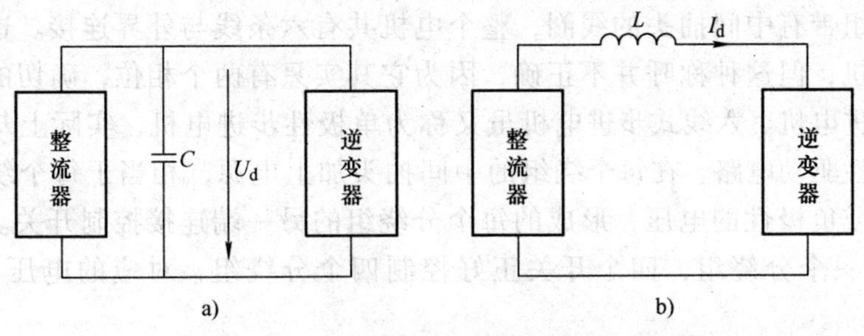

图 4-1 电压源型和电流源型逆变电路

a）电压源型 b）电流源型

示。全桥逆变电路的输入电压为 U_d，负载是接于 A 和 B 两点之间的电阻 R 和电感线圈 L 构成的阻感负载，在主回路的输入端连接有电容 C，起到滤波和稳压的作用，这是一个电压型的四个开关桥式逆变电路。对四个开关管进行控制，具体波形如图 4-2b 所示。电路的工作状态是：V_1、V_3 和 V_2、V_4 的驱动信号互补（互差 180°），V_1 和 V_3，V_2 和 V_4，VD_1 和 VD_3，VD_2 和 VD_4 成对导通，逆变器输出电压有效值 $U_o = U_d$。在高电平和低电平的作用下，输出电流也进行正负接续的变化。VD_1 和 VD_3，VD_2 和 VD_4 成对导通的情况就是二极管的续流状态。

在正常情况下，所产生的高电平时间和低电平时间是相等的。

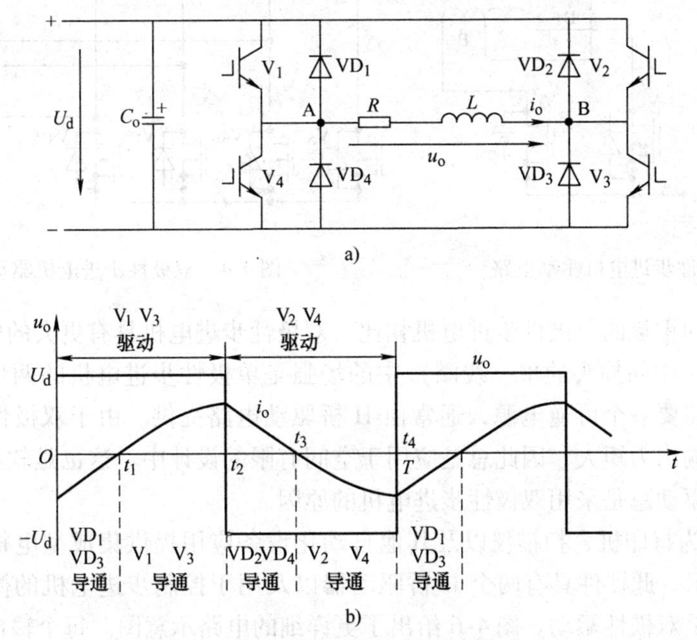

图 4-2 单相电压源型全桥式逆变器

a）电路图 b）波形图

【例 4-1】 步进电机控制器 DRV8818。

单极性（unipolar）控制和双极性（bipolar）控制是步进电机最常采用的两种驱动架构。

单极性驱动电路使用四个开关来驱动步进电机的两组相位。对应的电机结构如图 4-3

所示，包含两组带有中间抽头的线圈，整个电机共有六条线与外界连接。这类电机有时又称为四相电机，但这种称呼并不正确，因为它其实只有两个相位，确切的叫法应是双相位六线式步进电机。六线式步进电机虽又称为单极性步进电机，实际上却能同时使用单极性或双极性驱动电路。在每个绕组的中间抽头加上电源，相当于每个绕组的两个分绕组分别加正或负极性的电压，形成的每个分绕组的另一端连接控制开关。这样，每个开关直接控制一个分绕组，四个开关正好控制四个分绕组，对应的电压分别是 A +、A –、B + 和 B –。

双极性步进电机的驱动电路如图 4-4 所示，使用八个开关来驱动两组相位。其实是用两个桥式电路分别控制一个绕组。双极性驱动电路可以同时驱动四线式或六线式步进电机，虽然四线式电机只能使用双极性驱动电路，它却能大幅降低在批量生产时的成本。双极性步进电机驱动电路的开关数目是单极性驱动电路的两倍，其中四个下端开关通常由微控制器直接驱动，上端开关则需要成本较高的上端驱动电路。双极性驱动电路的开关只需承受电机电压，所以它不像单极性驱动电路那样需要箝位电路。

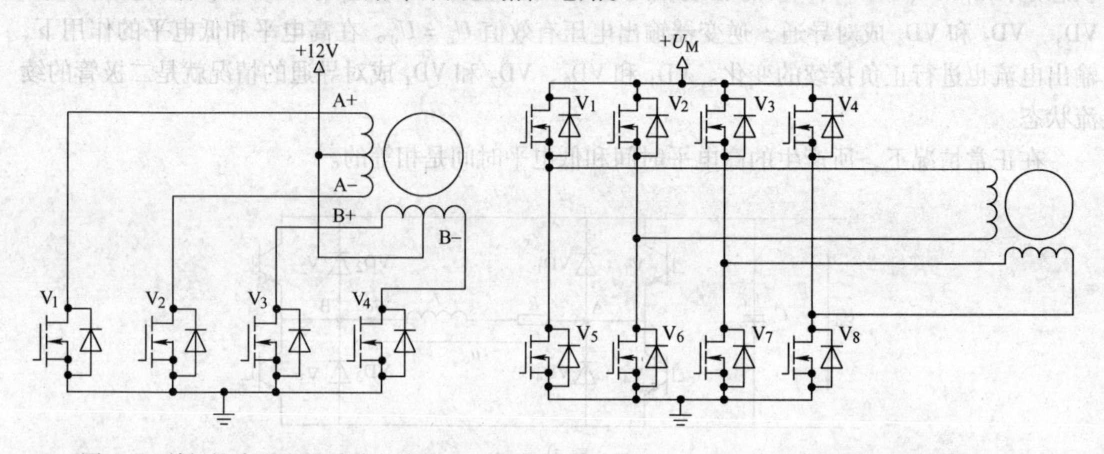

图 4-3　单极性步进电机驱动电路　　　　图 4-4　双极性步进电机驱动电路

与同样尺寸和重量的单极性步进电机相比，双极性步进电机具有更大的驱动能力，原因在于其磁极（不是中间抽头的单一线圈）中的场强是单极性步进电机的两倍。双极性步进电机的每个绕组需要一个可逆电源，通常由 H 桥驱动电路提供。由于双极性步进电机比单极性步进电机的输出力矩大，因此总是应用于空间有限的设计中。这也是软盘驱动器的磁头步进机械系统的驱动总是采用双极性步进电机的原因。

DRV8818 可为打印机、扫描仪以及其他自动化设备应用提供集成型电机驱动器解决方案。如图 4-5 所示。此器件具有两个 H 桥驱动器以及用于控制步进电机的微步进分度器逻辑，所以采用的是双极性驱动。图 4-6 给出了更详细的电路示意图。每个输出驱动器块包含被配置为全 H 桥的 N 通道功率 MOSFET 以驱动电机绕组。一个简单的步进/方向接口可轻松连接到控制器电路。引脚支持按全步进、半步进、四分之一步进或八分之一步进模式配置电机。衰减模式和 PWM 关闭时间均可编程。内部关断功能用于实现过电流保护、短路保护、欠电压闭锁和过温保护。所以，这是一个包含 PWM 控制器、驱动和保护、主开关电路的全功能电力电子电路。

DRV8818 的引脚功能见表 4-1。

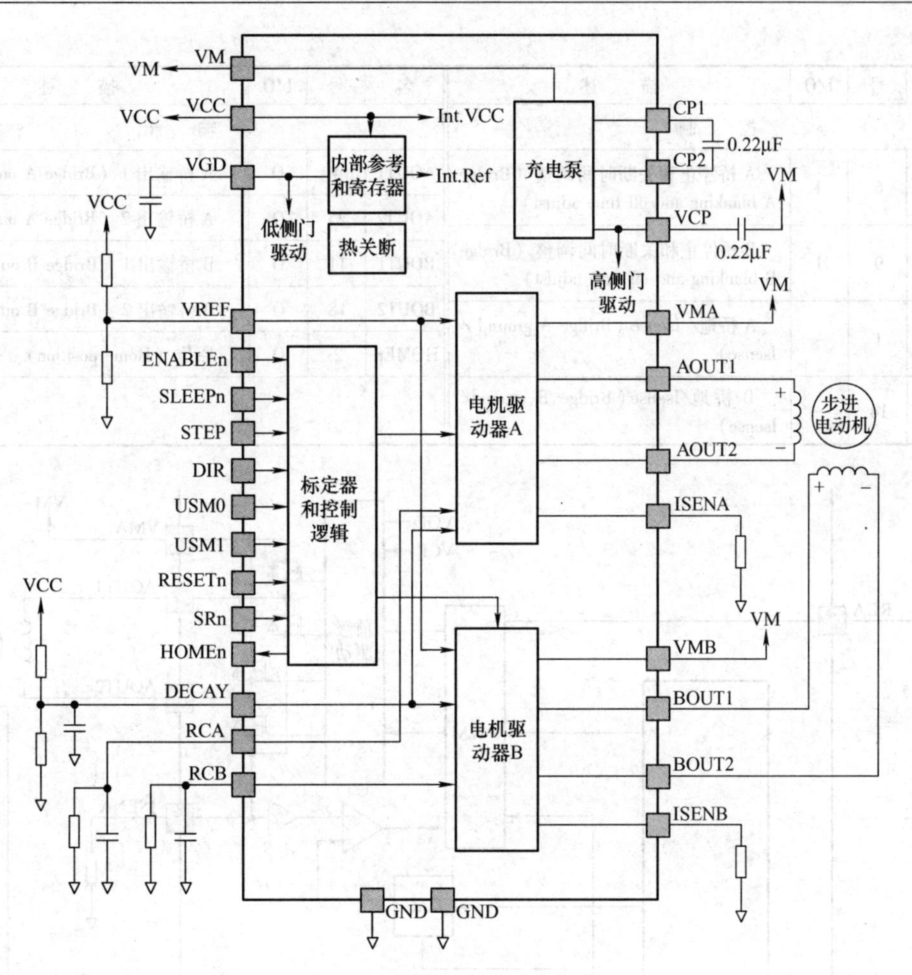

图 4-5 DRV8818 的功能框图

表 4-1 DRV8818 的引脚功能

名	号	I/O	描 述
			电 源 和 地
GND	7，21	—	设备地（Device ground）
VMA	28	—	A 桥电源（Bridge A power supply）
VMB	15	—	B 桥电源（Bridge B power supply）
VCC	10	—	逻辑电源电压（Logic supply voltage）
CP1	23	IO	充电泵升电容器（Charge pump flying capacitor）
CP2	24	IO	充电泵升电容器（Charge pump flying capacitor）
VCP	22	IO	高侧门极驱动电压（High-side gate drive voltage）
VGD	20	IO	低侧门极驱动电压（Low-side gate drive voltage）
			控 制
ENABLEn	26	I	使能输入（Enable input）
SLEEPn	27	I	睡眠模式输入（Sleep mode input）
DECAY	5	I	衰减模式选择（Decay mode select）
STEP	19	I	整步输入（Step input）
DIR	3	I	方向输入（Direction input）
USM0	13	I	微步模式 0（Microstep mode 0）
USM1	12	I	微步模式 1（Microstep mode 1）
RESETn	17	I	复位输入（Reset input）
SRn	16	I	同步整流使能输入（Sync. Rect. enable input）
VREF	8	I	电流设置参考输入（Current set reference input）

（续）

名	号	I/O	描　述	名	号	I/O	描　述
			控　制				输　出
RCA	6	I	A 桥停止和关断时间调整（Bridge A blanking and off time adjust）	AOUT1	4	O	A 桥输出 1（Bridge A output 1）
				AOUT2	25	O	A 桥输出 2（Bridge A output 2）
RCB	9	I	B 桥停止和关断时间调整（Bridge B blanking and off time adjust）	BOUT1	11	O	B 桥输出 1（Bridge B output 1）
ISENA	1	—	A 桥地/ Isense（Bridge A ground / Isense）	BOUT2	18	O	B 桥输出 2（Bridge B output 2）
				HOMEn	2	O	原位（Home position）
ISENB	14	—	B 桥地/Isense（Bridge B ground/ Isense）				

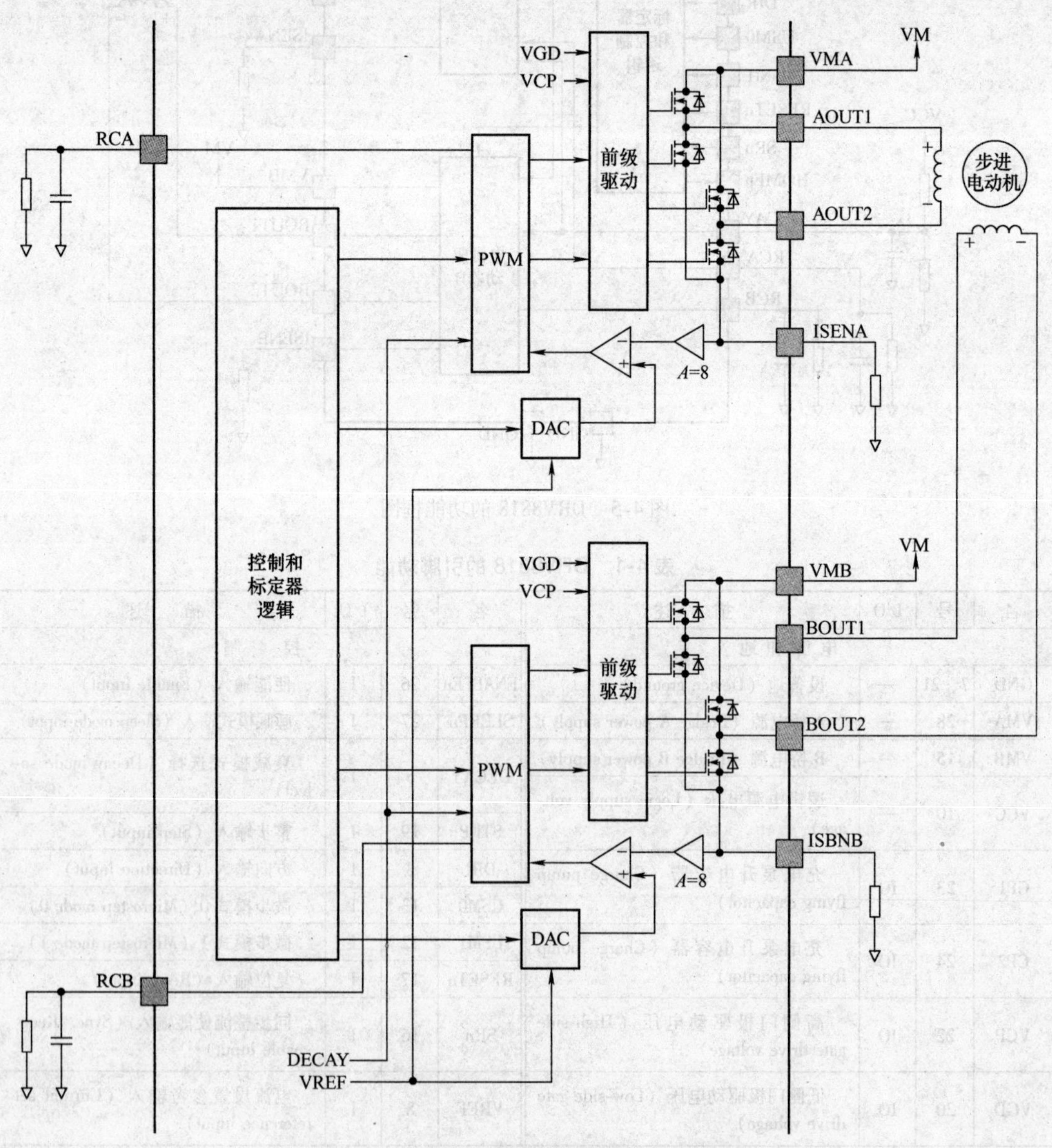

图 4-6　DRV8818 内部的桥式电路电原理图

4.1.3 三相桥式方波逆变电路

三相方波逆变电路采用三相桥式电路结构，如图4-7所示。有时输入端采用电容分压构成中点与负载中点相连。每一个主开关管的控制脉冲宽度为180°，同一桥臂上下两个开关管脉冲互补。相邻桥臂之间的脉冲相序互差120°，即相邻序号主开关之间的脉冲相序相差120°。三相方波逆变电路的波形图如图4-8所示。

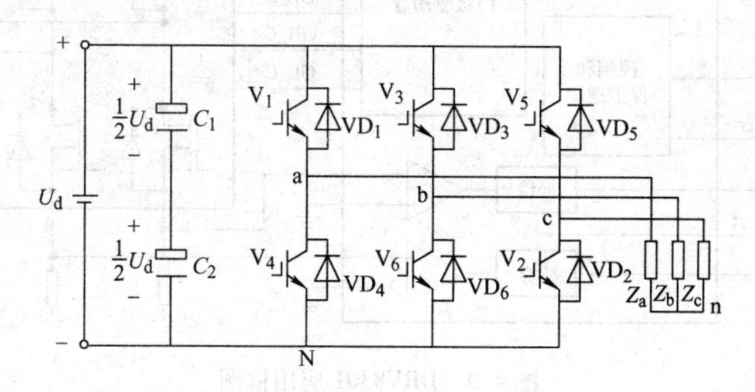

图4-7 三相方波逆变电路电路图

【例4-2】 三相前级驱动器DRV8301及其三相主回路输出。

DRV8301是针对三相电机驱动应用的栅极驱动器，是一款专门的驱动芯片，其应用电路如图4-9所示，特点是集成的三相驱动。它提供三个半桥驱动器，每个驱动器能够驱动两个N型金属氧化物半导体场效应管，一个用于高侧，一个用于低侧。它支持峰值高达2.3A灌电流和1.7A拉电流能力，单一电源输入，且支持宽电压范围（6～60V）。DRV8301具有涓流充电电路的自举栅极驱动器，以支持100%占空比。此栅极驱动器具有高侧MOSFET和低侧MOSFET自动握手短路保护，以防止电流击穿。通过监测外接MOSFET的V_{ds}，提供对外部功率管的过电流保护。

图4-10给出了DRV8301的内部功能框图，包括两个用于精确电流测量的电流检测运放。此电流检测运放支持双向电流感测，并且提供高达3V的可调输出偏移。DRV8301还有集成开关模式降压转换器，可调输出和开关频率，以支持微控制器（MCU）或额外系统电源需求。此降压转换器能够驱动高达1.5A负载。SPI接口提供详细的故障报告以及灵活的参数设置，诸如针对电流检测运放的增益选项、栅极驱动器的转换控制等。

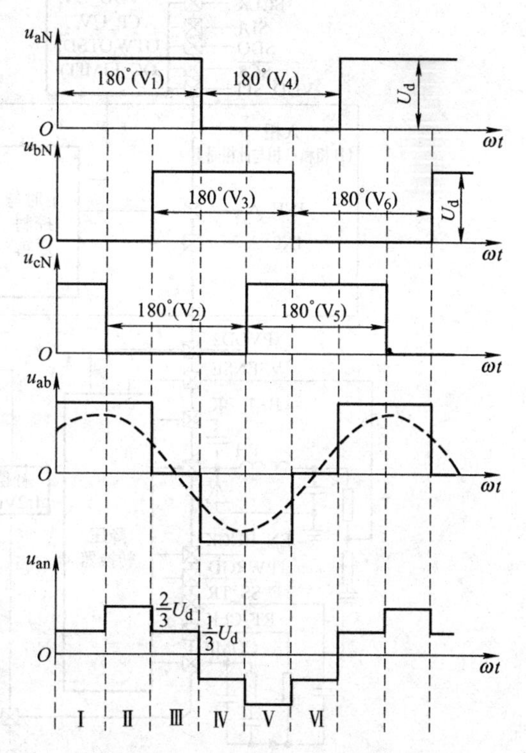

图4-8 三相方波逆变电路波形图

DRV8301的引脚功能见表4-2。

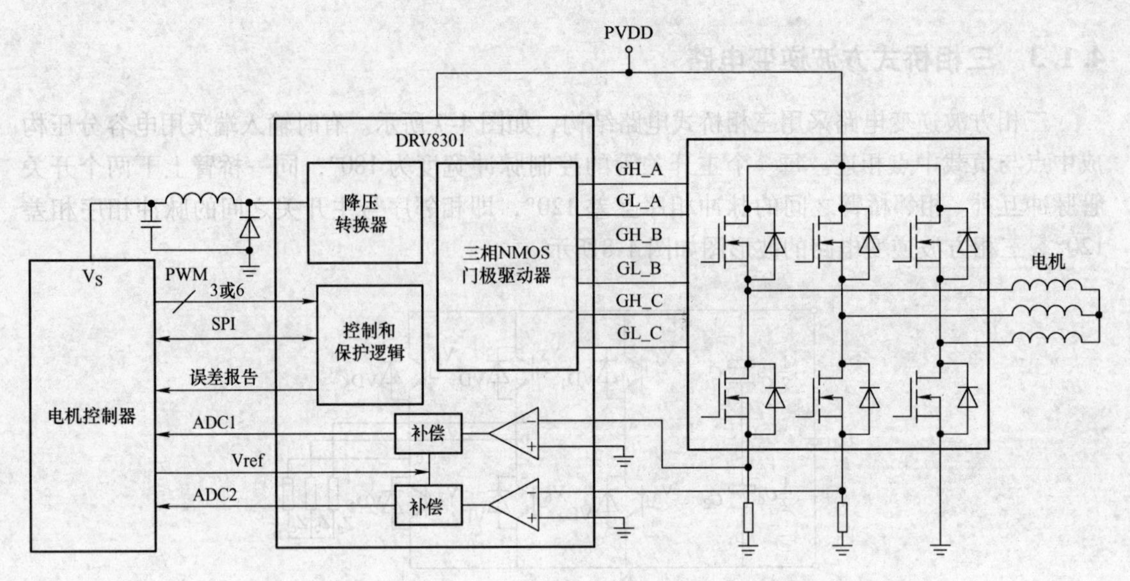

图 4-9 DRV8301 应用框图

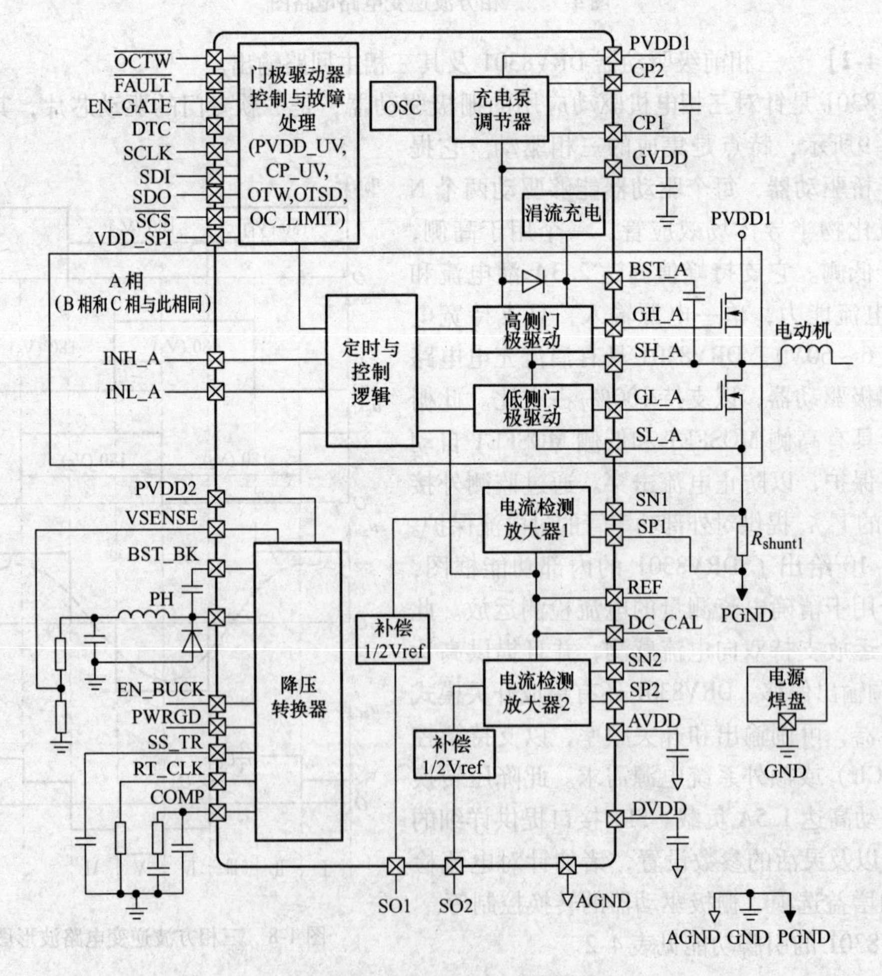

图 4-10 DRV8301 的功能框图

表4-2　DRV8301的引脚功能

脚		I/O	说　明
名　称	号		
RT_CLK	1	I	贝克斩波电路用的计时电阻和外部时钟（Resistor timing and external clock for buck regulator）
COMP	2	O	输出开关电流比较器的贝克斩波电路误差放大器输出和输入（Buck error amplifier output and input to the output switch current comparator）
VSENSE	3	I	贝克斩波电路输出电压检测脚（Buck output voltage sense pin）
PWRGD	4	O	需要带外部上拉电阻的开漏输出（An open drain output with external pull-up resistor required）
$\overline{\text{OCTW}}$	5	O	过电流或/和过温度警告指示（Over current or/and over temperature warning indicator）
$\overline{\text{FAULT}}$	6	I	故障报告指示（Fault report indicator）
DTC	7	I	带有外部对地电阻的死区调节（Dead - time adjustment with external resistor to GND）
$\overline{\text{SCS}}$	8	I	SPI芯片选择（SPI chip select）
SDI	9	I	SPI输入（SPI input）
SDO	10	O	SPI输出（SPI output）
SCLK	11	I	SPI时钟信号（SPI clock signal）
DC_CAL	12	I	当DC_CAL高电平时，设备短接分流放大器的输入，不连接负载（When DC_CAL is high, device shorts inputs of shunt amplifiers and disconnects loads）
GVDD	13	P	内部门极驱动电压调节器（Internal gate driver voltage regulator）
CP1	14	P	充电泵1（Charge pump pin 1）
CP2	15	P	充电泵2（Charge pump pin 2）
EN_GATE	16	I	使能门极驱动器和电流分流放大器（Enable gate driver and current shunt amplifiers）
INH_A	17	I	PWM输入信号（高侧半桥A）（PWM Input signal（high side）, half-bridge A）
INL_A	18	I	PWM输入信号（低侧半桥A）（PWM Input signal（low side）, half-bridge A）
INH_B	19	I	PWM输入信号（高侧半桥B）（PWM Input signal（high side）, half-bridge B）
INL_B	20	I	PWM输入信号（低侧半桥B）（PWM Input signal（low side）, half-bridge B）
INH_C	21	I	PWM输入信号（高侧半桥C）（PWM Input signal（high side）, half-bridge C）
INL_C	22	I	PWM输入信号（低侧半桥C）（PWM Input signal（low side）, half-bridge C）
DVDD	23	P	内部3.3V电源电压（Internal 3.3V supply voltage）
REF	24	I	设置分流放大器输出的参考电压（Reference voltage to set output of shunt amplifiers）
SO1	25	O	电流放大器1的输出（Output of current amplifier 1）
SO2	26	O	电流放大器2的输出（Output of current amplifier 2）
AVDD	27	P	内部6V电源电压（Internal 6V supply voltage）
AGND	28	P	模拟地脚（Analog ground pin）
PVDD1	29	P	门极驱动器，电流分流放大器和SPI通信的电源脚（Power supply pin for gate driver, current shunt amplifier, and SPI communication）
SP2	30	P	电流放大器2的输入，连到放大器的正输入端（Input of current amplifier 2, connecting to positive input of amplifier）
SN2	31	I	电流放大器2的输入，连到放大器的负输入端（Input of current amplifier 2, connecting to negative input of amplifier）
SP1	32	I	电流放大器1的输入，连到放大器的正输入端（Input of current amplifier 1, connecting to positive input of amplifier）

（续）

脚		I/O	说　明
名　称	号		
SN1	33	I	电流放大器 1 的输入，连到放大器的负输入端（Input of current amplifier 1, connecting to negative input of amplifier）
SL_C	34	I	半桥 C 低侧 MOSFET 电源连接（Low-Side MOSFET source connection, half-bridge C）
GL_C	35	O	半桥 C 低侧 MOSFET 门极驱动输出（Gate drive output for Low-Side MOSFET, half-bridge C）
SH_C	36	I	半桥 C 高侧 MOSFET 电源连接（High-Side MOSFET source connection, half-bridge C）
GH_C	37	O	半桥 C 高侧 MOSFET 门极驱动输出（Gate drive output for High-Side MOSFET, half-bridge C）
BST_C	38	C	半桥 C 引导脚（Bootstrap cap pin for half-bridge C）
SL_B	39	I	半桥 B 低侧 MOSFET 电源连接（Low-Side MOSFET source connection, half-bridge B）
GL_B	40	O	半桥 B 低侧门极驱动输出（MOSFETGate drive output for Low-Side MOSFET, half-bridge B）
SH_B	41	I	半桥 B 高侧 MOSFET 电源连接（High-Side MOSFET source connection, half-bridge B）
GH_B	42	O	半桥 B 高侧门极驱动输出（Gate drive output for High-Side MOSFET, half-bridge B）
BST_B	43	P	半桥 B 引导脚（Bootstrap cap pin for half-bridge B）
SL_A	44	I	半桥 A 低侧 MOSFET 电源连接（Low-Side MOSFET source connection, half-bridge A）
GL_A	45	O	半桥 A 低侧 MOSFET 门极驱动输出（Gate drive output for Low-Side MOSFET, half-bridge A）
SH_A	46	I	半桥 A 高侧 MOSFET 电源连接（High-Side MOSFET source connection, half-bridge A）
GH_A	47	O	半桥 A 高侧 MOSFET 门极驱动输出（Gate drive output for High-Side MOSFET, half-bridge A）
BST_A	48	P	半桥 A 引导脚（Bootstrap cap pin for half-bridge A）
VDD_SPI	49	I	支持 3.3V 和 5V 逻辑的 SPI 电源脚（SPI supply pin to support 3.3V or 5V logic）
PH	50, 51	O	贝克转换器的内部高侧 MOSFET 的电源（The source of the internal high side MOSFET of buck converter）
BST_BK	52	P	贝克转换器的引导脚（Bootstrap cap pin for buck converter）
PVDD2	53, 54	P	贝克转换器的电源脚，PVDD2 脚应该连到 GND（Power supply pin for buck converter, PVDD2 cap should connect to GND）
EN_BUCK	55	I	使能贝克转换器，内部上拉电流源（Enable buck converter. Internal pull-up current source）
SS_TR	56	I	降压斩波器软起动和跟踪（Buck soft-start and tracking）
GND (POWER PAD)	57	P	地脚（GND pin）

4.2　单相电压型全桥式逆变器的正弦脉冲宽度调制（SPWM）控制

前面讲解的方波逆变电路，输出交流电压是矩形方波，含有较多的低次谐波，且低次谐波的幅值较大。这种电路也可以在用电设备上使用，但是性能会受到一些影响。为了减小输出电压的低频谐波分量，可以采用第 3 章中所使用的 PWM 控制。交流输出电压由一些列脉冲组成，脉冲的个数越多，低次谐波的分量将越小。PWM 控制方式有单极性调制和双极性调制，等宽脉冲和 SPWM 多种，这里主要介绍 SPWM 调制。

4.2.1　SPWM 原理

在 DC-AC 变换中，一般希望交流输出为正弦波，在电力电子电路中要得到光滑连续的正弦波输出是困难的。但是在数学上可以证明，如果将正弦半波划分为 n 等份，每等份用对应的矩形脉冲来表示，如果矩形脉冲的面积与该等份正弦波的面积相等，则正弦半波就可以用一系列矩形脉冲来等效，这就是面积相等的原则，也称冲量等效原理。如果矩形脉冲是等高不等宽的脉冲序列，则称为脉宽调制（PWM）；如果矩形脉冲是等宽不等高的脉冲序列，则称为脉冲幅度调制，简称脉幅调制（PAM），在电力电子技术中常用的是脉宽调制方式（PWM）。

所谓 SPWM，就是在 PWM 的基础上改变了调制脉冲方式，脉冲宽度时间占空比按正弦规律排列，这样输出波形经过适当的滤波可以做到正弦波输出。它广泛用于直流/交流逆变器等，比如高级一些的 UPS 就是一个例子。三相 SPWM 是使用 SPWM 模拟市电的三相输出，在变频器领域被广泛采用。

逆变器的输出波形是一系列等幅不等宽的矩形脉冲波形，这些波形与正弦波的对应等份等效，等效的原则是每一区间的面积相等。把一个正弦半波分作 n 等份，然后把每一等份的正弦曲线与横轴所包围的面积都用一个与此面积相等的矩形脉冲来代替，矩形脉冲的幅值不变，各脉冲的中点与正弦波每一等份的中点相重合，如图 4-11 所示。这样，有 n 个等幅不等宽的矩形脉冲所组成的波形就与正弦波的半周等效，称为 SPWM 波形。

产生正弦脉宽调制波的原理是：用一组等腰三角形波与一个正弦波进行比较，如图 4-12 所示，其相交的时刻（即交点）作为开关管“开”或“关”的时刻。正弦波大于三角载波时，使相应的开关器件导通；正弦波小于三角载波时，使相应的开关器件截止。具体产生电路如图 4-13 所示。

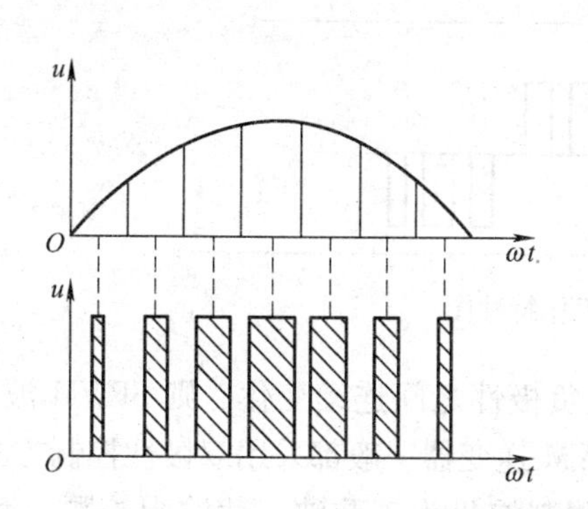

图 4-11　与正弦波等效的等幅脉冲序列波

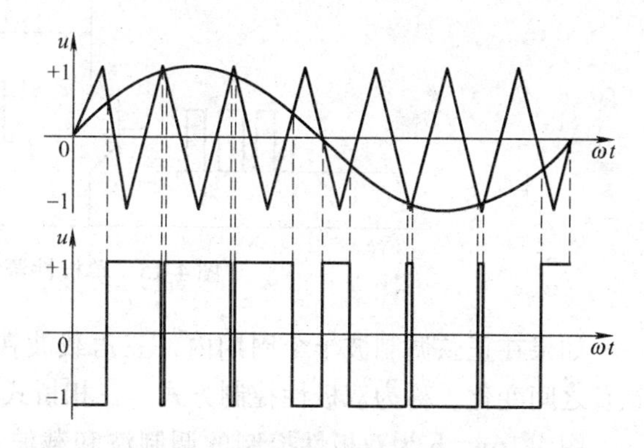

图 4-12　SPWM 控制的基本原理图

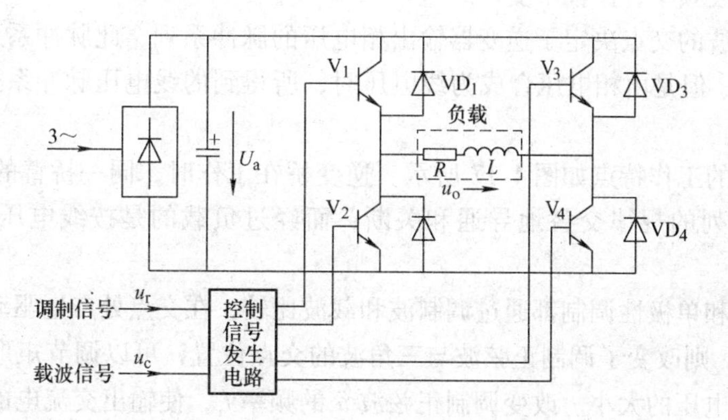

图 4-13　单相桥式 PWM 逆变电路

4.2.2　SPWM 的单极性控制与双极性控制

SPWM 控制技术有单极性控制和双极性控制两种方式。如果在正弦调制波的半个周期内，三角载波只在正或负的一种极性范围内变化，所得到的 SPWM 波也只处于一个极性范围内，称为单极性控制方式，如图 4-14 所示。调制波和载波的交点，决定了 SPWM 脉冲系列的宽度和脉冲间的宽度，如图中 u_G 所示。图 4-15 所示为 SPWM 单极性调制工作特性图，其工作特点是每半个周期内，逆变桥同一桥臂的两个逆变器件中，只有一个器件按脉冲系列的规律时通时断地工作，另一个截止；而在另半个周期内，两个器件的工况正好相反。流经负载 Z 的便是正、负交替的交变电流。

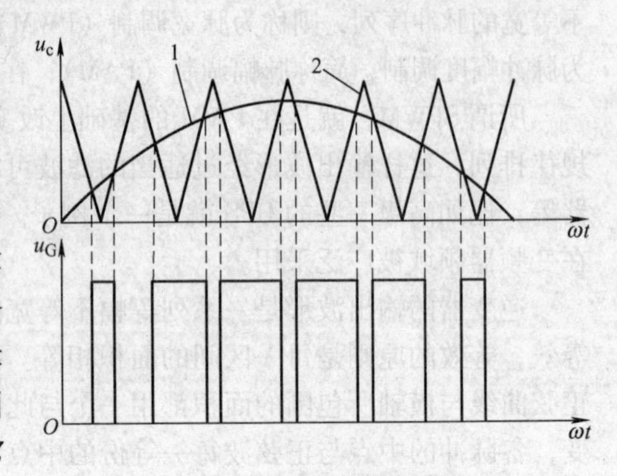

图 4-14　SPWM 单极性调制

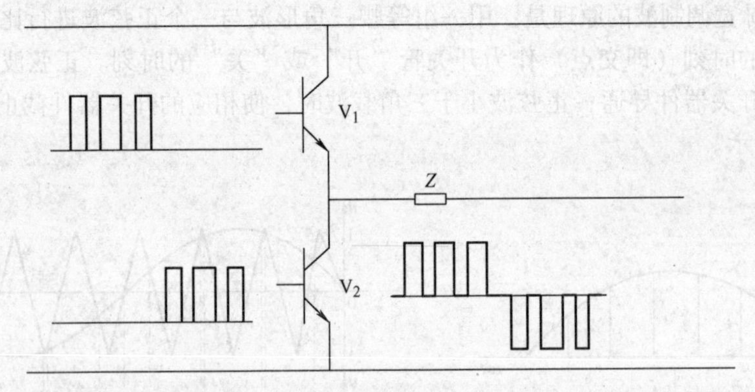

图 4-15　单极性调制工作特性图

如果在正弦调制波半个周期内，三角载波在正负极性之间连续变化，则 SPWM 波也在正负之间变化，称为双极性控制方式。三相桥式 PWM 逆变器一般都采用双极性控制方式。

图 4-16a、b 为双极性控制的调制波和载波，调制波仍为正弦波，载波为等腰三角波，其周期决定于载波频率，振幅不变。

调制波与载波的交点决定了逆变器输出相电压的脉冲系列，此脉冲系列也是双极性的，如图 4-16c 所示。但是由相电压合成为线电压时，所得到的线电压脉冲系列却是单极性的，如图 4-16d 所示。

双极性调制的工作特点如图 4-17 所示。逆变桥在工作时，同一桥臂的两个逆变器总是按相电压脉冲系列的规律交替地导通和关断，而经过负载的是按线电压规律变化的交变电流。

双极性调制和单极性调制都通过调制波和载波比较，在交点处产生驱动信号。改变调制波 u_r 的幅值 U_{rm}，则改变了调制正弦波与三角波的交点位置，可以调节矩形脉冲的宽度，从而改变输出交流电压的大小。改变调制正弦波 u_r 的频率 f_r，使输出交流电的频率 f_o 也同时变化，因此调节调制波的幅值和频率就可以调节交流输出电压的大小和频率，调压和调频

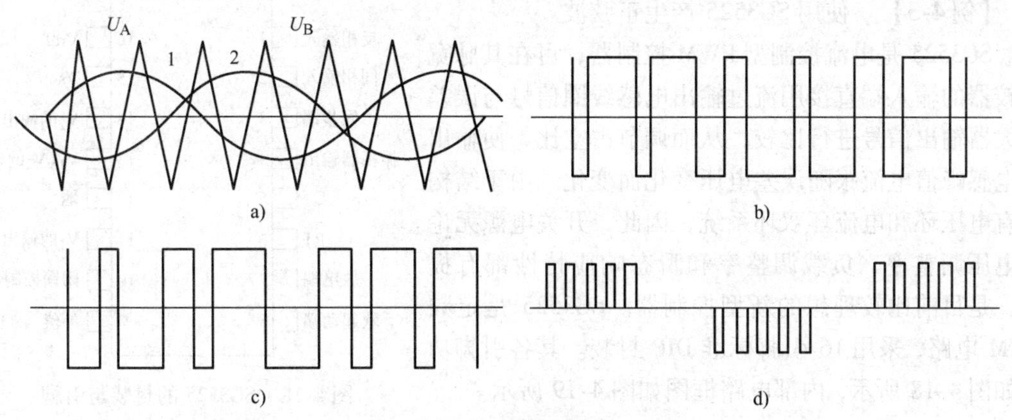

图 4-16　双极性调制原理示意图

a）调制波　b）载波　c）相电压　d）线电压

（VVVF 控制）同时在逆变器的控制中完成，不再需要调控直流电源电压，因此电压型 PWM 控制的直流电源都采用不控整流器为直流电源。

为了反映载波和调制波的关系，定义调制比 M 为调制波幅值与载波幅值之比

$$M = U_{rm}/U_{cm} \quad 0 \leqslant M < 1 \tag{4-1}$$

改变 M 即调节了输出交流电压，M 也称为调制度。

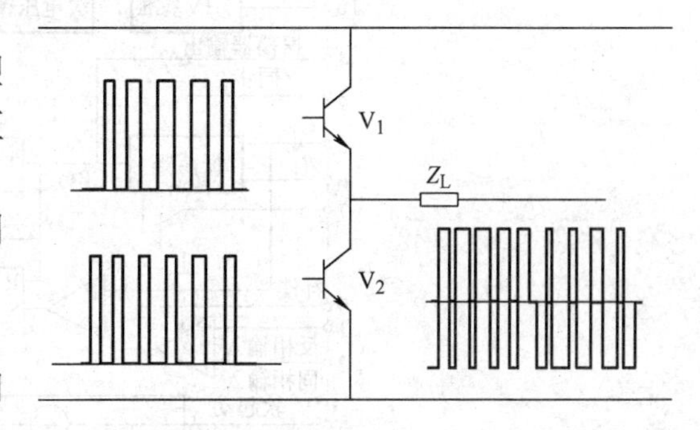

图 4-17　双极性调制的工作特点

定义载波比 N（即频率比）为载波频率与调制波频率之比

$$N = f_c/f_r = f_c/f_o = T_r/T_c \tag{4-2}$$

载波比 N 决定了一周期中组成输出交流电的脉冲个数。

单极性调制在输出交流的半周内只有单一极性的脉冲，因此输出电压（基波值）较高；双极性调制在输出交流的本周内有正负脉冲，因此输出电压（基波值）比单极性调制低，但是双极性调制灵敏度较高，使用也较多，可以证明双极性调制，如果载波比 N 足够大，调制比 $M \leqslant 1$，则基波电压幅值 $U_{1m} \approx M \cdot U_d$，输出交流电压基波有效值为 $U_{o1} = 0.707M \cdot U_d$，而采用 180°方波调制时输出交流电压基波有效值可以达到 $U_{o1} = 0.9U_d$，U_d 为直流电源电压。

采用 PWM 调制时，在输出电压中可以消除 $N-2$ 次以下谐波，因此除基波外，其最低次谐波为 $N-2$ 次。例如 $N=15$ 时最低次谐波为 13 次谐波，而 15 次谐波幅值最大，$U_{15} = 0.9U_d$。如果逆变器输出频率为 50Hz，载波频率为 2kHz，则 $N=40$，即可以消除 38 次以下的谐波，而残存的高次谐波则较易滤除。

双极性调制同相上下桥臂的开关器件交替导通，较易产生直通现象，因此同相上下桥臂开关的关断和导通之间要有一定的时间间隔，称为“死区”，以确保不产生直通现象。插入死区使输出电压波形产生一定的畸变，输出电压也略有降低，并使输出电压含有低次谐波，并且主要产生的是奇次谐波，而单极性调制则没有这个问题。

【例 4-3】 使用 SG3525 产生正弦波。

SG3525 是电流控制型 PWM 控制器，可在其脉宽比较器的输入端直接用流过输出电感线圈信号与误差放大器输出信号进行比较，从而调节占空比，使输出的电感峰值电流跟随误差电压变化而变化。由于结构上有电压环和电流环双环系统，因此，开关电源无论是电压调整率、负载调整率和瞬态响应特性都有提高，是目前比较理想的新型控制器。SG3525 是定频 PWM 电路，采用 16 引脚标准 DIP 封装。其各引脚功能如图 4-18 所示，内部电路框图如图 4-19 所示。

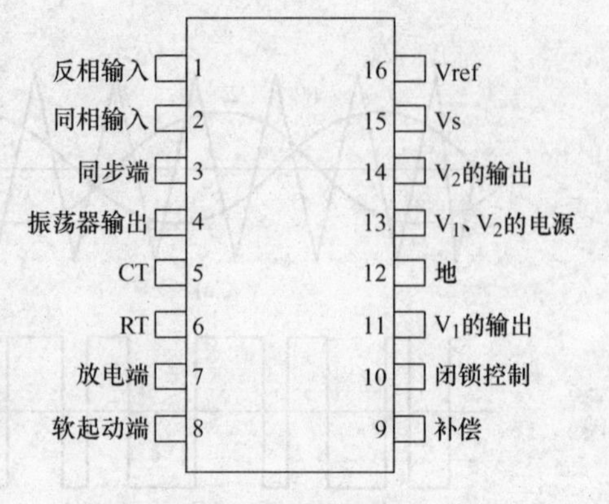

图 4-18 SG3525 的封装与引脚

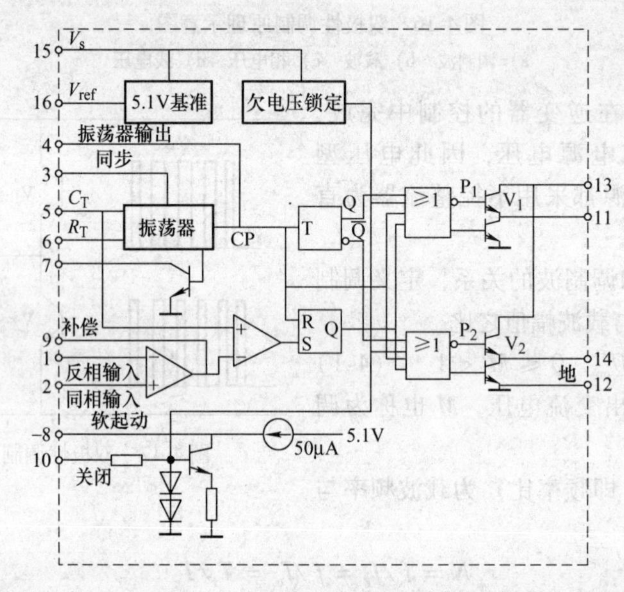

图 4-19 SG3525 的内部电路框图

直流电源 U_s 从引脚 15 接入后分两路，一路加到或非门，另一路送到基准电压稳压器的输入端，产生稳定的 +5V 基准电压，+5V 再送到内部（或外部）电路的其他元器件作为电源。振荡器引脚 5 需外接电容 C_r，引脚 6 需外接电阻 R_r。振荡器频率 f 由外接电阻 R_r 和电容 C_r 决定，$f=1.18/(R_rC_r)$。逆变桥开关频率定为 10kHz，取 $C_r=0.22\mu F$，$R_r=5k\Omega$。振荡器的输出分为两路，一路以时钟脉冲形式送至双稳态触发器及两个或非门，另一路以锯齿波形式送至比较器的同相输入端，比较器的反向输入端接误差放大器的输出。误差放大器的输出与锯齿波电压在比较器中进行比较，输出一个随误差放大器输出电压高低而改变宽度的方波脉冲，再将此方波脉冲送到或非门的一个输入端。或非门的另两个输入端分别为双稳态触发器和振荡器锯齿波。双稳态触发器的两个输出互补，交替输出高低电平，将 PWM 脉冲送至三极管 V_1 及 V_2 的基极，锯齿波的作用是加入死区时间，保证 V_1 及 V_2 不同时导通。最后，V_1 及 V_2 分别输出相位相差 180°的 PWM 波形。

要想得到 SPWM 调制信号，必须要有一个幅值在 1 ~ 3.5V 且按正弦规律变化的波形，将它加到 SG3525 引脚 2，并与锯齿波进行比较，得到正弦脉宽调制波。实现 SPWM 的控制电路框图如图4-20所示，实际电路各点的波形如图4-21所示。由图4-20和图4-21可知，首先要产生方波基准信号，再转换成正弦波，然后处理成单极性信号，再与反馈信号相减得到误差输出信号，就可以与锯齿波比较而得到PWM信号，经驱动单元处理分两路输出。

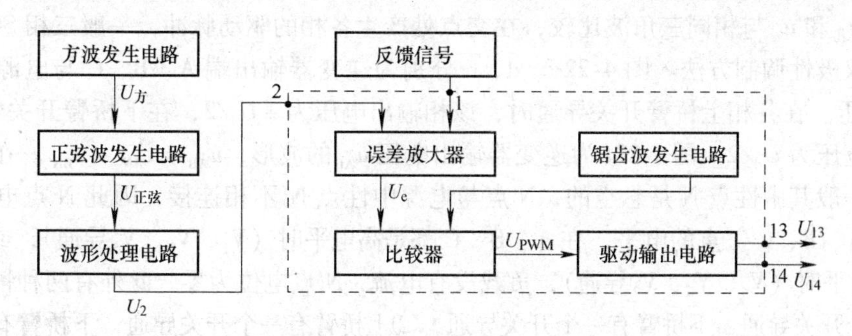

图4-20　实现SPWM的控制电路框图

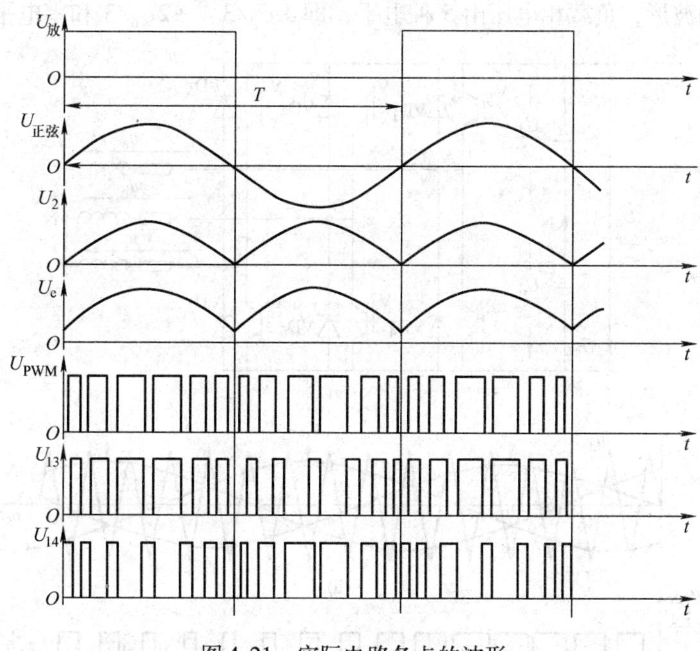

图4-21　实际电路各点的波形

4.3　三相电压型PWM逆变器

单相逆变器满足了单相交流负载调频的要求，但是三相交流负载需要三相逆变器，例如工业上大量使用的三相交流电动机调速就需要能调频的三相交流电源。三相逆变器可以由三个单相逆变器组成，这时使用的元件较多，普遍采用的是六个功率器件组成的三相桥式电路，其三相负载 Z_a、Z_b、Z_c 可以是星形联结或三角形联结。三相逆变器也有电压型电路和电流型电路，并且单相逆变器中研究的各种控制方式，如方波控制、PWM控制、单极性调制、双极性调制、电流跟踪控制等都可以应用在三相逆变器中。

4.3.1 三相电压型 SPWM 逆变器

三相电压型 SPWM 逆变器的电路如图 4-22a 所示，其调制波形如图 4-22b 所示，三相调制波 u_{ra}、u_{rb}和 u_{rc}与相同三角波比较，在交点处产生各相的驱动脉冲，一般三相 SPWM 逆变器都采用双极性调制方法。图 4-22c、d、e 分别为逆变器输出端 A、B、C 与电源假想中性点 N′的电压。在各相上桥臂开关导通时，该相输出电压为 $+U_d/2$，在下桥臂开关管导通时，该相输出电压为 $U_d/2$。图 4-22f 为逆变器输出电压 u_{AB}的波形，$u_{AB}=u_{AN'}-u_{BN'}$。在负载星形联结时，一般其中性点 N 是悬空的，N 点与电源中性点 N′不相连接，因此 N 点电位是浮动的。根据 A、B、C 三点的电平，在 A、B、C 都是高电平时（V_1、V_3、V_5导通），或在 A、B、C 都是低电平时（V_4、V_6、V_2导通），负载没有电流，N 点电位为零。此外有两种情况：①上桥臂有两个开关导通，下桥臂有一个开关导通，②上桥臂有一个开关导通，下桥臂有两个开关导通。根据各个开关区段的三相开关状态可以得到三相负载的电压波形，图 4-22g所示为 A 相相电压 $u_a=u_{AN}$的波形，负载相电压由 5 种电平，即 $\pm U_d/3$、$\pm 2U_d/3$ 和零电平组成。

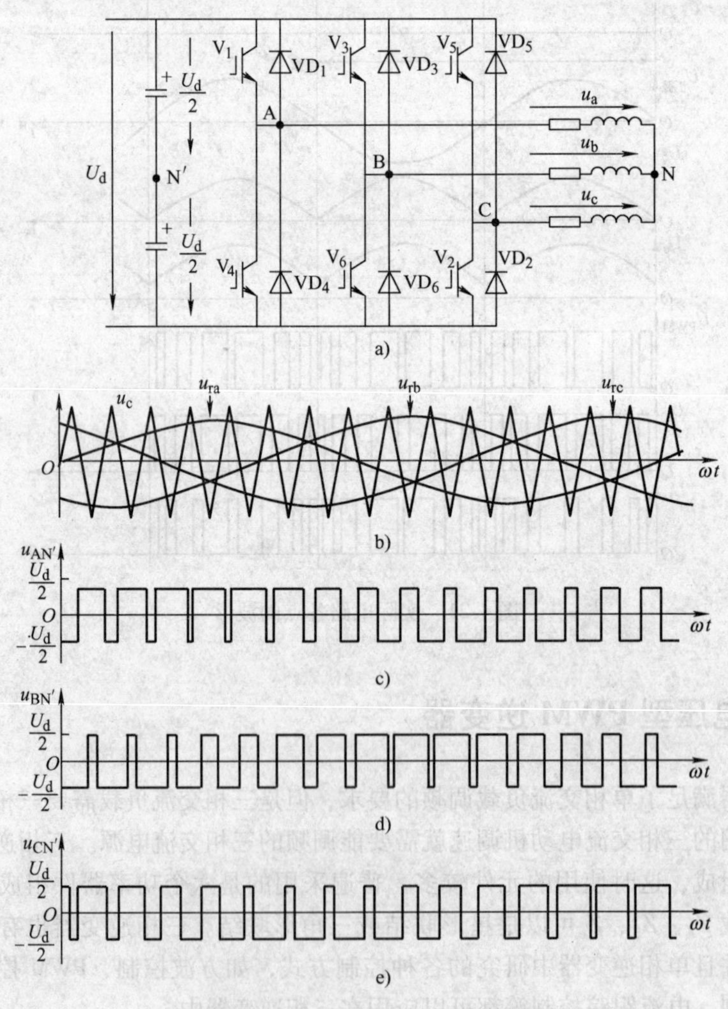

图 4-22 三相桥式电压源逆变器

a）电路 b）调制原理 c）$u_{AN'}$波形 d）$u_{BN'}$波形 e）$u_{CN'}$波形

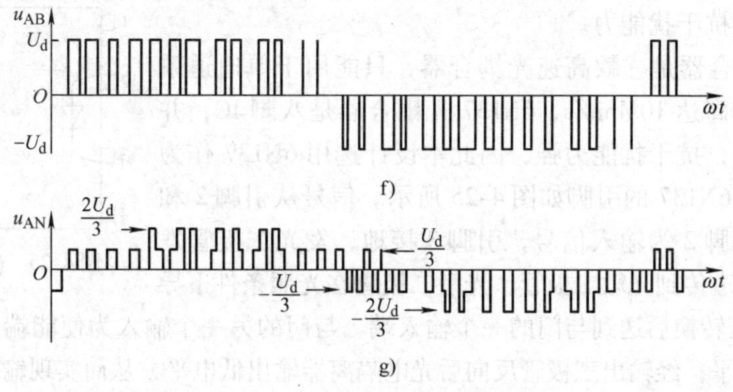

图 4-22 三相桥式电压源逆变器（续）

f）$u_{AB'}$波形 g）u_{AN}波形

【例 4-4】 带有组合驱动功能的六个 IGBT 三相桥式变流电路。

用电力电子器件进行电力变换时多以组合方式使用，如四开关桥式变换电路、六开关桥式变换电路。一般情况下，六开关桥式变换电路更具有一般性。所用开关使用 IGBT，在六个 IGBT 开关一起使用时，对各个开关进行电气控制较为困难，原因为：①对 IGBT 开关进行控制的单片机是共地输出的，而 IGBT 却要求是独立驱动，也就是不能共地；②需要对控制信号进行电气隔离；③信号放大作用。因此，六开关桥式变换电路的驱动是一个关乎其是否能正确使用的关键技术问题。六个 IGBT 桥式变流电路功能示意图如图 4-23 所示。

图 4-24 所示为一组 IGBT 设计原理图。本设计中驱动电路的核心部分是由六个型号为 FGA25N120AND 的 IGBT 组成的逆变电路，两个一组组成一个三相桥式电路。因为 IGBT 工作时，若栅极回路处于不正常状态，这时如果主回路上存在电压，则 IGBT 就会烧毁，因此在设计硬件电路时，为保护 IGBT，在栅极与发射极之间串联一只 10kΩ 的电阻，如图 4-24 中 R_{24}、R_{25}，这样就相当于给 IGBT 加了一个保护装置。

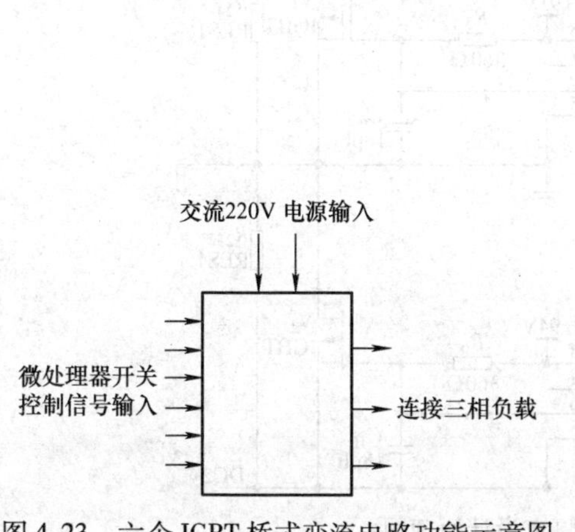

图 4-23 六个 IGBT 桥式变流电路功能示意图

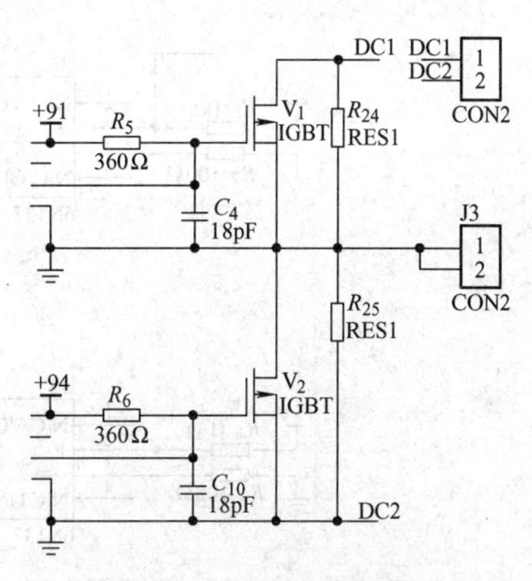

图 4-24 IGBT 设计原理图

由于在整个系统中存在多种供电电压，如 220V 交流输入电压、控制芯片需要 3.3V 电压供电等，整个系统的电压差值较大，很容易对信号的传输造成影响，所以为了提高系统的稳定性和抗干扰能力，采用了光电隔离的方法，将外部控制信号与驱动信号相互隔离开来，从而提高系统的抗干扰能力。

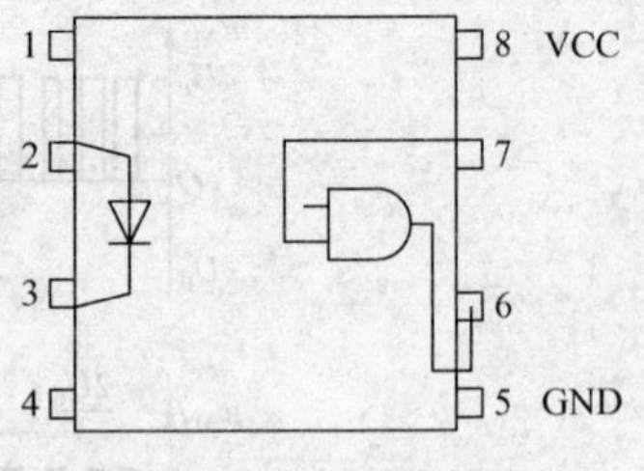

图 4-25　6N137 引脚图

6N137 光耦合器是一款高速光耦合器，只能用于单通道系统中，转换速率高达 10Mbit/s，6N137 光耦合器是八脚 IC，并且工作性能稳定，抗干扰能力强，因此本设计选用 6N137 作为光电隔离器件。6N137 的引脚如图 4-25 所示。信号从引脚 2 和引脚 3 输入，引脚 2 为输入信号，引脚 3 接地，发光二极管发光，经片内光通道传到光敏二极管，光敏二极管在光照条件下导通，经电流-电压转换后送到与门的一个输入端。与门的另一个输入为使能端，当使能端为高时与门输出高电平，经输出三极管反向后光电隔离器输出低电平，从而实现输入输出隔离。光耦合器 6N137 的工作温度要保证在 0 ~ 70℃，这样在 5mA 的最大输入电流时光耦合器将提供一个最小输出 13mA 的吸能电流。其推荐使用条件见表 4-3。

表 4-3　推荐使用条件

参　数	符　号	最　小	最　大
低电平输入电流	I_{FL}/μA	0	250
高电平输入电流	I_{FH}/mA	6.3	15
输出电压	V_{OC}/V	4.5	5.5
低电平开启电压	V_{EL}/V	0	0.8
高电平开启电压	V_{EH}/V	2.0	V_{CC}
TTL 负载	N		8
使用温度	T_A/℃	0	70

因为一个 IGBT 需要搭配一个光耦，防止信号传输发生错误，因此要用六个光耦，光耦的引脚 6 需接一个上拉电阻，并且需要在光耦的引脚旁接一个 0.1μF 的去耦电容。光耦隔离设计原理图如图 4-26 所示。

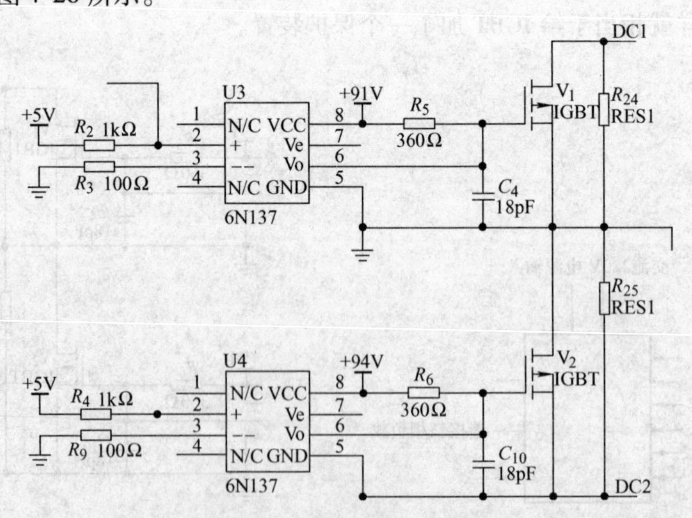

图 4-26　光耦隔离设计原理图

在进行电源设计时，是和前面介绍的 IGBT 驱动电路和光耦电路配套的，同时需要 +5V 和 +9V 左右的直流电，具体的做法是将 220V 市电先用变压器转成 12V 的交流电，再经过整流桥整流，然后选用集成稳压芯片 7805 输出 +5V 直流电压，原理如图 4-27 所示。

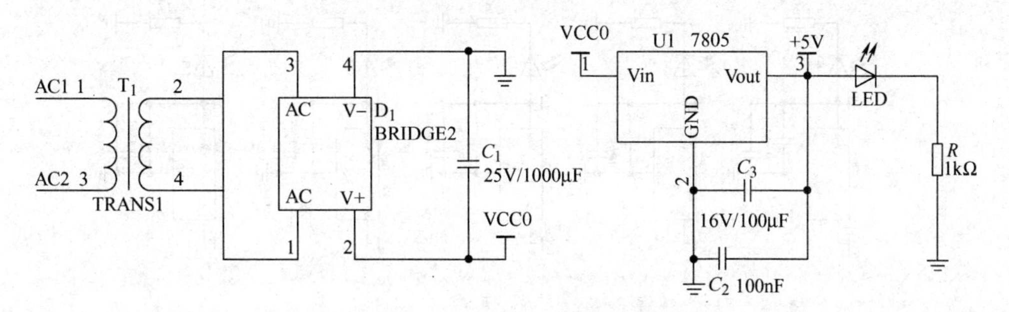

图 4-27　+5V 电源转换原理图

另一个电源需要转到 +9V 左右直流电压供到光耦的 VCC 端和 IGBT 的输入端，同样将市电经变压、整流成为12V 直流电，然后选用集成稳压芯片 7809 输出 +9V 左右的直流电供给光耦和 IGBT，原理如图 4-28 所示。

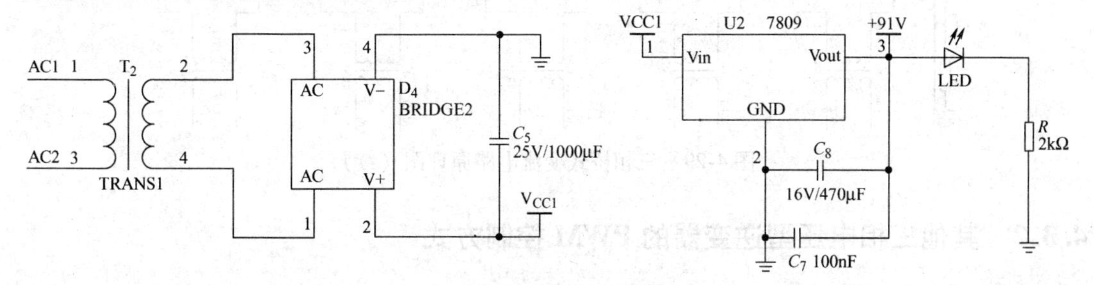

图 4-28　+9V 电源转换原理图

将上述几个部分组合到一起，就构成了三相桥式变流电路，包括电源部分、电机驱动电路部分、光电隔离部分。图 4-29 所示为整个电路的原理图。

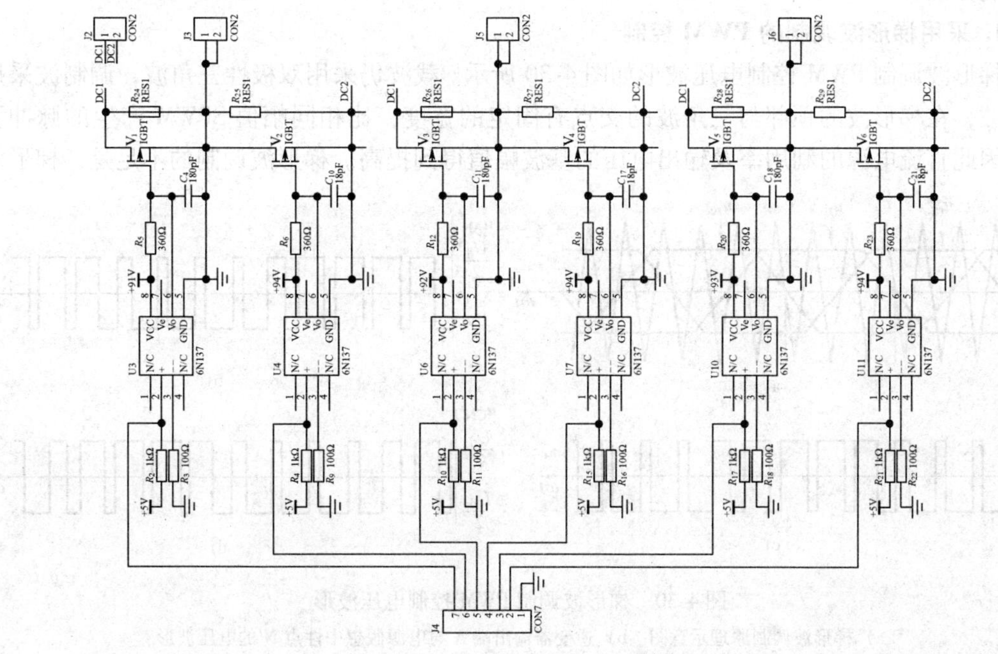

图 4-29　三相桥式变流电路原理图

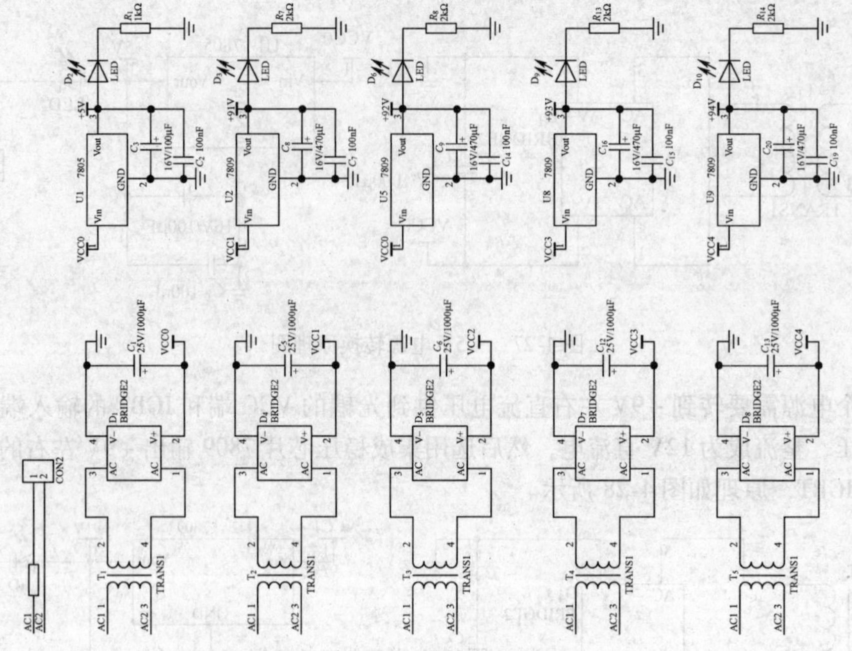

图 4-29 三相桥式变流电路原理图（续）

4.3.2 其他三相电压型逆变器的 PWM 控制方式

SPWM 控制的调制波是正弦波，采用正弦波调制，输出电压中的低次谐波大为减少，对减少谐波影响是有利的，但是正弦波调制时，直流电源的利用率不高，其基波电压幅值小于电源直流电压。为了提高直流电源的利用率，可减少开关次数以减小开关损耗，也提出了以下调制方法。

1. 采用梯形波调制的 PWM 控制

梯形波调制 PWM 控制电压波形如图 4-30 所示。载波仍采用双极性三角波，调制波采用梯形波，在梯形波的顶部与三角波的交点有固定的宽度，比相同幅值 SPWM 产生的脉冲要宽，因此直流电源的利用率及输出电压的基波幅值得到提高。梯形波调制的不足是，梯形波

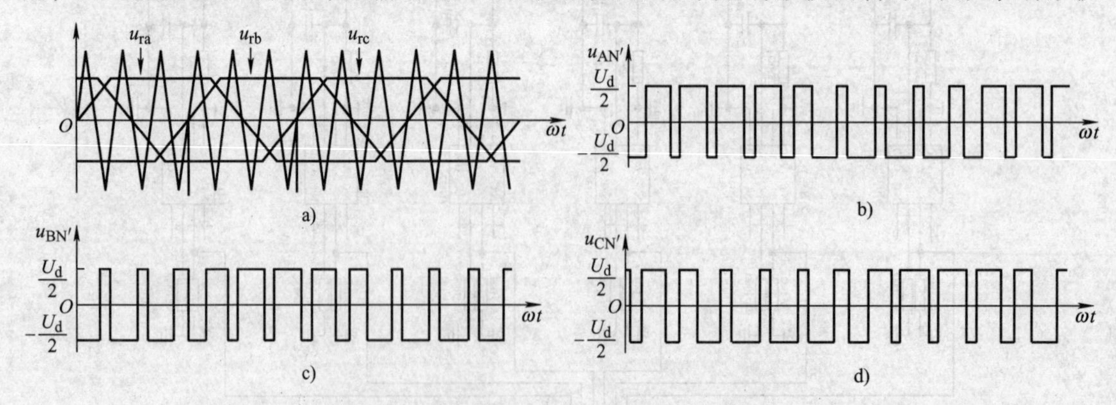

图 4-30 梯形波调制 PWM 控制电压波形

a）梯形波调制原理示意图 b）逆变器输出端 A 与电源假想中性点 N′的电压波形
c）逆变器输出端 B 与电源假想中性点 N′的电压波形 d）逆变器输出端 C 与电源假想中性点 N′的电压波形

含有低次谐波，因此输出电压中也含有相应的低次谐波。因为3次及3的整倍数次谐波是零序谐波，在星形连接中会由于谐波幅值相同，方向相同，互相抵消不会对负载产生影响，负载电压中还会存在5次、7次等谐波，因此在应用中也可以考虑在低压时采用SPWM调制，在要求输出较高电压时采用梯形波调制。但控制要复杂一些。

与梯形波调制相类似的还有叠加3次谐波和在半波180°内分区调制等方法。叠加3次谐波的调制原理如图4-31所示。除在正弦波基础上叠加3次谐波，还可以叠加3的整倍数谐波，甚至在叠加3次谐波的基础上再叠加直流分量。叠加直流分量的PWM调制原理如图4-32所示。

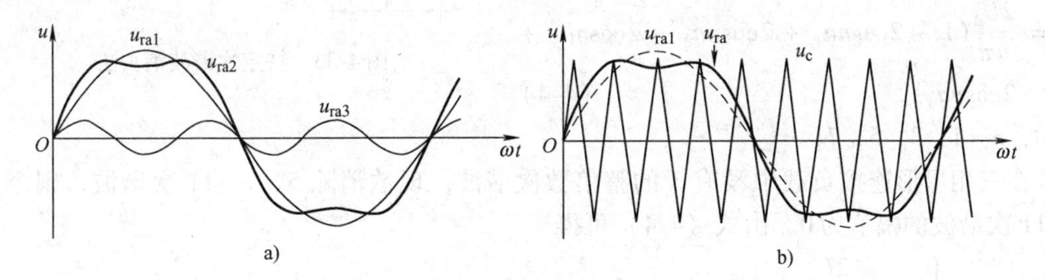

图4-31　叠加三次谐波的PWM调制

a）基波、三次谐波和叠加三次谐波　b）叠加三次谐波的PWM调制原理波形

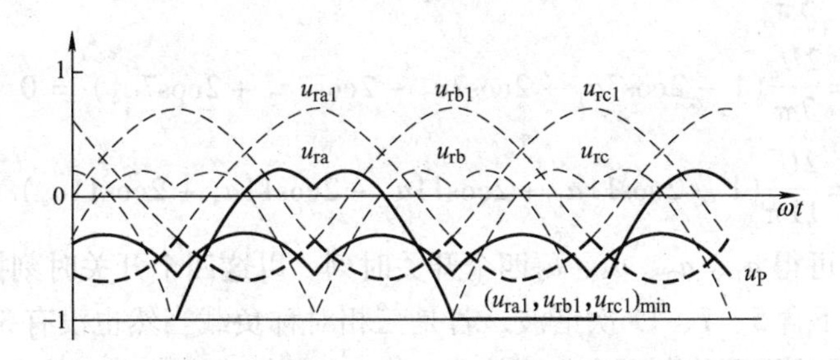

图4-32　叠加直流分量调制波的生成

2. 特定次谐波消去法

在DC-AC逆变器中，电力电子器件工作于开关状态，输出的交流波形不是光滑连续的正弦波，都含有一定量的谐波，若采用SPWM控制则低次谐波较少，但是器件的开关频率与调制度成正比，开关频率比较高，开关损耗也较大。在有些使用场合，只要求减小某些特定次数的谐波，一般是有限的低次谐波，这时可以采用特定次谐波消去法（Selected Harmonic Elimination PWM，SHEPWM），其原理如下。

PWM逆变器的各相输出是由一系列周期性脉冲组成的，根据傅里叶分析，如果输出的正负半周以原点对称，则输出电压中不含偶次谐波，并且如果输出半周内的脉冲又以1/4周期的轴线对称，则输出电压的谐波中不含余弦分量，这时逆变器输出电压可用傅里叶级数表示为

$$u(\omega t) = \sum_{n=1,3,5\cdots}^{\infty} a_n \sin n\omega t \tag{4-3}$$

式中，$a_n = \dfrac{4}{\pi}\int_0^{\frac{\pi}{2}} u(\omega t)\sin n\omega t \mathrm{d}\omega t$

如图 4-33 所示，输出电压一周内有 18 个开关点，且波形以 1/4 周期对称，因此只要确定其中四个开关点 a_1、a_2、a_3、a_4，其他开关点则可以类推。

$$
\begin{aligned}
a_n &= \frac{4}{\pi}\Big[\int_0^{a_1}\frac{U_d}{2}\sin n\omega t\mathrm{d}\omega t + \int_{a_1}^{a_2}\Big(-\frac{U_d}{2}\sin n\omega t\Big)\mathrm{d}\omega t \\
&\quad + \int_{a_2}^{a_3}\frac{U_d}{2}\sin n\omega t\mathrm{d}\omega t + \int_{a_3}^{a_4}\Big(-\frac{U_d}{2}\sin n\omega t\Big)\mathrm{d}\omega t\Big) \\
&\quad + \int_{a_4}^{\frac{\pi}{2}}\frac{U_d}{2}\sin n\omega t\mathrm{d}\omega t \\
&= \frac{2U_d}{n\pi}(1 - 2\cos na_1 + 2\cos na_2 - 2\cos na_3 + \\
&\quad 2\cos na_4)
\end{aligned}
\tag{4-4}
$$

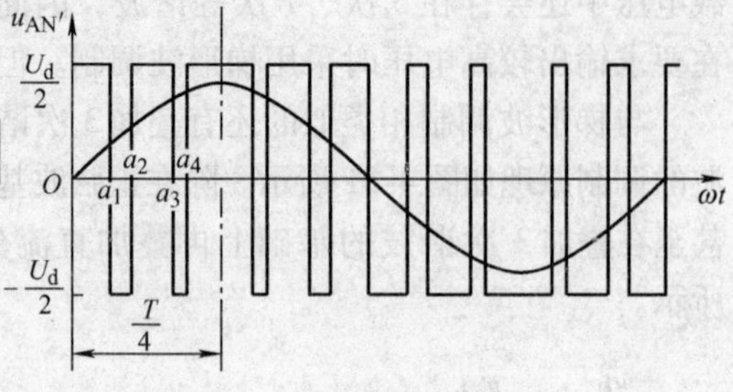

图 4-33　特定次谐波消去法

式中，$n = 1, 3, 5, 7, \cdots$。

在三相星形连接负载中没有 3 的整倍数次谐波，现欲消除 5、7、11 次谐波，则令 5、7、11 次谐波的幅值为 0。由式（4-4）可得

$$
\begin{cases}
a_1 = \dfrac{2U_d}{\pi}(1 - 2\cos a_1 + 2\cos a_2 - 2\cos a_3 + 2\cos a_4) \\
a_5 = \dfrac{2U_d}{5\pi}(1 - 2\cos 5a_1 + 2\cos 5a_2 - 2\cos 5a_3 + 2\cos 5a_4) = 0 \\
a_7 = \dfrac{2U_d}{7\pi}(1 - 2\cos 7a_1 + 2\cos 7a_2 - 2\cos 7a_3 + 2\cos 7a_4) = 0 \\
a_{11} = \dfrac{2U_d}{11\pi}(1 - 2\cos 11a_1 + 2\cos 11a_2 - 2\cos 11a_3 + 2\cos 11a_4) = 0
\end{cases}
\tag{4-5}
$$

解方程式（4-5），可得 a_1、a_2、a_3、a_4 四个开关时刻。以这四个开关时刻控制开关器件，得到的交流输出中就不含 5、7、11 次谐波，若是三相对称负载当然也没有 3、9 次谐波。如果要消除更多次谐波，则需要控制更多个开关点。若 1/4 周期中有 k 个开关点，可以建立 k 个方程，除基波外可以消除 $k-1$ 个特定次谐波。需要消除的谐波也越多，需要联解的方程也越多，计算也越复杂，因此一般采用离线计算的方法，事先计算好开关时刻，在需要时调用。特定次谐波消去法一周期的开关次数与需消除的谐波有关，开关频率较低，开关损耗也减小。

4.4 电流型逆变器

4.4.1 单相电流型 PWM 逆变器电路

在小功率场合一般采用单相电流型逆变器（CSI）拓扑结构，其交流侧由 L、C 组成二阶低通滤波器，滤除交流侧电流中的开关谐波；直流侧接大电感，使直流侧电流近似为直流；开关器件由可控器件与二极管串联组成，在可控器件关断时，二极管起到承受反压的作用，电路如图 4-34 所示。

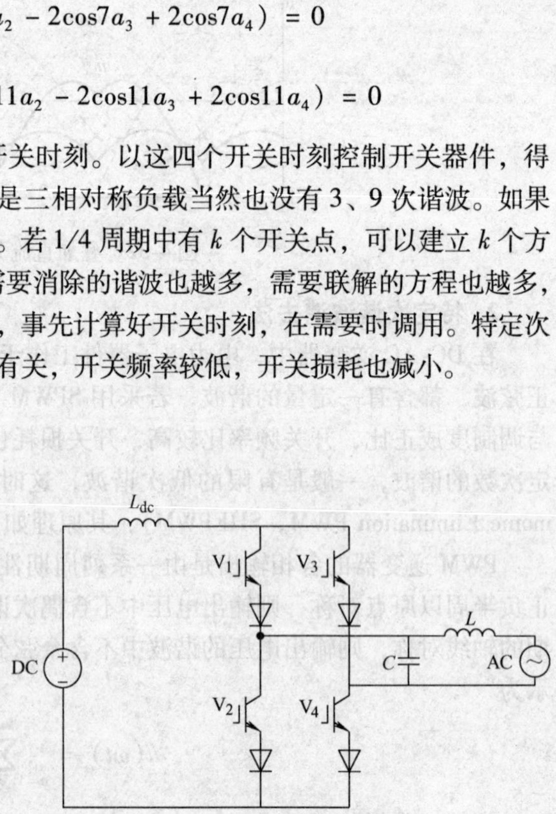

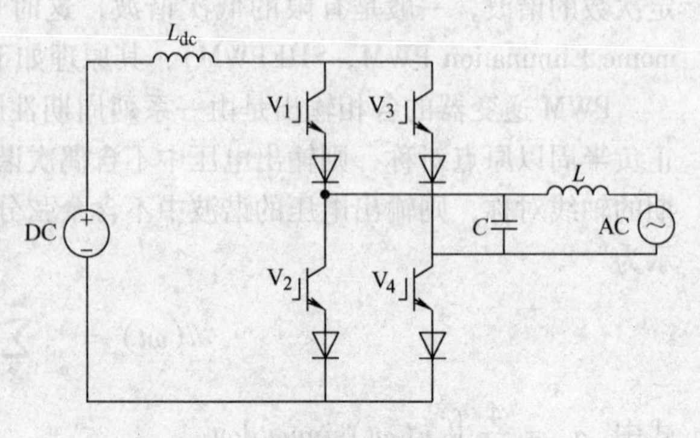

图 4-34　单相电流型逆变器电路

4.4.2 三相电流型 PWM 逆变器电路

对于中等功率场合，一般采用六个开关器件构成三相电流型逆变器，和单相电流型逆变器拓扑类似，三相六开关电流型逆变器交流侧也是由 L、C 组成二阶低通滤波器，直流侧接大电感，开关器件由可控器件与二极管串联组成。该拓扑能实现能量的双向传输，并且是应用范围最广泛、研究最多的一种电流型逆变器拓扑，电路如图 4-35 所示。

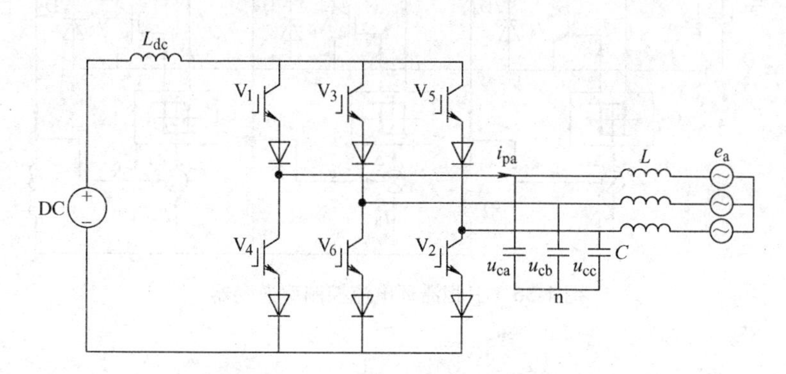

图 4-35 三相电流型 PWM 逆变器电路

4.4.3 电流型 PWM 逆变器的控制策略

1. 间接电流控制

间接电流控制的基本思路是通过控制逆变器输入电压基波的幅值和相位，间接地控制输出电感电流，使得交流侧输出相电流与交流侧相电压保持同相位，因此又称为幅值相位控制。间接电流控制的优点是控制结构简单、无需电流传感器，并且具有良好的开关特性，静态特性良好，便于微机实现；其缺点是动态响应慢，且对系统参数变化灵敏，动态过程中存在直流电流偏移。电流型 PWM 逆变器的间接电流控制，是指通过控制逆变器交流侧电容电压或交流输出电流的幅值和相位，从而间接控制电流型 PWM 逆变器的网侧电流。电流型 PWM 逆变器交流输出电流的基波分量是 SPWM 调制信号的线性放大，应用 SPWM 技术，通过对调制信号的控制就可以实现对逆变器输出电流相位和幅值的调节，然后通过交流测 LC 滤波器滤波作用，就可以实现逆变器的间接电流控制，达到网侧单位功率因数。当然，为了稳定输入直流电流，间接电流控制还需要引入电流闭环反馈。

2. 直接电流控制

直流电流控制有两种常用方法，一种是电流瞬态跟踪方法，另一种是电流滞环控制方法。

电流瞬态跟踪控制方法是，由运算求出交流侧电流指令信号，再引入交流侧电流反馈，通过对交流侧电流的直接控制使其跟踪指令电流值。这种控制方式具有电流内环和电压外环的双环控制结构。在电流内环中，通过对功率因数角的控制可实现对无功功率的控制。在电压外环中，对直流电流的控制则是通过调节交流电流的参考幅值来实现的。外环电压稳定与否取决于内环电流能否快速准确地跟踪电流给定。由于这种控制方式能有效地跟踪负载电压的变化，具有动态性能好、限流容易、电流控制精度高等优点。

电流滞环控制要使用滞环环节，三个单相电流滞环控制逆变器组合，形成三相电流滞环控制电流跟踪型逆变器，如图 4-36所示，它的工作原理和控制方法均与单相电流滞环控制逆变器相同，因此不再赘述。电流滞环控制逆变器，属于电流控制电压型逆变器，逆变器直流环节仍采用电压源，它具有电流实时跟踪能力，电流波动取决于滞环宽度，电流响应速度快，电路结构简单，但是开关频率不固定，电流的高次谐波含量较多，其开关损耗也是需要重视的。

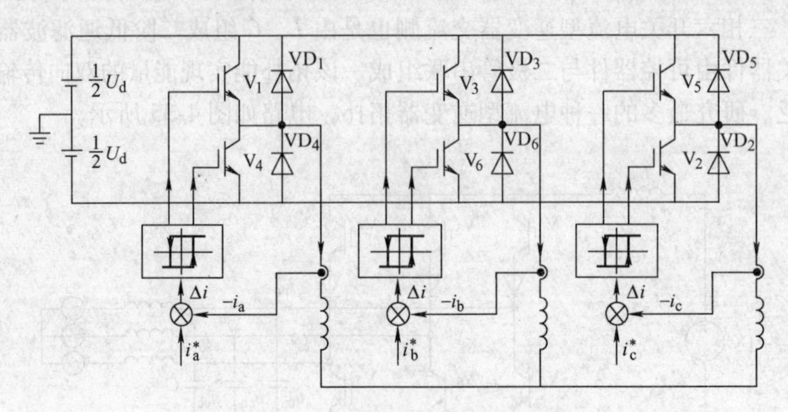

图 4-36　三相滞环电流控制型逆变器

4.5　空间矢量 PWM

近年来电机的空间矢量理论被引入到逆变器及其控制中，形成和发展了空间矢量 PWM（SVPWM）控制思想。在本节中，所谓空间矢量指的是空间电压矢量，用于描述主电路的多路输出的状态。SVPWM 的主要思想是：以三相对称正弦波电压供电时三相对称电动机定子理想磁链圆为参考标准，以三相逆变器不同开关模式作适当的切换，从而形成空间矢量 PWM 波形，以所形成的实际磁链矢量来追踪其准确磁链圆。传统的 SPWM 方法从电源的角度出发，以生成一个可调频的正弦波电源，而 SVPWM 方法将逆变系统和异步电机看作一个整体来考虑，模型比较简单，也便于微处理器的实时控制。SVPWM 技术，不仅使得电机脉动降低，电流波形畸变减小，而且与常规 SPWM 技术相比，直流电压利用率有很大提高，并更易于数字化实现。

SVPWM 的优点归纳为：①在每个小区间虽有多次开关切换，但每次开关切换只涉及一个器件，所以开关损耗小；②利用电压空间矢量直接生成三相 PWM 波，计算简单；③逆变器输出线电压基波最大值为直流侧电压，比一般的 SPWM 逆变器输出电压高 15%。

4.5.1　空间矢量脉冲宽度调制（SVPWM）的工作原理

1. 空间电压矢量

在最初的电路技术学习中，就对三相交流电有了一定的了解。它可以用三个相位相差 120°的随时间变化的正弦函数（或余弦函数）来表示。如果把它形象地画出来，就是用三个矢量表示并以相差 120°间隔画在平面上。但值得注意的是，它们是随时间变化的，并不是平面直角坐标系的表示，其实是以三个矢量为坐标轴的。所以，它被称为三相静止坐标系。在这个坐标系中，三个正弦量相差 120°，而不是直角的，会在一些情况下有互相影响。所以，在需要的情况下，我们会把三相正弦波所属于的三相静止坐标系进行坐标变换。

换一个角度来看待三相正弦电压波形，可以把它整体地看，就是把它们看成是一个矢量的三个分量，那么这个矢量就称为空间电压矢量。

2. 基本空间电压矢量与任意电压矢量

空间电压矢量也可用于表示电压型逆变器结构。图4-37所示为电压型逆变器的结构原理图，u_d为直流母线电压，i_A、i_B、i_C为逆变器的输出电流。由于V_A与V_a、V_B与V_b、V_C与V_c之间互为反相，也就是说，一个半桥的高侧和低侧的开关不能同时导通，则这个电压型逆变器的开关的通断情况一共有八种。一般规定一个半桥的高侧的开关导通时记为1，则半桥的低侧的开关导通时记为0。这样可以得到在八种通断情况下的输出电压，见表4-4。

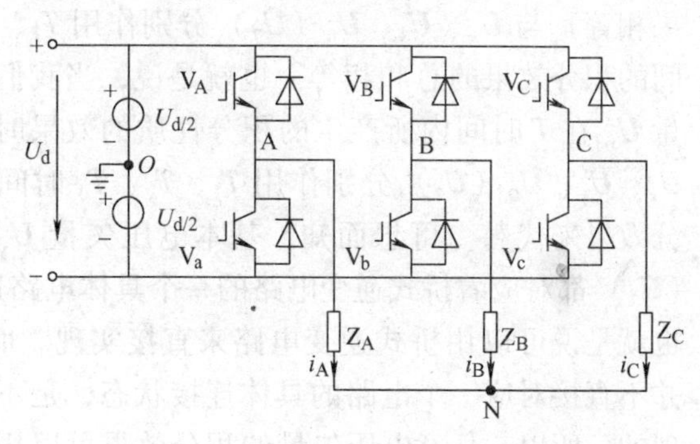

图4-37　电压型逆变器的结构原理图

表4-4　不同开关状态的输出电压

V_A	V_B	V_C	U_{AN}	U_{BN}	U_{CN}
0	0	0	0	0	0
1	0	0	$2U_d/3$	$-U_d/3$	$-U_d/3$
0	1	0	$-U_d/3$	$2U_d/3$	$-U_d/3$
1	1	0	$U_d/3$	$U_d/3$	$-2U_d/3$
0	0	1	$-U_d/3$	$-U_d/3$	$2U_d/3$
1	0	1	$U_d/3$	$-2U_d/3$	$U_d/3$
0	1	1	$-2U_d/3$	$U_d/3$	$U_d/3$
1	1	1	0	0	0

按照前面的分析，这八种情况都是一个空间电压矢量，可以称之为基本空间电压矢量。每个包含有三个分量的基本空间电压矢量经派克（Park）变换后的合成性的电压空间矢量表示为：

$$\boldsymbol{U}_s = \frac{2}{3}\left(U_{AN} + U_{BN}e^{j\frac{2\pi}{3}} + U_{CN}e^{j\frac{4\pi}{3}}\right) \tag{4-6}$$

假定U_{AN}与复平面的α轴重合，由式（4-6）可以计算出

$$\boldsymbol{U}_0 = 0,\ \boldsymbol{U}_1 = \frac{2}{3}U_d e^{j0},\ \boldsymbol{U}_2 = \frac{2}{3}U_d e^{j\frac{1}{3}\pi},\ \boldsymbol{U}_3 = \frac{2}{3}U_d e^{j\frac{2}{3}\pi},$$

$$\boldsymbol{U}_4 = \frac{2}{3}U_d e^{j\pi},\ \boldsymbol{U}_s = \frac{2}{3}U_d e^{j\frac{4}{3}\pi},\ \boldsymbol{U}_6 = \frac{2}{3}U_d e^{j\frac{5}{3}\pi},\ \boldsymbol{U}_7 = 0。 \tag{4-7}$$

其中六个非零电压矢量的顶点在两相静止坐标系α-β坐标系中组成了一个正六边形，如图4-38所示。

在图4-38中，8个基本电压空间矢量把理想磁链圆分成六个区间，每60°为一个区间。在每个区间中，选择相邻的两个基本电压矢量及零矢量，按照伏秒平衡的原则来合成每个区间扇区的任意电压矢量。

定义由两个基本电压矢量以逆时针方向组成的每一个扇区中，相位超前的矢量为$\boldsymbol{U}_x$，称为主矢量，相位滞后的矢量为$\boldsymbol{U}_y$，称为辅矢量，其作用时间分别为T_x和T_y。则有

$$\boldsymbol{U}_x T_x + \boldsymbol{U}_y T_y + \boldsymbol{U}_0 T_0(\boldsymbol{U}_7 T_7) = \boldsymbol{U}_{ref} T \tag{4-8}$$

由此可知，矢量$\boldsymbol{U}_{ref}$在T时间内所产生的积分性质的效果（注：在交流电动机的调速控

制中，忽略定子电阻的影响时，电压的积分与磁链的效果相等）与 $\boldsymbol{U}_x$、$\boldsymbol{U}_y$、$\boldsymbol{U}_0$（$\boldsymbol{U}_7$）分别作用 T_x、T_y、T_0 时间的积分效果的总和相等。也就是说，当我们想产生矢量 $\boldsymbol{U}_{ref}$在 T 时间内所产生的积分性质的效果时，可以用 $\boldsymbol{U}_x$、$\boldsymbol{U}_y$、$\boldsymbol{U}_0$（$\boldsymbol{U}_7$）分别作用 T_x、T_y、T_0 时间的和的积分效果来代替。可想而知，基本电压矢量 $\boldsymbol{U}_x$、$\boldsymbol{U}_y$、$\boldsymbol{U}_0$（$\boldsymbol{U}_7$）都对应着桥式逆变电路的一个具体电路连接状态，也就是说可以用桥式逆变电路来直接实现。而矢量 $\boldsymbol{U}_{ref}$ 并不直接对应一个电路的具体连接状态，是不能直接实现的。所以，任意电压矢量的积分效果可以用基本电压矢量的积分效果的组合来表示的意义在于，它是可以用桥式逆变电路的多个具体连接状态的组合来实现的。

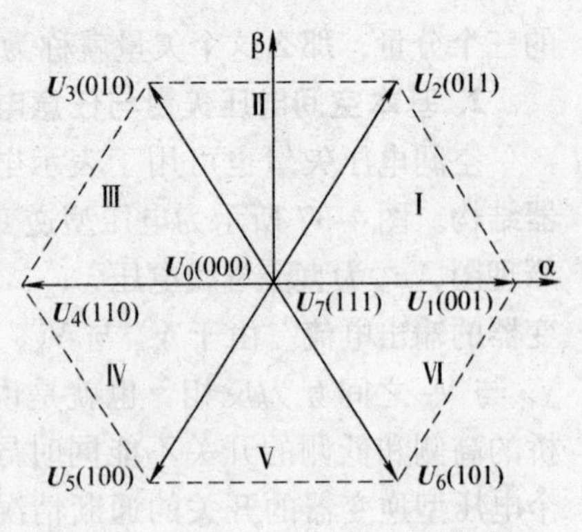

图 4-38 基本电压空间矢量示意图

3. 空间矢量用于表示三相交流电动机

对于在空间静止不动的三相交流电动机定子绕组来讲，它们在时间相位上相差 120°，定义 A、B、C 分别为三相绕组的轴线，且可设定三个电压空间矢量的分量为 U_{AO}、U_{BO}、U_{CO}，它们的方向始终在各相的轴线上，大小随着时间按正弦规律变化，时间相位上也是相差 120°，可得其合成的电压空间矢量，其幅值不变，大小为每相电压的 3/2 倍。当电源频率 ω 不变时，U_s 也以 ω 为角速度恒速旋转，用公式表示为

$$\boldsymbol{U}_s = \boldsymbol{U}_{AO} + \boldsymbol{U}_{BO} + \boldsymbol{U}_{CO} \tag{4-9}$$

与定子电压空间矢量相仿，可以定义定子电流和磁链的空间矢量 I_s 和 Ψ_s。当异步电机的三相对称定子绕组由三相对称正弦电压供电时，对每一相都可写出一个电压平衡方程式，三相电压平衡方程式相加，即得到用合成空间矢量表示的定子电压方程式

$$\boldsymbol{U}_s = R_s\boldsymbol{I}_s + \frac{d\boldsymbol{\Psi}_s}{dt} \tag{4-10}$$

当电机转速不是很低时，定子电阻压降在式（4-10）中所占的成分很小，可忽略不计，则定子电压空间矢量与磁链空间矢量的近似关系为

$$\boldsymbol{\Psi}_s = \int \boldsymbol{U}_s dt \tag{4-11}$$

由式（4-11）可得

$$\boldsymbol{U}_s = \omega\psi_m e^{j\left(\omega t+\frac{\pi}{2}\right)} \tag{4-12}$$

式中，$\boldsymbol{\Psi}_m$ 为磁链 $\boldsymbol{\Psi}_s$ 的幅值；ω 为其旋转角速度。

由此得到它们之间的几何关系如图 4-39 所示。

将逆变器用于控制交流电动机定子时，就可以用逆变器输出电压矢量来控制交流电动机定子磁链。进而，就可以用逆变器的基本电压矢量的组合来控制交流电动机定子磁链。当逆变器输出电压矢量为 $\boldsymbol{U}_i$（$i=1 \sim N$）时，交流电动机定子磁链可以表示为

$$\boldsymbol{\Psi} = \boldsymbol{\Psi}_0 + \boldsymbol{U}_i\Delta t(i = 1 \sim N) \tag{4-13}$$

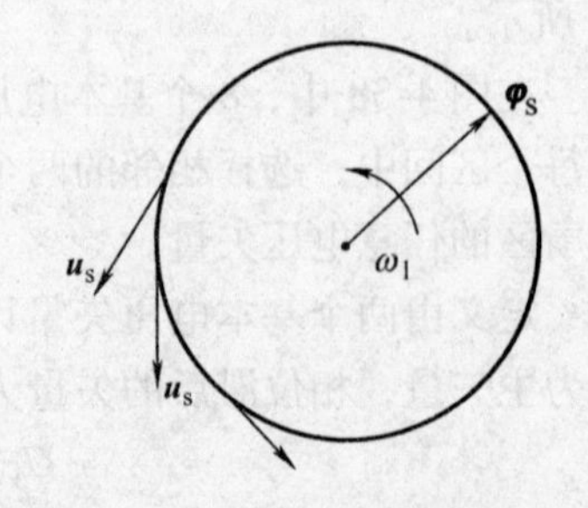

图 4-39 电压与磁链矢量的运动轨迹

式中，$\boldsymbol{\Psi}_0$ 为初始磁链空间矢量；Δt 为 $\boldsymbol{U}_i$ 作用的时间。当

$\boldsymbol{U}_{i}$ 为某一个非零的电压矢量时，磁链空间矢量 $\boldsymbol{\Psi}$ 从初始位置出发，沿对应的电压空间矢量的方向，以 $\boldsymbol{\Psi}_{m}$ 为半径进行旋转；当 $\boldsymbol{U}_{i}$ 为某一个零电压矢量时，磁链的运动受到限制。因此，合理地选择各电压空间矢量的施加顺序和作用时间，就可以使 $\boldsymbol{\Psi}$ 磁链空间矢量沿顺时针或逆时针方向形成一定形状的磁链轨迹。增加电压空间矢量的个数，插入一个或多个零矢量，就可以更逼近圆形磁链轨迹。

4.5.2　SVPWM 算法的实现

当用两个相邻的基本电压矢量构成一个任意电压空间矢量时，可以合成的矢量的幅值决定了所允许的矢量 $\boldsymbol{U}_{ref}$ 的幅值。我们注意到，因为要用到零矢量的插入，同一个基本电压矢量可以减半分两次加入，两个基本电压矢量的加入顺序也可以不同，用两个相邻的基本电压矢量构成一个任意电压空间矢量时，是有不同的方法的，也就是逆变器开关的组合是有不同的情况的。在进行设计时，要让各个基本电压矢量对应的逆变器开关状态在先后变化时减少开关次数，避免出现转矩脉动和电磁噪声。

以矢量 $\boldsymbol{U}_{ref}$ 处在第Ⅰ扇区为例来推导其用两个相邻的基本电压矢量组合的关系表达式。由式（4-8）得

$$\begin{cases}\boldsymbol{U}_{1}T_{1}+\boldsymbol{U}_{2}T_{2}=\boldsymbol{U}_{ref}T\\ T=T_{1}+T_{2}+T_{0}\end{cases}\tag{4-14}$$

为使波形对称，把每个矢量都一分为二，以轴对称方式组合，同时把零矢量时间分给两个零矢量 $\boldsymbol{U}_{0}$ 和 $\boldsymbol{U}_{7}$。遵循开关次数最少的原则，产生的开关序列为 $\boldsymbol{U}_{0}\to\boldsymbol{U}_{1}\to\boldsymbol{U}_{2}\to\boldsymbol{U}_{7}\to\boldsymbol{U}_{7}\to\boldsymbol{U}_{2}\to\boldsymbol{U}_{1}\to\boldsymbol{U}_{0}$，如图4-40所示。按照同样的方法，得到各扇区的组合波形如图4-41所示。

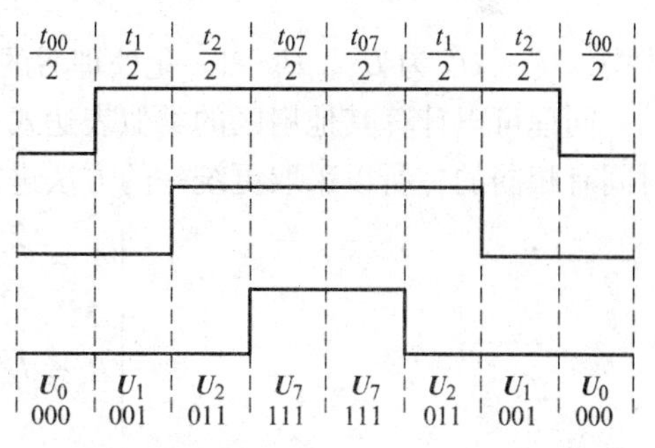

图4-40　第Ⅰ扇区任意电压矢量组合开关序列示意图

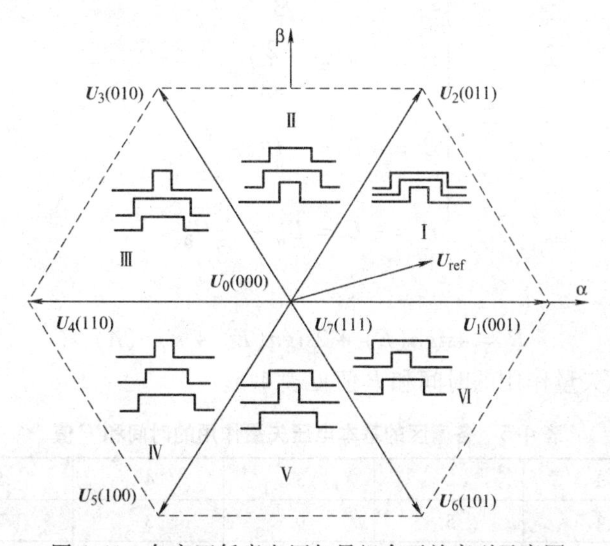

图4-41　各扇区任意电压矢量组合开关序列示意图

设 T_s 为调制周期，将式（4-14）变换为

$$\begin{cases} T_s = T_1 + T_2 + T_{0、7} \\ \boldsymbol{U}_{ref} = \dfrac{T_1}{T_s}\boldsymbol{U}_1 + \dfrac{T_2}{T_s}\boldsymbol{U}_2 \end{cases} \tag{4-15}$$

将矢量 $\boldsymbol{U}_{ref}$ 用 α-β 直角坐标系表示，U_α 为 $\boldsymbol{U}_{ref}$ 在 α 轴的投影，U_β 为 $\boldsymbol{U}_{ref}$ 在 β 轴的投影，则有

$$\begin{cases} U_\alpha = \dfrac{T_1}{T_s}|\boldsymbol{U}_1| + \dfrac{T_2}{T_s}|\boldsymbol{U}_2|\cos60° \\ U_\beta = \dfrac{T_2}{T_s}|\boldsymbol{U}_2|\sin60° \end{cases} \tag{4-16}$$

由于 $|\boldsymbol{U}_1| = |\boldsymbol{U}_2| = 2U_d/3$，为了数据分析方便，将式（4-16）进行归一化处理，方程中每一项都除以 $2U_d/3$，得到

$$\begin{cases} t_1 = \dfrac{T_1}{T} = U'_\alpha - \dfrac{1}{\sqrt{3}}U'_\beta \\ t_2 = \dfrac{T_2}{T} = \dfrac{2\sqrt{3}}{3}U'_\beta \end{cases} \tag{4-17}$$

式中，U'_α、U'_β 为 U_α、U_β 归一化处理后的形式。

同理可以计算其他扇区的类似表达式。注意到，这六个扇区的每个基本电压矢量作用的时间有相同的，所以采取更统一的方法进行表示。令

$$\begin{cases} A = \dfrac{2}{\sqrt{3}}U'_\beta \\ B = U'_\alpha + \dfrac{1}{\sqrt{3}}U'_\beta \\ C = -U'_\alpha + \dfrac{1}{\sqrt{3}}U'_\beta \\ D = -A = -\dfrac{2}{\sqrt{3}}U'_\beta \\ E = -B = -U'_\alpha - \dfrac{1}{\sqrt{3}}U'_\beta \\ F = -C = U'_\alpha - \dfrac{1}{\sqrt{3}}U'_\beta \end{cases} \tag{4-18}$$

并设扇区标志数

$$P = 4sign(E) + 2sign(F) + sign(A) \tag{4-19}$$

则各扇区的基本电压矢量作用的时间和 P 值见表 4-5。

表 4-5　各扇区的基本电压矢量作用的时间和 P 值

扇　区	1	2	3	4	5	6
P 值	1	5	0	3	2	4
T_x	F	C	A	D	E	B
T_y	A	B	E	C	F	D

根据 P 值可确定合成后的电压矢量 U_{ref} 所在的扇区，然后根据扇区确定两个基本电压矢量所作用的时间，就可实现 SVPWM 算法。

【例 4-5】 无传感器永磁同步电动机控制器——IRMCF341

IRMCF341 是一款将高性能电机控制集成电路和通用微处理器 8051 集成在一起的高效芯片。在以往的电机控制中，都是利用相对成熟的电机控制电路，或者某种电机控制芯片和单片机共同使用来完成。这款芯片的最大优点是将电机控制电路的弱电部分和单片机集成在一起，中间有一个双向的寄存器实现通信，不但大大加快了电机的控制速度，而且简化了控制方式和控制电路，增强了电路的可靠性。对于控制高速、复杂的电机有着一般方法难以比拟的优点。

IRMCF341 采用 QFN64 封装，资源非常丰富。IMCF341 芯片主要由两大部分组成：具有可配置控制模块的电机运动控制引擎（Motion Control Engine，MCE）和 8051 微处理器。图 4-42为 IRMCF341 的内部结构图。8 位的 8051 核和 16 位的 MCE 处理器之间可以通过 512 字节双端口 RAM 交换数据，8051 可通过双端口 RAM 向 MCE 的写寄存器组发送相应的控制信息，或通过双端口 RAM 向 MCE 的读寄存器组读取相应的状态控制信息。图 4-43 为 IRMCF341 的外部引脚示意图。

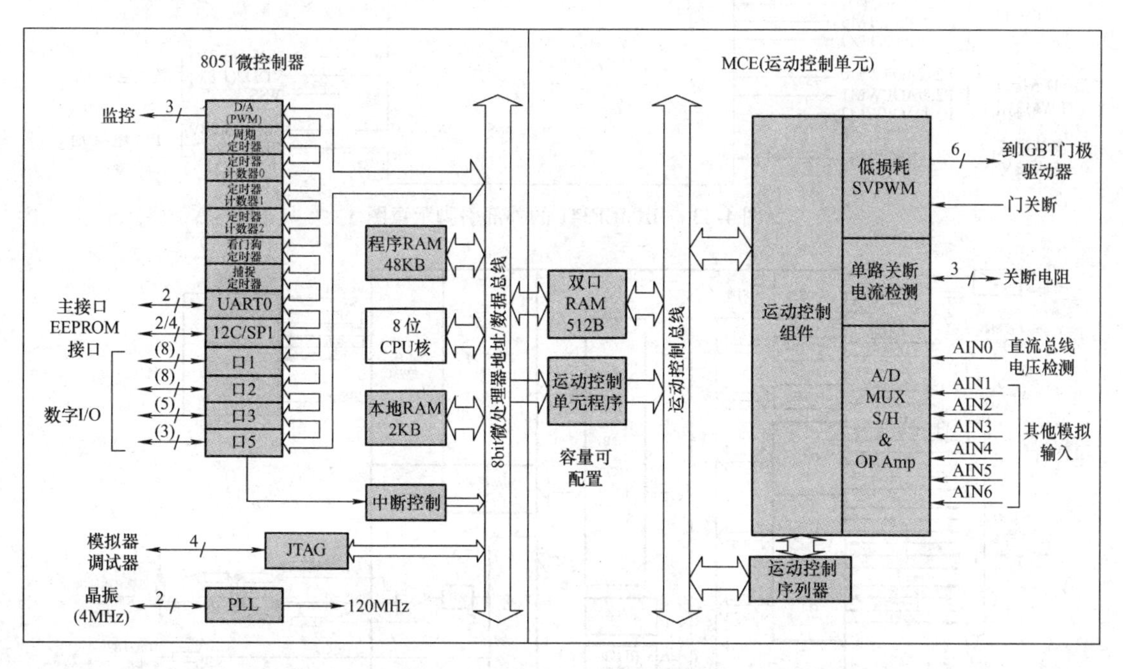

图 4-42 IRMCF341 内部结构图

MCE 是用于永磁同步电动机（PMSM）无传感器矢量控制的 16 位控制器，它包含了基于硬件电路控制电机的所有控制资源，可分为运动控制模块和运动外围处理模块。运动控制模块含有无传感器矢量控制所需的转子位置和速度估计器，Clark、Park 的正、反变换，电流、电压环的 PI 调节器等。运动外围处理模块含有低损耗的 SVPWM，A/D、S/H 模块和电流重构模块。图 4-44 为由 IRMCF341 的 MCE 实现的 PMSM 无传感器矢量控制系统结构图。图 4-45 为对应的简化电原理图。图 4-46 为基于 IRMCF341 的 MCE 实现的 PMSM 无传感器矢量控制系统原理图。MCE 是软、硬件混合体，其中电流环是纯硬件执行的，可通过相应的寄存器设置控制参数。速度环以执行软件的方式实现，改变 MCE 的代码，就可改变速度环的结构，

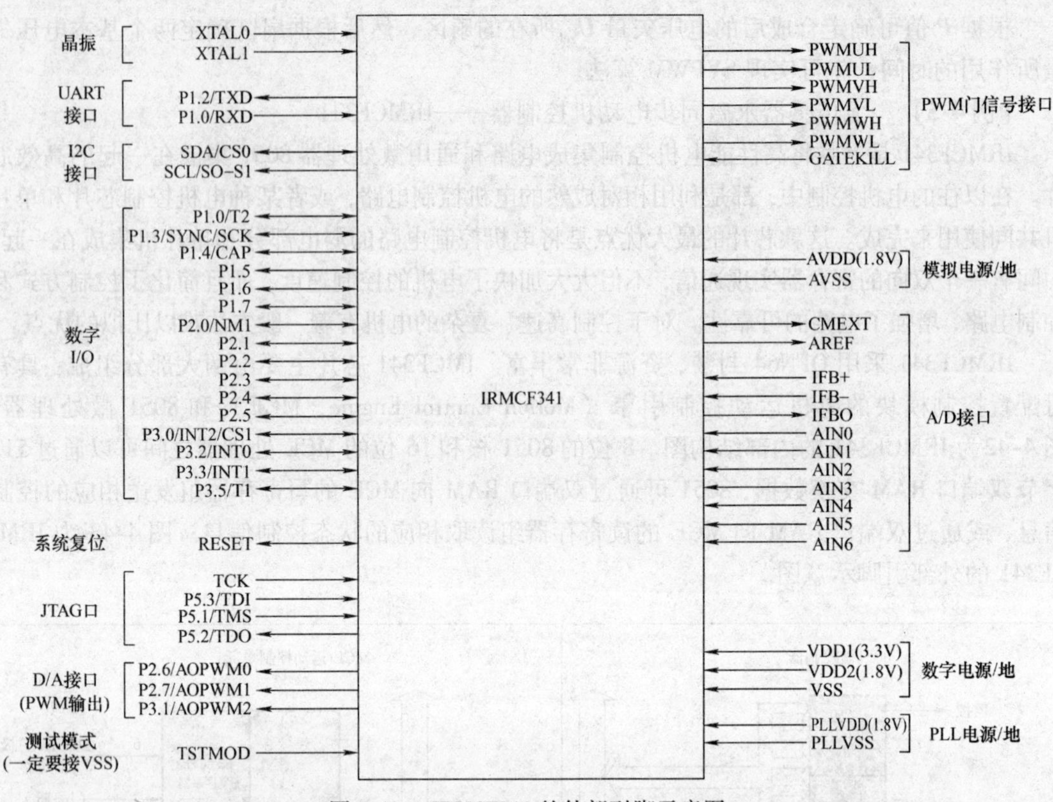

图 4-43　IRMCF341 的外部引脚示意图

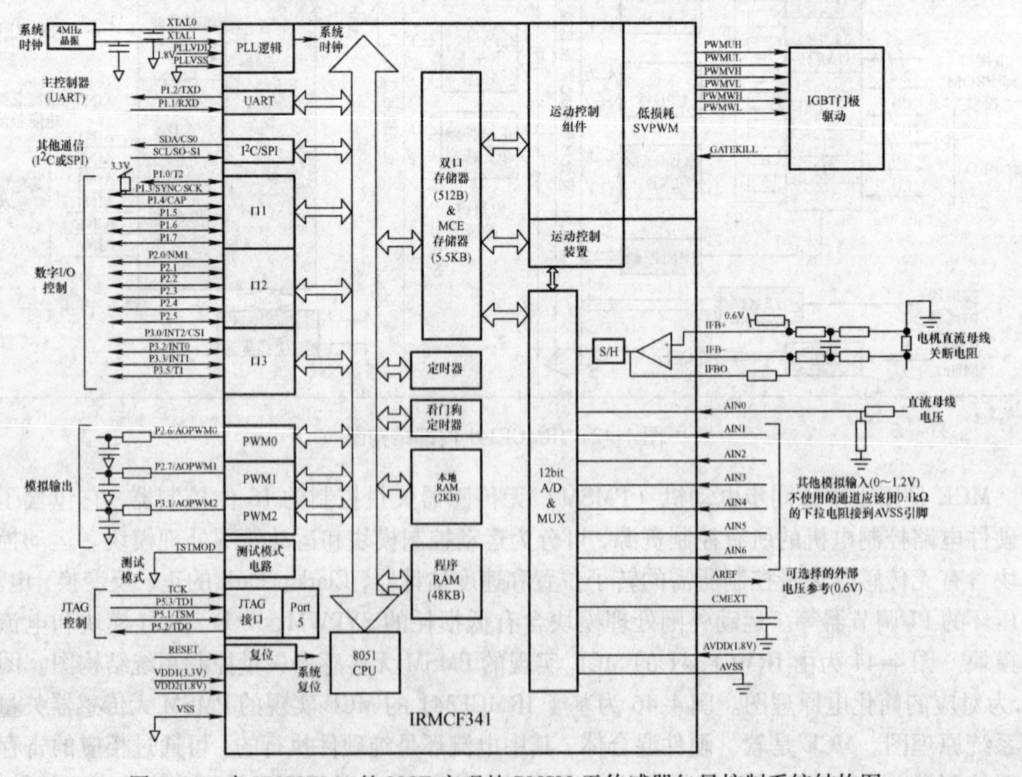

图 4-44　由 IRMCF341 的 MCE 实现的 PMSM 无传感器矢量控制系统结构图

同时还可以实现弱磁控制，速度的控制范围为额定速度的5%～300%。该系统只需要一个直流负母线上电阻，用IRMCF341芯片内专用的数/模混合电路就可实现电机电流的采样和重构，用反电动势积分的方法实现对转子位置和速度的估算，进而实现PMSM的矢量控制。

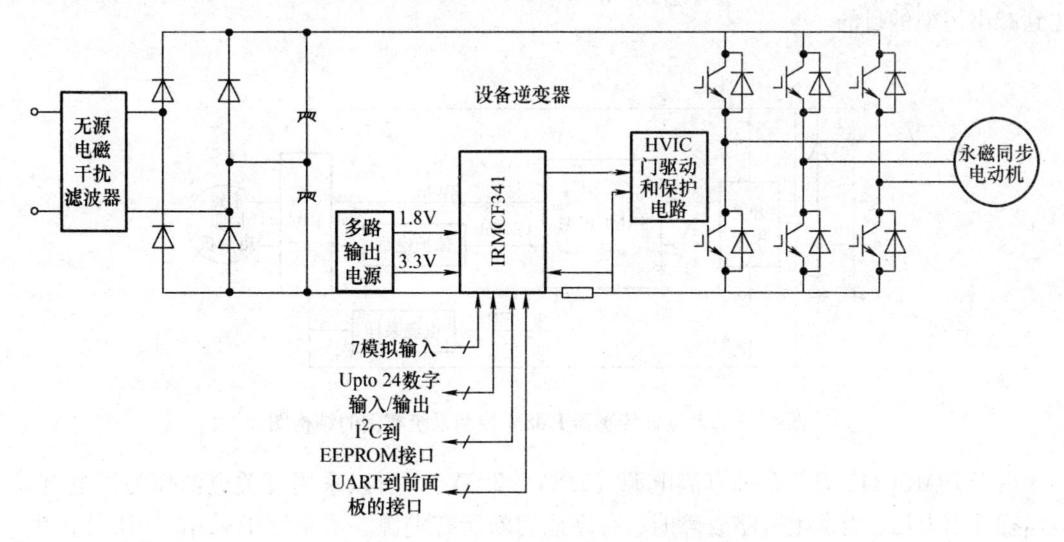

图4-45　与图4-44对应的简化电原理图

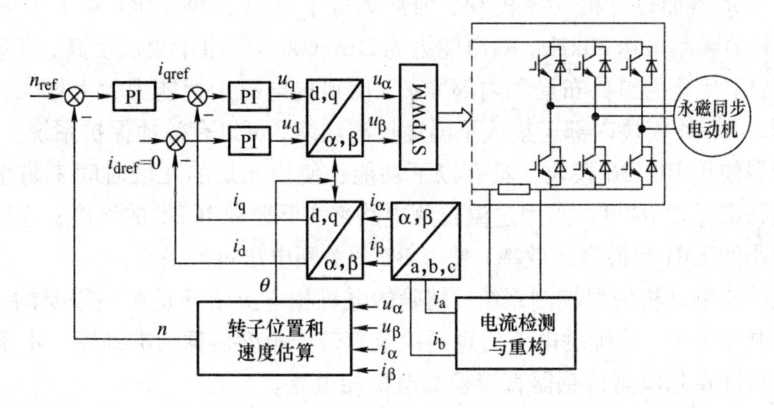

图4-46　基于IRMCF341的MCE实现的PMSM无传感器矢量控制系统原理图

IRMCF341集成的8051微处理器的指令系统和基本操作与标准的Intel8051处理器一致，指令的执行周期为2个系统时钟。8051主要功能部分还包括：3个16位计数器、1个16位周期计时器、1个16位看门狗计时器、1个16位采样计时器、8通道12位数/模转换器、JTAG、IC/SPI端口，以及可以从外部EEPROM载入的24KB编程RAM和2KB的数据RAM等。8051微控制器通过一段与MCE共用的RAM实现连接。

虽然8051和电机控制部分都可以使用双向寄存器，但是电机控制部分拥有更高的权限。因为8051的程序和中间过程的状态数据都是不能共享的，所以一定要保证电机控制部分的优先工作权，从而合理解决二者的竞争问题。另外，还要保证电机控制的执行命令周期尽量短，以保证电机工作的良好状态。为了避免二者的竞争，设计者采取的办法是：8051读取双向寄存器的数据需要5个周期，而电机控制部分只要1个周期。

以 IRMCF341 为核心设计的无位置传感器 PMSM 控制系统的一个实例的结构图如图 4-47 所示。其中主要包括功率驱动电路、保护电路、电流采样电路、开关电源电路。考虑到电力电子电路通常会对电网产生一定的污染，所以在电路的接入点端口处加了 EMI 滤波电路，以达到减小污染的目的。

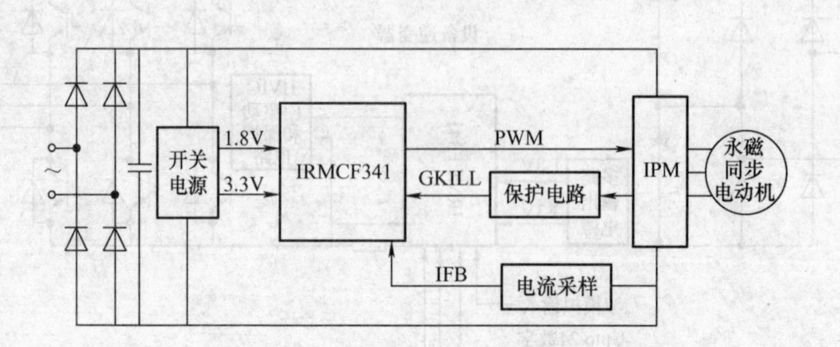

图 4-47　无位置传感器 PMSM 控制系统实例的结构图

由于 IRMCF341 需要多种直流电源（1.8V、3.3V），所以采用开关电源作为供电电源，能监视输出电压，当发生短路故障时，有序地切断所有电源。本系统中采用了 IR 公司生产的 IRAMX20UP60A 型集成功率模块（Integrated Power Module，IPM），它是专为家电和轻工业产品的电机驱动器而设计的功率模块，内部集成了 6 只 N 型 IGBT 和 1 个前置驱动芯片 IR2136，额定开关频率可达 20kHz，输出能力为 20A/600 V。由于集成度高，有效地缩短了连接线长度，再加上优化的组件布局和内部屏蔽，使得抗电磁干扰能力大大增强，提高了系统的可靠性。同时，IPM 模块内部还集成了温度检测功能，可以有效地保护系统。

前置驱动器使用 IR2136 模块，具有以下功能：使用充足的死区时间来防止短路；采用过电流保护电路来保护 IGBT；采用过温检测电路来实际监视 IGBT 的温度；选择合适的开关时间以产生最小的 EMI 和最高的效率；使 IGBT 的关断电压过冲最小。

对于永磁同步电动机矢量控制系统，精确的电机相电流闭环是至关重要的，特别是在无位置传感器控制系统中，精确的电流信息还决定着转子角度估算的准确性。本系统采用 LEM 公司的两个高精度霍尔电流传感器直接检测电机相电流。

在此设计中，MCE 是 IRMCF341 的主要亮点。这是一个可配置的电路模块，利用 IR 公司提供的外部软件以及包括放大器、滤波器、坐标转换等电路在内的 MCE 库，开发人员可根据实际需要将各种功能模块随意组合，从而完成控制方案的开发。

通过使用基于 PC 的 MCE Designer 图形编辑工具从可用 MCE 功能的库中进行选择，产品开发者可快速定制运算规则以满足特定性能要求。在选择时，有一个专用的编码程序将所需的电机控制功能编译为 MCE 定序器指令，它可以以正确序列连接硬件宏模块，减少了设计错误，缩短了开发时间。设计工具包括运行在 8051 微控制器上的通信工具软件，可以为共享内存中的控制参数和系统变量提供 MCE Designer 通道。这样无需修改或编译软件，便可修改控制器设计点、控制回路增益以及其他常数。

控制程序调试流程如图 4-48 所示。首先在 MATLAB/Simulink 环境下使用 MCE 模块库搭建永磁同步电机无位置传感器的驱动控制系统，形成 *. mdl 文件；然后登录 IR 公司的编译网站，进行在线编译。编译成功后即可以得到 MCE 结构配置文件 *. bin、C 源代码头文件

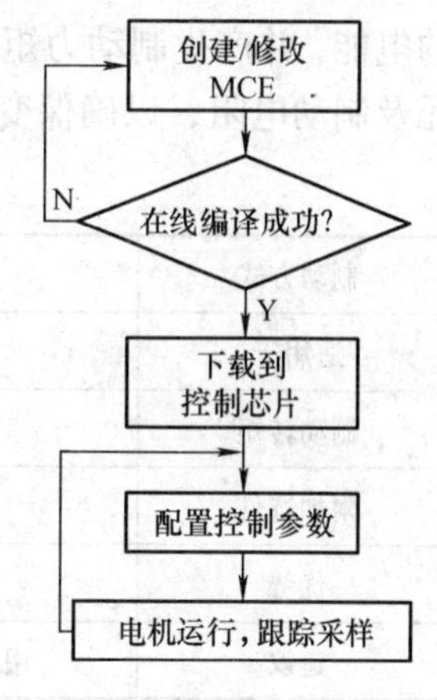

图4-48　控制程序调试流程

*.h，以及寄存器列表和地址文件。将上述文件下载到控制芯片中，就可以对电机系统进行调试了。通过电机调试平台 MCE Designer，配置电机参数和控制参数。启动电机，根据电机实际运行情况和跟踪采样图形调整控制参数，如 PI 值、低通滤波器截止频率、电流上限等，使电机控制系统达到设计要求。

这大大简化了繁琐的软件编程工作，控制方案的开发难度也随之降低。此外，由于 MCE 处理起来很像带有一系列输入和输出寄存器的硬件外设，因此极大地简化了应用软件的调试过程。

4.6　用于变频器的逆变器制动与制动电阻

4.6.1　用于变频器的逆变器制动

当变频器拖动负载电动机制动或减速运行时，由于惯性，电动机速度将大于定子磁场的旋转速度。电机工作于发电状态，传动系统中所储存的机械能经交流电动机转换成电能，这部分电能除部分消耗在电动机内部，形成铜损和铁损外，其余大部分将通过变频器逆变桥的六个回馈二极管回馈到直流母线侧，使直流母线电压升高，称为泵升电压。当负载惯性大或变速过于频繁时，由于回馈能量大，如不采取措施，很容易引起电容器电压升得过高，导致装置中的“制动过电压保护”动作，影响设备和生产的正常运行，如图 4-49 所示。

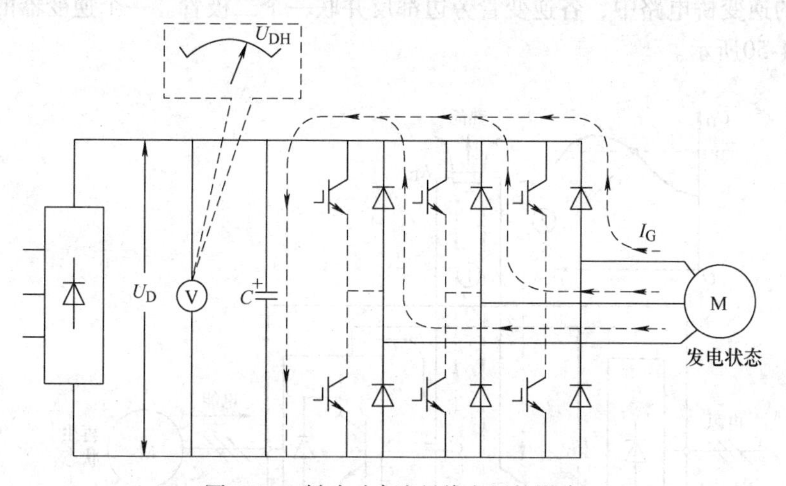

图4-49　制动对直流母线电压的影响

目前市场上变频器的制动方法大致有二种：能耗制动和回馈（再生）制动。能耗制动和回馈制动的比较见表4-6。通用变频器属于不可控整流电压源型的变频器，其制动方式属于能耗制动。能耗制动是变频器让生产机械在运动过程中快速地减速或停车的主要形式。在使用变频器的变频调速系统中，减速的方法就是通过逐步降低给定频率来实现的。在频率下降过程中，电动机将处于再生制动状态（发电机状态），使得电动机的转速迅速地随频率的下降而下降。在制动过程中，泵升电压的产生会导致直流母线上的电压升高，此时变频器会控制制动单元通过制动电阻把升高的电压以热能的方式消耗掉。也就是说，由制动单元监测直流回路电压，并控制制动电阻的通断，形成一个斩波电路，由此消耗电机回馈到直流母线的电能，并产生制动力矩，获得瞬时减速、快速停车的效果。因此，必须合理地配备制动单元及制动电阻，以确保变频器及系统的安全、可靠运行。

表 4-6 能耗制动和回馈制动的比较

制动方式	制动单元/制动电阻	整流回馈
适用于	制动及短时再生运行	制动及再生运行
制动转矩	满足要求的制动功率	满足所有的再生制动功率
附加选件	制动单元/制动电阻	整流回馈单元
优势	对电网要求不高	总体制动/回馈效果极佳
建议	用于系统偶尔少量的产生制动能量	系统有较高的再生能量

为了使系统平稳降速，需要设置适当的减速时间，同时选择合适的制动电阻和制动单元才能满足需要。目前关于制动电阻的计算方法有很多种，从工程的角度来讲要精确地计算制动电阻的阻值和功率在实际应用过程中不是很实际，主要是部分参数无法精确测量。目前通常用的方法就是估算方法，由于每一个厂家的计算方法各有不同，因此计算的结果不大一致。具体的情况要根据每一个现场的使用情况来进行分析计算。

4.6.2 逆变器制动电阻选择方法

变频器的逆变桥电路中，各逆变管旁边都反并联一个二极管。一个逆变器的制动单元的示意图如图 4-50所示。

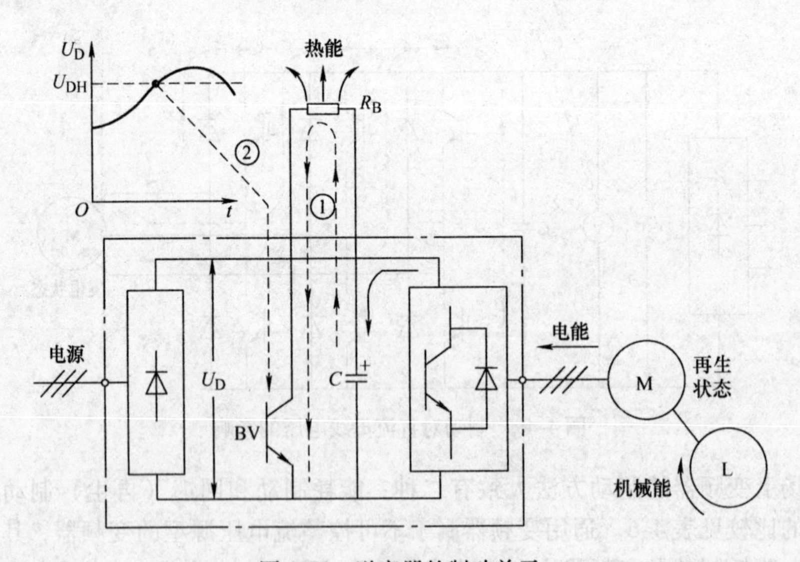

图 4-50 逆变器的制动单元

制动单元 BV 是用来控制能耗电路工作的，具体地说，当直流电压 U_D 超过上限值 U_{DH} 时，BV 导通，使电容器通过制动电阻 R_B 放电；当直流电压 U_D 降到限值以内时，BV 截止，停止放电。制动电阻中的放电电流也称为制动电流，制动电阻的大小，将直接影响“发电机”电流（再生电流）的大小，从而影响制动转矩的大小。

制动电阻是用于将电动机的再生能量以热能方式消耗的载体，它包括电阻阻值和功率容量两个重要参数。通常在工程上选用较多的是波纹电阻和铝合金电阻两种。波纹电阻采用表面立式波纹，有利于散热、减低寄生电感量，并选用高阻燃无机涂层，有效保护电阻丝不被老化，延长使用寿命，台达原厂配置的就是这样的电阻。铝合金电阻易紧密安装、易附加散热器，外型美观，高散热性的铝合金外盒全包封结构，具有极强的耐振性，耐气候性和长期稳定性；体积小、功率大，安装方便稳固，广泛应用于高度恶劣工业环境中。

1. 制动电阻的大小

要决定制动电阻的大小，首先要决定需要多大的制动转矩。决定制动转矩的主要依据是拖动系统的惯性大小。图4-51a所示的卷绕机械，惯性很小，当变频器的输出频率下降时，被卷绕物的张力就构成了足够大的制动转矩，电动机的转速能够跟上同步转速的下降，反馈到直流回路的泵生电压不大，可以不用制动电阻放电。图4-51b所示的负载有一个惯性很大的飞轮，如果变频器的输出频率下降得较快，电动机的转速将跟不上同步转速的下降，这就要求有较大的电磁制动转矩，也就需要有足够大的制动电流，才能使电动机的转速跟得上同步转速的下降。实践证明，在大多数情况下，制动转矩的大小和电动机的额定转矩相等（$T_B = T_{MN}$）就已经足够了。对于惯性较大、又要求较快制动的负载，所需制动转矩也不会超过$2T_{MN}$。因此，制动转矩的取值范围为

$$T_B = (1 \sim 2)T_{MN} \tag{4-20}$$

式中，T_B为拖动系统需要的制动转矩（N·m）；T_{MN}为电动机的额定转矩（N·m）。

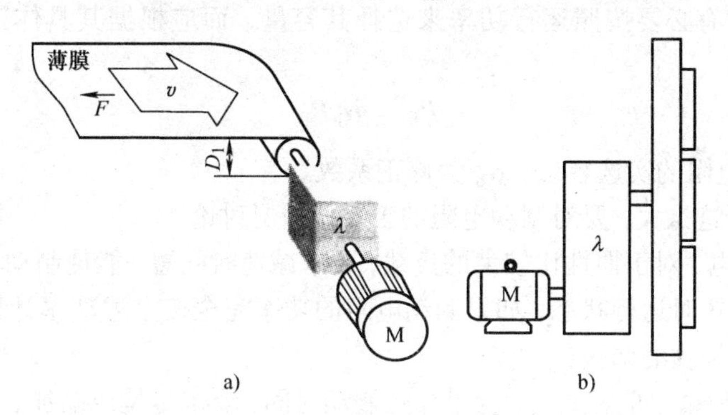

图4-51　生产机械的惯性

a）小惯性负载　b）大惯性负载

有关资料表明：当通过制动电阻的放电电流等于电动机额定电流时，制动转矩约为电动机额定转矩的两倍，即

$$I_B = I_{MN} \rightarrow T_B \approx 2T_{MN} \tag{4-21}$$

式中，I_B为通过制动电阻的放电电流；I_{MN}为电动机的额定电流。对应于式（4-20）制动转矩范围，放电电流I_B的取值范围为

$$I_B = (0.5 \sim 1.0)I_{MN} \tag{4-22}$$

$$R_B = U_{DH}/I_B \tag{4-23}$$

式中，R_B为制动电阻；U_{DH}为直流电压的上限值。

将式（4-22）I_B的取值范围代入式（4-23），可得制动电阻的容量和负载工况的关系。

对于 AC660V 的变频器，直流母线电压接近交流电峰值，大约是 930V，当出现制动运行时，直流母线电压的最低值一定高于交流电压峰值，但一定不能超过逆变器 IGBT 的耐压值，必须要留有一定裕量，即应该低于变频器过电压保护时的电压值。根据经验，设直流母线上电压阈值为 1050V 是比较合理的。对于一台功率为 45kW 的电动机，根据上面公式即可求出制动电阻的阻值。

$$R_B = U_D / I_e = 1050/45\Omega \approx 23\Omega \tag{4-24}$$

可以验证一下该阻值是否合适。对于 AC660V 的三相异步电动机，经验公式是，其额定电流为电动机额定功率的 1.1 倍，同样将该数据移植到变频器上用于计算能耗制动电阻是完全可以的。所以，一旦出现制动运行时，流过能耗制动电阻的电流大约为 45A，该数据没有超过变频器内逆变器 IGBT 允许通过的瞬时电流值，确保了设备运行安全。

2. 制动电阻的运行功率

制动电阻接入电路时所消耗的电功率称为运行功率，计算方法如下：

$$P_{B0} = U_{DH} 2 / R_B \tag{4-25}$$

式中，P_{B0} 为制动电阻的运行功率。

制动电阻中通入电流后是要发热的，所产生的热量与 P_{B0} 成正比，因此运行功率也是发热功率。

实际工作中，制动电阻接入电路的时间并不长，在此时间内，制动电阻的温升达不到其额定温升，因此没有必要按照运行功率来选择其容量，而应根据其具体工况来进行适当的修正。

$$P_B = \alpha_B P_{B0} \tag{4-26}$$

式中，P_B 为制动电阻的实选容量；α_B 为修正系数。

实际是否需要这么大，要对制动电阻的工况分情况讨论。

1）不重复放电，对于惯性比较大的负载，要求减速时间短，能耗制动单元的放电时间也短，制动电阻处于短时运行状态，如果制动电阻的功率完全按上述功率计算公式计算没有必要，可以进行较大幅度的调整。

2）加、减速频繁，重复放电，为了缩短制动时间，要求尽量压缩加、减速过程，制动电阻同样处于断续工作状态，也可以对计算结果进行修正。

3）负载做连续下降运动，比如向下运输货物的带式输送机、向下运输货物的无极绳绞车，由于能耗制动电路以斩波方式工作，但断续运行的时间间隔很短，重复的频率比较高，在极端情况下，能耗制动电路可能处于连续调整状态。在这种情况下，制动电阻的功率要考虑适当加大。

3. 能耗制动电阻的安装

前面在理论上确定了制动电阻的阻值和功率大小，在实际工程中还需要注意几个问题：

1）制动电阻的阻值和功率总的原则是宜大不宜小，确保设备本身的运行安全。

2）制动电阻最好选用绕线电阻，利用其寄生电感可以适当抑制电流变化率，目的是抑制能耗制动单元工作时产生的斩波干扰。

3）制动电阻最好不要和矿用防爆变频器装在同一个腔体中，因为制动电阻在工作时发热量大，会影响变频器的散热效果。

4）制动电阻的表面温度很高，由于是多电阻串并联组合，所以一定要注意连接电缆特别是接头处的牢固可靠；当制动电阻功率很大时，注意采取必要的散热措施。

5）制动电阻的连接电缆长度不能太长，为减少斩波干扰，最好不要大于10米。另外，在布置制动电缆时，注意与其他电缆特别是控制电缆间要采取正交、远离、缩短平行距离三大原则，尽量减少斩波干扰。

变频器说明书中的制动电阻数据只是一个参考数据。因为在提供制动电阻数据时，要受到两个因素的制约：

1）负载的惯性大小和工况是千差万别的，实际上不存在一个可用于各种情况的制动电阻值及其容量。

2）变频器生产厂商为了减少制动电阻的档次，常常对若干种不同容量的电动机提供相同阻值和容量的制动电阻。例如，某系列变频器说明书中，对于配用电动机容量为22 kW、30 kW 和37kW 的变频器，所提供的制动电阻规格，都是3 kW、20 Ω。因此，所提供的规格不可能对所有变频器都是最佳的。

所以，不应该盲目地按说明书选择制动电阻，而应注意根据生产机械的具体情况进行调整。调整的基本规律是：负载的惯性大，则制动电阻值应适当减小；制动时间较长或制动比较频繁者，应适当加大制动电阻的容量。

4.7　基于智能功率模块（IPM）的桥式电路技术

4.7.1　IPM 模块

根据所学内容可知，逆变器电路是由多个电力电子器件组成的，最好的情况是多个IGBT 的组合。同时，像前面介绍的分立器件的桥式电路一样，也需要有驱动和保护电路。据此，半导体器件生产商推出了将这些主回路、驱动电路和保护电路集成到一起的集成电路——智能功率模块（Intelligent Power Module，IPM）。这是目前最常用的主回路器件。

与IGBT 相比，IPM 模块一般有以下特点：

1. 内置驱动电路

将驱动电路内置，在设计时就把驱动电路设置在最佳的驱动工作条件之下。这样，驱动电路与IGBT 的引线短，驱动电路的阻抗低，不需要反向偏压电源。总共需要四路电源，高侧需要三路，低侧需要一路。

2. 内置保护电路

在IPM 内部，设置了过电流（OC）保护、短路（SC）保护、控制电源欠电压（UV）保护、过热（TcOH 或TjOH）保护和外部输出的报警（ALM）。

过电流保护、短路保护的使用，避免了过负荷等因素引起的过电流和负载短路对IGBT的损坏。通过对每个IGBT 集电极电流的检测，可以实现对每个IGBT 或者是每个半桥的保护。

通过在IPM 的绝缘基板上安装温度传感元件，可以检测绝缘基板的温度，进而完成管壳温度过热保护。在IGBT 上安装温度传感元件，可以检测芯片的过热，进而完成芯片温度过热保护。

在各种保护动作时，IPM 模块内的控制器停止芯片工作并输出外部报警信号。

3. 有些内置了制动电阻或者带有控制制动电阻的开关

在 IPM 的实际电路中，使用制动电阻来进行制动，这是一种标准的配置。

IPM 模块可以包含不同数量的 IGBT，根据 IGBT 数量的不同，可以分成四类：内部封装一个 IGBT 的，称为 H 型；内部封装两个 IGBT 的，称为 D 型；内部封装六个 IGBT 的，称为 C 型；内部封装七个 IGBT 的，称为 R 型。小功率的 IPM 使用多层环氧绝缘系统，中大功率的 IPM 使用陶瓷绝缘。但还是以能够构成三相桥式电路的六个或七个 IGBT 最为常见。

IPM 的应用示意框图如图 4-52 所示。三相交流电经整流电路变为直流电，正极用 P 表示，负极用 N 表示；在 P 和 N 之间，串入制动电阻和控制制动电阻的 IGBT，还有续流二极管与制动电阻并联，在桥式逆变电路中，高侧（P 侧）三个 IGBT 分别供电和驱动，低侧（N 侧）四个 IGBT（其中左边的是制动电阻控制用 IGBT）用一个电源和整体驱动电路，输出的三个端子与负载相连。其中的逆变部分就是 IPM 集成电路，参见图中标示。

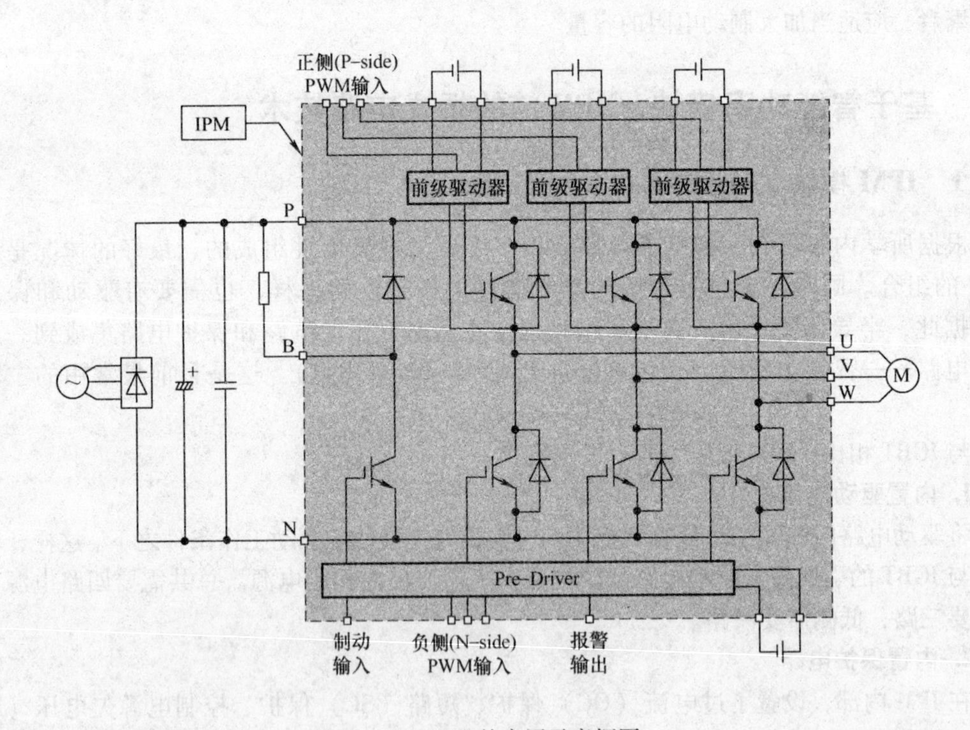

图 4-52　IPM 的应用示意框图

图 4-53 所示为 IPM 模块的内部结构框图，侧重表示了其内部保护功能的结构。在三相输出端 U、V、W 的电流传感信号分为三种传输方式：第一种是分别直接传输出去，就是 I_u、I_v、I_w；第二种是每路电流传感信号经滞环处理为高低电平信号后加入过电流保护驱动器（OCP）中，用于每相的电流保护；第三种是三路电流传感信号合成经滞环处理后加到过电流保护驱动器中，用于总体电流保护。

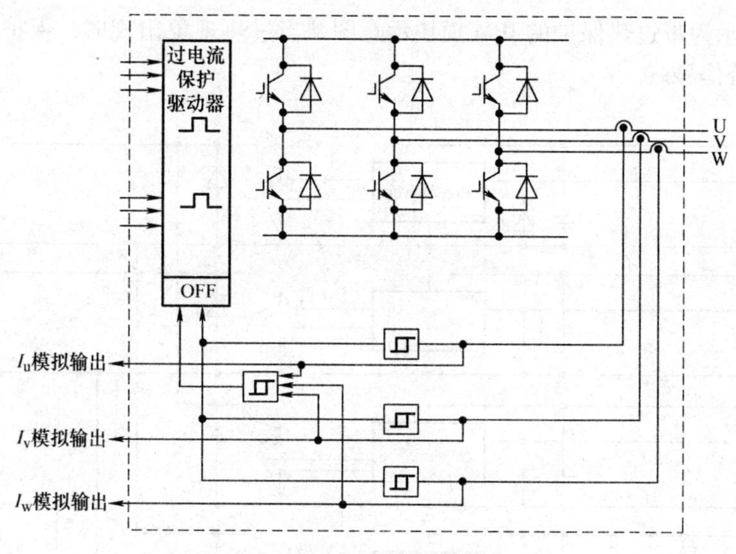

图 4-53　IPM 模块的内部结构框图

图 4-54 所示为带内部制动电阻的 IPM 模块示意图。主回路是六开关桥式电路，内置电阻串于低侧三个开关的单向发射极汇合端子 N_1 和地之间；在电阻两端引出的外部端子是 N_1 和 N_2。如 N_1 和 N_2 短路，则内置制动电阻短路。如 N_1 和 N_2 开路，则内置制动电阻串入直流回路中，起到消耗电能产生制动作用。所以可以通过外部端子控制内置制动电阻的接入状态。

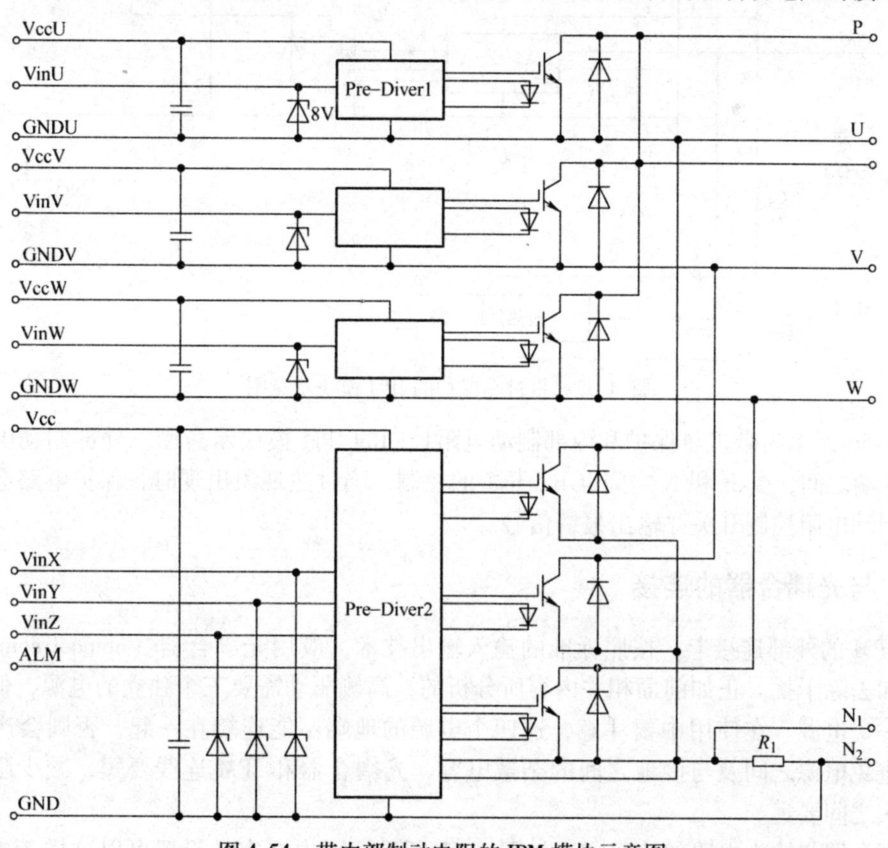

图 4-54　带内部制动电阻的 IPM 模块示意图

图 4-55 所示为带过热保护的 IPM 模块示意图。当过热现象出现时，保护电路会关断主回路并输出报警信号。

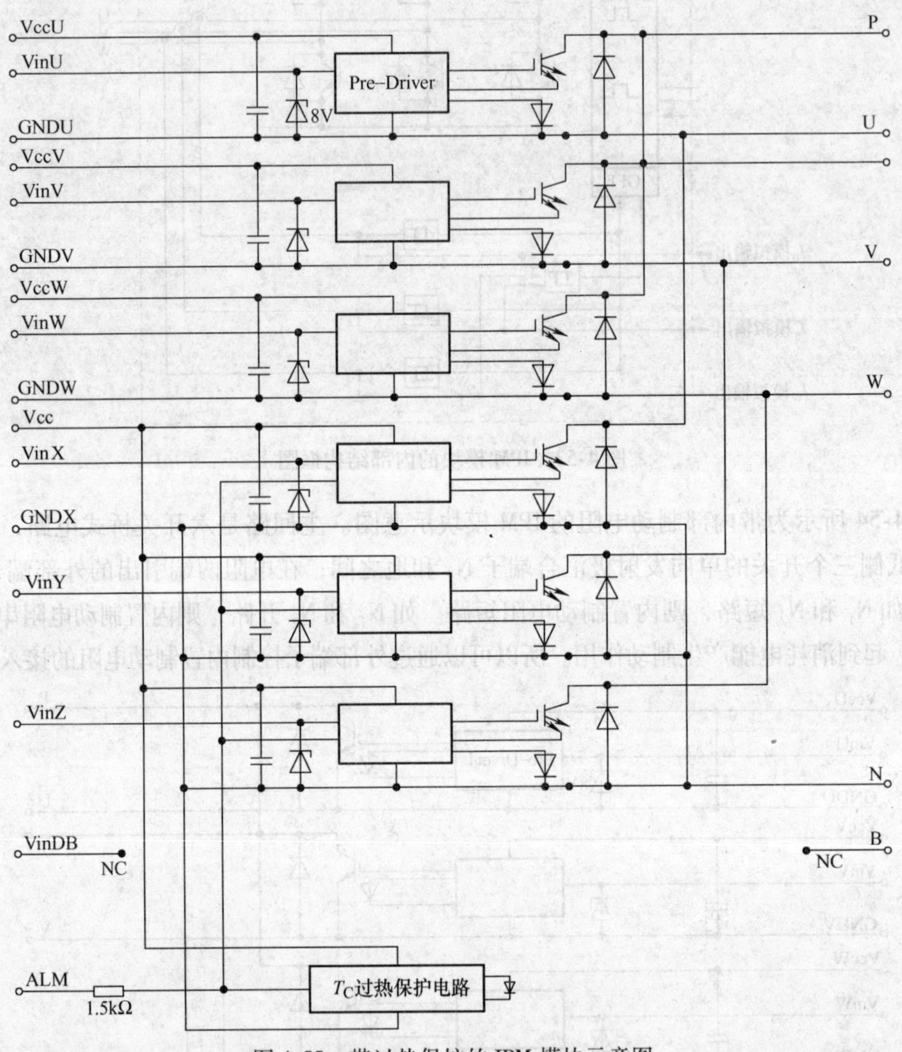

图 4-55　带过热保护的 IPM 模块示意图

图 4-56 所示为带过热保护和内部制动电阻控制的 IPM 模块示意图。外部制动电阻连于 P 端和 B 端之间，受 B 和 N 之间 IGBT 开关的控制。当过热现象出现时，保护电路会关断主回路和制动电阻控制开关并输出报警信号。

4.7.2　与光耦合器的连接

在 IPM 的外部连接上，按照标准的输入输出技术，应用光耦合器（optocol coupler）进行隔离和去除干扰。正如前面相关内容所分析的，高侧驱动需要三个独立的电源，低侧驱动只需要一个电源。在使用中要注意，这四个电源的地端不能连接在一起，否则会产生误动作。为避免电源之间及与接地之间的杂散电容，光耦合器和 IPM 连线要短，减少阻抗；一次与二次之间要远。

光耦合器与输入电路的连接方法如图 4-57 所示。图中电容的设置可以这样考虑：光耦

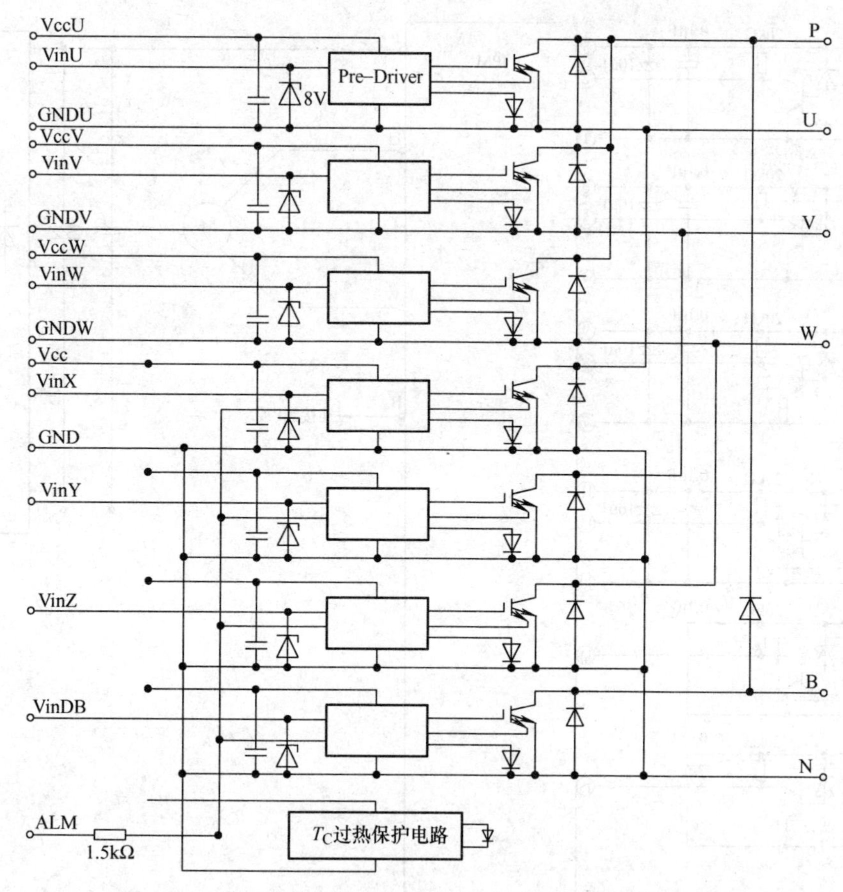

图4-56 带过热保护和内部制动电阻控制的IPM模块示意图

合器与IPM之间的10μF和0.1μF电容是用来调整引线阻抗的，所以还需要另外设置滤波电容；这两个电容也要尽量靠近光耦合器和IPM端子，以抵抗引线阻抗的瞬间变化；因为报警电路的光耦合器二次侧的电位会不稳定，所以也要使用10nF的电容。

B端子也不要悬浮，要接到P端或N端上。

推荐的和不推荐的光耦合器与输入电路的连接方法如图4-58所示。

【例4-6】 智能功率模块——PM20CSJ060

PM20CSJ060是专为20kHz工作频率的电能开关应用而设计，额定电流是20A，U_{CES}是600V，内装IGBT的最优驱动和保护的控制电路，主要应用于逆变器、不间断电源（UPS）、运动和伺服控制、电力电源。

PM20CSJ060采用平板式封装，引脚从上部引出，底部为金属平板，器件两端的安装孔与底部加装的散热器可通过螺栓固定，使用时必须加装散热器。

PM20CSJ060的内部结构如图4-59所示。主回路是六开关桥式电路，有过热保护，但没有制动电阻也没有制动控制开关。P端子和N端子是主回路的直流端，U端子、V端子和W端子是主回路的交流端；高侧的三个电源端子分别为V_{WPI}和V_{WPC}、V_{VPI}和V_{VPC}，V_{UPI}和V_{UPC}，低侧的电源端子为V_{N1}和V_{NC}；高侧的三个输入控制端子分别为W_P、V_P和U_P，低侧的三个输入控制端子为W_N、V_N和U_N；高侧有三个报警端子，低侧有一个报警端子，均标记为F_O。

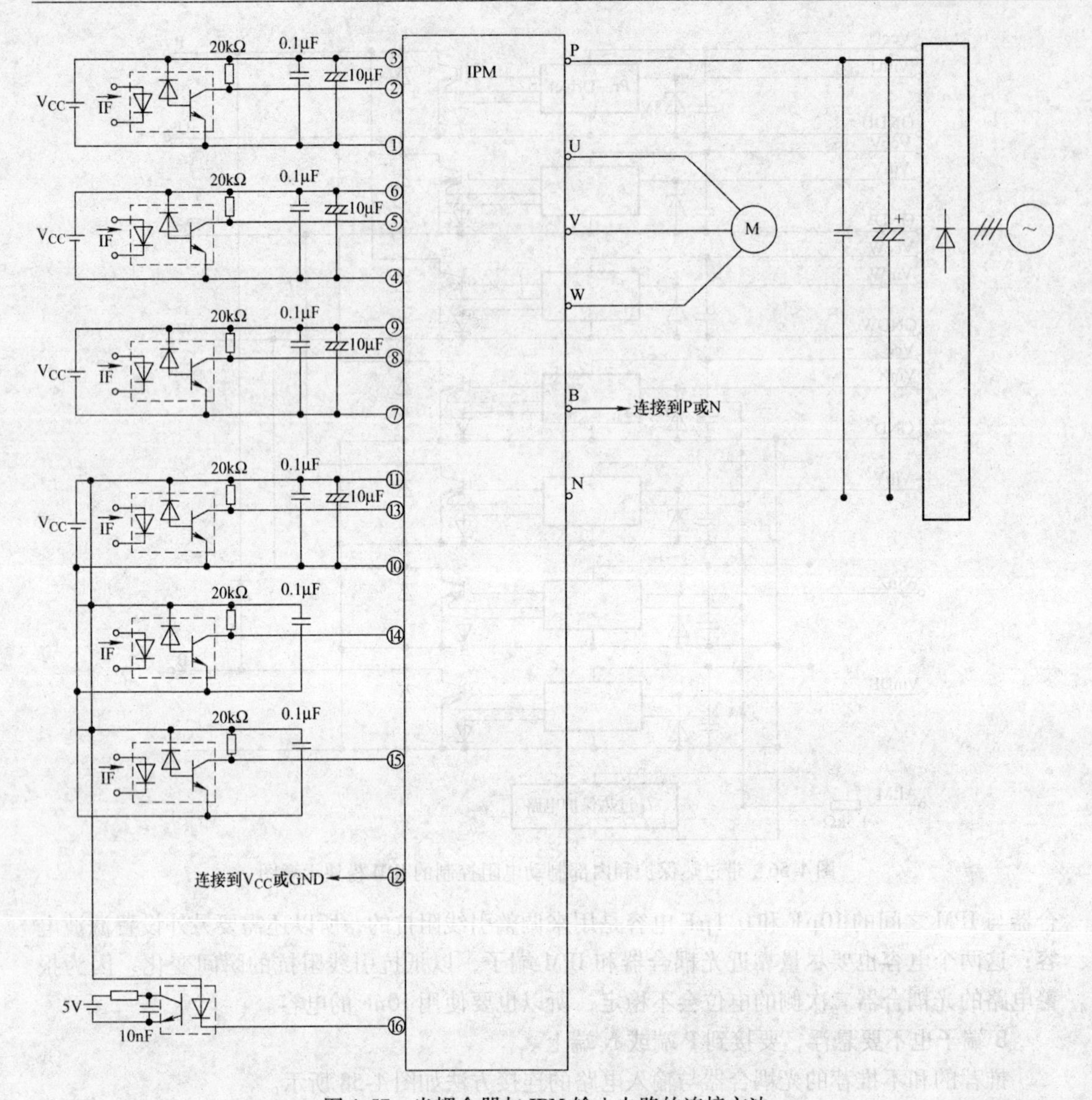

图 4-57　光耦合器与 IPM 输入电路的连接方法

【例 4-7】　由 PM20CSJ060 搭成的桥式电路系统。

PM20CSJ060 是一种 IPM 模块，本身有很强大的功能，所以主要是配好接口电路和接线端子。驱动光耦合器使用 TLP250。TLP250 是一种可直接驱动小功率 MOSFET 和 IGBT 的功率型光耦合器，TLP250 最大驱动能力达 1.5A。选用 TLP250 光耦合器既保证了功率驱动电路与 PWM 脉宽调制电路的可靠隔离，又具备了直接驱动 MOSFET 的能力，使驱动电路特别简单。TLP250 为八引脚 DIP 封装，适合栅极驱动电路的 IGBT 或功率场效应晶体管，TLP250 光耦合器技术参数见表 4-7 所示。其内部结构图和引脚分布如图 4-60 所示。1 脚和 4 脚是不连接的（NC），2 脚是正极（ANODE），3 脚是负极（CATHODE），5 脚是地（GND），6 脚和 7 脚是输出（VO），8 脚是正电源。

由 PM20CSJ060 和 TLP250 构成的实用桥式电路如图 4-61 所示。

推荐：图腾柱推挽式输出IC
光电二极管的阴极一侧接限流电阻

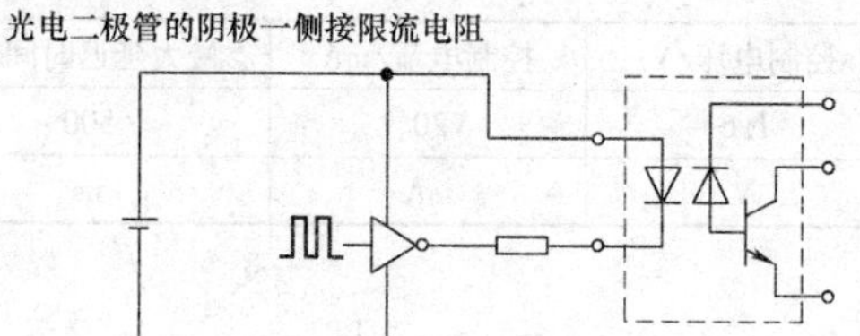

不推荐：开路集电极

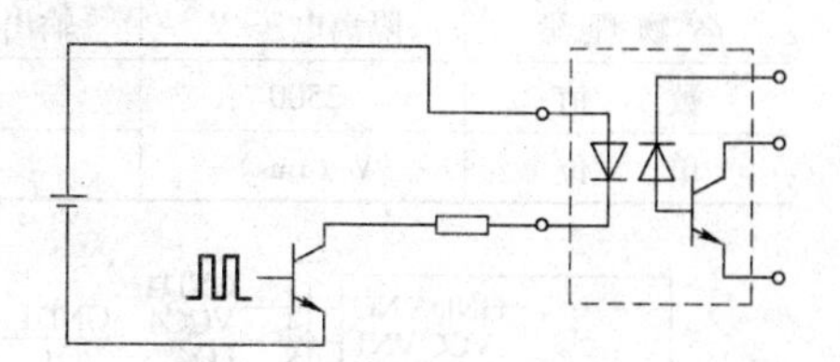

推荐：在晶体管C-E之间将光电二极管A-K之间短路
(本例特别适合光耦合器OFF的情况)

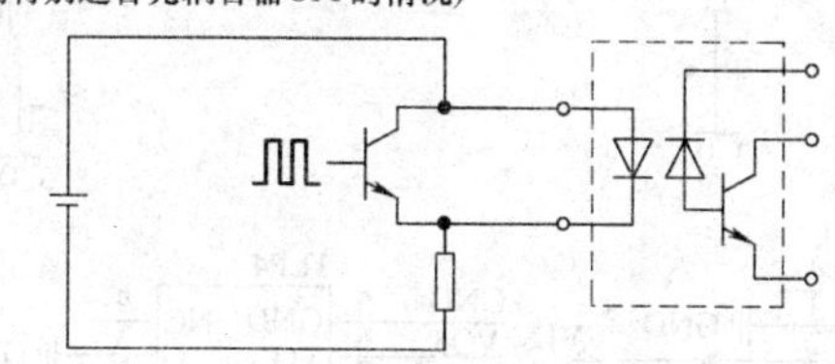

不推荐：在光电二极管阳极一侧接限流电阻

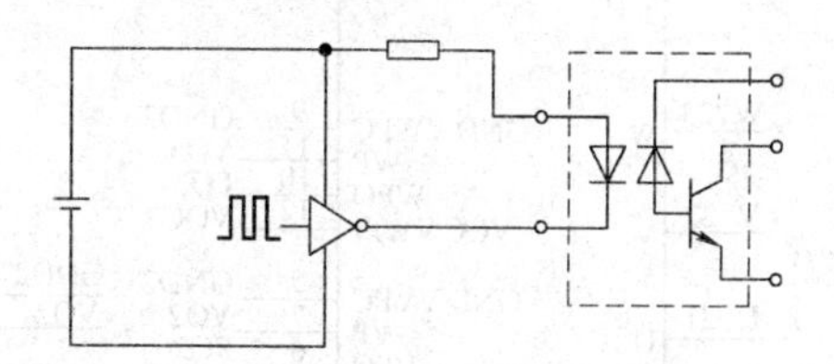

图 4-58　光耦合器输入电路示例

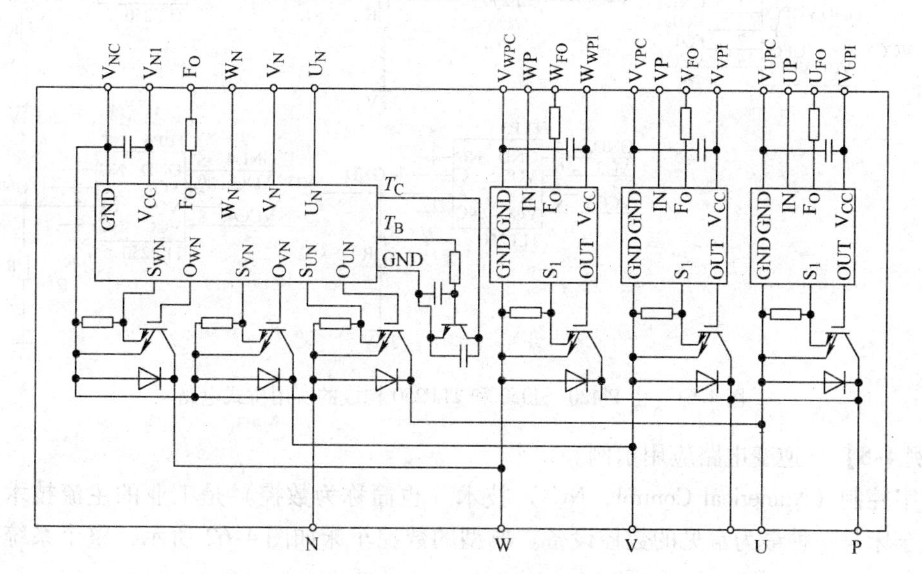

图 4-59　PM20CSJ060 内部结构示意图

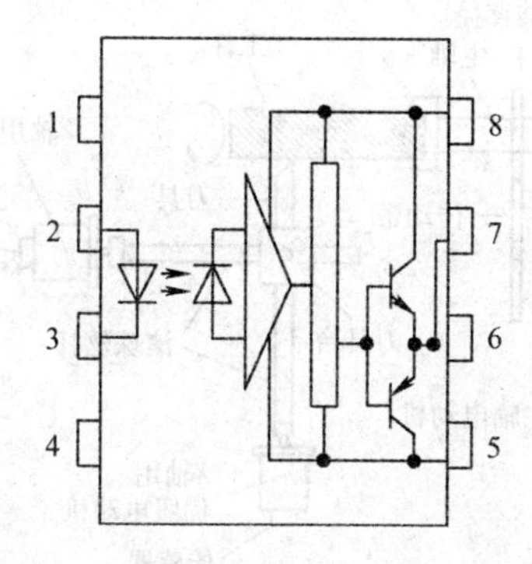

图 4-60　TLP250 的内部结构和引脚分布图

表 4-7　TLP250 参数表

各物理量	隔离电压/V	输出电流/A	控制电压/V	控制电流/mA	最大延迟时间/ns
数　值	2500	1.5	1.6	20	500
单　位	V（rms）	A	V	mA	ns

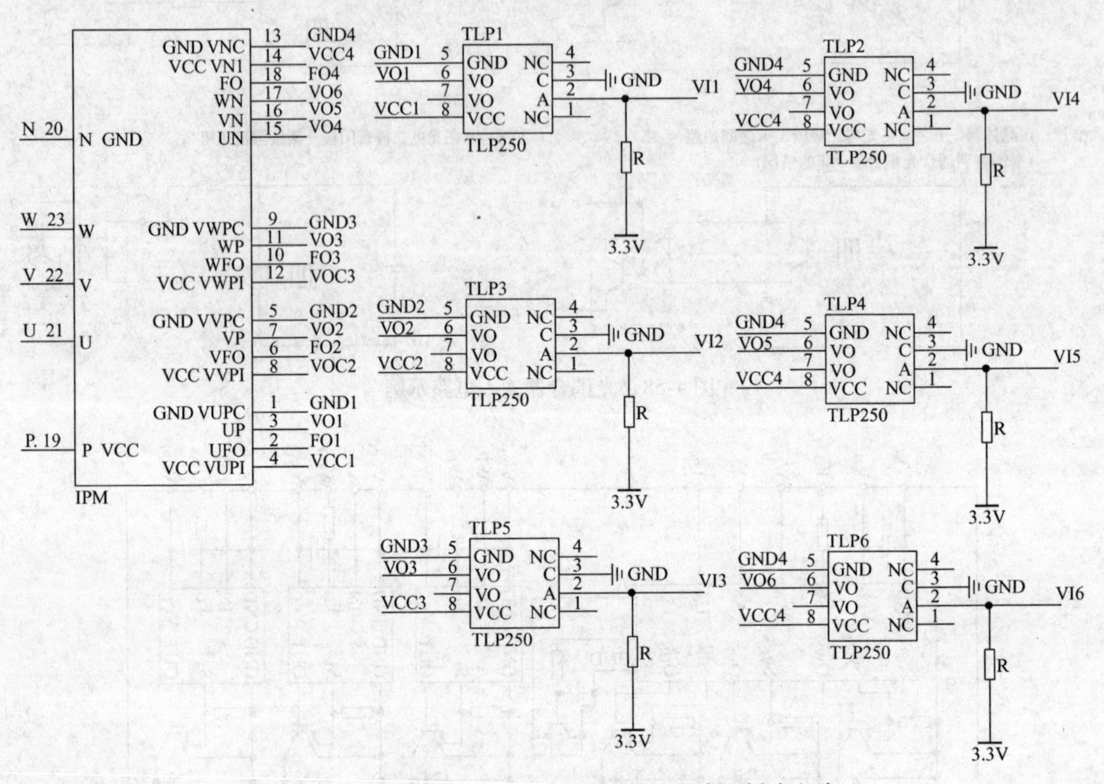

图 4-61　由 PM20CSJ060 和 TLP250 构成的实用桥式电路

【例 4-8】　逆变电路应用示例。

数字控制（Numerical Control，NC）技术（也简称为数控）是工业的主流技术，其中的数控车床是一种最为常见的数控设备。典型的数控车床如图 4-62 所示，整个系统分为主

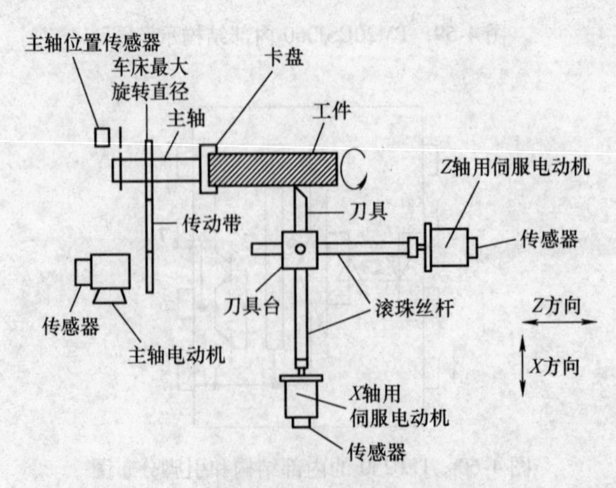

图 4-62　NC 车床的主轴和进给轴的基本构成

轴和进给轴两个部分。主轴的旋转用异步电动机拖动，采用矢量控制；进给系统的 X 轴和 Z 轴（工件的纵向方向是 Z 轴，面向主轴的旋转中心方向是 X 轴）的进给驱动采用直流无刷电动机，将刀具在 X 方向和 Z 方向的进给进行位置控制。刀具台在 X-Y 平面上一边画出既定的轨迹，一边移动，加工旋转着的工件。为此，构建了图 4-63 所示的控制系统。因为主轴要经常交换工件和刀具，频繁加减速度，运行速度高，惯性也大，需要对减速时的制动能量进行处理，所以设置了回馈制动单元（再生变换器控制）。主轴和进给轴均采用位置控制，如图 4-64 和图 4-65 所示，都包括三个环，内环是电流环，中间是速度环，外环是位置环；里层的环是外层的环的控制对象，所以三个环的关系是串级的。

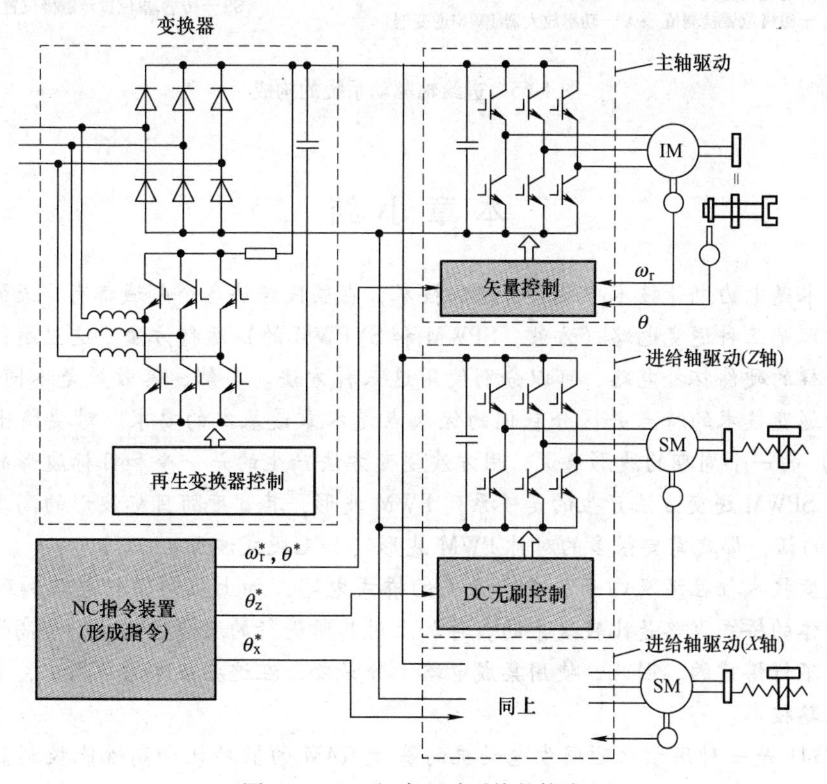

图 4-63 NC 机床驱动系统的构成

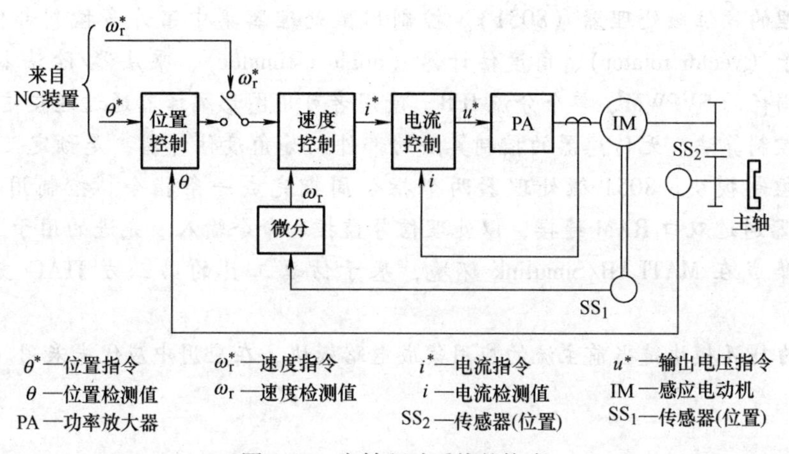

图 4-64 主轴驱动系统的构成

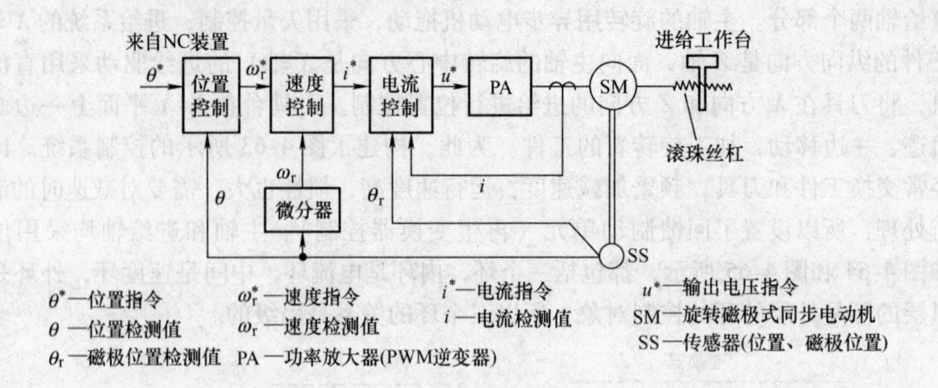

图 4-65 进给轴驱动系统的构成

本章小结

逆变技术是电力电子技术中最有价值的技术，在国民经济各个领域都有广泛的应用。本章的主体内容是三种逆变电路（方波、SPWM 和 SVPWM 的）运行方法。这里运行的意思是指，针对同样的硬件拓扑电路，可以分别使用这三种方法。当然，其效果是不同的。所以，掌握这三种逆变技术的特点并区分它们的优缺点是本章最基本的要求。对要输出的正弦波（目标波形）的一个周期的波形来说，用方波逆变方法产生的是一个和目标波形的周期一样的方波；用 SPWM 逆变方法产生的是一系列 PWM 波形，其宽度随目标波形的高度变化；而用 SVPWM 的话，那就需要很多的对称 PWM 波形（如七段式波形）。

由于逆变技术往往涉及四开关或六开关的桥式电路，加上驱动保护电路和配套控制电源，所以整体的桥式电路是比较复杂的。再加上对其所进行的运行控制，一个高性能的桥式逆变电路是不好搭建的。因此，使用集成电路十分必要，在这些技术的应用中，首先要选择使用集成电路技术。

IRMCF341 是一种用于永磁同步电动机的基于 RAM 的低功耗和高性能控制器，它内部有两块微处理器，放于一个单芯片内。一个用于电动机的控制算法（MCE），另一个用于人机界面管理的 8 位微处理器（8051）。控制用微处理器集中了许多控制部件，如 PI 控制、矢量转子（vector rotator）、角度估计器（angle estimator）、乘法器/除法器（multiply/divide）、低损耗的 SVPWM、单个分流 IFB。使用者可用图形编译器通过连接这些控制部件来编程运动控制算法。无传感器的控制算法的部件，如角度估计器，是预定义的、完全由硬件实现的控制模块。8051 微处理器两个指令周期完成一条指令。控制用微处理器和 8051 微处理器通过双口 RAM 连接，以处理信号监控和命令输入。先进的用于 MCE 的图形编译器无缝集成在 MATLAB/Simulink 环境，基于仿真工具的第三方 JTAG 支持 8051 的开发。

主回路的 IPM 模块是当前主流的应用集成电路模块，在应用中应优先采用。

习题与思考题

1. 方波逆变的特点是什么？
2. 简要说明电压源逆变电路与电流源逆变电路的主要特点。
3. DRV8818是哪种类形的电力电子集成电路？
4. 是否可以使用DRV8818来驱动一个或两个小型直流电动机？
5. 采用SPWM同样的输出波形形成方法，画出产生三角波形的PWM波形（只限五个脉冲）。
6. DRV8301是哪种类型的电力电子集成电路？
7. 与SPWM方法相比，为什么SVPWM方法的直流电压利用率更高？
8. 用电压空间矢量描述四开关单相桥式逆变电路，则一共有几个基本空间电压矢量？
9. 画出三相SVPWM在第二扇区的任意电压矢量的波形。
10. 说明IRMCF341的功能。
11. 在本教材中，用多个PWM波形构成一个正弦波有几种方法？
12. 对应要输出的正弦波（目标波形）的一个周期的波形，分别画出使用方波逆变方法、SPWM逆变方法和SVPWM逆变方法所产生的具体波形。
13. 说明IPM模块中的电阻或外连电阻的作用与使用方法。
14. 对一个三相桥式逆变电路，使用SVPWM控制，试画出使用的微处理器的所要求的流程图。

动手操作问题

P4.1　使用步进电机控制器DRV8818制作并调试步进电机控制板。

[操作指导]：参照【例4-1】对步进电机控制器DRV8818的介绍，理解芯片的基本功能和引脚功能；根据生产厂家提供的典型应用电路，或者通过网络查找，以及查阅有关书籍资料，确定具体电路和具体元器件；在网络或当地电子元器件市场购买有关电子元器件和电路板；搭建电路；调试电路并与合适的两相步进电动机联调。

[电路制作要点指南]：DRV8818采用HTSSOP封装，这是一种紧凑小体积封装，所以不能把它焊在通用的万用板上；可以采用市场上专门设计制作安装这类封装器件的小印制电路板，在选购器件时留意。

P4.2　使用三相前级驱动器DRV8301制作三相桥式电路的驱动板。

[操作指导]和[电路制作要点指南]参见P4.1的内容，DRV8301也是HTSSOP封装。

P4.3　使用SG3525产生正弦波的电路制作。

根据【例4-3】的讲解，理解芯片的基本功能和引脚功能；根据生产厂家提供的典型应用电路，或者通过网络查找，以及查阅有关书籍资料，确定具体电路和具体元器件；在网络或当地电子元器件市场购买有关电子元器件和电路板；搭建电路。

P4.4　带有组合驱动功能的六个IGBT三相桥式电路制作。

[操作指导]：参照【例4-4】对整体电路的介绍，理解芯片的基本功能和引脚功能；列

出所用的具体元器件；在网络或当地电子元器件市场购买有关电子元器件和电路板；搭建电路。

P4.5　使用 IPM 模块 PM20CSJ060 制作三相桥式电路板。

根据【例 4-6】和【例 4-7】确定制作方案，根据生产厂家提供的典型应用电路，或者通过网络查找，以及查阅有关书籍资料，确定具体电路和具体元器件；在网络或当地电子元器件市场购买有关电子元器件和电路板；搭建电路。

P4.6　搭建电机控制系统。

使用无传感器永磁同步电动机控制器——IRMCF341（参见【例 4-5】）、三相前级驱动器 DRV8301 和 IPM 模块 PM20CSJ060 构成一个完整的永磁同步电动机控制电路板。因为这个电路是由三个集成电路构成的，所以每个集成电路涉及的电路部分可以参照以上动手操作问题来做。

第 5 章　基于 PWM 方法的可控整流技术

整流技术是电力电子技术中最基础的技术，它和模拟电子技术中的二极管整流不同的是，它是一种可控整流技术。在经典电力电子技术中，可控整流技术是用晶闸管来实现的，采用的是相位控制方法。在现代电力电子技术中，使用全控电力电子器件进行电能的整流操作。有两种主要的基于全控器件的 PWM 方式的可控整流方法：第一种是用全控电力电子器件参照二极管整流电路那样工作，其控制端的控制与主回路的电能有一定的关系，所以称为同步整流（Synchronous Rectification，SR）技术；第二种是控制输入电流与输入电压的关系，进而得到对输入电能的整流功能，也可以实现其他功能，通常称为 PWM 整流技术。

5.1　同步整流

5.1.1　应用同步整流技术的原因

现代电子技术的发展，使得电路的工作电压可以做得越来越低、电流越来越大。低电压工作有利于降低电路的整体功率消耗，但也给电源设计提出了新的难题。在低电压、大电流输出的情况下，整流二极管的导通压降相对较高，输出端整流管的损耗尤为突出。快恢复二极管（FRD）或超快恢复二极管（SRD）的压降可达 1.0～1.2V，即使采用低电压降的肖特基二极管（SBD），也会产生大约 0.6V 的压降，这就导致整流损耗相对增大，电源效率降低。举例说明，笔记本电脑普遍采用 3.3V 甚至 1.8V 或 1.5V 的供电电压，所消耗的电流可达 20A。此时超快恢复二极管的整流损耗已接近甚至超过电源输出功率的 50%。即使采用肖特基二极管，整流管上的损耗也会达到输出电源功率的 18%～40%，占电源总损耗的 60% 以上。因此，传统的二极管整流电路已无法满足低电压、大电流、高效率及小体积的需要。所以要使用新的、工作压降低的整流器件。

使用全控电力电子器件，主要是使用场效应管，利用其导通时的单向导电性进行整流，就是一种比原有使用整流二极管的导通压降低的方法，称为同步整流方法，已在开关电源类集成电路芯片中广泛应用。

5.1.2　同步整流的基本原理

在图 5-1a 中，给出一个直流降压斩波电路。如果把其中的续流二极管替代为场效应管，并将这个场效应管和担当斩波作用的场效应管一起同步控制，就得到同步整流降压斩波电路，如图 5-1b 所示。功率 MOSFET 属于电压控制型器件，它在导通时的伏安特性呈线性关系。用功率 MOSFET 做整流器时，要求栅极电压必须与被整流电压的相位保持同步才能完成整流功能，故称之为同步整流。

图 5-1b 的同步整流降压斩波电路的工作原理是：负载接于输出的正和负端子之间；场

效应管 V_1 按降压斩波规定的 PWM 方式控制，调整其占空比；当 V_1 导通时，控制场效应管 V_2 关断，U_{IN}经 V_1 向电感线圈 L_{OUT}充电；V_1 关断时，控制 V_2 导通，电感 L_{OUT}经负载和 V_2 放电；在负载上得到平均值比输入直流电压低的输出电压。

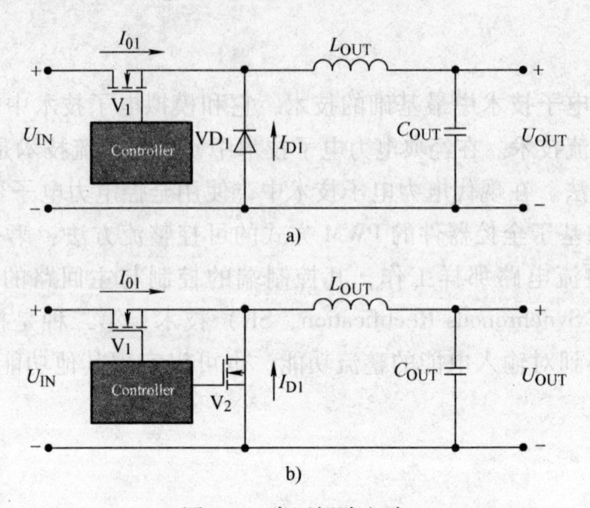

图 5-1　降压斩波电路

a）直流降压斩波电路　b）同步整流降压斩波电路

5.2　同步整流电路的分类

根据控制同步整流管的方式，把同步整流电路分成两种：一种是利用电路工作时自有的电压对同步整流管进行控制，称为自驱动同步整流电路；另一种需要有专门的控制电路进行控制，称为控制驱动同步整流电路。

5.2.1　自驱动同步整流电路

同步整流电路中，由于前级的斩波电路的作用，在高频变压器的二次侧中总有高低电平的变化，可以利用这些电平变化所产生的选择性来控制同步整流管按照需要的状态工作。这就是下面介绍的自驱动同步整流电路。

1. 单端正激、隔离式降压同步整流器

单端正激、隔离式降压同步整流器的基本原理如图 5-2 所示。V_1 及 V_2 为功率 MOSFET 管，在二次电压的正半周，V_1导通，V_2关断，V_1起整流作用；在二次电压的负半周，V_1关断，V_2导通，V_2起续流作用。同步整流电路的功率损耗主要包括 V_1及 V_2的导通损耗及栅极驱动损耗。当开关频率低于 1MHz 时，导通损耗占主导地位；开关频率高于 1MHz 时，以栅极驱动损耗为主。

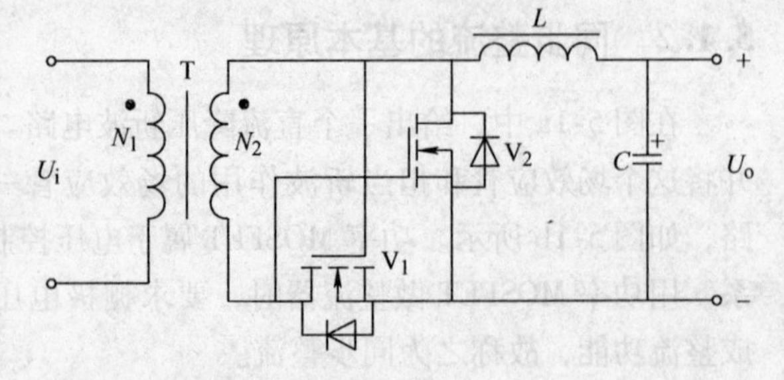

图 5-2　单端正激、降压式同步整流器的基本原理图

这个电路的具体工作原理是：在二次电压的正半周，二次绕组的电压是上高下低，加到场效应管 V_1栅极上的电压是高电

平，使 V_1 导通，而加到场效应管 V_2 栅极上的电压是低电平，使 V_2 关断；这样电流从二次绕组的上端经过电感线圈 L、负载和 V_1 流回二次绕组的下端，对电感线圈充电。在二次电压的负半周，二次绕组的电压是上低下高，加到 V_1 栅极上的电压是低电平，使 V_1 关断，而加到场效应管 V_2 栅极上的电压是高电平，使 V_2 导通；这样电感线圈 L 放电，电流从负载和 V_2 流回电感线圈。

2. 二次绕组带中心抽头的自驱动同步整流电路

二次绕组带中心抽头的自驱动同步整流电路如图5-3所示。两个分绕组 N_{S1} 和 N_{S2} 的公共抽头端经电感线圈连到负载的上端，每个分绕组的另一端分别连到场效应管 V_1 和 V_2 上，并同时和相对应绕组所连的场效应管的栅极相连，形成自驱动的结构。这样，当二次电压为正半周时，绕组 N_{S1} 和 N_{S2} 均是上端比下端的电压高，会使场效应管 V_2 导通、V_1 截止；二次电流的流向为从 N_{S2} 的上端经电感线圈 L_{OUT} 和负载再经过 V_2 回到绕组 N_{S2} 的下端。当二次电压为负半周时，绕组 N_{S1} 和 N_{S2} 均是下端比上端的电压高，会使 V_1 导通、V_2 截止；则二次电流的流向为从绕组 N_{S1} 的下端经电感线圈 L_{OUT} 和负载再经过 V_1 回到 N_{S1} 的上端。注意到在正半周和负半周时，负载上都得到了输出电压和电流，显然这是全波整流电路。

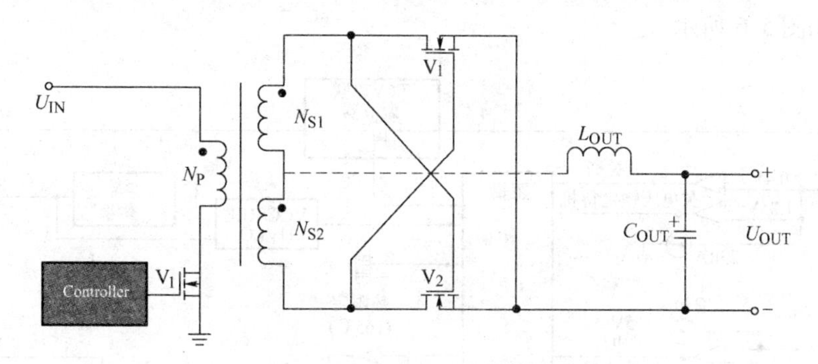

图5-3 自驱动同步整流电路

5.2.2 控制驱动同步整流电路

所谓控制驱动同步整流电路，就是要对同步整流管进行控制，使之与电能的传输情况相配合。图5-4给出了控制驱动同步整流电路的示意图，其主电路的结构与图5-3的电路是相同的，但是这个电路的两个同步整流管 V_1 和 V_2 的栅极是由专门的控制电路来控制的。这个控制电路也对前级斩波电路进行控制，所以它们是有确定的时序关系和控制关系的。

【例5-1】 带有集成半桥和同步FET驱动的PWM控制器LM5035及其同步整流电路

（1）功能描述

半桥PWM控制器和栅极驱动器LM5035包含可以实现半桥电压模式控制的电能转换器的所有必要功能。LM5035提供两个栅极驱动输出，直接驱动线圈一次侧的电力MOSFET，可以工作在2A的峰值电流。LM5035还有两个信号电平输出，通过隔离接口控制二次侧同步整流器。同步整流器比传统的PN结或肖特基整流技术有更高的效率和更大的电能密度。LM5035可以被设置为从8V到105V的偏置电压运行。其他功能包括：电源欠电压锁定（UVLO），可调暂停模式过电压保护，周波接续电流限定，电压前馈补偿，带有可调延时的间歇模式故障检测，软启动，带有同步能力的2MHz振荡器，振荡器还可以与外部时钟同步，精确的参考量，热关断和可编程电压变化率（伏-秒）箝位。这些特点简化了电压模

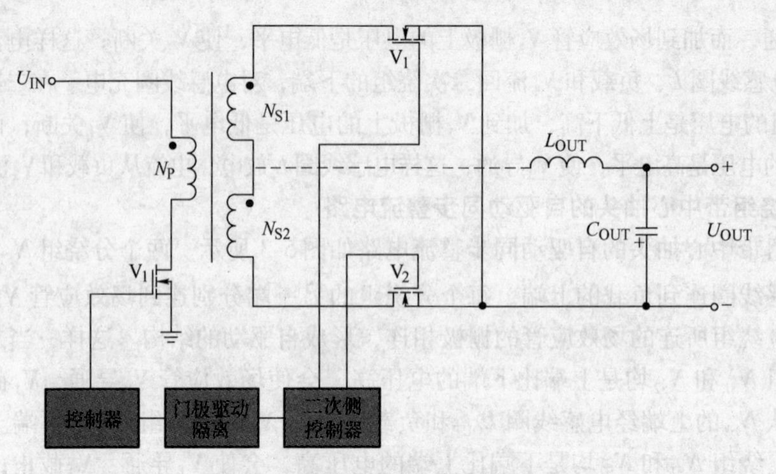

图 5-4　控制驱动同步整流电路

式半桥 DC-DC 电能变换器的设计。LM5035 PWM 控制器功能框图如图 5-5 所示，其电流限定重起电路如图 5-6 所示。

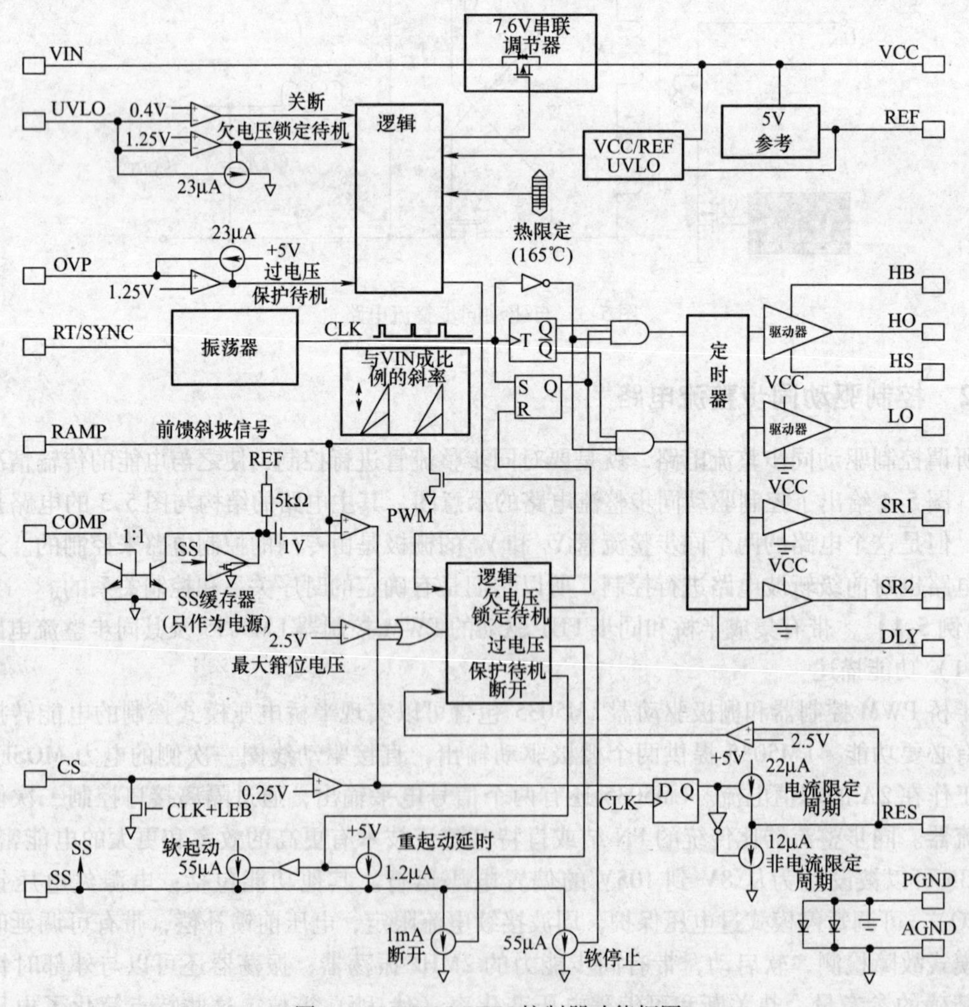

图 5-5　LM5035 PWM 控制器功能框图

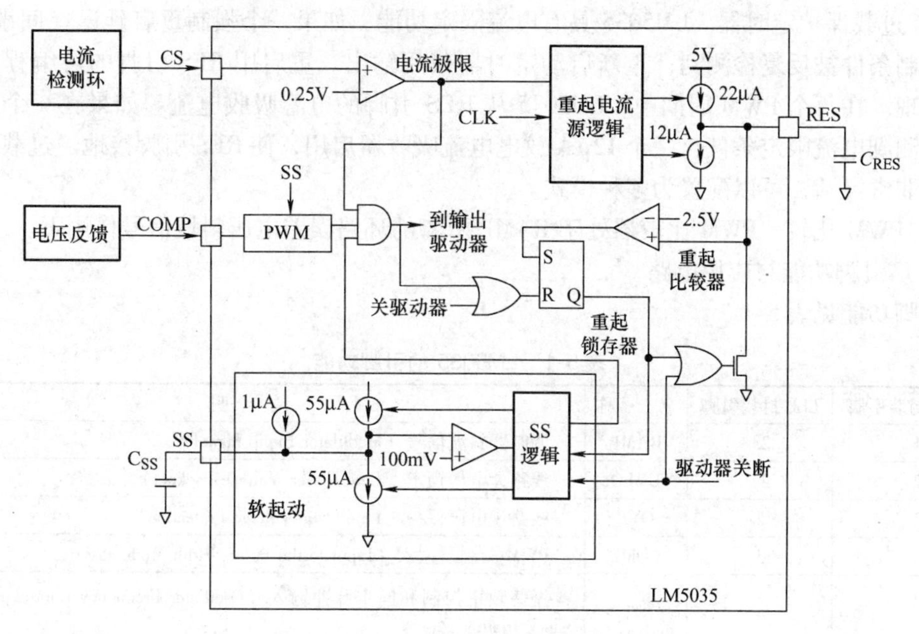

图5-6　电流限定重起电路

1）高电压启动稳压器。LM5035包含一个内部的高电压启动稳压器，允许输入引脚（VIN）直接连接DC48V输入电压。稳压器的输入可以承受瞬态高达105V的电压，在VCC稳压器输出（7.6V）。外部直流偏置电压可以用来代替由外部偏置电压连接到两个VCC和VIN引脚的内部稳压器。外部偏置必须大于8.3V，超过VCC欠电压锁定阈值并小于VCC最大工作电压额定值（15V）。

2）输入欠电压检测器。该LM5035包含一个双电平欠电压锁定（UVLO）电路。当UVLO引脚电压低于0.4V时，控制器处于低电流关断模式。当UVLO引脚电压高于0.4V，但低于1.25V时，控制器处于待机模式。在待机模式下的电源（VCC）和参考（REF）偏置稳压器是有效的，而控制器输出被禁止。当VCC和REF输出超过VCC和REF欠电压阈值且UVLO脚电压大于1.25V时，输出启用并开始正常运行。

3）线路过电压/过负载电压/远程热保护。该LM5035提供了一个多用途过电压保护（OVP）引脚，支持几种故障保护功能。当OVP引脚的电压超过1.25V时，控制器保持在待机模式下，立即停止高侧（HO）和低侧（LO）引脚的PWM脉冲。在待机模式下，VCC和REF偏置稳压器被激活而控制器输出被禁用。当OVP引脚电压低于1.25V过电压阈值时，可以正常输出。当超过过电压阈值时，电流源被启用，迅速在OVP引脚提高电压。当OVP引脚电压降至1.25V的下面阈值时，电流源被禁止，使得OVP引脚电压迅速下降。REF引脚是一个5V线性稳压器的输出，其输出电流内部限制在20mA（典型值）。

4）逐周期电流限制。电流检测（CS）引脚是由一个代表变压器一次电流的信号驱动。如果检测到的电压在CS引脚超过0.25V，电流检测比较器终止HO或LO输出驱动脉冲。如果高电流条件仍然存在，控制器工作在一个逐周期（cycle-by-cycle）电流检测过程中，用占空比限制模式比较器来代替PWM比较器。逐周期限流可能引发间歇模式重新启动。小的RC滤波器连接到电流检测CS引脚，并在实际使用时靠近集成电路LM5035以减小噪声。

5）过载保护定时器。LM5035 具有电流限定功能，如果一个强制重启延迟（间歇模式）电流限制条件被反复检测到，重新启动定时器禁用输出。重启用 RES 引脚的可编程的外部电容实现。在每个 PWM 周期中，LM5035 从 RES 引脚的电容吸收电流。如果在一个周期内没有检测到电流限定条件，一个 12μA 放电电流吸收器启用，使 RES 引脚接地。过载定时器功能是非常灵活，可以配置为多种模式。

6）PWM 比较。PWM 比较器处于 RAMP 引脚的环路误差电压斜坡信号作用下。

（2）引脚功能与应用电路

引脚功能见表 5-1。

表 5-1　LM5035 的引脚功能

TSSOP 封装引脚	LLP 封装引脚	名　称	说　明
1	23	RAMP	调制器斜坡信号（Modulator Ramp Signal）
2	24	UVLO	线路欠电压锁定（Line Under-Voltage Lockout）
3	2	OVP	线路过电压保护（Line Over-Voltage Protection）
4	3	COMP	PWM 调制器输入（Input to the Pulse Width Modulator）
5	4	RT	振荡频率控制和同步脉冲输入（Oscillator Frequency Control and Sync Clock Input）
6	5	AGND	模拟地（Analog Ground）
7	6	CS	电流限定的电流传感输入（Current Sense Input for Current Limit）
8	7	SS	软起动输入（Soft-Start Input）
9	8	DLY	定时编程引脚（Timing Programming Pin for the LO and HO to SR1 and SR2 Outputs）
10	9	RES	重起动定时器（Restart Timer）
11	11	HB	高侧输出驱动器的升压电压（Boost Voltage for the HO Driver）
12	12	HS	开关节点（Switch Node）
13	13	HO	高侧门极驱动输出（High Side Gate Drive Output）
14	14	LO	高侧门极驱动输出（Low Side Gate Drive Output）
15	15	PGND	电源地（Power Ground）
16	16	VCC	高电压上拉调节器的输出（Output of the High Voltage Start-up Regulator）
17	17	SR2	同步整流驱动输出（Synchronous Rectifier Driver Output）
18	18	SR1	同步整流驱动输出（Synchronous Rectifier Driver Output）
19	19	REF	5V 参考输出（Output of 5V Reference）
20	21	VIN	输入电压电源（Input Voltage Source）
EP	EP	EP	裸焊盘，在封装的底面（Exposed Pad，underside of package）
	1	NC	无电气连接（No electrical contact）
	10	NC	无电气连接（No electrical contact）
	20	NC	无电气连接（No electrical contact）
	22	NC	无电气连接（No electrical contact）

根据引脚功能，得到使用集成电路 LM5035 构成的降压同步整流器，如图 5-7 所示。输入电压 U_{IN}分成三路，一路直接加到 LM5035 的 VIN 脚，为集成电路芯片内部提供电源；第二路经三个串联电阻二次分压后分别接到 UVLO 和 OVP 引脚上；第三路给调制器斜坡信号提供一个电压。这个开关电源主回路变压器前的电能是由一个半桥电路和一个电容分压电路

进行斩波处理的，半桥的高侧开关和低侧开关分别由LM5035的HO和LO引脚控制。高频变压器的初级除了传递电能的主线圈之外，还串有一个电流传感线圈，这个线圈的次级接到LM5035的CS引脚。高频变压器的次级和图5-4的电路结构是一样的，由LM5035的同步整流控制脚SR1脚和SR2脚控制。特别值得注意的是，LM5035的DLY引脚是HO引脚和LO引脚相对SR1和SR2的定时编程引脚。RT引脚是振荡器的同步控制引脚。

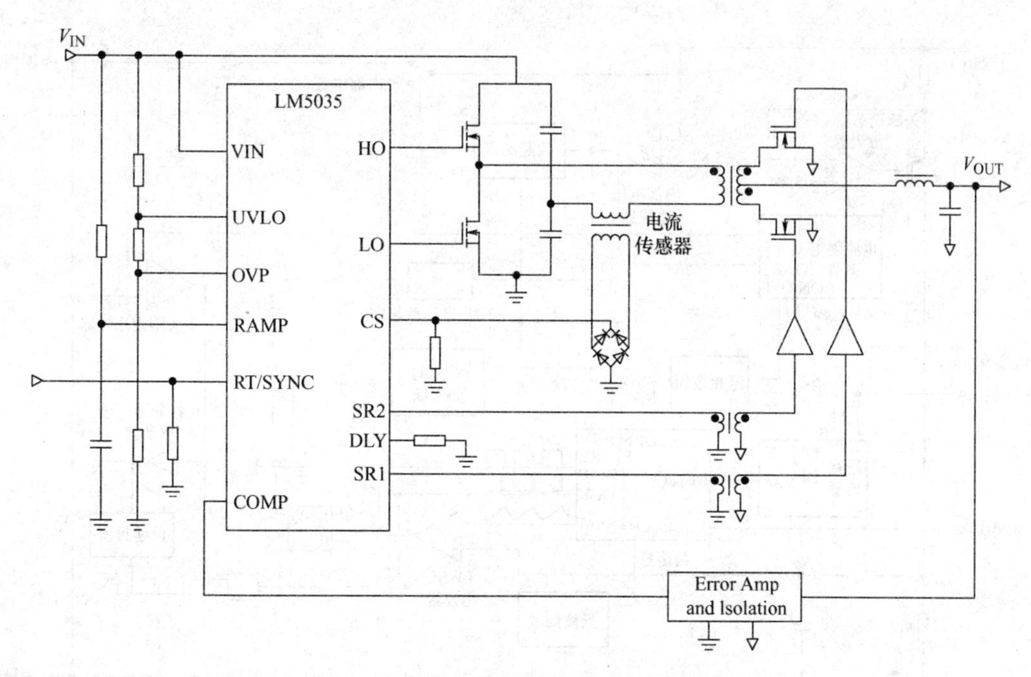

图5-7 LM5035构成的降压同步整流电路

【例5-2】 16.5W同步整流式DC-DC电源变换器电路。

下面介绍一种正激、隔离式16.5WDC-DC电源变换器，它采用DPA-Switch系列单片开关式稳压器DPA424R，直流输入电压范围为36~75V，输出电压为3.3V，输出电流为5A，输出功率为16.5W。采用400kHz同步整流技术，大大降低了整流器的损耗。当直流输入电压为48V时，电源效率$\eta=87\%$。变换器具有完善的保护功能，包括过电压/欠电压保护、输出过载保护、开环故障检测、过热保护、自动重启动、限制峰值电流和峰值电压以避免输出过冲。

DPA-Switch系列单片开关式稳压器DPA424R集成有高电压电力MOSFET、PWM控制、故障保护，其内部功能框图如图5-8所示，主要引脚的功能如下：

1）漏极DRAIN(D)：高电压电力MOSFET漏极输出引脚，通过开关高电压电流源从这个引脚拉出内部启动偏置电流。

2）控制CONTROL(C)：占空比控制所用的误差放大器和反馈电流输入引脚，也用于电源旁路和自动重启动/补偿电容的连接点。

3）电源监测LINE-SENSE(L)：用于过电压（OV）、欠电压（UV）锁定，具有最大占空比（DC_{MAX}）减少的供电前馈、远程通/断（ON/OFF）和同步。到源极（SOURCE）引脚的连接不使能这个引脚的所有功能。

4）外部电流限定（X）：用于外部电流限定调节和远程通/断（ON/OFF）的输入引脚。到 SOURCE 引脚的连接不使能这个引脚的所有功能。

5）频率（F）：选择开关频率的输入引脚，如果连到 SOURCE 引脚，是 400 kHz；如果连到控制（CONTROL）引脚，是 300 kHz。

6）源极（S）：用于电能返回的输出 MOSFET 的源极连接，是初级侧公共和参考点。

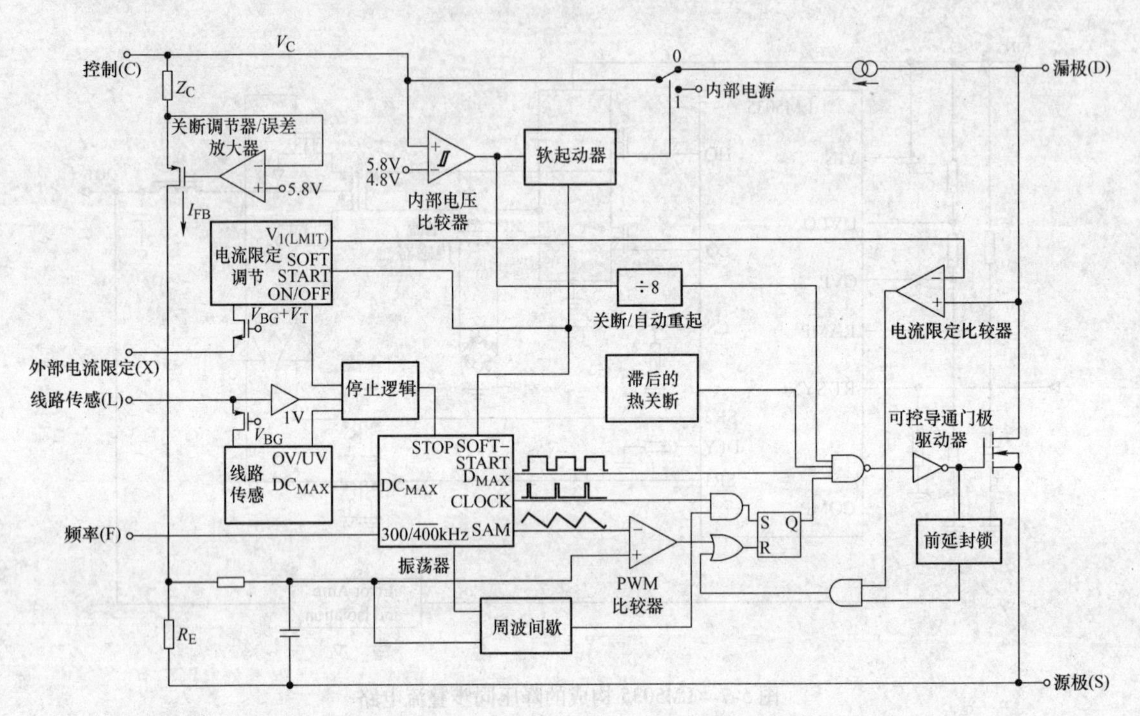

图 5-8　单片开关式稳压器 DPA424R 内部功能框图

由 DPA424R 构成的16. 5W 同步整流式 DC-DC 电源变换器的电路如图5-9 所示，与分立元器件构成的电源变换器相比，可大大简化电路设计。由 C_1、L_1 和 C_2 构成输入端的电磁干扰（EMI）滤波器，可滤除由电网引入的电磁干扰。R_1 用来设定欠电压值（U_{UV}）及过电压值（U_{OV}），取 $R_1 = 619\text{k}\Omega$ 时，$U_{UV} = 619\text{k}\Omega \times 50\mu\text{A} + 2.35\text{V} = 33.3\text{V}$，$U_{OV} = 619\text{k}\Omega \times 135\mu\text{A} + 2.5\text{V} = 86.0\text{V}$。当输入电压过高时，$R_1$ 还能线性地减小最大占空比，防止磁饱和。R_3 为极限电流设定电阻，取 $R_3 = 11.1\text{k}\Omega$ 时，所设定的漏极极限电流为 $0.6 \times 2.50\text{A} = 1.5\text{A}$。电路中的稳压管 VD_Z（SMBJ150）对漏极电压起箝位作用，能确保高频变压器磁复位。

该电源采用漏-源通态电阻极低的 SI4800 型功率 MOSFET 做整流管，其最大漏-源电压 $U_{DS(max)} = 30\text{V}$，最大栅-源电压 $U_{GS(max)} = \pm 20\text{V}$，最大漏极电流为 9A（25℃）或 7A（70℃），峰值漏极电流可达 40A，最大功耗为 2. 5W（25℃）或 1. 6W（70℃）。SI4800 的导通时间 $t_{ON} = 13\text{ns}$（包含导通延迟时间 $t_{d(ON)} = 6\text{ns}$，上升时间 $t_R = 7\text{ns}$），关断时间 $t_{OFF} = 34\text{ns}$（包含关断延迟时间 $t_{d(OFF)} = 23\text{ns}$，下降时间 $t_F = 11\text{ns}$），跨导 $g_{FS} = 19\text{S}$。工作温度范围为 −55 ~ +150℃。SI4800 内部有一只续流二极管 VD，反极性地并联在漏-源极之间（负极接 D，正极接 S），能对 MOSFET 功率管起到保护作用。VD 的反向恢复时间 $t_{rr} = 25\text{ns}$。

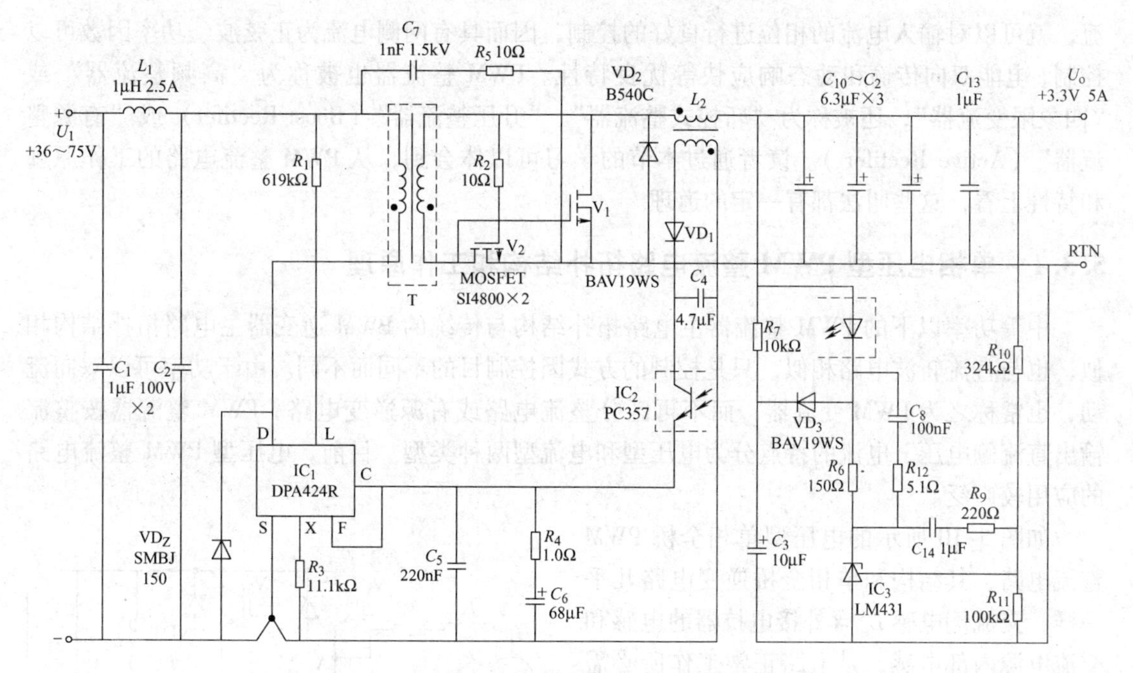

图 5-9　16.5W 同步整流式 DC-DC 电源变换器电路

功率 MOSFET 与双极型晶体管不同，它的栅极电容 C_{GS} 较大，在导通之前首先要对 C_{GS} 进行充电，仅当 C_{GS} 上的电压超过栅-源开启电压（$U_{GS(th)}$）时，MOSFET 才开始导通。对 SI4800 而言，$U_{GS(th)} \geqslant 0.8V$。为了保证 MOSFET 导通，用来对 C_{GS} 充电的 U_{GS} 要比额定值高一些，而且等效栅极电容也比 C_{GS} 高出许多倍。

同步整流管 V_2 由二次电压来驱动，R_2 为 V_2 的栅极负载。同步续流管 V_1 直接由高频变压器的复位电压来驱动，并且仅在 V_2 截止时 V_1 才工作。当肖特基二极管 VD_2 截止时，有一部分能量存储在共模扼流圈 L_2 上。当高频变压器完成复位时，VD_2 续流导通，L_2 中的电能就通过 VD_2 继续给负载供电，维持输出电压不变。辅助绕组的输出经过 VD_1 和 C_4 整流滤波后，给光耦合器中的接收管提供偏置电压。C_5 为控制端的旁路电容。上电启动和自动重启动的时间由 C_6 决定。

输出电压经过 R_{10} 和 R_{11} 分压后，与可调式精密并联稳压器 LM431 中的 2.5V 基准电压进行比较，产生误差电压，再通过光耦合器 PC357 去控制 DPA424R 的占空比，对输出电压进行调节。R_7、VD_3 和 C_3 构成软启动电路，可避免在刚接通电源时输出电压发生过冲现象。刚上电时，由于 C_3 两端的电压不能突变，使得 LM431 不工作。随着整流滤波器输出电压的升高并通过 R_7 给 C_3 充电，C_3 上的电压不断升高，LM431 才转入正常工作状态。在软启动过程中，输出电压是缓慢升高的，最终达到 3.3V 的稳定值。

5.3　电压型 PWM 整流电路

在面对直流电能的需求时，也可以直接从交流电能变为直流电能，这就是整流技术。PWM 控制技术的应用与发展为整流器性能的改进提供了变革性的思路和手段，它用全控型功率开关管取代了半控型功率开关管或二极管，以 PWM 斩控整流取代了相控整流或不控整流，就可以对输入电流的相位进行良好的控制，因而具有网侧电流为正弦波、功率因数可以控制、电能双向传输和动态响应快等优良特性。PWM 整流器也被称为“高频整流器”或“四象限变流器”，还被称为“斩控式整流器”、“升压整流器”（Boost Rectifer）或“有源整流器”（Active Rectifer）。读者通过本节的学习可以体会到，从 PWM 整流电路的工作原理和特性上看，这些叫法都有一定的道理。

5.3.1　单相电压型 PWM 整流电路拓扑结构和工作原理

中等功率以下的 PWM 整流器主电路拓扑结构与传统的 PWM 逆变器主电路拓扑结构相似，也与直流斩波电路相似，只是控制的方式因控制目的的不同而不同。由于功率可以双向流动，也常称之为 PWM 变流器，而不再区分整流电路或有源逆变电路。PWM 整流器按整流输出直流侧电压、电流的特点分为电压型和电流型两种类型。目前，电压型 PWM 整流电路的应用较广泛。

如图 5-10 所示的电压型单相全桥 PWM 整流电路，其结构和单相全桥逆变电路几乎一样，交流侧电感 L_s 含外接电抗器的电感和交流电源内部电感，是电路正常工作所必需的。电阻 R_s 包括外接电抗器电阻和交流电源内阻。单相的 PWM 整流器电网输入功率是以二倍于电网频率脉动的，为保证直流侧电压的恒定，在直流侧接入吸收二次谐波电流的串联型谐振滤波器 L_2C_2。桥内各臂由全控器件 $V_1\sim V_4$ 和反并联的不控器件 $VD_1\sim VD_4$ 构成一个不对称双向开关。由图可见，在直流侧，正向电流 $+i_0$ 流经不控元件 $VD_1\sim VD_4$，而反向电流 $-i_0$ 流经可控元件 $V_1\sim V_4$，当各全控器件都截止时，则为一个常规的不控整流电路。在整流运行状态下，当 $u_s>0$ 时，V_2、VD_4、VD_1、L_s和 V_3、VD_1、VD_4、L_s分别组成两个升压斩波（Boost）电路。以包含 V_2的这一组为例，当其导通时，u_s通过 V_2、VD_4 向 L_s 储能，当 V_2关断时，L_s中储存的能量通过 VD_1、VD_4向直流侧电容 C_d 充电。当 $u_s<0$ 时，V_1、VD_3、VD_2、L_s和 V_4、VD_2、VD_3、L_s分别组成两个升压斩波电路，工作原理和 $u_s>0$ 时类似。因为电路按升压斩波电路工作，直流侧电压高于交流电压的峰值，这也是称之为“升压整流”的原因。不过，如果控制不当，直流侧电容电压可能比交流电压峰值高出许多倍，对电力电子器件形成威胁。另一方面，如果直流侧电压过低，例如低于 u_s峰值，则 u_{AB}得不到图中所需的足够的基波幅值或 u_{AB}中含有过多的低次谐波，这样就不能按照需要来控制电流，i_s波形会发生畸变。

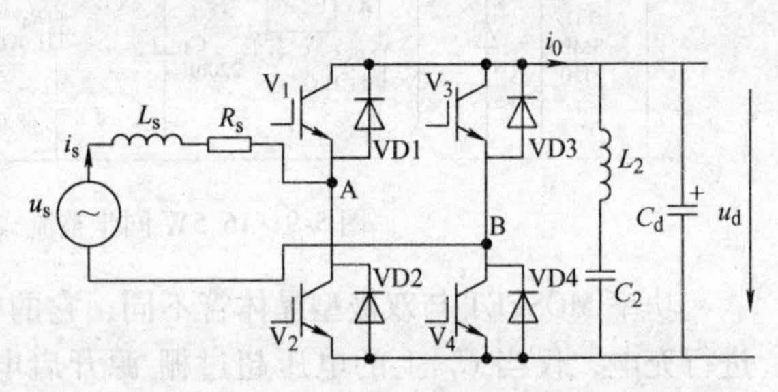

图 5-10　单相桥式 PWM 整流器

现在来分析一下 u_{AB}的数值。当 $u_s>0$，两个升压斩波电路分别有两个状态，一个是对电感线圈的充电状态，$u_{AB}=0$；还有一个就是电感线圈的放电状态，这时，$u_{AB}=u_d$。同理可以得到当 $u_s<0$，也有两种情况，分别是 $u_{AB}=0$ 和 $u_{AB}=-u_d$。所以，对 u_{AB}来说，是单极性调制。双极性调制的情况参见有关资料。

下面对单相桥式 PWM 整流器单极性调制波形进行分析。

当输出电容 C_d 足够大时，输出侧直流电压近似为恒定值 u_d，则正如前面分析的，u_{AB}可以取 u_d，0 和 $-u_d$，其正极性波形如图 5-11 所示。因为 PWM 调制频率很高，远大于外加输

入电源 u_s 的频率，所以对每个 PWM 波形来说，u_s 近似不变。又由于电感上电压等于 u_s-u_{AB}（忽略电阻上的压降），得到电感上电压波形如图 5-12 所示。按着对电感线圈充放电进行分析，可得电感上电流也就是网侧电流波形如图 5-13 所示。根据输出电容与电感线圈电能的关系，可以得到输出电压的波形如图 5-14 所示。图 5-15 给出了这种情况的实际波形。图 5-15a 所示为输入电压波形，图 5-15b 所示为 PWM 控制信号的波形，图 5-15c 所示为 u_{AB} 的波形，图 5-15d 所示为电感上电压波形，图 5-15e 所示为输入电流波形，图 5-15f 所示为输出电流波形，图 5-15g 所示为输出电压波形。作为对比，在图 5-16 中给出了单相桥式 PWM 整流器双极性调制实际输出波形。

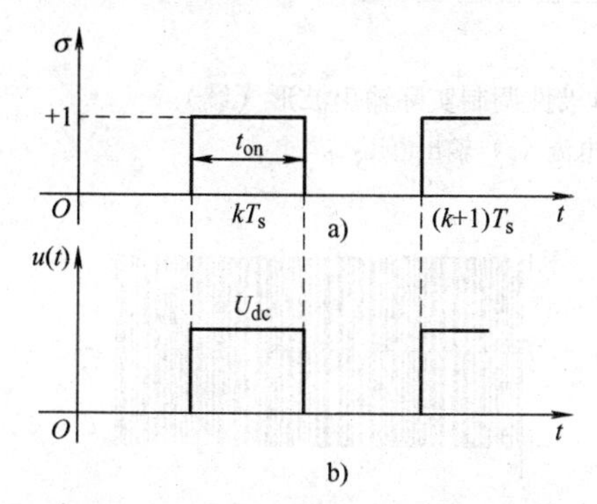

图 5-11　单极性调制第 k 个开关周期开关管驱动波形和 u_{AB} 波形

a）开关管驱动波形　b）u_{AB} 波形

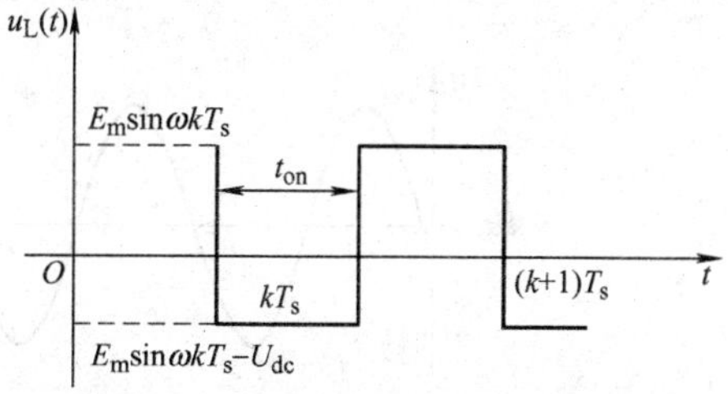

图 5-12　单极性调制第 k 个开关周期电感电压波形

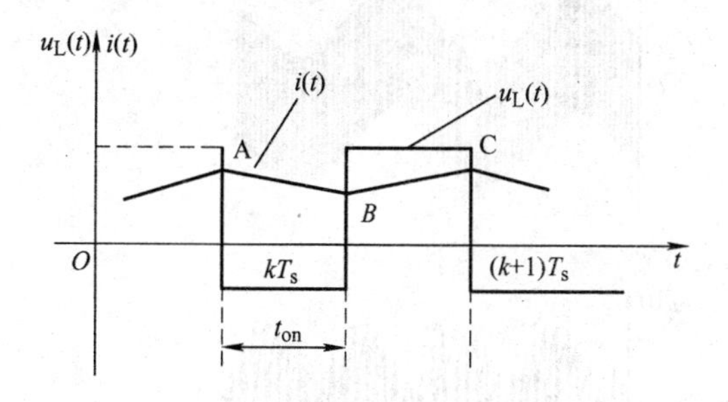

图 5-13　单极性调制第 k 个开关周期网侧电流波形

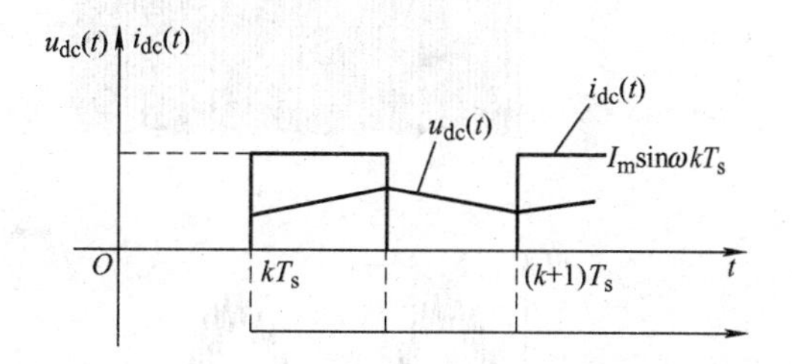

图 5-14　单极性调制第 k 个开关周期输出电压波形

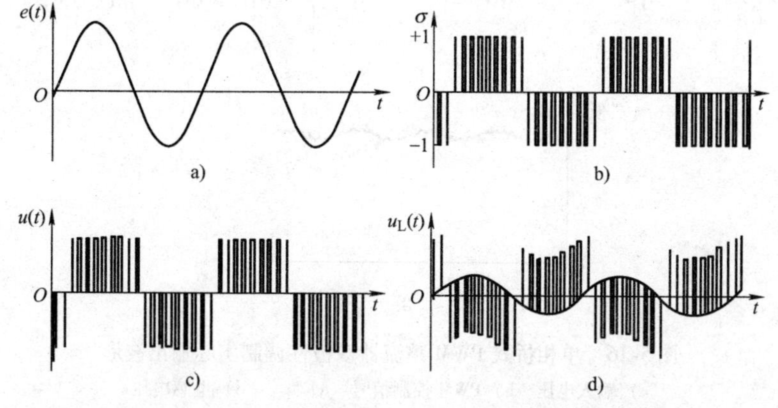

图 5-15　单相桥式 PWM 整流器单极性调制实际输出波形

a）输入电压　b）PWM 控制信号　c）u_{AB}　d）电感电压

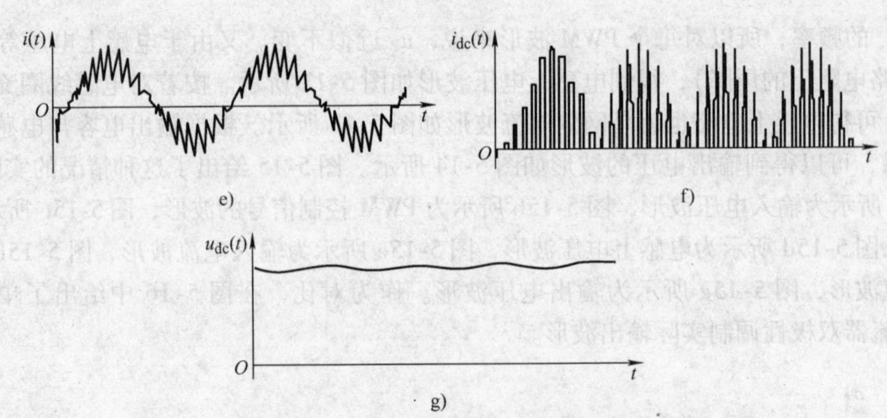

图 5-15　单相桥式 PWM 整流器单极性调制实际输出波形（续）

e）输入电流　f）输出电流　g）输出电压

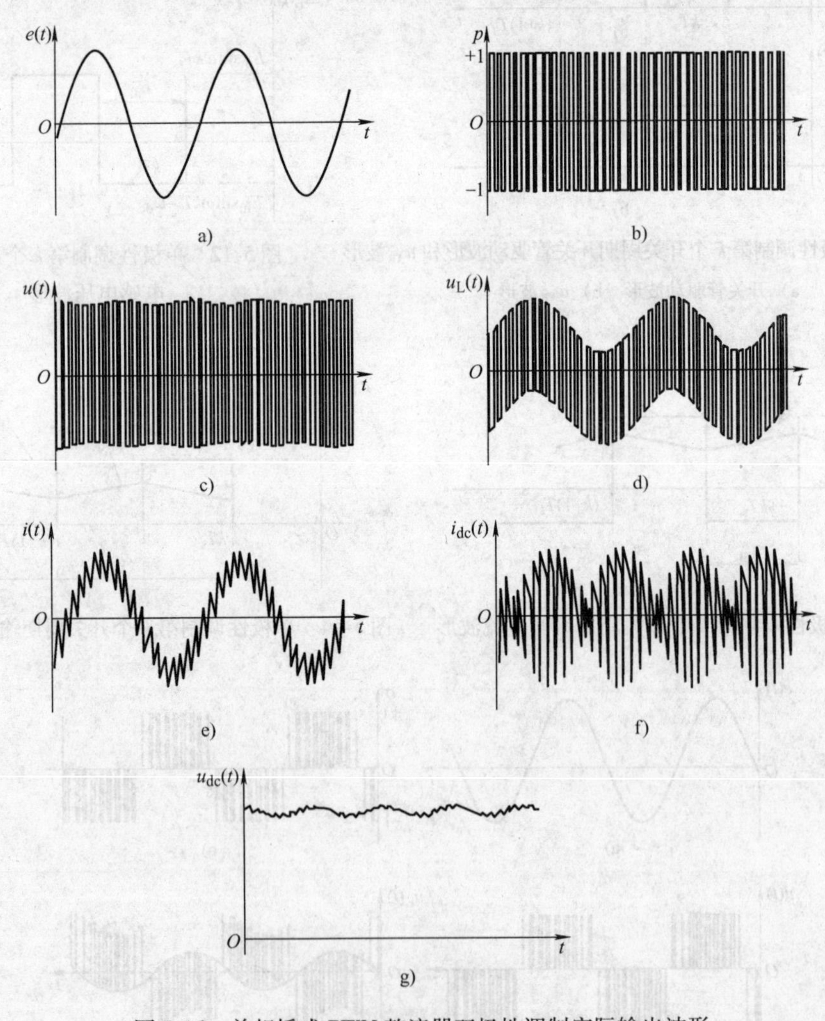

图 5-16　单相桥式 PWM 整流器双极性调制实际输出波形

a）输入电压　b）PWM 控制信号　c）u_{AB}　d）电感电压

e）输入电流　f）输出电流　g）输出电压

5.3.2　单相电压型PWM整流电路的运行方式

为了说明上述单相桥式整流电路的原理，把图5-10抽象为图5-17。在U_s不变的情况下，控制U_{AB}就可以控制流经阻抗Z_s的电流i_s的相位。通过恰当的PWM模式，不仅能控制PWM变流器的输出直流电压，而且可控制变流器网侧交流电流的大小和相位，使其接近正弦波并与电网电压同相或反相，因而使系统的功率因数接近于±1。具体地说，当直流侧电压U_d恒定时，按照正弦调制波和三角载波相比较的方法，对图5-10中的各全控器件VT_1 ~ VT_4按PWM模式进行有效的控制，使桥臂中点A、B间形成的PWM斩控波形成为一个等效的交流电压源u_{AB}。u_{AB}中除含有与正弦调制波同频率且幅值成比例的基波分量u_{ABf}外，还含有与载波有关的频率很高的谐波，不过由于L_s的滤波作用，交流侧电流i_s的谐波很小。如果忽略谐波的影响，当u_{ABf}的频率与u_s的频率相同时，i_s为与电源频率相同的正弦波。

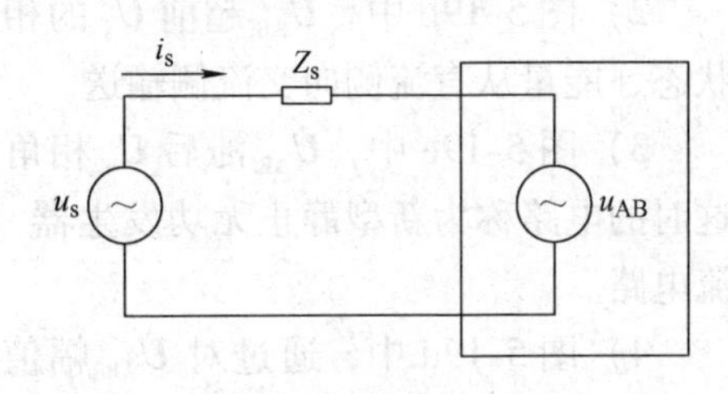

图5-17　单相桥式整流电路的原理示意图

对于基波分量，下面的关系成立

$$\dot{U}_s = \dot{U}_{ABf} + (j\omega L_s + R_s)\dot{I}_s \tag{5-1}$$

由式（5-1）可见，在网侧电压$\boldsymbol{u}_s$和阻抗（$j\omega L_s + R_s$）一定的情况下，$\boldsymbol{i}_s$的幅值和相位仅由$\boldsymbol{u}_{ABf}$的幅值及其与$\boldsymbol{u}_s$的相位差所决定，控制$\boldsymbol{u}_{ABf}$的幅值和相位，就能迫使$\boldsymbol{u}_s$和$\boldsymbol{i}_s$的相位差为所需要的任意角度。图5-18所示为电压$\boldsymbol{u}_{AB}$、基波$\boldsymbol{u}_{ABf}$及电源电压$\boldsymbol{u}_s$的波形和相位关系。

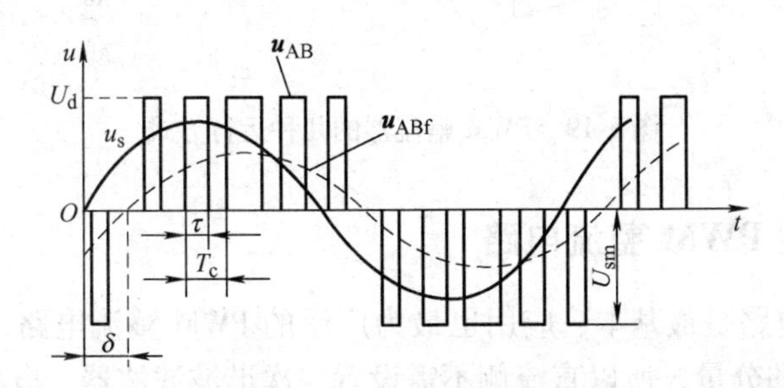

图5-18　电压$\boldsymbol{u}_{AB}$、基波$\boldsymbol{u}_{ABf}$及电源电压$\boldsymbol{u}_s$的波形和相位关系

设$\boldsymbol{u}_s = U_{sm}\sin\omega t$，当要求电网功率因数为1时，为了实现$\boldsymbol{i}_s = I_{sm}\sin\omega t$，除$\boldsymbol{u}_{ABf}$需有一定的幅值外，还需滞后$\boldsymbol{u}_s$一个角度$\delta$，其矢量关系如图5-19a所示。由此可见，不论阻抗如何，总可以通过恰当地控制$\boldsymbol{u}_{ABf}$的幅值和相位来保证U_d恒定，并实现$\boldsymbol{i}_s$与$\boldsymbol{u}_s$同相或反相，即实现单位功率因数整流，这是对PWM整流器所设定的基本要求和目标，也是设计PWM整流器的出发点。当然，通过控制$\boldsymbol{u}_{ABf}$的幅值及其与$\boldsymbol{u}_s$的相位差来控制$\boldsymbol{i}_s$只是一种对电流的间接控制，也可以采用对电流的直接控制达到此目的，这在后续内容中讨论。

在交流电源电压$\boldsymbol{u}_s$一定的情况下，$\boldsymbol{i}_s$的幅值和相位仅由$\boldsymbol{u}_{ABf}$的幅值及其与$\boldsymbol{u}_s$的相位差来决定。改变$\boldsymbol{u}_{ABf}$的幅值和相位，就可以使$\boldsymbol{i}_s$和$\boldsymbol{u}_s$同相位、反相位，$\boldsymbol{i}_s$比$\boldsymbol{u}_s$超前90°，或使$\boldsymbol{i}_s$与$\boldsymbol{u}_s$的相位差为所需要的角度，图5-19所示的矢量图表明了PWM整流器的几种运行

方式。

1）图 5-19a 中，$\dot{U}_{ABf}$滞后 $\dot{U}_s$ 的相角为 δ，$\dot{I}_s$ 和 $\dot{U}_s$ 同相位，电路工作在整流状态，且功率因数为 1，能量从交流侧向直流侧输送，这是 PWM 整流电路最基本的工作状态。

2）图 5-19b 中，$\dot{U}_{ABf}$超前 $\dot{U}_s$ 的相角为 δ，$\dot{I}_s$ 和 $\dot{U}_s$ 相位正好相反，电路工作在有源逆变状态，能量从直流侧向交流侧输送。

3）图 5-19c 中，$\dot{U}_{ABf}$滞后 $\dot{U}_s$ 相角为 δ，$\dot{I}_s$ 超前 $\dot{U}_s$ 90°，电路向交流电源送出无功功率，这时的电路称为新型静止无功发生器（Static Var Generator，SVG），一般不再称为 PWM 整流电路。

4）图 5-19d 中，通过对 $\dot{U}_{ABf}$ 幅值和相位的控制，可以使 $\dot{I}_s$ 比 $\dot{U}_s$ 超前或滞后任意角度 φ。

图 5-19a ~ d 的运行方式充分说明了 PWM 整流电路称为四象限变流器的原因。

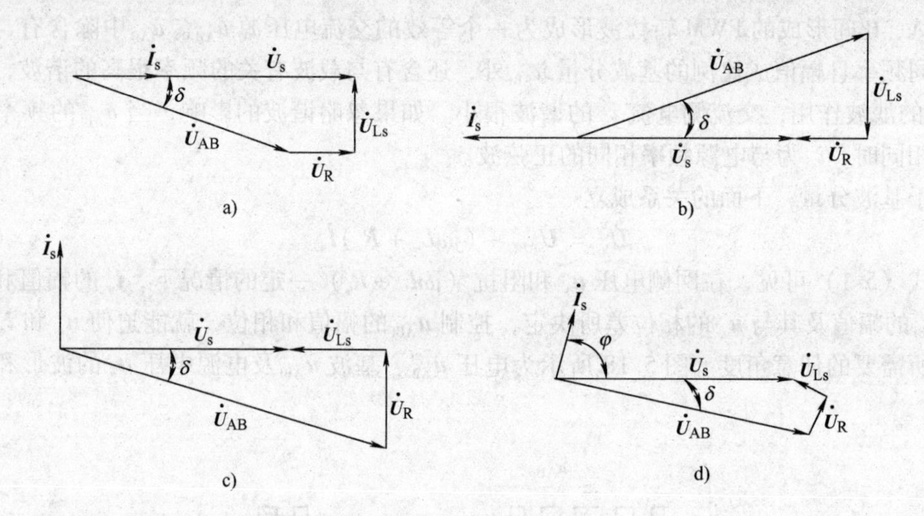

图 5-19　PWM 整流器的几种运行方式

5.3.3　三相电压型 PWM 整流电路

三相 PWM 整流电路是最基本、应用也最为广泛的 PWM 整流电路，其电网的输入功率没有二倍于电网频率的分量，所以直流侧不需设置二次谐波滤波器，电路的工作原理和单相全桥电路相似，只是控制时具有三相电路的特殊性。

图 5-20 所示为三相半桥 PWM 整流电路的拓扑结构。其交流侧采用三相对称的无中线连接方式，使用六个功率开关管，是一种最常用的三相 PWM 整流器。通常所谓的三相桥式电路即指三相半桥电路，这种电路适用于三相平衡电网系统。当三相电网不平衡时，其控制性能将恶化，甚至使其发生故障。为了克服这个不足之处，可采用全桥结构，得到如图 5-21 所示的电路。它的特点是：公共直流母线上连接了三个

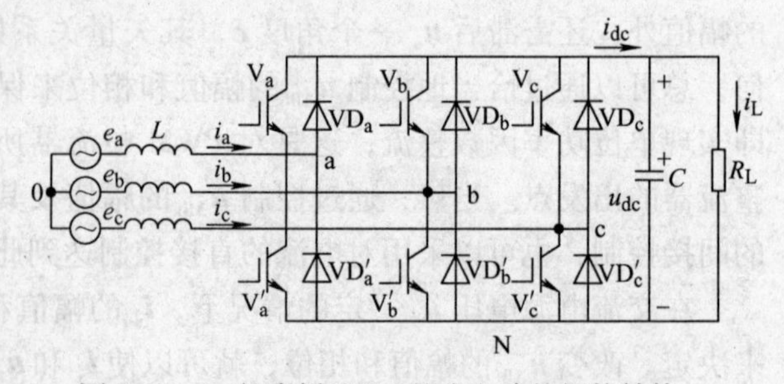

图 5-20　三相半桥 PWM 整流电路的拓扑结构

独立控制的单相全桥 PWM 整流电路，并通过变压器连接至三相四线制电网。因此，三相全桥 PWM 整流电路实际上是由三个独立的单相全桥 PWM 整流电路组合而成的，当电网不平衡时，不会影响 PWM 整流器的性能。由于它使用的功率开关管是三相半桥 PWM 整流电路的一倍，控制也更复杂，所以使用较少。

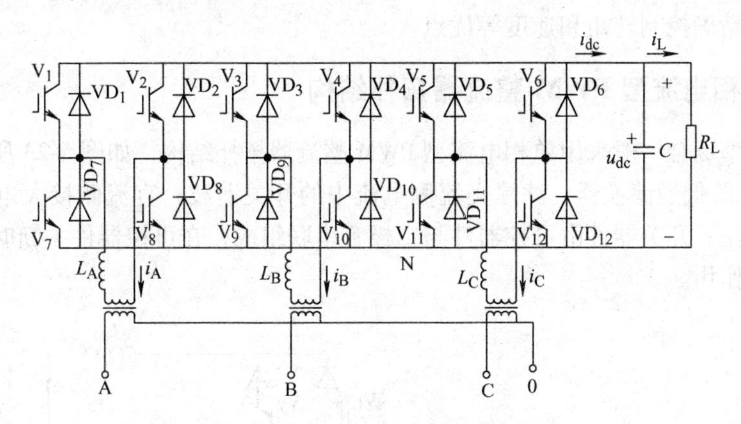

图 5-21　三相全桥 PWM 整流电路的拓扑结构

以上所讲的电压型 PWM 整流电路拓扑结构都是常规的两电平拓扑结构。这种结构的缺点在于，在高压应用场合，需要使用高反压的功率开关管或将多个功率开关管串联使用。另外，由于电压型 PWM 整流电路交流侧输出电压在两电平之间转换，开关频率不高时，导致谐波含量相对较大。为了解决这个问题，开发了具有中点箝位功能的三电平电压型 PWM 整流电路，如图 5-22 所示。可见三电平电路所需功率开关管与两电平电路相比成倍增加，控制也相对复杂。

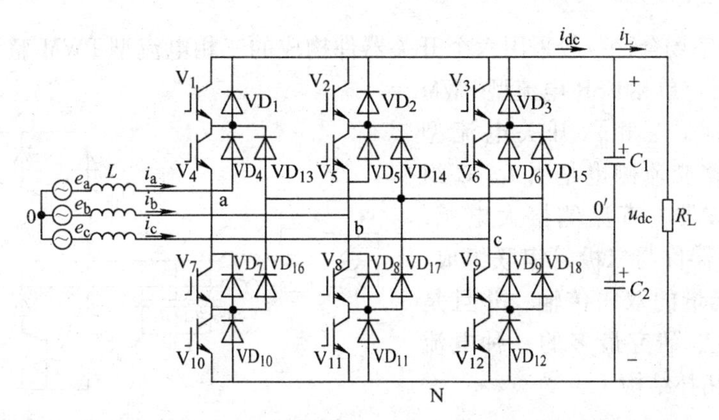

图 5-22　三相三电平 PWM 整流电路的拓扑结构

5.4　电流型 PWM 整流电路

随着电力电子技术的发展，不同的负载对 PWM 整流器提出了新的要求，尤其是像并联逆变感应加热电源之类的电流型负载，其对应的是电流型整流器。电流型整流器具有良好的电流保护性能，因此与电压型 PWM 整流器相比，电流型 PWM 整流器更为适用。在中小功率场合，电压型 PWM 整流器和电流型 PWM 整流器各具特色：前者只能提供高于电源电压的恒定直流电压，若要求低于电源电压的场合，则还需一级降压电路；而后者提供的是恒定的直流电流，其直流电压可调，并且低于电源电压。另外，电流型 PWM 整流器用于电机驱动具有动态响应快、便于实现再生制动和四象限运行、限流能力强、短路保护可靠性高、能在宽范围内精确控制转矩和速度等优点。

5.4.1　单相电流型 PWM 整流器拓扑结构

在小功率场合一般采用单相电流型 PWM 整流器拓扑结构，如图 5-23 所示。其交流侧由 L、C 组成二阶低通滤波器，滤除交流侧电流中的开关谐波；直流侧接大电感，使直流侧电流近似为直流；开关器件由可控器件与二极管串联组成，在可控器件关断时，二极管起到承受反压的的作用。

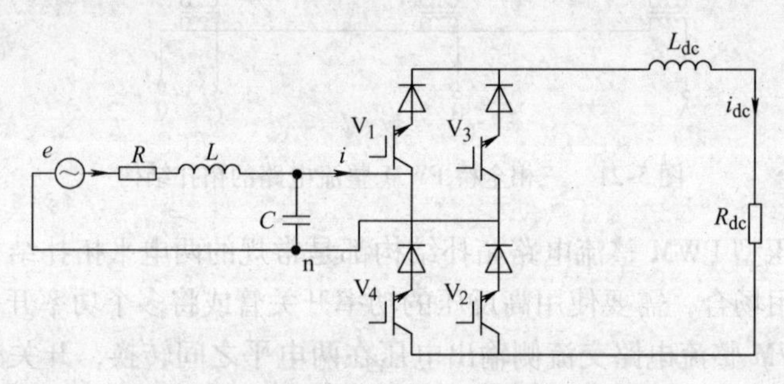

图 5-23　单相电流型 PWM 整流器拓扑结构

5.4.2　三相电流型 PWM 整流器拓扑结构

对于中等功率场合，一般采用六个开关器件构成的三相电流型 PWM 整流器拓扑结构，如图 5-24 所示。与单相 CSR 电流型 PWM 整流器电路类似，三相六开关电流型 PWM 整流器电路交流侧也是由 L、C 组成二阶低通滤波器，直流侧接大电感，开关器件由可控器件与二极管串联组成。该拓扑能实现能量的双向传输，并且是应用范围最广泛、研究最多的一种电流型 PWM 整流器拓扑结构。

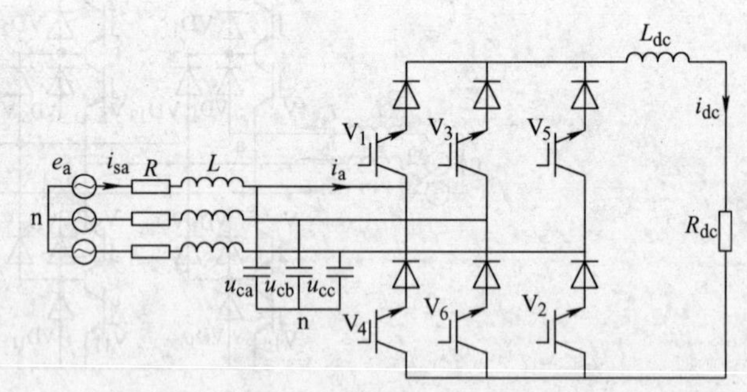

图 5-24　三相电流型 PWM 整流器拓扑结构

5.5　PWM 整流电路的控制

PWM 整流电路涉及对输出直流电压的控制，也涉及对输入交流电流的控制，这样就存在对这两个量怎样同时控制的问题。常规的控制方法，与第 3 章和第 4 章介绍的相同，采用双闭环控制方法，即电压控制作为双闭环的外环，电流控制作为双闭环的内环。两者的关系是，外环的电压输出作为内环的电流给定，内环的传递函数也作为外环的控制对象（广义的控制对象）的一部分。

5.5.1　直流电压控制

直流电压控制的目的在于使PWM整流电路的输出直流电压随给定指令变化，达到稳定直流输出电压 或调节输出电压的目的。其作法是，运用反馈控制的原理，将直流电压的采样反馈值与给定参考电压比较，其差值作为电压调节器（一般是PI调节器）的输入，输出作为交流电流的幅值给定，如图5-25所示。

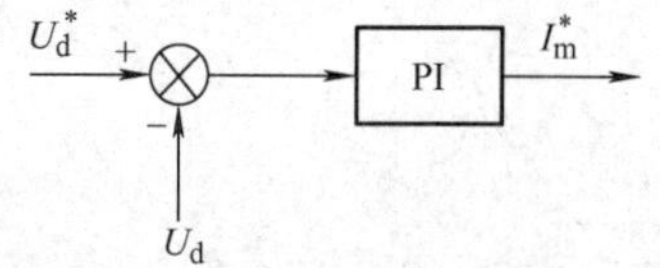

图5-25　电压控制环节的示意图

5.5.2　交流电流控制

控制PWM整流电路的目的之一是使输入电流的波形接近正弦并与输入的电网电压同相位，从而获得单位功率因数。根据是否选取瞬态输入交流电流作为反馈控制量，PWM整流电路的控制可以分为间接电流控制和直接电流控制两种。没有引入输入交流电流反馈的称为间接电流控制，引入了输入电流反馈的称为直接电流控制。下面分别介绍这两种控制方法的基本原理。

1. 间接电流控制

间接电流控制也称为幅值和相位控制，这种方法依据系统低频稳态数学模型，反映了稳定状态下的电压平衡关系，整流运行和逆变运行分别按照图5-19所示的矢量关系来调节变流器桥臂中点PWM斩控电压的幅值和相位，以达到控制输入电流的目的。

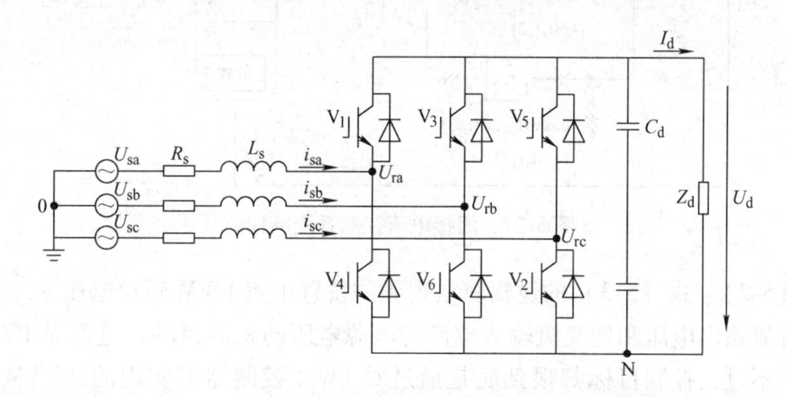

图5-26　三相电压型PWM变流器主电路结构

对图5-26所示的三相PWM变流器，其间接电流控制的系统结构如图5-27所示。控制系统的外环是整流器直流侧输出电压控制环，直流电压给定信号U_d^*和实际的直流电压U_d比较后送入电压PI调节器，PI调节器的输出为一直流电流指令信号I_m^*，稳态时，$U_d=U_d^*$，I_m^*的幅值应与整流器交流输入电流i_s的幅值成正比，也和整流器负载电流I_d的大小相对应。在图5-27中，两个乘法器均为三相乘法器的简单表示，实际由三个单乘法器组成。位于图上方的乘法器完成I_m^*与三相正弦信号（与电源相电压同相位）相乘，得到与电源同相位的三相电流信号，这个电流在各相电阻R_s上产生压降u_{Ra}、u_{Rb}、u_{Rc}；位于图下方的乘法器实现I_m^*分别与三相余弦信号（比三相正弦电压超前π/2相位）相乘，并在三相感抗上得到压降u_{La}、u_{Lb}、u_{Lc}；从各相电源相电压u_s中减去各相阻抗压降，就得到在交流输入电流与电源同相位的条件下，整流桥各相桥臂中点的PWM斩控电压u_{ra}、u_{rb}、u_{rc}信号。即电阻

R_s 上的压降、电感 L_s 上的压降和桥臂中点 PWM 斩控电压分别为：

$$\begin{cases} u_{Ra} = I_m^* R_s \sin \omega t \\ u_{Rb} = I_m^* R_s (\sin \omega t - \dfrac{2\pi}{3}) \\ u_{Rc} = I_m^* R_s (\sin \omega t - \dfrac{4\pi}{3}) \end{cases} \tag{5-2}$$

$$\begin{cases} u_{La} = I_m^* x_s \cos \omega t \\ u_{Lb} = I_m^* x_s (\cos \omega t - \dfrac{2\pi}{3}) \\ u_{Lc} = I_m^* x_s (\cos \omega t - \dfrac{4\pi}{3}) \end{cases} \tag{5-3}$$

$$\begin{cases} u_{ra} = u_{sa} - u_{Ra} - u_{La} \\ u_{rb} = u_{sb} - u_{Rb} - u_{Lb} \\ u_{rc} = u_{sc} - u_{Rc} - u_{Lc} \end{cases} \tag{5-4}$$

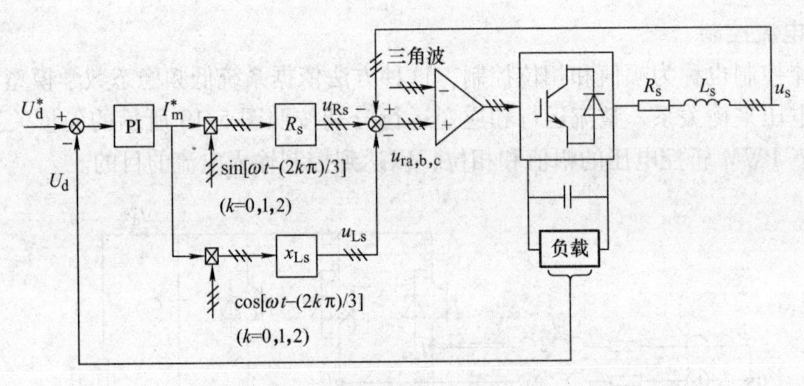

图 5-27　间接电流控制系统结构图

经过式（5-2）、式（5-3）的逻辑算法得到的桥臂中点 PWM 斩控电压 u_{ra}、u_{rb}、u_{rc}，便能满足稳定直流输出电压和使交流输入电流与电源电压同相的目的，这就是 PWM 整流电路的控制目标。不过，控制目标归根到底是通过对 PWM 控制器来实现的，PWM 控制器的运行方法很多，图 5-27 采用 SPWM 方式，由信号 u_{ra}、u_{rb}、u_{rc} 对三角波载波进行调制，所产生的 PWM 控制开关信号去控制变流器的开关管，以达到需要的控制效果。

电压环稳定输出电压的调节过程是：当负载电流增大时，直流侧电容 C 放电而使其电压 U_d 下降，PI 调节器的输入端出现正偏差，其输出 I_m^* 增大，整流器的交流输入电流增大，也使直流侧电压 U_d 回升，达到稳态时，PI 调节器输入恢复到 0，而 I_m^* 则稳定在新的较大值，与较大的负载电流和较大的交流输入电流相对应。当负载电流减小时，U_d 上升，PI 调节器的输入端出现负偏差，I_m^* 下降，交流输入电流下降，也使直流侧电压 U_d 下调。当整流器从整流运行变为逆变运行时，首先是负载电流反向而向直流侧电容 C 充电，U_d 抬高，PI 调节器出现负偏差，其输出 I_m^* 减小后变为负值，使交流输入电流相位和电压相位相反，且 u_{ra}、u_{rb}、u_{rc} 的相位和幅值随之变化，最终通过 PWM 控制器实现逆变运行。

间接电流控制具有开关机理清晰、不需要电流传感器、控制成本低、静态特性好等主要优点。但它也存在几方面的缺陷：一是对变流器桥臂中点电压向量的幅值和相位由电压闭环和基于稳态的数学运算加以控制，这两个环节的响应速度差别较大，难以保证系统具有良好的动态特性；二是从稳态向量关系出发进行的电流控制，其前提条件是电网电压不发生畸变，而实际由于电网内阻的存在、负载的变化及各种非线性负载等扰动引起的瞬态电网波形的畸变，会直接影响控制系统的效果；三是由于交流电流不作为直接的反馈控制量，系统缺乏自身的限流功能，需要专门设计过电流保护电路。

2. 直接电流控制

直接电流控制的主要特点在于引入电流控制环对电流进行闭环控制，使系统动态性能明显改善。直接电流控制一般采用电压外环、电流内环的双闭环控制方式，动态响应快，控制精度高，是目前应用最广泛、最实用的控制方式。直接电流控制有固定开关频率PWM电流控制和滞环PWM电流控制等。下面介绍它们的工作原理。

（1）固定开关频率PWM电流控制

固定开关频率PWM电流控制的特点是PWM载波（如三角波）频率固定不变，以电流偏差调节信号作为调制波，其电流环结构如图5-28所示。将输出电流与给定电流进行比较，得到误差电流信号。再把这个误差电流信号与基于三角波的调制波比较，得到PWM控制信号，经过限幅环节后，控制主电路开关。以这个控制结构为基础，经过推导可以得到三相固定开关频率PWM电流控制的关系式为

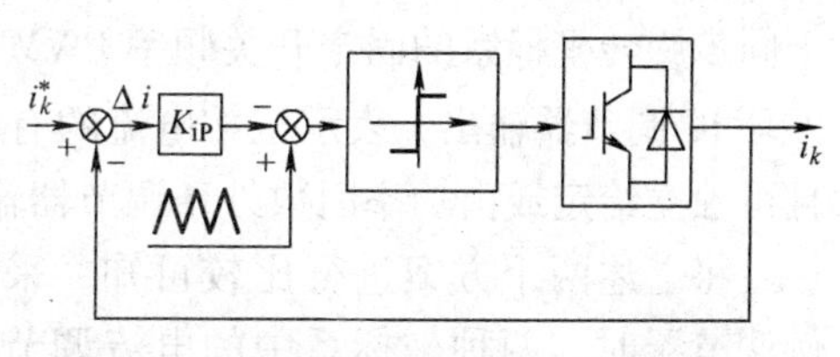

图5-28　固定开关频率PWM电流环结构

$$u_{mk}^* = \frac{1}{u_{dc}}[K_F e_k - K_{iP}(i_k^* - i_k)] \qquad (k = a, b, c) \tag{5-5}$$

式中，K_{iP}为电流内环的比例增益；K_F为电网电动势的前馈增益。说明该控制算法体现了网侧电流反馈和电网电动势的前馈控制。

由此得到三相PWM整流器固定开关频率PWM电流控制的结构框图如图5-29所示。从负载两端取出电压，经A/D转换变为数字信号，再与电压给定比较后作为电压环PI调节器

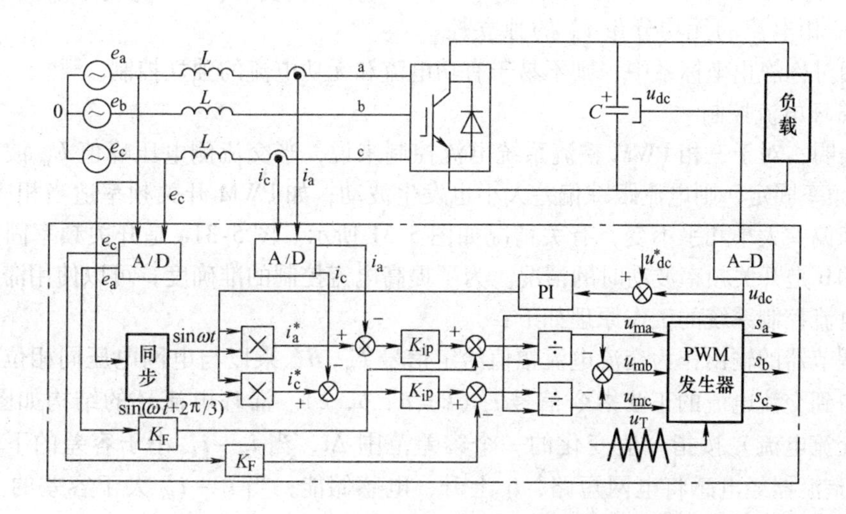

图5-29　三相固定开关频率PWM电流环控制结构

的输入。三相交流输入电源的一相经同步环节变为两相，两相相差 240°。三相交流输入电源的两相经 A/D 转换环节变为两相数字电压信号，再经 K_F 环节后作为前馈控制信号。用互感器取出两路输入电流信号，经 A/D 转换器变为数字信号。电压调节器的两路输出信号与同步环节输出的两路正弦信号相乘后变为两路交流电压信号，再与两路数字电流信号比较，经电流环开环增益处理后与前馈控制信号相减。可以看到，图中除法器的作用是补偿直流电压 u_{dc}波动对控制响应的影响。最后通过三相固定开关频率 PWM 控制器产生 PWM 控制信号。

上述固定开关频率 PWM 电流控制方案实际上就是三相对称静止坐标系中的一种电流控制方案。该方案中，电流内环的稳态电流指令是一个时变信号（正弦波信号），其电流指令的幅值信号来源于直流电压调节器的输出，而电流指令的频率及相位应等于电网电动势的频率及相位（或相位差为 180°）。

固定开关频率 PWM 电流控制也可以采用两相同步旋转坐标系。不考虑前馈解耦时的基于同步旋转坐标系的固定开关频率 PWM 电流环结构如图 5-30 所示。电流指令 i_q^* 来自电压外环 PI 调节器输出，表示三相电流的有功分量；而电流指令 i_d^* 表示三相电流的无功分量，且可独立给定或由功率因数外环调节器输出给定。

将上述两个方案进行比较可知，采用比例调节器时，两种坐标系中的电流调节器是相同的，都是有差调节。稳态时，三相对称静止坐标系中的电流内环的稳态电流指令是一个时变信号（正弦波信号），而两相同步旋转坐标系的指令电流是不变信号（直流信号）；当采用 PI 调节器时，三相对称静止坐标系中的 PWM 电流控制器无法实现电流无静差，而两相同步旋转坐标系的电流调节器是可以的；在固定开关频率 PWM 电流控制的两相同步旋转坐标系中，易于三相电流的有功分量 i_q^* 和三相电流的无功分量 i_d^* 的独立控制，而三相对称静止坐标系中，则不易于有功电流和无功电流的独立控制。

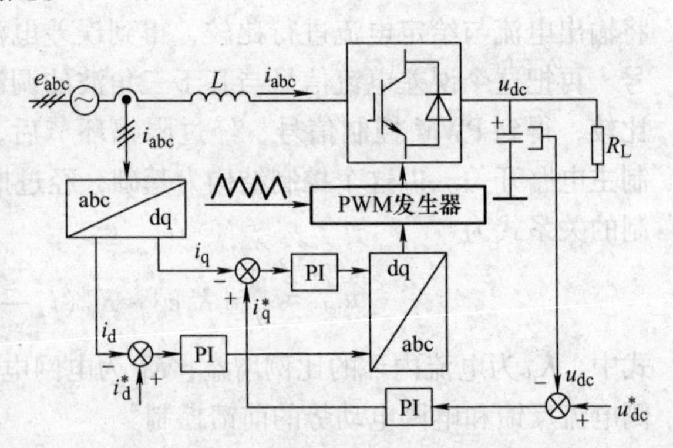

图 5-30　基于同步旋转坐标系的固定开关频率 PWM 电流环结构

（2）滞环电流控制

研究表明，对于三相 PWM 整流系统电流控制来说，当交流侧电压峰值 U_m 波动时，如 PWM 开关频率固定，则电流跟踪偏差大小也发生波动；如 PWM 开关频率适当相应波动时，则电流跟踪偏差大小几乎不变，有关情况如图 5-31 所示。图 5-31a 是开关频率固定时的情况，图 5-31b 是开关频率波动时的情况。为了提高电流控制的准确度，可以使用滞环电流控制。滞环电流控制系统的工作原理如下：

电压调节器的输出作为交流电流幅值给定信号 I_m^*，I_m^* 乘以与电网电压同相位的三相正弦信号，得到交流电流的正弦指令信号 i_k^*（$k=a,\ b,\ c$）。滞环电流环的结构如图 5-32 所示，给出交流电流 i_k 按指令值变化的一个容差范围 Δi，当 $i_k-i_k^*$ 小于容差的下限值 $-\Delta i$ 时，PWM 整流器经电感将电网短路，i_k 上升，电感储能；当 $i_k-i_k^*$ 大于容差的上限值 Δi 时，电网与电感经 PWM 整流器接通直流侧，电感释放电能，i_k 下降，i_k 下降到使 $i_k-i_k^*$ 又

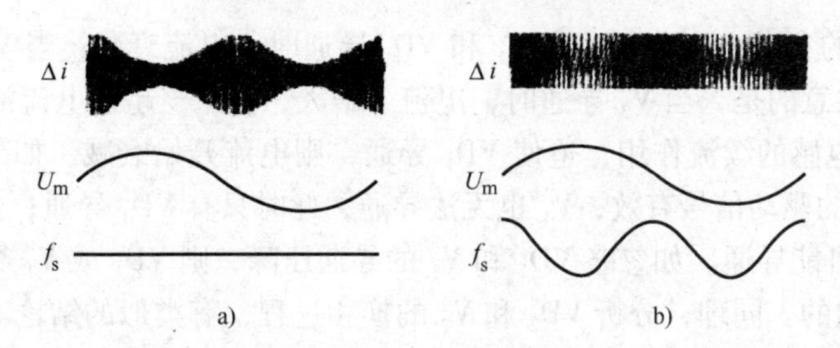

图5-31　三相PWM整流系统中PWM开关频率对电流跟踪偏差的影响

a）开关频率固定　b）开关频率波动

小于容差的下限值 $-\Delta i$ 时，PWM整流器又使 i_k 上升。上述过程不断重复，使交流电流 i_k 在按指令电流 i_k^* 的一个规定的容差范围内变化。容差越小，交流电流 i_k 波形越接近正弦，其PWM脉冲的频率越高。

为简化滞环PWM电流控制原理的分析，这里主要讨论单桥臂滞环PWM电流控制，其原理图如图5-33所示。由此可见，单桥臂滞环PWM电流控制实际上是一种只用两个电力电子开关组成的单相电压型PWM整流器，另一支路采用电容分压的串联式结构。在控制结构中，输出电压与两个电容上的电压比较后经滤波环节和PI环节，再与输入电压同步信号相乘后作为电流环的给定输入，加到滞环的负输入端。输入电流采样信号与两个分压电容的电压差信号相加后加到滞环的正输入端。取两个分压电容的电压差信号，并前馈加入控制环路中，是一种电容均压控制。因为两电容起到分压作用，就要求它们是均压的。电容量不同，开关过程会引起电容电压不同，所以设计了电容均压控制。根据电容容差，调整补偿电流反馈值，进而调整开关时间，调整电容上放电量，最终调整电容电压。

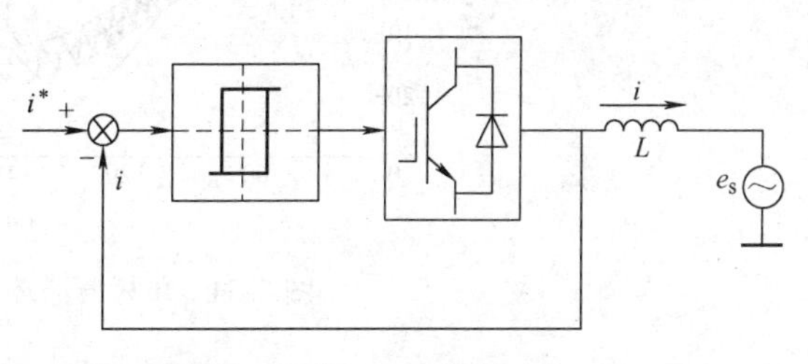

图5-32　滞环电流控制示意图

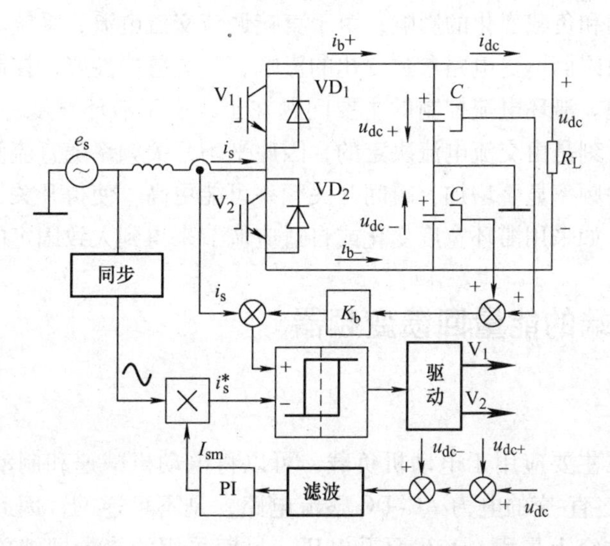

图5-33　单桥臂滞环PWM电流控制原理图

根据图 5-33 的参考方向分析，当 V_1 和 VD_1 导通时，电流衰减；当 V_2 和 VD_2 导通时，电流增大。值得注意的是，当 V_2 导通时，电流 i_s 增大，如果 i_s 超过电流滞环上限时，则关断 V_2，此时由于电感的续流作用，迫使 VD_1 导通，则电流开始衰减。如果 i_s 为正弦电流正半波时，即使 V_1 的驱动信号有效，V_1 也无法导通，此时只有 VD_1 导通；如果 i_s 为正弦电流负半波时，V_1 才可能导通。如忽略 VD_1 和 V_1 的导通压降，则 VD_1 或 V_1 导通对桥臂交流端电位的影响是等效的。同理，分析 VD_2 和 V_2 的换相过程，有类似的结论。有关电流波形如图 5-34 所示。

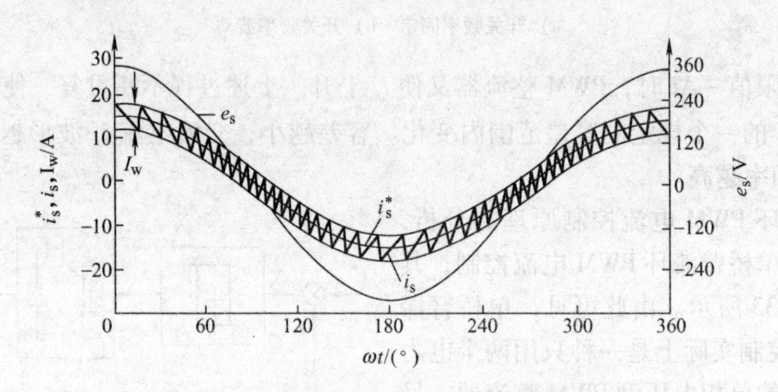

图 5-34　单桥臂滞环 PWM 电流控制波形图

从电流跟踪波形可以看出，单桥臂滞环 PWM 电流控制中 PWM 开关频率是一变量。该变量是滞环宽度、电感值和直流侧电压的函数。在滞环宽度和电感值一定的条件下，开关过程中可施加的直流侧电压越高，PWM 开关频率就越高；反之则越低；当电感值和直流侧电压一定时，滞环宽度越小，开关频率就越高；反之则越低。在开关频率足够时，电流能不能跟踪电流指令，则完全取决于 PWM 整流器交流侧电感值和直流侧电压。适当降低电感值或提高直流侧电压，均有利于电流的快速跟踪。

采用滞环电流控制的优点是：交流电流的畸变可以始终保持在一个给定的容差范围内，而不受电网电压波动和负载变化的影响；由于直接调节交流电流，系统动态响应快；控制运算中不使用电路参数因而不受电路参数变化的影响，系统鲁棒性好；控制系统结构简单，用模拟器件也容易实现。滞环电流控制的主要问题在于，由于滞环宽度一般固定，PWM 整流器开关状态的转换时刻是由交流电流决定的，因此平均开关频率随直流侧负载电流的变化而变化。重载时，开关频率显著增加，瞬间开关频率可能更高，使得开关器件的应力过大。已有不少改进的方法，如采用滞环宽度变化或自适应调节来得到大致固定的开关频率。

5.6 带有源前端的能量回馈变频器

5.6.1 工作原理

能量回馈变频器主要应用于电动机负载，可以将电动机减速和制动的机械能回馈给电网。通常变频器是交-直-交的电力 AC-DC 整流电路，是不可逆的，因此无法回馈到电网上去，能量将在滤波电容上累积，产生泵升电压。早期采用的能量回馈单元如图 5-35 所示，对电机反转或再生制动产生的能量进行回收。这种结构的变频系统通过在变频器中增加能量回馈装置，将再生能量回馈到电网，解决了泵升电压问题。但是外加能量回馈装置将导致一台变频器有两套整流电路，器件的性能得不到充分的发挥，增加了系统的成本，使结构变复杂，降低了系统的稳定性。

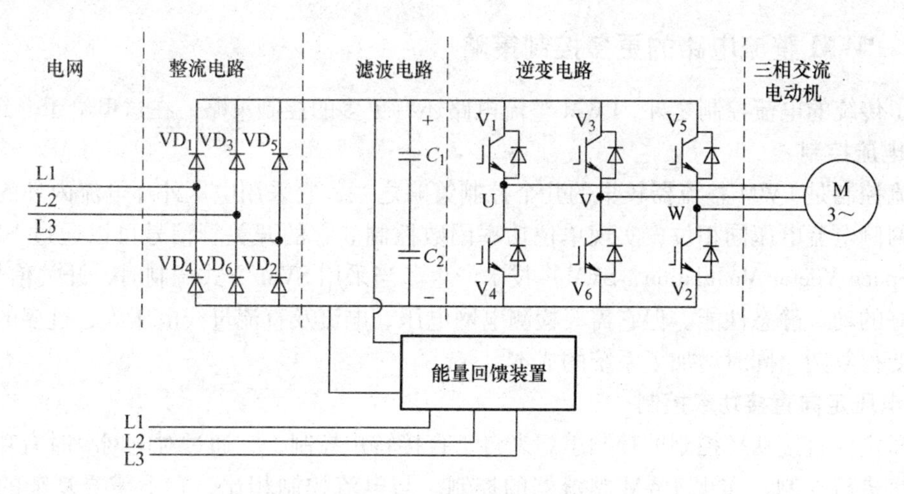

图5-35 外加能量回馈装置的能量回馈变频器电路

随着电力电子技术的发展，这种带能量回馈装置的变频器拓扑结构逐渐被图5-36所示的双PWM拓扑结构所取代。这就是带前端PWM整流器的有源前端（Active Front End，AFE）能量回馈变频器。双PWM变频调速系统拓扑结构分为电流源型和电压源型。电流源型双PWM变频器需要大电感进行直流滤波，其优点是容易实现电流保护，但却存在着变频器传输比低及输出电压波动大等缺点。电压源型双PWM变频器目前生产得最多也应用最广泛。其中两电平电压源型双PWM变频器有着电路结构简单、性能可靠及技术成熟等优点。除此之外，电压源型双PWM变频器还有矩阵式、谐振软开关式、中点箝位三电平等不同结构类型。

图5-36是由两个三相桥式PWM变流器级联而成的电压型双PWM变流电路，它作为可逆AC-DC-AC功率变换器，成为PWM整流器的重要应用之一。其典型的控制方式是，当电机处于电动状态时，电源侧PWM变流器作为整流器运行，电动机侧PWM变流器作为逆变器运行，中间直流电压可在一定范围内调节，交流侧电压与电流的相位角ϕ在0°~90°范围内设置，当ϕ为0°时系统功率因数为1。当电机进入再生制动时，首先是电动机侧PWM变流器把再生能量回馈到中间直流环节，使直流侧电压升高，电源侧PWM整流器自动进入有

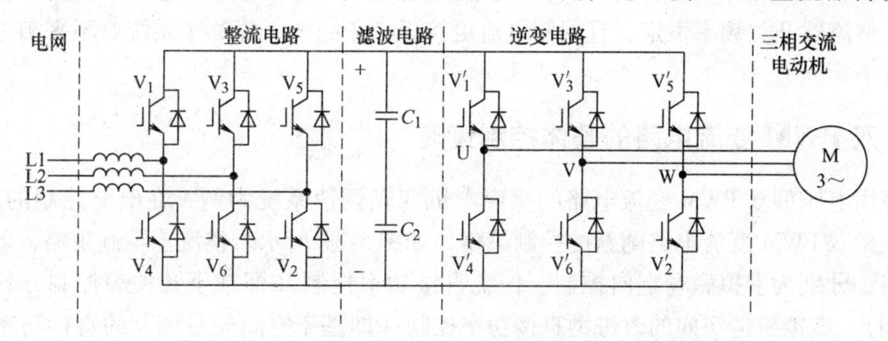

图5-36 电压型双PWM变流电路

源逆变状态，将电机的机械能转换为电能回馈电网。此时相位角 ϕ 可在 90°～180°范围内设置。电压型双 PWM 变频电路非常适合于电机频繁再生制动的场合，如电力机车牵引、电梯驱动等。

5.6.2 PWM 整流电路的更多控制策略

除了传统的电流控制之外，PWM 整流电路还有更多的控制策略，在这里给予介绍。

1. 电流控制

电流控制是 PWM 整流器较早的几个控制策略之一，它采用电压外环电流内环的控制方式，使网侧电流电压同相位，实现单位功率因数控制。它的开关管信号可以通过 SPWM 或 SVM（Space Vector Modulation，SVM）技术产生。当采用 SVM 方式调制时，开关信号恒定，具有较好的动、静态性能。但它需要检测电网电压、电流及直流母线电压等，过多的传感器使系统变得复杂，同时增加了系统的成本。

2. 电压定向直接功率控制

电压定向直接功率控制的控制思想来自于直接转矩控制，它通过对电网瞬时有功、无功功率直接进行控制，实现 PWM 整流器的控制。与电流控制相比，它不需要复杂的坐标变换，但是这种控制策略基于电网电压，所以当电网有波动或者谐波较大时，对控制结果影响较大。传统的直接功率控制一般采用滞环比较器控制误差，最后产生整流器的开关信号，它有着控制简单、动态响应快的优点，但由于滞环比较器本身的缺点，它也存在着开关频率不恒定、输出功率脉动大等缺点。

3. 磁场定向控制

基于虚拟磁链的磁场定向控制主要思想来源于交流电机，将电网等效成一个虚拟的三相感应电机。类似于交流电机磁链控制方法，通过对虚拟磁链进行估算，代替电网电压作为定向矢量。这种控制方式不需要电网电压传感器，降低了系统的成本和复杂性。但这种控制方式需要对交流侧电流进行控制，降低了系统的动态特性，坐标变换复杂，不易于实现。

4. 基于虚拟磁链的直接功率控制

基于虚拟磁链的直接功率控制（Virtual Flux Direct Power Control，VF-DPC）将电网等效成一个虚拟的三相感应电机，通过虚拟磁链计算有功和无功功率。与电压定向的直接功率相比，这种控制策略不依赖于网侧电流，简化了系统，提高了系统的动态特性，网侧电流谐波减小。将空间矢量技术和 VF-DPC 技术相结合，提出了 DPC-SVM 技术，即用 PI 调节器代替传统控制策略的滞环比较器，利用 SVM 技术得到开关管开关信号。它可以产生任意参考电压矢量，整流器开关频率恒定，且网侧电流更接近于正弦波，提高了系统对不平衡三相电压电源的抗干扰能力。

5.6.3 双 PWM 变流电路的整体控制策略

以使用电压型双 PWM 变流电路的感应电机变频调速系统为例，在电流控制的基础上，说明电压型双 PWM 变流电路的新的控制策略，如图 5-37 所示。整流器控制策略，即电网侧控制策略，分别为虚拟磁场定向控制、传统直接功率控制（即基于开关表控制方式的直接功率控制）、虚拟磁链定向的改进型直接功率控制（即基于空间矢量调制的直接功率控制）；变频器调速系统逆变器控制策略，即电机侧控制策略，分别为磁场定向控制、传统直接转矩控制（即基于开关表控制方式的直接转矩控制）、改进型直接转矩控制（即基于空间矢量调制的直接转矩控制）。结合电网侧和感应电机侧的控制策略，假定整流器与逆变器采用类似的控制策略，整个感应电机变频调速系统的控制策略根据控制原理不同又可以分为：磁场定向矢量控制（VF-FOC/FOC）策略、传统直接功率和转矩控制（ST-DPTC）策略；改进型直接功率和转矩控制（DPTC-SVM）策略。矢量控制出现最早，而它存在控制复杂、动态响应差等问题。传统直接功率和转矩控制策略动态响应快，直接对有功和无功功率、转矩、磁链进行控制，控制算法简单。但是它采用开关表方法来得到驱动信号，使得电压和转矩脉动都较大。

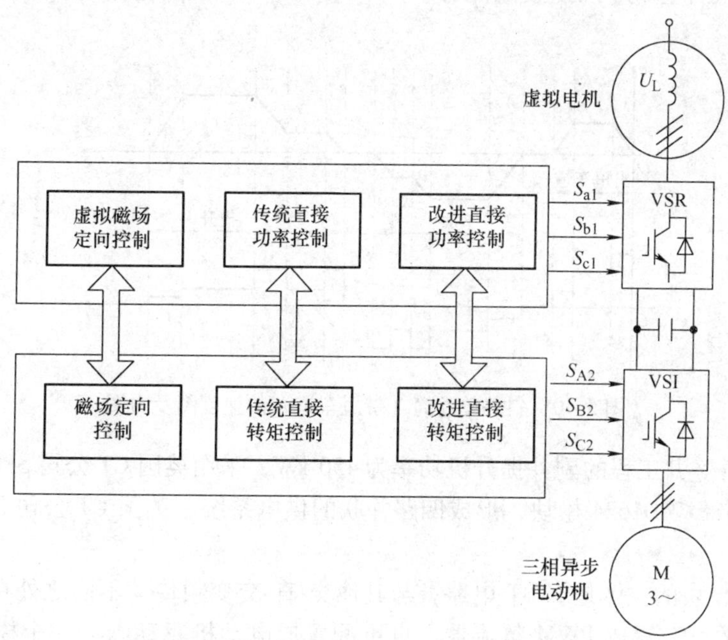

图5-37 变频调速系统的新的整流器控制策略

【例5-3】 PWM整流前端变频器在提升机电气传动中的应用。

矿井提升机有单绳单卷筒、单绳双卷筒及多绳摩擦轮等多种形式。用于提升的矿井有竖井及斜井两种。竖井的提升容器有箕斗、罐笼；斜井的提升容器有箕斗、串车、人车。矿井提升机有多种形式，又有各种提升容器，因而有多种运行速度图。矿井提升机运行的各阶段需要不同的力矩，由此可以得出对应速度图的力图。矿井提升机对电气传动的要求，主要是满足速度图及力图的要求。三种典型的速度图及力图分别如图5-38、图5-39和图5-40所示。从速度图及力图可以看出，矿井提升机电气传动系统必须四象限运行，即正向电动、正向制动、反向电动、反向制动四种运行方式，还要有稳定低速运行特性。

由于带PWM整流器前端变频器能实现电动机的四象限运行、几乎不产生谐波及功率因数接近1的优良性能，带PWM整流器前端变频器特别适用于矿井提升机交流传动系统。带PWM整流器前端变频器，国内产品称为四象限变频器，国外产品称为有源前端（AFE）变频器。国外低压（690 V及以下电压）变频器产品，如ABB的ACS800、西门子的S120及英国CT公司的SPMD系列产品均有有源前端变频器。

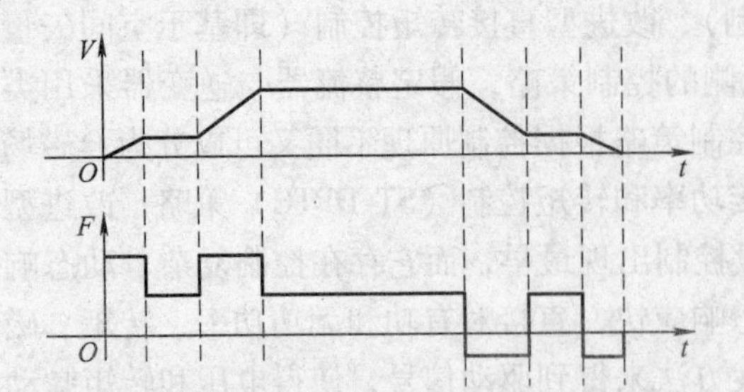

图 5-38　主井竖井箕斗的速度图和力图

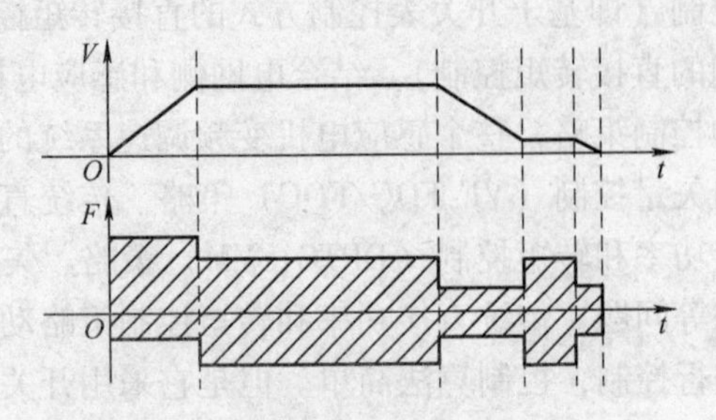

图 5-39　副井竖井罐笼的速度图和力图

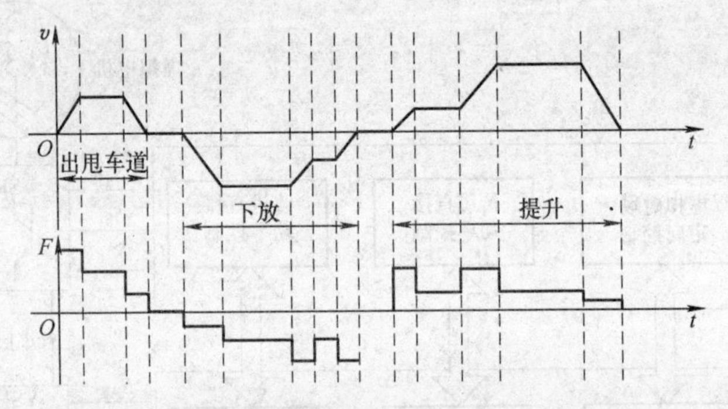

图 5-40　斜井单卷筒（带甩车道）的速度图及力图

某铜矿副井竖井工程的副井提升机功率为 450 kW，采用英国 CT 公司 SPMD 有源前端变频器，配置八个 SPMD1624 模块，形成四路并联的供电系统。英国 CT 公司 SPMD 产品的主要性能如下：

1）SPMD 模块的主体是 IGBT 电路，与其他交-直-交变频传动不同之处在于模块的统一设计，通过参数可配置成 PWM 整流器，也可配置成电动机驱动器。一个模块交流端接电源，作为 PWM 整流器；一个模块交流端接电动机，作为电动机驱动器。两个模块直流端连接在一起，构成四象限运行的 AFE 驱动系统，可以减少备件的种类。

2）SPMD 为标准模块化生产，将多台 SPMD 并联配置可以提供更大的输出功率。最多 10 台模块并联，重载输出 1600A、690V 时电机功率可达 1550kW。每个电压等级下，有四种功率等级，结合不同的并联数，可以满足任何功率要求。SPMD 模块的额定参数见表 5-2、表 5-3。

表 5-2　SPMD 690V 模块的额定参数

形　　号	正常负载			重　　载		
	最大持续电流/A	典型电机输出		最大持续电流/A	典型电机输出	
		在 690V/kW	在 575V/HP		在 690V/kW	在 575V/HP
SPWD1621	125	110	125	100	90	100
SPWD1622	144	132	150	125	110	125
SPWD1623	168	160	150	144	132	150
SPWD1624	192	185	200	168	160	150

表5-3　SPMD 400V模块的额定参数

形　　号	正常负载			重　　载		
	最大持续电流/A	典型电机输出		最大持续电流/A	典型电机输出	
		在400V/kW	在460V/HP		在400V/kW	在460V/HP
SPWD1421	205	110	150	180	90	150
SPWD1422	246	132	200	210	110	150
SPWD1423	290	160	250	246	132	200
SPWD1424	350	200	300	290	160	250

用于较大功率电动机的变频器，为多台SPMD并联配置，当某一并联模块故障时，系统可以降容继续运行，也可$N+1$配置成冗余系统，对减少停产时间大有好处。在极低转速下（10 r/min），SPMD通过对转矩的动态控制保证电机转速高精度稳定而没有脉动、零转速及极低转速可达150%额定转矩等特性，这也是矿井提升机传动系统所需要的。所设计的某铜矿副井变频装置主回路系统接线如图5-41所示。

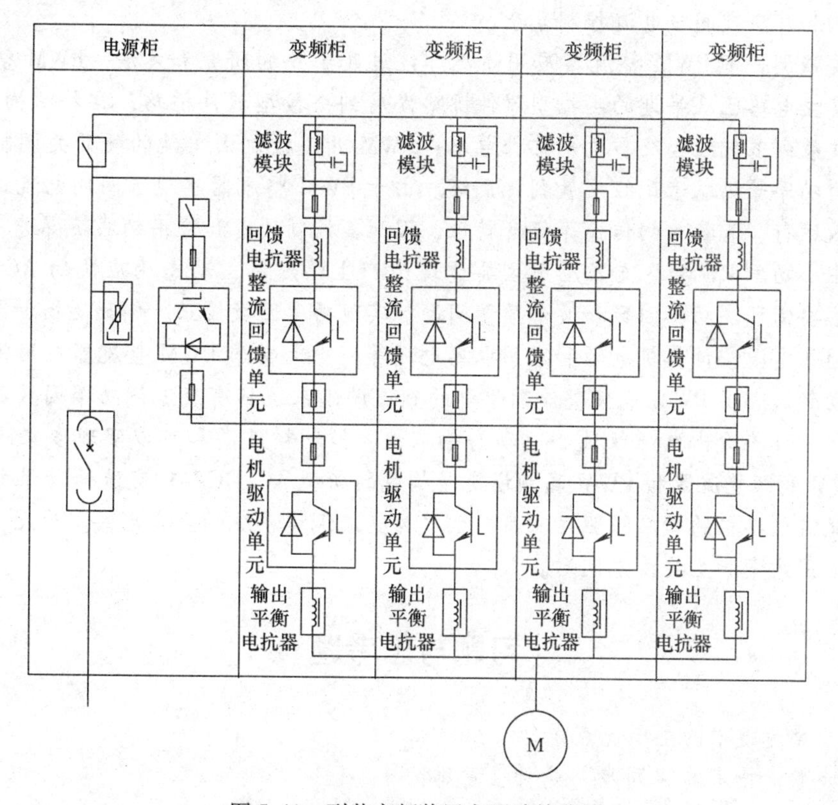

图5-41　副井变频装置主回路接线图

本章小结

本章涉及的可控整流技术是相对很新的技术，可以应用于对直流电能有更高要求的场合。本章的两种整流技术虽然应用的场合不同，但是其最为核心的对电能的处理方法是一样的，就是把交流电能变为直流电能。它们的不同之处在于，同步整流技术往往以单个同步整流管或两个同步整流管的方式，也就是以单相半波或单相全波的方式，应用于开关电源后级作为高频信号的整流之用。所以，它的作用是替代二极管整流的作用（起续流作用），应用功率较小。而PWM整流器用来替代晶闸管可控整流电路，可以表现为很大的应用功率。它的应用形式是一个整体的、完整的电路部分。

因为同步整流管在输入波形的两种情况下有不同的导通和截止表现，使电路呈现不同的具体连接结构。为了理解同步整流电路，可以分别分析在输入波形的两种情况下的电路连接情况。这是掌握同步整流电路的关键所在。

对于PWM整流器电路，在理解电路的数学分析的基础上，重点理解其具体电路波形，以掌握与其他类形的电力电子电路的相同之处和不同之处。除了输出电压的控制之外，要想获得所需要的性能，还要重视输入电流的控制。间接电流控制的优点是控制简单，主要问题在于电流的动态响应不够快，交流侧电流中含有直流分量，对系统参数很敏感，适合于对整流器要求不高的场合。相对于间接电流控制，直接电流控制可以获得较高品质的电流响应，但控制结构和算法较间接电流控制复杂。

有必要强调一下PWM整流器应用情况。经过几十年的研究和发展，PWM整流器已日趋成熟，其主电路已从早期的半控型器件桥路发展到全控型器件桥路；拓扑结构已从单相、三相电路发展到多相组合及多电平拓扑电路；PWM开关控制由单纯的硬开关调制发展到软开关调制；功率等级从千瓦级发展到兆瓦级。由于PWM整流器实现了网侧电流正弦化、单位功率因数运行、能量双向传输等优良特性，因此其控制技术和应用领域获得进一步的发展和拓宽。中小功率PWM整流器应用主要体现为产生精度高、动态响应快的AC-DC电源，应用场合主要需解决功率因数和波形质量问题，实现功率因数校正。例如磁场加速电源、充电电源、通信电源、计算机电源和家用电器电源等。中大功率PWM整流器应用体现在交直流电气传动领域。由PWM高频整流器供电的直流调速系统具有交流侧功率因数高、交流侧电流正弦化、直流输出电压纹波小、动态响应快、控制精度高和可以实现多象限运行等特点；由PWM高频整流器和PWM高频逆变器构成的新型AC-DC-AC交流传动供电系统可方便地完成交流电动机的四象限驱动，目前已成为交流调速系统的主要形式。为此，在5.6节中介绍了应用方案和主要技术问题。

习题与思考题

1. 同步整流技术的主要优点是什么？
2. 同步整流技术的“同步”是什么意思？
3. 同步整流的同步方法有哪些特点？
4. LM5035是哪种类型的电力电子集成电路？有哪些主要功能？
5. 试分析图5-2所示电路的拓扑结构与图5-1b所示电路的拓扑结构的关系。
6. 画出图5-2所示电路在输入电压为正半周时变压器二次侧电路中电流流动方向。
7. 画出图5-2所示电路在输入电压为负半周时变压器二次侧电路中电流流动方向。
8. 画出图5-3所示电路在输入电压为正半周时变压器二次侧电路中电流流动方向。
9. 画出图5-3所示电路在输入电压为负半周时变压器二次侧电路中电流流动方向。

10. 四开关桥式电路有几种电能处理功能，其特点是什么？

11. 为什么PWM整流器可以提高功率因数？

12. 在图5-10中，交流侧电感L_s的作用是什么？是不是可以取消？

13. 试分析图5-15d（单相桥式PWM整流器单极性调制实际输出波形）的波形是怎样产生的。

14. PWM整流电路的电流控制中的被控量是哪个量？

15. 当交流侧电压峰值U_m波动时，如果PWM开关频率固定，为什么电流跟踪偏差大小也发生波动？

16. 画出三相PWM整流电路滞环电流控制的具体实现电路。

动手操作问题

P5.1 16.5W同步整流式DC-DC电源变换器的制作。

[操作指导]：认真研读【例5-2】的电路设计和参数计算内容，按图5-9的电路图购买所有的电子元器件和万用印制电路板，进行电路制作和调试工作。因为电路中包含闭环反馈，所以调试有一定难度，请注意记录有关实验数据，认真对待和分析有关电路现象。

P5.2 电压型单相单桥臂PWM整流电路的制作

[操作指导]：根据5.3节，总结和概括单相电压PWM整流器的原理、电路特点和关键点波形。参照图5-33所示的电压型单相单桥臂PWM整流电路的全系统框图，设计主回路电路图。要注意因为有两个开关，所以需要两路独立的电源。控制系统部分可以用模拟电路实现，也可以用为微处理器为核心的数字系统实现。在调试电路时，要注意测试各主要点的波形，并多参照图5-15、图5-16、图5-18、图5-31和图5-34所示的波形。

第6章　交流-交流电能变换的主要技术

交流-交流变流电路是把一种形式的交流变成另一种形式交流的电路，这种直接交流到交流的变换并不容易实现。这一类的电能变换技术主要有两种，较为传统的交流调压技术和近来刚刚开始应用的矩阵变换器调频技术。交流调压电路是只改变电压、电流或控制电路的通断，而不改变频率的电路。矩阵变换器调频技术是一种直接的交-交变频技术。因为是对交流电能进行直接的开关控制，双向电力电子开关，然后对交流调压技术的主要形式进行讲解，较为详细地介绍本章首先介绍矩阵变换器的主要技术特点，着重分析矩阵变换器的换流方法。

6.1　双向开关构成

交流控制要求开关器件必须能流过双向电流且能阻断双向电压，故主电路中的开关必须是双向开关。双向开关能够阻断双向电压、流过双向电流并且具有自关断能力，亦被称为四象限开关（four quadrant switch）。受电力电子器件制造技术发展的局限，目前市场上尚未出现具备上述功能的电力电子功率器件，因此研究中大都采用分立的电力电子开关器件 IGBT 来实现矩阵变换器的双向开关，主要组合方式有四种：二极管桥式结构、共射极反向串联结构、共集极反向串联结构、反向并联结构，如图 6-1 所示。图 6-1a 所示的二极管桥式双向开关，由一个位于中间的 IGBT 和四个快速恢复二极管组成。这种构成方式的优点在于，每个双向开关中仅包含一个 IGBT 器件，有效地降低了电路成本；其不足在于电流流通过程中需要经过三只管子，使得开关器件损耗增大，且这种双向开关中的电流方向很难控制，因此实际研究中，较少采用这种二极管桥式构成方式。这种结构的每个双向开关因为只含有一个 IGBT 功率器件，所以只需要一个驱动用隔离电源。图 6-1b 所示的共发射极反向串联双向开关，由两个快速恢复二极管反向并联，两个 IGBT 的发射极反向串联，而两个集电极分别与输入侧和输出侧相连构成。因为 IGBT 不能承受较大的反向电压，所以由两个快速恢复二极管为双向开关提供反向阻断能力。相对于二极管桥式结构，这种构成方式有两大优点：一是可独立控制电流方向；二是由于电流只经过两个开关器件，所以器件的导通损耗也随之减小。但这种双向开关的弱点在于，两个 IGBT 的发射极被连接在一起，每个双向开关都至少需要一个隔离电源为驱动电路供电。图 6-1c 所示的共集电极反向串联双向开关，其组成方式可以和共发射极反向串联方式进行对比。相对于前述两种构成方式，这种结构不但具有导通损耗小、电流方向易控制等优点，还可以减少驱动电路隔离电源数量。因为发射极连接到输入、输出侧，所以每三个涉及发射极相连的 IGBT 可以共有一个隔离电源为驱动信号供电。图 6-1d 所示的反向并联结构的双向开关，其结构与共发射极反向串联的双向开关比较相似，差别在于反向并联结构的双向开关两个 IGBT 发射极没有连接在一起，两个快速恢复二极管也是为 IGBT 提供反向阻断能力。由于 IGBT 的发射极通过二极管连接到输入、输出侧，没有出现几个 IGBT 发射极相连的情况，所以这种结构双向开关的每个 IGBT 器件各需要一个隔离电源。

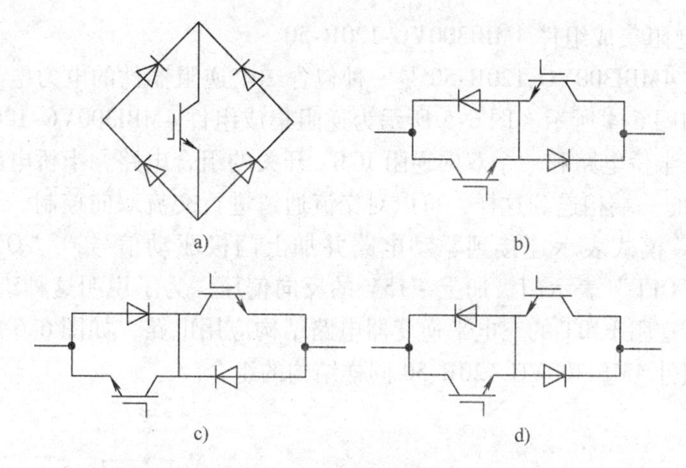

图6-1　电力电子开关器件IGBT双向开关

a）二极管桥式结构　b）共发射极反向串联　c）共集电极反向串联　d）反向并联结构

近年来，研制出了一种适用于矩阵变换器的新型电力电子器件——逆阻型IGBT（Reverse Blocking IGBT，RB-IGBT），它不仅具有输入阻抗高、开关速度快、通态电压低、阻断电压高、承受电流大等优点，而且具有反向阻断能力，可承受接近于正向阻断电压的反向阻断电压，非常适合于构成矩阵式变换器中的双向开关。逆阻型IGBT解决了普通IGBT不能反向截止的问题，使得双向开关可以简化为简单的反并联结构，如图6-2所示，省去了两个快速恢复二极管，大大降低了矩阵变换器的功率损耗。

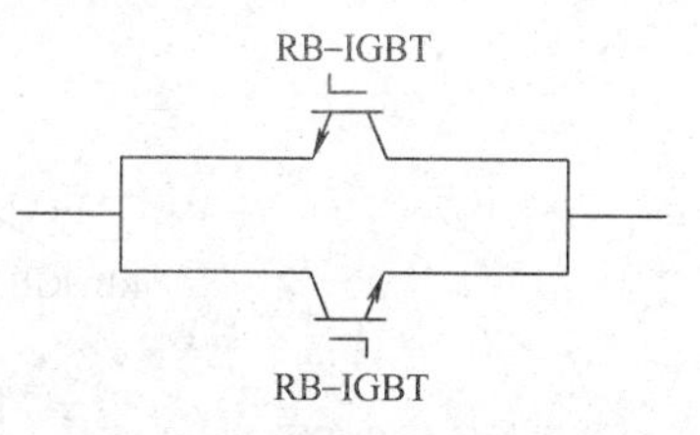

图6-2　逆阻型IGBT双向开关

逆阻型IGBT的内部结构有特殊之处。普通的IGBT在承受反向电压时，切割面的晶格缺陷中可以产生载流子，会形成较大的反向漏电流，所以不能实现反向阻断；逆阻型IGBT利用腐蚀技术在器件的切割面和耗尽层之间形成隔离，从而切断了反向漏电流的流通途径，所以它能够实现反向阻断即承受反向电压。两种器件结构比较的示意图如图6-3所示，所以据上所述，逆阻型IGBT的作用可以等同于一个IGBT串联一个二极管，但是它的导通压降比这种组合小。逆阻型IGBT可以作为一个可控的单向开关，所以两个逆阻型IGBT反并联就可组成一个可控的双向开关。逆阻型IGBT的优点是可以替代普通IGBT和二极管串联作为单向开关，并且器件导通压降较小从而可以减小导通损耗；缺点是它固有的二极管反向恢复特性没有普通的快速恢复二极管的好，所以它的开关损耗较大。所以，逆阻型IGBT适用的三种功率变换器的拓扑是：矩阵变换器、两级的直接功率变换器和三电平电压型整流器。

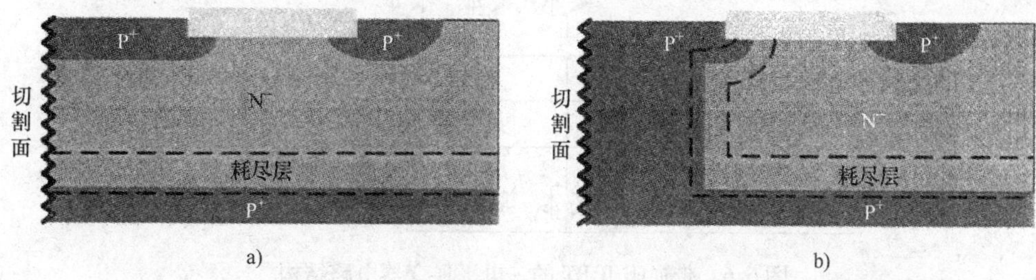

图6-3　逆阻型IGBT的内部结构与普通IGBT的内部结构的比较示意图

a）普通IGBT　b）RB-IGBT

【例 6-1】　逆阻集成组件 4MBI300VG-120R-50。

逆阻集成组件 4MBI300VG-120R-50 是一种包含二个逆阻器件的电力电子主电路开关组件，其电原理图如图 6-4 所示。图 6-5 所示为逆阻集成组件 4MBI300VG-120R-50 的应用连接电路。这是一个半桥电路和一个双向逆阻 IGBT 开关的组合电路，半桥电路的交流端与双向逆阻 IGBT 开关的一端相连。这样，可以对交流通道进行交流双向控制。对应的各种开关模式见表 6-1，SW 模式表示连接到驱动电路并加上门极驱动信号，“ON”表示门极加上 +15V的偏压，“OFF”表示门极加上 -15V 的反向偏压。为了说明这种组件的应用方法，给出一个相关的带逆阻 IGBT 的三电平逆变器电路结构应用电路，如图 6-6 所示。这是三个本例中逆阻集成组件 4MBI300VG-120R-50 同样结构的组合。

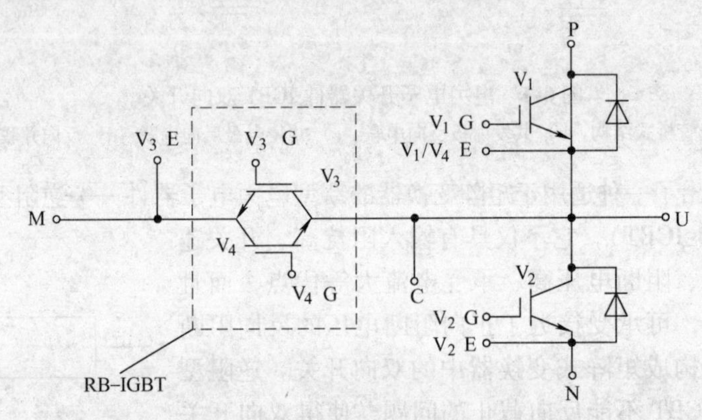

图 6-4　4MBI300VG-120R-50 电原理图

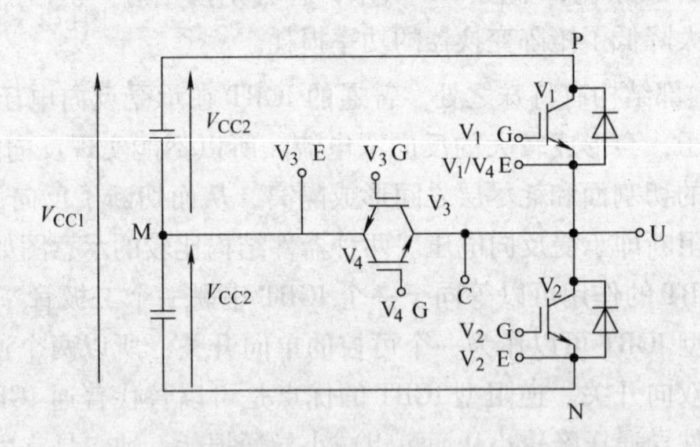

图 6-5　4MBI300VG-120R-50 的应用连接电路

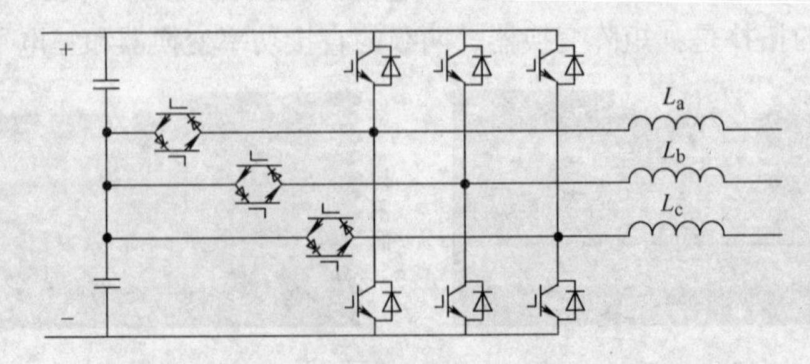

图 6-6　带逆阻 IGBT 的三电平逆变器电路结构

表6-1 各种开关模式一览表

SW 模式	负载 L	V_1	V_2	V_3	V_4
A	U-N	SW	OFF	OFF	OFF
	P-U	OFF	SW	OFF	OFF
B	M-N	OFF	OFF	SW	ON
	M-U	OFF	OFF	ON	SW
C	P-U	SW	OFF	OFF	ON
	U-N	OFF	SW	ON	OFF

6.2 斩控式交流调压电路

交流调压是使输入电压波形发生变化，这就需要对其波形进行处理。这里着重说明如何使用全控电力电子器件完成这个任务。

6.2.1 单相斩控式交流调压电路

单相斩控式交流调压电路是一种常见的电力电子电路，其电路图如图6-7所示，可以用于灯光控制（如调光台灯和舞台灯光控制），异步电动机软起动，供用电系统对无功功率的连续调节，高压小电流或低压大电流直流电源中调节变压器一次电压。在交流电源 u_1 的正半周，用 V_1 进行斩波控制，用 V_3 给负载电流提供续流通道。在交流电源 u_1 的负半周，用 V_2 进行斩波控制，用 V_4 给负载电流提供续流通道。输出电压、电流波形如图6-8所示。单相斩控式交流调压电路的特性是：电源电流的基波分量和电源电压同相位，即位移因数为1。电源电流不含低次谐波，只含与开关周期 T 有关的高次谐波。功率因数接近1。

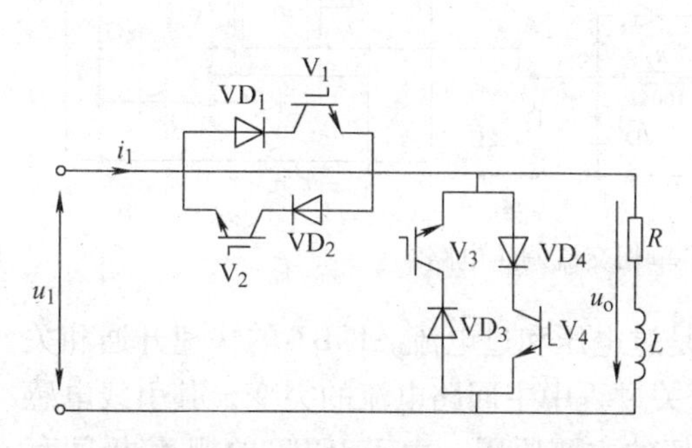

图6-7 单相斩控式交流调压电路

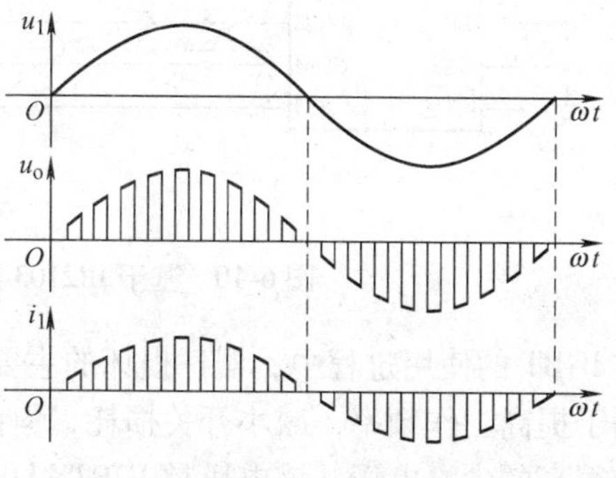

图6-8 单相斩控式交流调压电路输出电压、电流波形

【例6-2】 基于IR2103的IGBT单相交流调压电路。

在第2章已介绍过半桥驱动器IR2103。可以把图6-7所示的单相斩控式交流调压电路概括为图6-9a所示的拓扑结构，这种结构中的每个双向开关也可以用图6-9b所示的双向开关来实现。

基于IR2103的IGBT单相交流调压电路如图6-10所示，该电路中自举电容一般采用一个大电容和一个小电容并联。在频率为20 kHz左右的工作状态下，可选用1.0 μF和0.1 μF两个电容并联。并联高频小电容可吸收高频毛刺干扰电压。电路中的快速恢复二极管 VD_1

可防止 Q_1 导通时高电压串入 VCC 端损坏芯片。由于 VB 高于 VS 电压的最大值为 20V，为了避免 VB 过电压，电路中增加了稳压二极管 VD_2。为了改善 PWM 控制脉冲的前后沿陡度并防止振荡，减小 IGBT 集电极的电压尖脉冲，一般应在栅极串联十几欧到几百欧的限流电阻 R_G，IR2103 的最大不足是不能产生负偏压。由于密勒效应的作用，在开通与关断时，集电极与栅极间电容上的充放电电流很容易在栅极上产生干扰。针对这一点，在输出驱动电路中的功率管栅极限流电阻 R_1、R_2 上反向并联了二极管 VD_4、VD_5。IGBT 是电压驱动型器件，由于是容性输入阻抗，所以要求驱动电路提供一条小阻抗通路，将栅极电压限制在一定安全数值内。如果电路的负载为感性负载，则在功率管开关瞬间、电源短路以及过电流关断时，di/dt 将比较大，功率管会产生过冲电压，从而使 VS 端电压低于 COM 端。实际上，该电压不能低于 -4V，超出该极限电压就会引起高端通道工作的不稳定。故在电源线与功率管之间应增加去耦电容，一般应选 0.1μF 或 1.0μF 的电容。

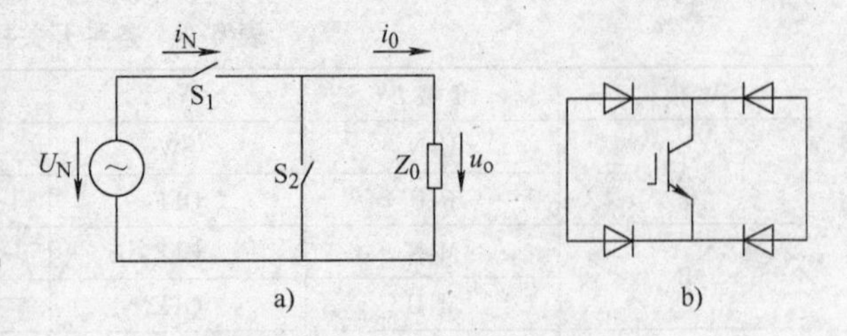

图 6-9　单相斩控式交流调压电路的拓扑结构和一种双向电力电子开关

a）原理图　b）IGBT 整流桥

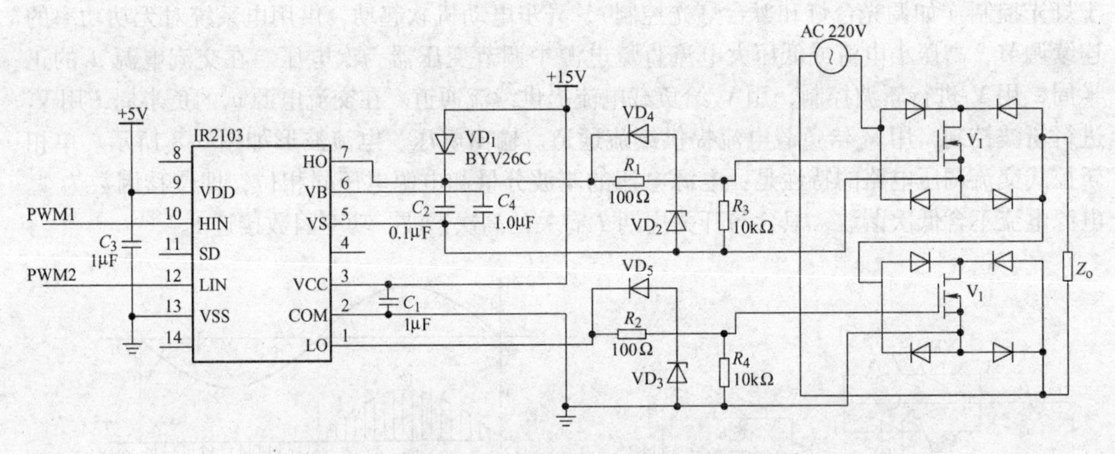

图 6-10　基于 IR2103 的 IGBT 单相交流调压电路

在 IGBT 的使用过程中，器件损坏的主要原因是过电压和过电流。IGBT 的快速开通和关断有利于提高工作频率，减小开关损耗，但由于开关过程中主回路电流的突变，其引线电感将产生很高的尖峰电压，该电压是 IGBT 过电压损坏的主要原因。由于 IGBT 的栅-集极间存在的分布电容 C_{GC}，和栅-射极间存在的分布电容 C_{GE} 会产生过大的 du_c/dt，故其开关转换过程中易使 U_G 突然升高而造成 C-E 间误导通，从而损坏 IGBT。为了防止 du/dt 造成的误触发，工程应用中应在栅-射极间加旁路保护电阻 R_{GE}，R_{GE} 的取值范围应为 5 ~ 10 kΩ。

6.2.2　三相斩控式交流调压电路

在每相通道里接有双向开关，得到一种三相斩控式交流调压电路，如图 6-11 所示。工作时，高侧的三个 IGBT 开关管 V_1、V_2、V_3 周期性地将三相负载与三相交流电接通与断开，在 V_1、V_2、V_3 关断期间，负载电流通过低侧的三个 IGBT 开关管 V_4、V_5、V_6 续流，因而 V_1

与 V_4、V_2 与 V_5、V_3 与 V_6 的驱动信号应该互斥。为防止同一相的上下两个 IGBT 直通，V_1 与 V_4、V_2 与 V_5、V_3 与 V_6 的驱动信号之间应设置死区时间。电容器 C_1、C_2、C_3 是用于在死区时间为负载电流续流的旁路电容器，电阻 R_1、R_2、R_3 用来吸收电容器 C_1、C_2、C_3 在死区时间里储存的能量。

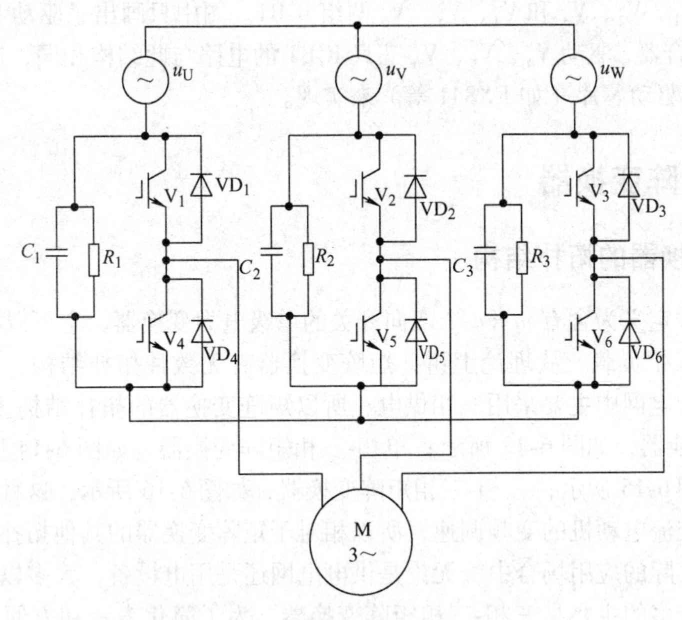

图 6-11　三相斩控式交流调压电路

通过以上分析可知，对控制电路有四点要求：①必须产生两路互补的控制信号，其频率最好是工频正弦波的 10 倍以上，幅值应该能满足 IGBT 开通和关断的需要；②由于同一相上下两只 IGBT 不能同时导通，两路控制信号之间应设有死区时间；③控制信号的脉冲宽度应该可调；④控制电路应该简单，便于实验调试。图 6-12 给出由 SG3525 及其外围器件构成的

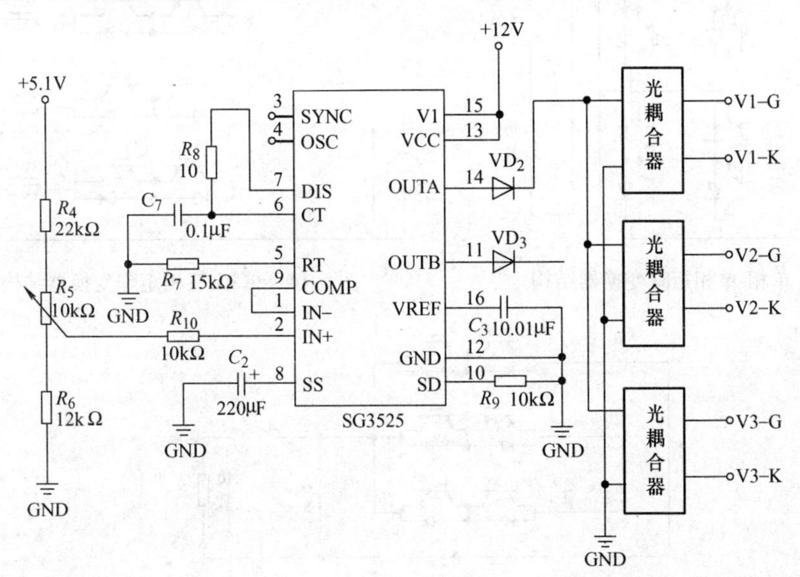

图 6-12　由 SG3525 及其外围器件构成的控制电路

控制电路。SG3525 是专用 PWM 脉冲信号发生器，可通过外加电阻和电容对脉冲频率进行调节，也可通过专用电平控制端对脉冲宽度进行调节，其内部的脉冲延迟比较环节可以使两路输出信号有一定死区时间，且两路脉冲输出信号刚好互补，正好符合控制要求。为了避免三相控制信号相互干扰，对脉冲输出环节分别采用三只光耦合器对正反两路控制信号进行耦合输出，用于控制 V_1、V_2、V_3 和 V_4、V_5、V_6 两组 IGBT。图中只画出了驱动 V_1、V_2、V_3 三只 IGBT 的三只光耦合器，驱动 V_4、V_5、V_6 三只 IGBT 的电路与此结构相同，IGBT 的驱动也可采用专用的 IGBT 驱动芯片（如 EX841 等）来实现。

6.3　交-交矩阵变换器

6.3.1　矩阵变换器的拓扑结构

矩阵变换器被定义为含有 $m \times n$ 个双向开关的单级电力变换器，它可以将输入侧 m 相电压源直接连接至 n 相负载。从理论上讲，矩阵变换器有无数种拓扑结构，但是在实际应用中，由于交流输配电网中主要采用三相供电，所以矩阵变换器的拓扑结构主要有以下几种：单相-单相矩阵变换器，如图 6-13 所示；单相-三相矩阵变换器，如图 6-14 所示；三相-单相矩阵变换器，如图 6-15 所示；三相-三相矩阵变换器，如图 6-16 所示，这种变换器应用最为广泛，主要用于交流电动机的变频调速，所以相对于矩阵变换器的其他拓扑形式，更具实际应用价值。由于实际的应用场合中，无论是供电电网还是用电设备，大多以三相为主，所以目前研究和应用较多的主要是三相-三相矩阵变换器。为了简化表示和方便分析，常将矩阵变换器的拓扑结构表示成如图 6-17 所示的结构。它是由九个双向开关组成的 3×3 开关矩阵，每一相负载通过开关能与输入电源的任一相连接。

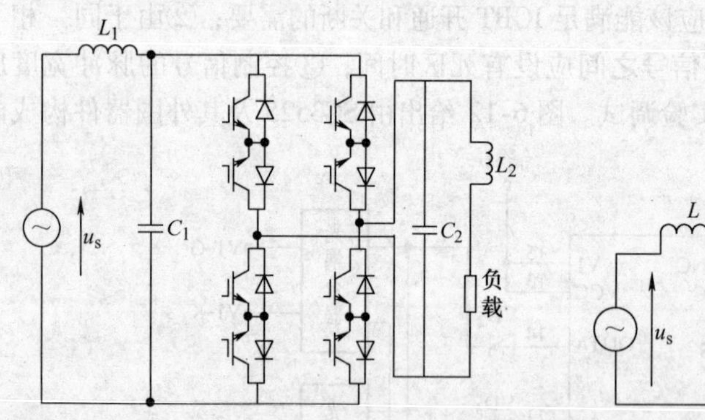

图 6-13　单相-单相矩阵变换器结构

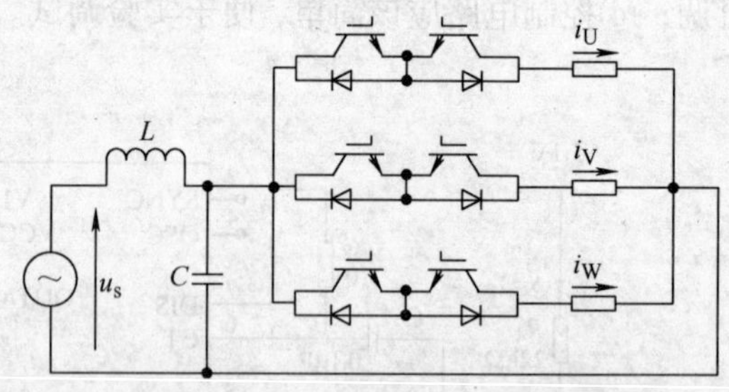

图 6-14　单相-三相矩阵变换器结构

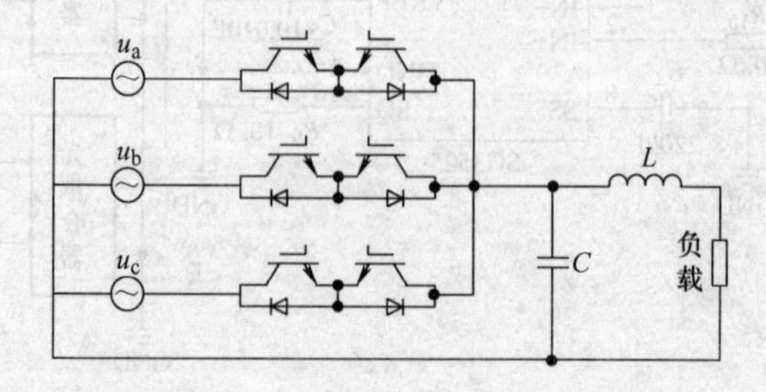

图 6-15　三相-单相矩阵变换器结构

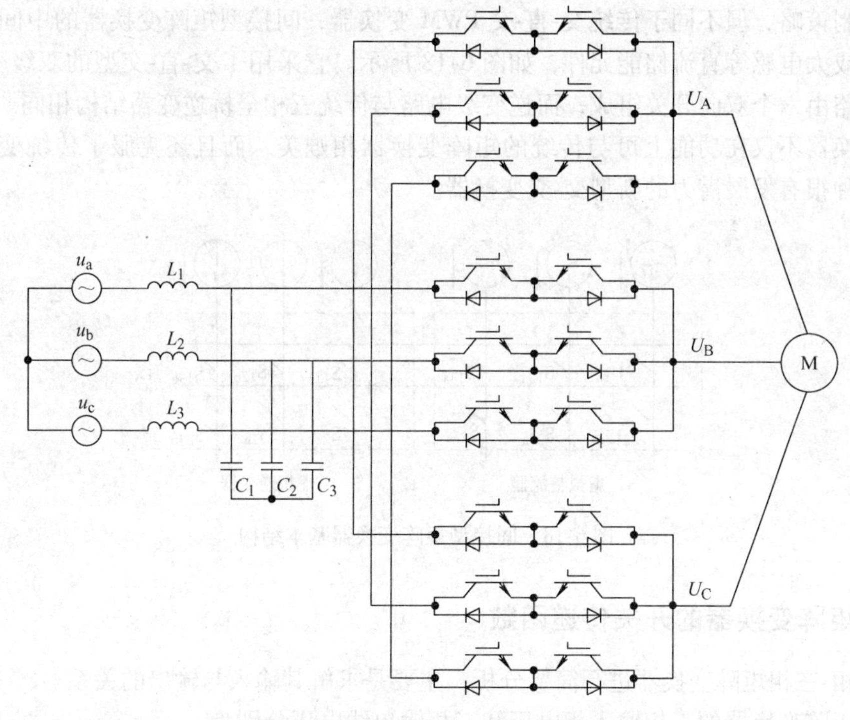

图6-16 三相-三相矩阵变换器结构

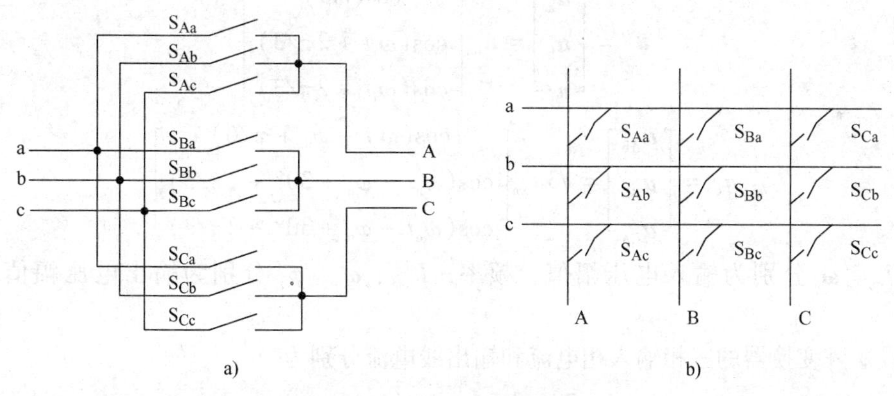

图6-17 三相矩阵变换器拓扑结构

a）三合一式拓扑结构 b）矩阵式拓扑结构

矩阵变换器技术从提出拓扑至今已有近30年的历史，对其进行的研究与开发也取得了长足的进步，但目前在工业生产中还很少有实际的应用。这是因为矩阵变换器自身还存在一些难以解决的问题：①由于省去了中间直流环节，电网电压非正常工况下的控制非常困难，使得系统的性能受到影响；②功率器件较多，换流控制复杂；③箝位保护电路复杂，占用体积较大，成本较高；④由于不具有中间直流环节，负载侧的干扰直接影响输入侧性能，使得变换器的网侧电磁兼容性不够理想。为了简化矩阵变换器的结构、减少开关器件的数量、降低装置的功率损耗和控制难度，研究人员近年来提出了一类新型的电路拓扑，称为间接型矩阵变换器（Indirect Matrix Converter，IMC）。这类新型电路拓扑利用传统矩阵式变换器的间接调制原理，将交-交变换分解为使用双向开关的整流级电路和普通逆变级电路，分别采用不同的调制策略，但不同于传统交-直-交 PWM 变换器，间接型矩阵变换器的中间环节不具有大电容或大电感等直流储能元件，如图 6-18 所示。它采用了交-直-交型的双级变换结构，整流级电路由六个双向开关组成，而逆变级电路与传统三相全桥逆变器结构相同。这种双级式矩阵变换器不仅在功能上可与传统的矩阵变换器相媲美，而且还克服了传统变换器的缺点，是一种很有发展潜力的新型交-交变换器。

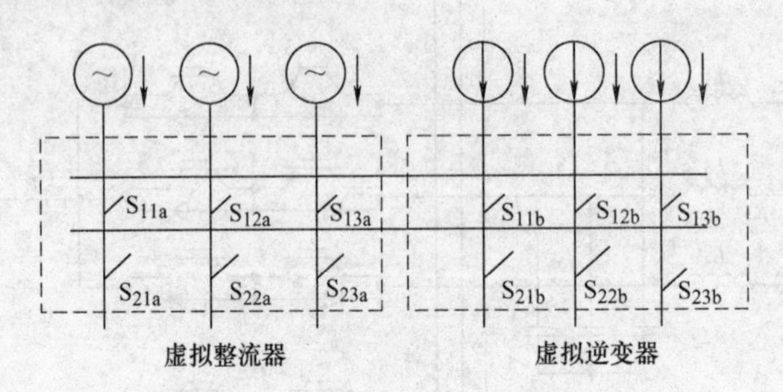

图 6-18　间接型矩阵变换器基本结构

6.3.2　矩阵变换器的开关传递函数

对三相-三相矩阵变换器进行简要分析，主要是求解其输入与输出的关系。

假设矩阵变换器的三相输入相电压和三相输出线电压分别为

$$\boldsymbol{u}_{\mathrm{i}}=\begin{bmatrix}\boldsymbol{u}_{\mathrm{a}}\\ \boldsymbol{u}_{\mathrm{b}}\\ \boldsymbol{u}_{\mathrm{c}}\end{bmatrix}=u_{\mathrm{im}}\begin{bmatrix}\cos(\omega_{\mathrm{i}}t)\\ \cos(\omega_{\mathrm{i}}t+2\pi/3)\\ \cos(\omega_{\mathrm{i}}t-2\pi/3)\end{bmatrix}\tag{6-1}$$

$$\boldsymbol{u}_{\mathrm{o}}=\begin{bmatrix}\boldsymbol{u}_{\mathrm{AB}}\\ \boldsymbol{u}_{\mathrm{BC}}\\ \boldsymbol{u}_{\mathrm{CA}}\end{bmatrix}=\sqrt{3}u_{\mathrm{om}}\begin{bmatrix}\cos(\omega_{\mathrm{o}}t-\varphi_{\mathrm{o}}+\pi/6)\\ \cos(\omega_{\mathrm{o}}t-\varphi_{\mathrm{o}}+30^{\circ}+2\pi/3)\\ \cos(\omega_{\mathrm{o}}t-\varphi_{\mathrm{o}}+30^{\circ}-2\pi/3)\end{bmatrix}\tag{6-2}$$

式中，U_{im}、ω_{i} 分别为输入电压幅值、频率；U_{om}、ω_{o}、φ_{o} 分别为输出电压幅值、频率、相角。

假设矩阵变换器的三相输入相电流和输出线电流分别为

$$\boldsymbol{i}_{\mathrm{i}}=\begin{bmatrix}i_{\mathrm{a}}\\ i_{\mathrm{b}}\\ i_{\mathrm{c}}\end{bmatrix}=I_{\mathrm{im}}\begin{bmatrix}\cos(\omega_{\mathrm{i}}t-\varphi_{\mathrm{i}})\\ \cos(\omega_{\mathrm{i}}t-\varphi_{\mathrm{i}}+2\pi/3)\\ \cos(\omega_{\mathrm{i}}t-\varphi_{\mathrm{i}}-2\pi/3)\end{bmatrix}\tag{6-3}$$

$$\boldsymbol{i}_{\mathrm{o}}=\begin{bmatrix}i_{\mathrm{AB}}\\ i_{\mathrm{BC}}\\ i_{\mathrm{CA}}\end{bmatrix}=\frac{I_{\mathrm{om}}}{\sqrt{3}}\begin{bmatrix}\cos(\omega_{\mathrm{o}}t-\varphi_{\mathrm{o}}+30^{\circ}-\varphi_{\mathrm{L}})\\ \cos(\omega_{\mathrm{o}}t-\varphi_{\mathrm{o}}+\pi/6+2\pi/3-\varphi_{\mathrm{L}})\\ \cos(\omega_{\mathrm{o}}t-\varphi_{\mathrm{o}}+\pi/6-2\pi/3-\varphi_{\mathrm{L}})\end{bmatrix}\tag{6-4}$$

式中，I_{im}、φ_{i} 分别为输入电流幅值、输入功率因数角；I_{om}、φ_{L} 分别为输出电流幅值、输出负载功率因数角。

则输出线电压 U_{o} 与输入相电压 U_{i} 之间的关系可表示为

$$\boldsymbol{u}_{\mathrm{o}}=\boldsymbol{M}(t)\boldsymbol{u}_{\mathrm{i}}\tag{6-5}$$

而输入相电流 $\boldsymbol{i}_{\mathrm{i}}$ 与输出线电流 $\boldsymbol{i}_{\mathrm{o}}$ 之间的关系可表示为

$$\boldsymbol{i}_{\mathrm{i}} = \boldsymbol{M}(t)^{\mathrm{T}}\boldsymbol{i}_{\mathrm{o}} \tag{6-6}$$

此时变换矩阵 $\boldsymbol{M}(t)$ 形式为

$$\boldsymbol{M}(t) = m\begin{bmatrix}\cos(\omega_{\mathrm{o}}t-\varphi_{\mathrm{o}}+\pi/6)\\\cos(\omega_{\mathrm{o}}t-\varphi_{\mathrm{o}}+\pi/6+2\pi/3)\\\cos(\omega_{\mathrm{o}}t-\varphi_{\mathrm{o}}+\pi/6-2\pi/3)\end{bmatrix}\begin{bmatrix}\cos(\omega_{\mathrm{i}}t-\varphi_{\mathrm{i}})\\\cos(\omega_{\mathrm{i}}t+2\pi/3-\varphi_{\mathrm{i}})\\\cos(\omega_{\mathrm{i}}t-2\pi/3-\varphi_{\mathrm{i}})\end{bmatrix}^{\mathrm{T}} \tag{6-7}$$

式中，m 为调制系数，且 $0<m\leqslant1$。

将式（6-1）、（6-2）、（6-7）代入式（6-5），则

$$\begin{aligned}\boldsymbol{U}_{\mathrm{o}} &= \frac{3}{2}mU_{\mathrm{im}}\begin{bmatrix}\cos(\omega_{\mathrm{o}}t-\varphi_{\mathrm{o}}+\pi/6)\\\cos(\omega_{\mathrm{o}}t-\varphi_{\mathrm{o}}+\pi/6+2\pi/3)\\\cos(\omega_{\mathrm{o}}t-\varphi_{\mathrm{o}}+\pi/6-2\pi/3)\end{bmatrix}\cos\varphi_{\mathrm{i}}\\&= \sqrt{3}U_{\mathrm{om}}\begin{bmatrix}\cos(\omega_{\mathrm{o}}t-\varphi_{\mathrm{o}}+\pi/6)\\\cos(\omega_{\mathrm{o}}t-\varphi_{\mathrm{o}}+\pi/6+2\pi/3)\\\cos(\omega_{\mathrm{o}}t-\varphi_{\mathrm{o}}+\pi/6-2\pi/3)\end{bmatrix}\end{aligned} \tag{6-8}$$

$$U_{\mathrm{om}} = \frac{\sqrt{3}}{2}U_{\mathrm{im}}m\cos\varphi_{\mathrm{i}} \tag{6-9}$$

由式（6-9）可以得出矩阵变换器的电压传输比表达式

$$T = \frac{U_{\mathrm{om}}}{U_{\mathrm{im}}} = \frac{\sqrt{3}}{2}m\cos\varphi_{\mathrm{i}} \tag{6-10}$$

因此，选择不同的 $\cos\varphi_{\mathrm{i}}$，可以得到不同的输入功率因数，当 $\cos\varphi_{\mathrm{i}}=1$，$m=1$ 时，能够得到三相矩阵变换器的输入、输出电压最大传输比

$$T = \frac{\sqrt{3}}{2}\times1\times1 = 0.866$$

同理，将式（6-3）、式（6-4）、式（6-7）代入式（6-6），可以得到输入相电流幅值与输出线电流幅值的关系表达式

$$I_{\mathrm{im}} = \frac{\sqrt{3}}{2}I_{\mathrm{om}}m\cos\varphi_{\mathrm{L}} \tag{6-11}$$

由式（6-9）、式（6-11）可知

$$P_{\mathrm{in}} = \sqrt{3}U_{\mathrm{i}}I_{\mathrm{i}}\cos\varphi_{\mathrm{i}} = \sqrt{3}U_{\mathrm{o}}I_{\mathrm{o}}\cos\varphi_{\mathrm{L}} = P_{\mathrm{out}} \tag{6-12}$$

式中，U_{i}、I_{i}、U_{o}、I_{o} 分别为相应电压、电流有效值，均可由 U_{im}、I_{im}、U_{om}、I_{om} 换算得到；P_{in}、P_{out} 分别为输入、输出有功功率，$P_{\mathrm{in}}=P_{\mathrm{out}}$ 说明调制过程中输入、输出有功功率相等。

变换矩阵 $\boldsymbol{M}(t)$ 反映了矩阵变换器的控制策略，确定 $\boldsymbol{M}(t)$ 成为研究矩阵变换器控制策略的关键所在。

6.4 矩阵变换器的控制策略

矩阵变换器是一种直接变换型交流-交流电力变换装置，具有一些优于传统脉宽调制变频器的特性，即能量双向流通、正弦输入与输出电流、可控的输入功率因数等，非常适合应用于交流电机调速领域。在矩阵变换器驱动异步电动机调速系统中，作为异步电动机供电电

源的矩阵变换器的输出侧电压、电流波形关系到异步电动机的传动性能，而输入侧电流波形关系到电网电能质量，因而，研究矩阵变换器的调制策略至关重要。到目前为止，研究人员已经提出了多种矩阵变换器控制策略，如直接函数法、瞬时双电压合成法、空间矢量调制法、电流滞环跟踪控制法、预测电流控制法、输出最大控制范围调制法、改进的双电压控制法、基于输出电压、输入电流解耦控制的控制策略等。这些控制策略根据对矩阵变换器控制目标为输出电压或输出电流的不同，可将其分为电压控制法和电流控制法两大类。此外还有其他分类方法，若根据变换器合成输出电压时有没有中间虚拟直流环节，可将上述策略分为直接调制法和间接调制法；若根据参与合成输出电压的输入电压个数，又可分为双电压合成法和三电压合成法。表 6-2 列出了按上述分类方法对常用的几种控制策略进行的划分。

表 6-2　矩阵变换器控制策略分类

调制方法	按有无直流环节分类		按控制目标分类		按合成电压个数分类		
	直接调制	间接调制	电压调制	电流调控	1 个	2 个	3 个
直接函数法	√	—	√	—	—	—	√
空间矢量法	—（√）	√（—）	√	—	—	√	—
双电压合成法	√	—	√	—	—	√	—
滞环电流法	—	√	—	√	—	√	—

6.4.1　直接函数法

直接函数（Alesina-Venturini，AV）法，是在分析矩阵变换器的低频特性的基础上，提出的一种矩阵变换器的调制算法。这种方法利用矩阵变换器的数学模型，将其视为 3×3 的开关函数矩阵，变换器的输出电压由开关函数矩阵和输入电压相乘得到，输入电流由开关函数矩阵的转置和输出电流相乘得到。通过计算矩阵中每个元素 S_{jk} 的开关状态时间 m_{jk}（$j=1, 2, 3$；$k=1, 2, 3$），即开关占空比，实现对输出电压幅值、频率和输入电流的调制。

该方法利用数学矩阵模型，通过复杂的数学方法计算求解，以实现理想的输入输出波形。直接函数法目标明确，概念清晰，极易推广到除三相以外其他拓扑结构中，即使输入电压出现一定程度的不平衡或畸变，仍能通过实时的计算占空比，来改善输出电压、电流的波形，使其保持正弦，但计算量较大，对处理器的计算性能要求较高。此外，直接函数法的最大电压利用率只有 50%。为了提高电压利用率，可以在输出相电压参考值中引入输入电压和输出电压的 3 次谐波，从而将矩阵变换器的最大电压利用率提高。但是，在输出电压中加入 3 次谐波后，开关占空比的计算会变得很复杂，不利于实时计算，对软件和处理器的计算性能要求较高；并要求在一个开关周期内换流 12 次，换流损耗比较大，对器件的开关频率要求也比较高。

6.4.2　空间矢量调制法

空间矢量调制法又分为间接空间调制算法和直接空间调制算法。

间接空间矢量调制法是从理论上将矩阵变换器等效为一个整流器和逆变器的虚拟连接，并将传统的 PWM 技术分别应用于“虚拟整流器”和“虚拟逆变器”上，对双向开关进行调制，从而实现正弦的输入、输出波形以及可控的输入功率因数。这种调制方法计算简单，易于实现，占空比计算量小，同时具有双 PWM（PWM 整流和 PWM 逆变）变换器的效果，使低次谐波得到较好的抑制，且电压增益可达到最大值 0.866。此外，可以方便地结合负载（特别是异步电动机）进行矢量控制，无需再额外设计矢量控制器；器件换流次数也减少了，使开关损耗和器件频率都有所降低。但是由于它不是直接利用瞬时电压或电流计算各开关的占空比，而是通过引入矢量的概念来实现对输出电压和输入电流的控制，因此该策略在三相输入电压源不平衡的情况下控制效果不够理想。

直接空间矢量调制法是继间接空间矢量控制法之后提出的另一种调制策略，解决了一系列矩阵变换器的实用化问题，如输入电压不平衡、系统性能的稳定性分析、共模及差模高频电流成分预测等。通过对矩阵变换器 9 个双向开关的 27 种不同开关状态的分析，找出某些开关状态下输出与输入相互解耦的空间矢量，利用这些特殊的空间矢量实现直接空间矢量控制法。直接空间矢量调制一般分两步完成：①选择正确的开关状态；②计算每个开关状态所用的时间（或每个开关状态的导通占空比）。其中开关状态的选择要遵循三大原则：①在一个调制周期内，同时调制出所需的电压矢量和输入电流矢量；②当需要获得最大电压传输率时，应选择含有当前时刻最大线电压的开关状态进行调制；③开关状态的开关次数应最少。

尽管直接空间矢量控制法与间接空间矢量控制法的数学模型不同，但二者的基本调制算法都建立在 SVM 原理之上，因此计算结果基本一致，利用直接空间矢量控制法也可使电压传输率达到最大值 0.866，且输出相电压不需要引入低次谐波，同时也能实现输入功率因数角的任意调。但在三相输入电压源不平衡时，控制效果不够理想。

6.4.3　双电压控制法

双电压控制法也是一种直接计算的方法，通过对三相输入电压的加权平均，得到指定幅值、频率的输出电压，并在计算加权系数（即各个双向开关导通状态占空比）时，将输入电流的指定值加以考虑，迫使输出电压与输入电流接近各自的参考值。双电压控制法的基本思想是在每一个开关周期内输出线电压总是由输入线电压的瞬时值来合成的，参与合成的输入线电压的占空比与它们的电压幅值成正比。可以证明，相对于 AV 控制法，当输入电压发生畸变时，变换器可实时调节开关占空比使得输出不变，而且不用增加额外计算量，加上抗干扰性较好，所以可以比较方便地用于电网电压非正常情况下对输入电流的调制。但是由于开关占空比的变化，无法确定最优开关策略，而且软件仿真和实时控制不方便，输入功率因数角也不便调节，尽管可以使用参考输入电压解决这一问题，但计算量增加较大，控制算法实现的难度仍大于空间矢量调制法。

6.4.4　电流滞环跟踪控制法

电流滞环跟踪控制法的基本思想是，在每一个等距的采样瞬间，将给定参考电流与实际电流进行比较，根据比较结果导通相应的开关，从而控制实际电流的增大与减小。因此，实际电流围绕给定参考电流做锯齿状变化，采样周期越小，实际电流越接近给定参考值。此外，结合矩阵变换器的等效交-直-交虚拟模型，将传统的滞环电流控制方法应用到“虚拟逆变器”，实现矩阵变换器的电流控制。该方法以负载电流为直接控制目标，输出电流谐波分量小，动态响应快，能限流，且求解简便，控制简单，对控制器硬件要求低；但等效模型中的“虚拟整流器”采用了相控方式，因此输入电流谐波丰富。

6.5　矩阵变换器的换流方法

换流方法是矩阵变换器的关键技术之一。由于矩阵变换器电路中没有电流的自然续流通路，使得开关器件之间的换流比传统的交-直-交 PWM 变频器要复杂。而且根据电压源和电流源的特性，矩阵变换器在换流工作中必须严格遵守两个基本原则：

1）矩阵变换器的三相输入端中任意两相之间不能短路，避免电压源短路造成过电流；

2）矩阵变换器的三相输入端中任意一相均不能断路，以防止感性负载突然断路而产生过电压。当矩阵变换器的某一相输出电流从一个双向开关 S_x 换流至另一个双向开关 S_y 时，如图 6-19a 所示，理想的开关情况是：当 S_x 关断的同时，S_y 开通，如图 6-19b 所示。但实际控制过程中，每个双向开关均包含两个可控器件，所以很难保证两个双向开关动作的完全同步，会出现死区时间，如图 6-19c 所示，或重叠时间，如图 6-19d 所示，从而造成短路或断路故障。

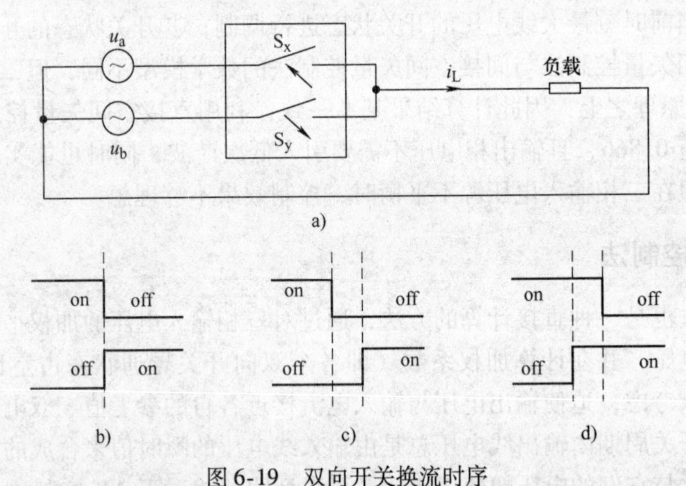

图 6-19　双向开关换流时序

a）双向开关换流动作示意图 $S_x \rightarrow S_y$　b）理想情况　c）死区情况　d）重叠情况

如果采用死区时间的方法，需要在三相-三相开关矩阵的三个输入端接入电容，以避免感性负载电流的瞬时断路导致的电压尖峰；如果采用重叠时间的方法，则需要在三相-三相开关矩阵的三个输入端接入电感，以抑制电源瞬时短路导致的电流尖峰。如果不考虑采用附加电容抑制死区时间导致的电压尖峰，或采用附加电感抑制重叠时间导致的电流尖峰，原理上无法在一步内实现开关的可靠换流。因此，为确保矩阵变换器的可靠工作，双向开关间的换流需要采用多步换流方法，并实时检测输出电流的方向或输入电压的大小，从而做出准确的开关动作。下面以 RB-IGBT 构成的双向开关为例，对连接至同一相的两个双向开关的几种换流方法进行详细分析，如图 6-20 所示。

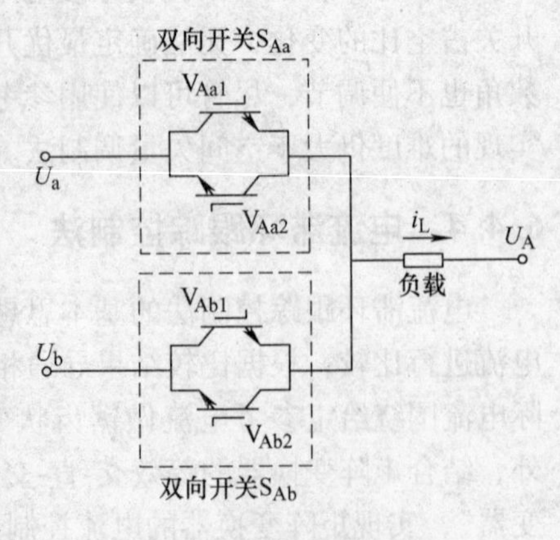

图 6-20　连接至 A 相输出的两个双向开关

6.5.1 四步换流策略

四步换流方式也称为“半软换流”技术，它将两个双向开关之间的换流过程根据输入电压的相对大小或输出电流的方向信号分为四步完成，实现了真正意义上的安全换流。下面根据所要检测信息的不同，分别说明四步换流的整个过程。

1. 基于输出电流方向检测的四步换流过程

图6-21所示为基于输出电流方向检测的四步换流时序。如果电流从变换器流向负载，$i_L>0$，则电流信号为1，表示为$sgn_i_L=1$（$sgn_$是符号函数，当$x>0$时，$sgn\_x=1$，当$x<0$时，$sgn\_x=0$）；反之，电流从负载流向变换器，$i_L<0$，则电流信号为0，表示为$sgn_i_L=0$。以$sgn_i_L=1$时为例，此时电流从变换器流向负载，并将电流从双向开关V_{Aa}换到V_{Ab}。换流步骤如下：

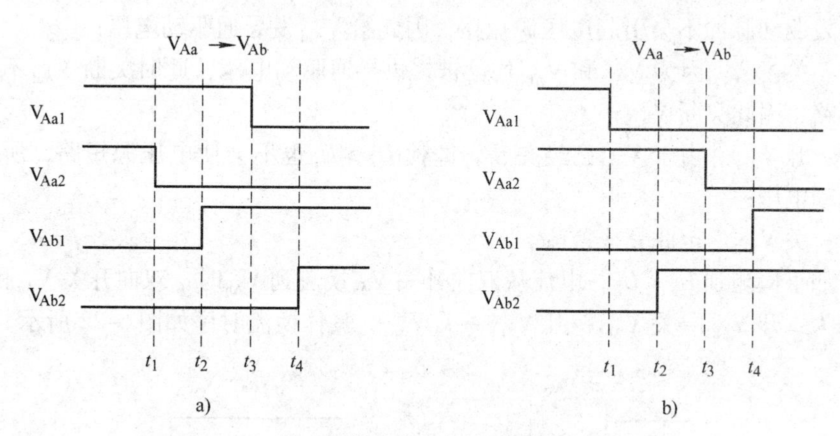

图6-21 基于输出电流方向检测的四步换流时序

a）$sgn_i_L=1$的换流时序 b）$sgn_i_L=0$的换流时序

第一步：在开通V_{Ab1}前必须先关断V_{Aa2}，否则U_b和U_a将通过V_{Ab1}和V_{Aa2}形成短路回路；

第二步：开通V_{Ab1}，当$U_b>U_a$时，负载电流立刻从V_{Aa1}转移到V_{Ab1}上，否则负载电流仍然流过V_{Aa1}，直到$U_b>U_a$；

第三步：在开通V_{Ab2}前先关断V_{Aa1}，此时负载电流已转移到V_{Ab1}上；

第四步：开通V_{Ab2}，至此完成了一次$V_{Aa}\to V_{Ab}$的换流。

在换流的第一步和第四步中，V_{Aa2}或V_{Ab2}实际上是零电流通断，在第二步和第三步中总有一步是强制通断电压和电流，而另一步是零电流通断，或者说是自然换流。因此这种换流策略又称为四步半软换流。同理，当$sgn_i_L=0$时，要完成$V_{Aa}\to V_{Ab}$的换流，双向开关V_{Aa}和V_{Ab}的动作顺序应遵循同样的原理。

在实现四步换流的过程中，检测矩阵变换器输出电流方向一般采用如下两种方法：

1）采用霍尔传感器或电流互感器等电流测量元器件，通过磁场的变化来判断电流的方向，这种方法简单方便，容易实现，不过在电流较小时容易出现测量误差。

2）检测RB-IGBT上的管压降U_{CE}，通过逻辑电路从而判断实际电流的方向，这种方法检测结果非常准确，但是电路复杂、成本高。对于四步环流策略，在换流过程中，应锁存获取的输出电流方向信息，以避免换流步骤出错。在绝大多数情况下，这种基于检测输出电流方向的方法都能正常工作，但在输出电流过零点时会出现换流不及时，导致过零点附近区域开关器件两端出现尖峰电压。为了解决这个问题，一种办法是采用更高级的电流方向检测元件，另一种办法就是在输出电流过零附近不采用基于电流方向的换流方法，而采用基于电压的换流方法。

2. 基于输入电压相对大小检测的四步换流过程

图 6-22 所示为基于换流电压检测的四步换流时序。以 A 相输出电流从双向开关 V_{Aa} 换到 V_{Ab} 为例，分析基于检测输入电压相对大小的四步换流策略的工作过程。若换流前电流流过 V_{Aa}，组成双向开关 V_{Aa} 的两个功率器件（RB-IGBT）V_{Aa1} 和 V_{Aa2} 均被提供导通电压，而组成双向开关 V_{Ab} 的两个功率器件 V_{Ab1} 和 V_{Ab2} 均被提供关断电压，当 $U_b > U_a$ 时，电流开始从 V_{Aa} 向 V_{Ab} 换流。具体换流步骤如下：

第一步：开 V_{Ab1}。由于不能确定电流输出方向，不能关断 V_{Aa1} 或 V_{Aa2}，且由于此时有 $U_a > U_b$，给 V_{Ab1} 发驱动脉冲不会引起电压源短路，因此给 V_{Ab1} 发导通驱动电压；

第二步：关 V_{Aa1}。因为 V_{Aa2} 和 V_{Ab1} 均已被提供导通驱动电压，此时关断 V_{Aa1} 不会使感性负载电流断路，因此关断 V_{Aa1}；

第三步：开 V_{Ab2}。由于 V_{Aa1} 已经关断，即使 $U_a > U_b$ 也不会使电压源短路，所以给 V_{Ab2} 提供导通驱动电压；

第四步：关 V_{Aa2}。至此完成换流。

同理，如果检测到 $U_a < U_b$，电流从双向开关 V_{Aa} 换流到 V_{Ab} 时，双向开关 V_{Aa} 和 V_{Ab} 的动作顺序应该为：开 V_{Ab2}→关 V_{Aa2}→开 V_{Ab1}→关 V_{Aa1}。具体换流时序如图 6-22 所示。

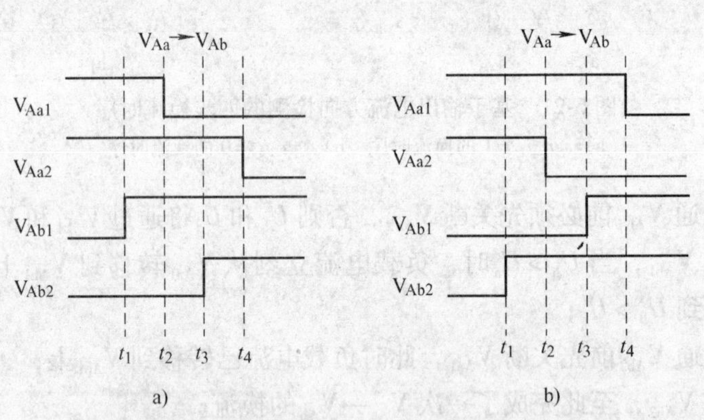

图 6-22　基于换流电压检测的四步换流时序

a）$U_a > U_b$ 的换流时序　b）$U_a < U_b$ 的换流时序

从换流过程可以看出，为实现准确换流动作需要使用变压器或电压霍尔传感器等检测元件以获取输入电压信息。但在换流电压相等时刻附近，由于电压检测元件和检测电路的延时，导致检测信号的不准确，应锁定驱动脉冲，并禁止换流动作，避免电压源短路和电感性负载断路故障。

6.5.2　两步换流策略

为了进一步提高矩阵变换器的波形质量和电压利用率，提出了一系列减少换流步骤和缩短换流时间的方法。最具代表性的就是两步换流策略，它也分为基于输出电流方向检测的两步换流策略和基于输入线电压过零点检测的两步换流策略。

1. 基于输出电流方向检测的两步换流策略

在基于输出电流方向检测的四步换流策略中，只有第二、三步对负载电流的切换起作用，若将另外两步省去，便得到了基于输出电流方向检测的双向开关两步换流策略。这样做的前提是要获得准确的输出电流方向信息，从而避免出现感性负载电流的断路故障。同时在输出电流过零点两侧需设置死区，如果输出电流处于死区范围内，禁止换流操作。相对于四步换流策略，采用两步换流策略使得在双向开关导通时只能流过单向电流，可靠性较低。基于输出电流方向检测的双向开关两步换流过程如图 6-23 所示。图 6-23a 中简化电路为连接到一相负载的两个双向开关，每个双向开关均采用共集电极反向串联结构，该电路用于说明 V_x 和 V_y 两个双向开关之间的换流过程。图 6-23b 显示了当输出电流方向 $sgn\_i_L=0$（输出电流从负载流向变换器）时，两步换流的具体开关动作时序，$T_{com}=2\Delta t$ 表示换流过程所需的时间。

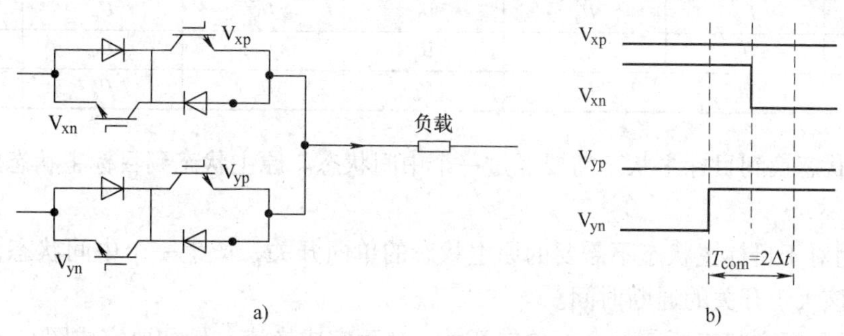

图 6-23　基于输出电流方向检测的两步换流策略

a）双向开关简化换流电路　b）$sgn\_i_L=0$ 的两步换流时序

2. 基于输入线电压过零点检测的两步换流策略

这种方式需要检测输入线电压过零点，以此作为换流依据。此外这种换流策略还引入了输入电压相区的概念，每个电源周期中输入相电压被划分为六个相区，如图 6-24 所示。每个相区中各相输入相电压的特点是：相区的边界出现在两相输入线电压相等处，且在一个相区内，其中一相电压为正极性，记为 U_p，一相电压为负极性，记为 U_n，还有一相则是正负极性交替，记为 U_m，且满足 $U_p>U_m>U_n$。

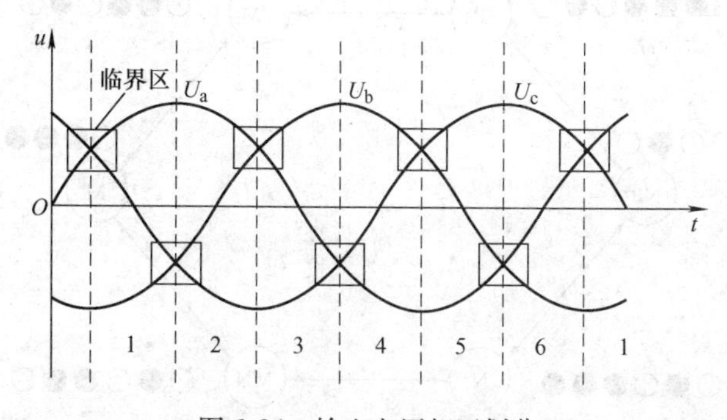

图 6-24　输入电压相区划分

以图 6-24 中 A 相输出为例，在每个相区中有六个开关状态中的三个状态：三个主状态

(P、M、N) 和三个中间状态 (PM、MN、NP)。在每个主状态中，六个单相可控开关只有两个关断，四个单向开关触发导通。如图6-25所示的主状态 P 下，V_{Ab2}、V_{Ac2} 关断，V_{Aa1}、V_{Aa2}、V_{Ab1}、V_{Ac1} 触发导通，其中 V_{Aa1}、V_{Aa2} 提供双向电流路径，又因为 $U_a > U_b > U_c$，所以 V_{Ab1}、V_{Ac1} 承受反压而冗余导通，但不消耗功率。主状态之间换流需要经过一次中间状态，一个开关周期中每个相区线电压主状态见表6-3。

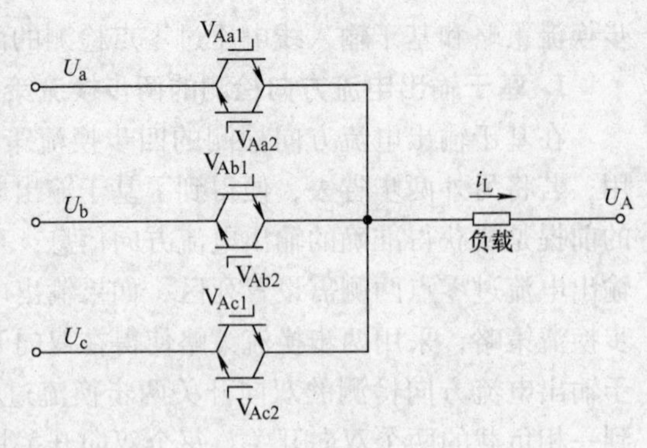

图6-25　三相-单相矩阵变换器拓扑结构

表6-3　两步换流策略每个相区的电压主状态

相　区	1	2	3	4	5	6
U_p	U_a	U_a	U_b	U_b	U_c	U_c
U_m	U_c	U_b	U_a	U_c	U_b	U_a
U_n	U_b	U_c	U_c	U_a	U_a	U_b

从原主状态换到目标主状态需要经过一个中间状态。原主状态到目标主状态的切换过程如下。

1）关闭对于目标主状态不需要的原主状态的单向开关，产生一个中间状态，中间状态持续时间应该大于开关的通断时间。

2）触发目标主状态所需的全部单向开关，从而完成换流。例如要完成图6-25中2相区主状态 P 到 M 的转换，开关的切换步骤为：第一步，关断目标状态 M 所不需要的 V_{Aa1}，电流导入目标路径，负载电流转由 b 相或 c 相维持，达到中间状态 PM；第二步，触发目标状态的全部单向开关，即触发 V_{Ab2}，达到主状态 M。用类似的方法可以实现由主状态 M 到主状态 N 的切换。当从主状态 N 切换到主状态 P 或从主状态 P 切换到主状态 N 时，可以不用经过主状态 M，而只要经过中间状态 NP 即可。一个开关周期中换流过程如图6-26所示，其中"○"表示该单向开关关断，"●"表示该单向开关导通。这种两步换流策略中，开关零电流通断的概率也各占50%，所以又称为"两步半软换流"策略。

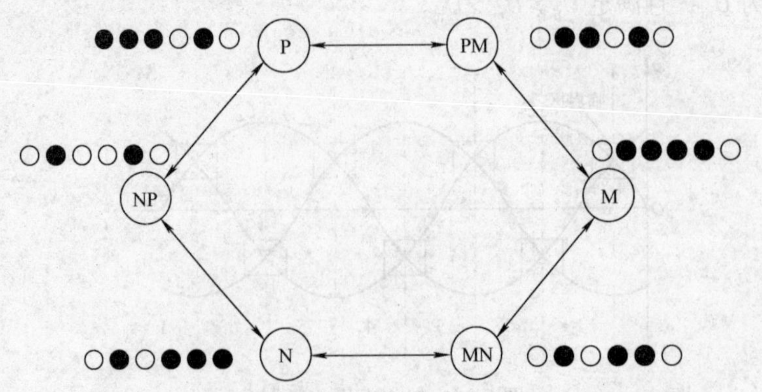

图6-26　基于输入线电压过零点检测的两步换流开关状态

6.5.3　智能换流策略

为了更为准确地获取输出电流方向信息，可以采用检测开关器件两端电压的方法获取输出电流方向，其框图如图6-27所示。对于矩阵变换器中连接到同一相输出端的所有开关器件，运行过程中在任意时刻必有一个器件流过负载电流，通过控制电路发出的开关器件驱动信号与检测得到的该器件两端的电压可确定负载电流的方向。该方向信号将被送至下一个将要导通的双向开关中两个开关器件的驱动电路，并据此进行换流。实验表明，通过检测开关集-射电压 U_{CE} 方向获取的矩阵变换器输出电流方向信息极为准确，尤其在大容量矩阵变换器应用中，这种优越性更为明显。选择矩阵变换器换流方案的基本原则是：首先确定双向开关换流时间长度，在保证安全换流的前提下，根据开关器件特性，尽可能缩短换流时间，换流时间越短，对矩阵变换器输出性能的影响越小；然后在开关换流时间一定的条件下，选择开关器件少、计算方便、易于实现的换流方法。

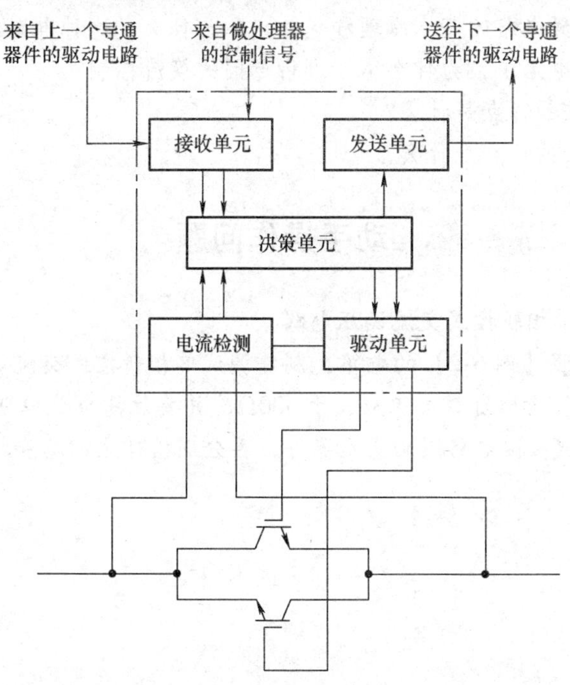

图6-27　智能换流策略中获取电流方向信息的方法

本章小结

斩控式交流调压技术，是直接对输入的交流电能的幅值进行控制的技术。因为处理的对象是交流电能，所以这种技术的主回路必须使用双向电子开关，而且会使用多个双向电子开关。这不仅使电子开关的数量增加，还带来控制电路复杂的问题。控制电路需要多个隔离电源，控制信号的数量也很多。所以，要注意理解和掌握具体的电路情况。本章中，重点讲解了单相交流调压电路的原理和特点，以起到举一反三的效果。

矩阵式变频是一种理想的变频方式，但由于使用的电力电子开关多，通断过程复杂，在控制上和实现上很有难度。其中的换流技术尤为复杂，也很重要。所以，本章较为详细地说明了四步换流技术和两步换流方法。希望读者能够认真理解，有所创新，有所实现。

习题与思考题

1. 在双向开关中，为什么每个开关都需要一个隔离（独立）开关电源？
2. 在由一般电力电子器件构成的双向开关中，为何还要串联二极管？
3. 逆阻型 IGBT 双向开关的特点是什么？
4. 斩控式交流调压的基本原理是什么？
5. 在单相交流调压电路中，为什么要设计续流回路？在什么情况下，可以省略？
6. 在调压电路中，与输入交流波形相比，输出交流波形有哪些变化？
7. 在调压电路中，与输入交流波形的频率相比，输出交流波形的频率有哪些变化？
8. 试述矩阵式变频电路的基本原理和优缺点。为什么说这种电路有较好的发展前景？
9. 在矩阵式变频电路中，为什么需要进行专门的换流控制？
10. 四步换流方法的特点是什么？
11. 二步换流方法的特点是什么？

动手操作问题

P6.1 制作调试单相斩控式交流调压电路

[操作指导]：参照【例 6-2】的电路，制作调试单相斩控式交流调压电路。要求输入交流电压应在 36V 以下，输出负载电阻应大于 500Ω，并要注意负载电阻的功率足够大。首先要进一步理解电路原理，按电路图购买元器件，再分别搭建主回路和控制回路。

附　录

附录 A　部分大学生电子设计竞赛题

A.1　简易数控直流电源（1994 年全国大学生电子设计竞赛题目）

A.1.1　设计任务

设计出有一定输出电压范围和功能的数控电源，其原理示意图如图 A-1 所示。

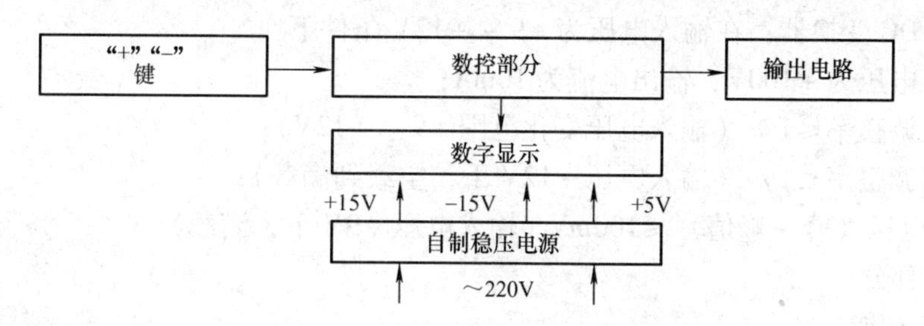

图 A-1　数控电源原理示意图

A.1.2　设计要求

1. 基本要求

1）输出电压：范围 0 ~ +9.9V，步进 0.1V，纹波不大于 10mV。

2）输出电流：500mA。

3）输出电压值由数码管显示。

4）由“+”、“-”两键分别控制输出电压步进增减。

5）为实现上述功能，自制一稳压直流电源，输出 ±15V，+5V。

2. 发挥部分

1）输出电压可预置在 0 ~ 9.9V 之间的任意一个值。

2）用自动扫描代替人工按键，实现输出电压变化（步进 0.1V 不变）。

3）扩展输出电压种类（比如三角波等）。

A.2　直流稳定电源（1997 年全国大学生电子设计竞赛题目）

A.2.1　任务

设计并制作交流变换为直流的稳定电源。

A.2.2　要求

1. 基本要求

1）稳压电源：在输入电压 220V、50Hz，电压变化范围 -20% ~ +15% 条件下：

① 输出电压可调范围为 +9V ~ +12V；

② 最大输出电流为 1.5A；

③ 电压调整率≤0.2%（输入电压 220V 变化范围 -20% ~ +15% 下，空载到满载）；

④ 负载调整率≤1%（最低输入电压下，满载）；

⑤ 纹波电压（峰-峰值）≤5mV（最低输入电压下，满载）；

⑥ 效率≥40%（输出电压 9V、输入电压 220V 下，满载）；

⑦ 具有过电流及短路保护功能。

2）稳流电源：在输入电压固定为 +12V 的条件下：

① 输出电流 4 ~20mA 可调；

② 负载调整率≤1%（输入电压 +12V、负载电阻由 200 ~ 300Ω 变化时，输出电流为 20mA 时的相对变化率）；

3）DC-DC 变换器：在输入电压为 +9 ~ +12V 条件下：

① 输出电压为 +100V，输出电流为 10mA；

② 电压调整率≤1%（输入电压变化范围 +9 ~ +12V）；

③ 负载调整率≤1%（输入电压 +12V 下，空载到满载）；

④纹波电压（峰 - 峰值）≤100mV（输入电压 +9V 下，满载）。

2. 发挥部分

1）扩充功能。

① 排除短路故障后，自动恢复为正常状态；

② 过热保护；

③ 防止开、关机时产生的“过冲”。

2）提高稳压电源的技术指标。

① 提高电压调整率和负载调整率；

② 扩大输出电压调节范围和提高最大输出电流值。

3）改善 DC-DC 变换器。

① 提高效率（在 100V、100mA 下）；

② 提高输出电压。

4）用数字显示输出电压和输出电流。

A.3　数控直流电流源（2005 年全国大学生电子设计竞赛题目）

A.3.1　任务

设计并制作数控直流电流源。输入交流 200 ~ 240V，50Hz；输出直流电压≤10V。其原理示意图如图 A-2 所示。

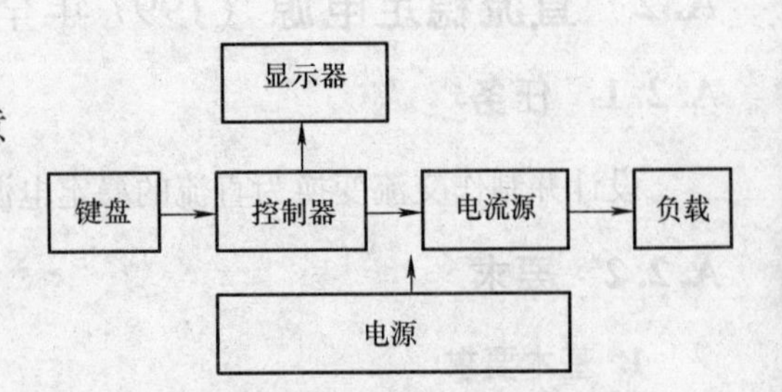

图 A-2　数控直流电流源原理示意图

A.3.2　要求

1. 基本要求

1）输出电流范围：200 ~2000mA。

2）可设置并显示输出电流给定值，要求输出电流与给定值偏差的绝对值≤给定值的1% +10mA。

3）具有“+”、“-”步进调整功能，步进≤10mA。

4）改变负载电阻，输出电压在10V以内变化时，要求输出电流变化的绝对值≤输出电流值的1% +10mA。

5）纹波电流≤2mA。

6）自制电源。

2. 发挥部分

1）输出电流范围为20~2000mA，步进1mA；

2）设计、制作测量并显示输出电流的装置（可同时或交替显示电流的给定值和实测值），测量误差的绝对值≤测量值的0.1% +3个字；

3）改变负载电阻，输出电压在10V以内变化时，要求输出电流变化的绝对值≤输出电流值的0.1% +1 mA；

4）纹波电流≤0.2mA；

5）其他。

A.3.3　说明

1）需留出输出电流和电压测量端子；

2）输出电流可用高精度电流表测量，如果没有高精度电流表，可在采样电阻上测量电压换算成电流；

3）纹波电流的测量可用低频毫伏表测量输出纹波电压，换算成纹波电流。

A.4　开关稳压电源设计并制作（2007年全国大学生电子设计竞赛题目）

A.4.1　任务

设计并制作如图A-3所示的开关稳压电源。

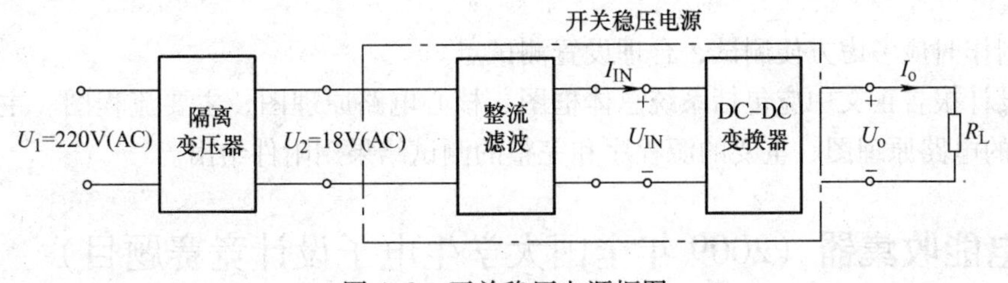

图A-3　开关稳压电源框图

A.4.2　要求

在电阻负载条件下，使电源满足下述要求：

1. 基本要求

1）输出电压 U_o可调范围：30～36V。

2）最大输出电流 I_{omax}：2A。

3）U_2从 15V 变到 21V 时，电压调整率 $S_U \leqslant 2\%$（$I_o = 2A$）。

4）I_o从 0 变到 2A 时，负载调整率 $S_L \leqslant 5\%$（$U_2 = 18V$）。

5）输出噪声纹波电压峰 - 峰值 $U_{OPP} \leqslant 1V$（$U_2 = 18V$，$U_o = 36V$，$I_o = 2A$）。

6）DC-DC 变换器的效率 $\eta \geqslant 70\%$（$U_2 = 18V$，$U_o = 36V$，$I_o = 2A$）。

7）具有过电流保护功能，动作电流 $I_{o(th)} = 2.5 \pm 0.2A$。

2. 发挥部分

1）进一步提高电压调整率，使 $S_U \leqslant 0.2\%$（$I_o = 2A$）。

2）进一步提高负载调整率，使 $S_L \leqslant 0.5\%$（$U_2 = 18V$）。

3）进一步提高效率，使 $\eta \geqslant 85\%$（$U_2 = 18V$，$U_o = 36V$，$I_o = 2A$）。

4）排除过电流故障后，电源能自动恢复为正常状态。

5）能对输出电压进行键盘设定和步进调整，步进值 1V，同时具有输出电压、电流的测量和数字显示功能。

6）其他。

A.4.3　说明

1）DC-DC 变换器不允许使用成品模块，但可使用开关电源控制芯片。

2）U_2可通过交流调压器改变 U_1来调整。DC-DC 变换器（含控制电路）只能由 U_{IN}端口供电，不得另加辅助电源。

3）本题中的输出噪声纹波电压是指输出电压中的所有非直流成分，要求用带宽不小于 20MHz 模拟示波器（AC 耦合、扫描速度 20ms/div）测量 U_{OPP}。

4）本题中电压调整率 S_U指 U_2在指定范围内变化时，输出电压 U_o的变化率；负载调整率 S_L指 I_o在指定范围内变化时，输出电压 U_o的变化率；DC-DC 变换器效率 $\eta = P_o/P_{IN}$，其中 $P_o = U_oI_o$，$P_{IN} = U_{IN}I_{IN}$。

5）电源在最大输出功率下应能连续安全工作足够长的时间（测试期间，不能出现过热等故障）。

6）制作时应考虑方便测试，合理设置测试点。

7）设计报告正文中应包括系统总体框图、核心电路原理图、主要流程图、主要测试结果。完整的电路原理图、重要的源程序和完整的测试结果用附件给出。

A.5　电能收集器（2009 年全国大学生电子设计竞赛题目）

A.5.1　任务

设计并制作一个电能收集充电器，充电器及测试原理示意图如图 A-4 所示。该充电器的核心为直流电源变换器，它从一直流电源中吸收电能，以尽可能大的电流充入一个可充电池。直流电源的输出功率有限，其电动势 E_s 在一定范围内缓慢变化，当 E_s 为不同值时，直流电源变换器的电路结构参数可以不同。监测和控制电路由直流电源变换器供电。由于 E_s 的变化极慢，监测和控制电路应该采用间歇工作方式，以降低其能耗。可充电池的电动势 $E_c = 3.6V$，内阻 $R_c = 0.1\Omega$。E_s 和 E_c 用稳压电源提供，R_d 用于防止电流倒灌。

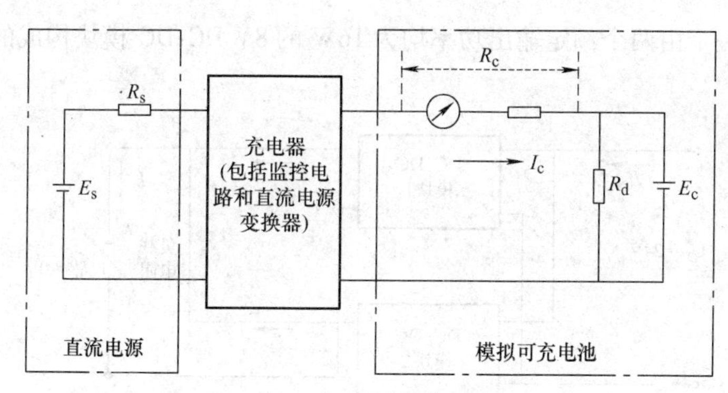

图 A-4　电能收集充电器测试原理示意图

A.5.2　要求

1. 基本要求

1）在 $R_s = 100\Omega$，$E_s = 10 \sim 20V$ 时，充电电流 I_c 大于 $(E_s - E_c)/(R_s + R_c)$。

2）在 $R_s = 100\Omega$ 时，能向电池充电的 E_s 尽可能低。

3）E_s 从 0 逐渐升高时，能自动启动充电功能的 E_s 尽可能低。

4）E_s 降低到不能向电池充电，最低至 0 时，尽量降低电池放电电流。

5）监测和控制电路工作间歇设定范围为 0.1 ~ 5s。

2. 发挥部分

1）在 $R_s = 1\Omega$，$E_s = 1.2 \sim 3.6V$ 时，以尽可能大的电流向电池充电。

2）能向电池充电的 E_s 尽可能低。当 $E_s \geqslant 1.1V$ 时，取 $R_s = 1\Omega$；当 $E_s < 1.1V$ 时，取 $R_s = 0.1\Omega$。

3）电池完全放电，E_s 从 0 逐渐升高时，能自动启动充电功能（充电输出端开路电压高于 3.6V，短路电流大于 0）的 E_s 尽可能低。当 $E_s \geqslant 1.1V$ 时，取 $R_s = 1\Omega$；当 $E_s < 1.1V$ 时，取 $R_s = 0.1\Omega$。

4）降低成本。

5）其他。

3. 说明

1）测试最低可充电 E_s 的方法：逐渐降低 E_s，直到充电电流 I_c 略大于 0。当 E_s 高于 3.6V 时，R_s 为 100Ω；E_s 低于 3.6V 时，更换 R_s 为 1Ω；E_s 降低到 1.1V 以下时，更换 R_s 为 0.1Ω。然后继续降低 E_s，直到满足要求。

2）测试自动启动充电功能的方法：从 0 开始逐渐升高 E_s，R_s 为 0.1Ω；当 E_s 升高到高于 1.1V 时，更换 R_s 为 1Ω。然后继续升高 E_s，直到满足要求。

A.6 开关电源模块并联供电系统(2011 年全国大学生电子设计竞赛题目)

A.6.1 任务

设计并制作一个由两个额定输出功率均为 16W 的 8V DC-DC 模块构成的并联供电系统，如图 A-5 所示。

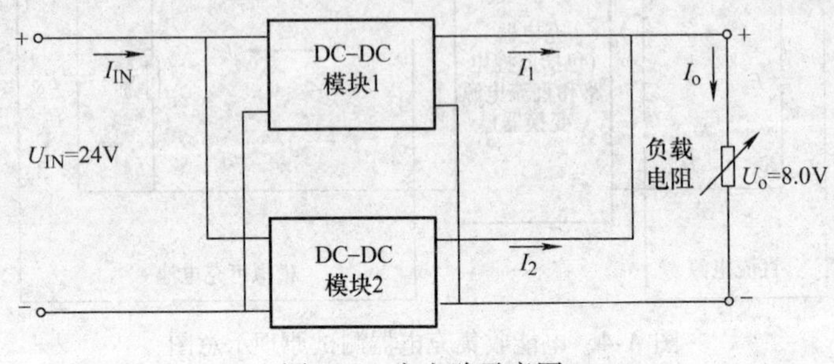

图 A-5 主电路示意图

A.6.2 要求

1. 基本要求

1）调整负载电阻至额定输出功率工作状态，供电系统的直流输出电压 $U_o = (8.0 \pm 0.4)$V。

2）额定输出功率工作状态下，供电系统的效率不低于 60%。

3）调整负载电阻，保持输出电压 $U_o = (8.0 \pm 0.4)$V，使两个模块输出电流之和 I_o = 1.0A 且按 $I_1 : I_2 = 1:1$ 模式自动分配电流，每个模块的输出电流的相对误差绝对值不大于 5%。

4）调整负载电阻，保持输出电压 $U_o = (8.0 \pm 0.4)$V，使两个模块输出电流之和 I_o = 1.5A 且按 $I_1 : I_2 = 1:2$ 模式自动分配电流，每个模块输出电流的相对误差绝对值不大于 5%。

2. 发挥部分

1）调整负载电阻，保持输出电压 $U_o = (8.0 \pm 0.4)$V，使负载电流 I_o 在 1.5 ~ 3.5A 之间变化时，两个模块的输出电流可在 0.5 ~ 2.0A 范围内按指定的比例自动分配，每个模块的输出电流相对误差的绝对值不大于 2%。

2）调整负载电阻，保持输出电压 $U_o = (8.0 \pm 0.4)$V，使两个模块输出电流之和 I_o = 4.0A 且按 $I_1 : I_2 = 1:1$ 模式自动分配电流，每个模块的输出电流的相对误差的绝对值不大于 2%。

3）额定输出功率工作状态下，进一步提高供电系统效率。

4）具有负载短路保护及自动恢复功能，保护阈值电流为 4.5A（调试时允许有 ±0.2A 的偏差）。

5）其他。

A.6.3 说明

1）不允许使用线性电源及成品的 DC-DC 模块。

2）供电系统含测控电路并由 U_{IN}供电，其能耗纳入系统效率计算。

3）除负载电阻为手动调整以及发挥部分 1 由手动设定电流比例外，其他功能的测试过程均不允许手动干预。

4）供电系统应留出 U_{IN}、U_{o}、I_{IN}、I_{o}、I_{1}、I_{2}参数的测试端子，供测试时使用。

5）每项测量需在 5s 内给出稳定读数。

6）设计制作时，应充分考虑系统散热问题，保证测试过程中系统能连续安全工作。

A.7 正弦信号发生器（2005 年全国大学生电子设计竞赛题目）

A.7.1 任务

设计制作一个正弦信号发生器。

A.7.2 要求

1. 基本要求

1）正弦波输出频率范围：1kHz ~ 10MHz。

2）具有频率设置功能，频率步进：100Hz。

3）输出信号频率稳定度：优于 10^{-4}。

4）输出电压幅度：在 50Ω 负载电阻上的电压峰-峰值 $U_{OPP} \geqslant 1V$。

5）失真度：用示波器观察时无明显失真。

2. 发挥部分

在完成基本要求任务的基础上，增加如下功能：

1）增加输出电压幅度：在频率范围内 50Ω 负载电阻上正弦信号输出电压的峰-峰值 $U_{OPP} = (6 \pm 1)V$。

2）产生模拟幅度调制（AM）信号：在 1 ~ 10MHz 范围内调制度可在 10% ~ 100% 之间程控调节，步进量 10%，正弦调制信号频率为 1kHz，调制信号自行产生。

3）产生模拟频率调制（FM）信号：在 100kHz ~ 10MHz 频率范围内产生 10kHz 最大频偏，且最大频偏可分为 5kHz/10kHz 二级程控调节，正弦调制信号频率为 1kHz，调制信号自行产生。

4）产生二进制 PSK、ASK 信号：在 100kHz 固定频率载波进行二进制键控，二进制基带序列码速率固定为 10kbit/s，二进制基带序列信号自行产生。

5）其他。

A.8 三相正弦波变频电源（2007 年全国大学生电子设计竞赛题目）

A.8.1 任务

设计并制作一个三相正弦波变频电源，输出线电压有效值为 36V，最大负载电流有效值为 3A，负载为三相对称阻性负载（星形联结）。变频电源框图如图 A-6 所示。

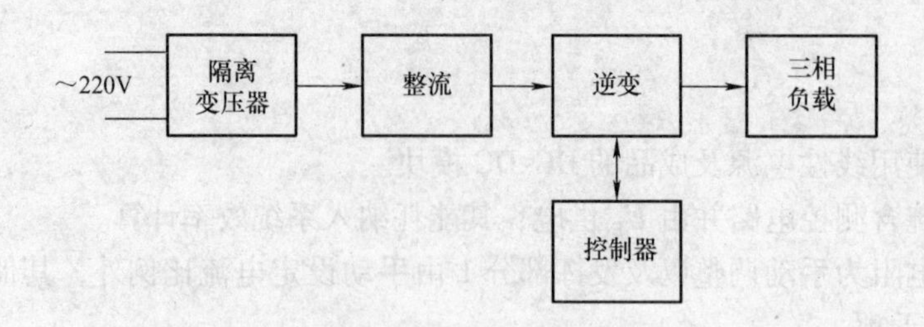

图 A-6　变频电源框图

A.8.2　要求

1. 基本要求

1）输出频率范围为 20 ~ 100Hz 的三相对称交流电，各相电压有效值之差小于 0.5V。

2）输出电压波形应尽量接近正弦波，用示波器观察无明显失真。

3）当输入电压为 198 ~ 242V，负载电流有效值为 0.5 ~ 3A 时，输出线电压有效值应保持在 36V，误差的绝对值小于 5%。

4）具有过电流保护（输出电流有效值达 3.6A 时动作）、负载断相保护及负载不对称保护（三相电流中任意两相电流之差大于 0.5A 时动作）功能，保护时自动切断输入交流电源。

2. 发挥部分

1）当输入电压为 198 ~ 242V，负载电流有效值为 0.5 ~ 3A 时，输出线电压有效值应保持在 36V，误差的绝对值小于 1%。

2）设计制作具有测量、显示该变频电源输出电压、电流、频率和功率的电路，测量误差的绝对值小于 5%。

3）变频电源输出频率在 50Hz 以上时，输出相电压的失真度小于 5%。

4）其他。

A.8.3　说明

1）在调试过程中，要注意安全。

2）不能使用产生 SPWM 波形的专用芯片。

3）必要时，可以在隔离变压器前使用自耦变压器调整输入电压，可用三相电阻箱模拟负载。

4）测量失真度时，应注意输入信号的衰减以及与失真度仪的隔离等问题。

5）输出功率可通过电流、电压的测量值计算。

A.9　光伏并网发电模拟装置（2009 年全国大学生电子设计竞赛题目）

A.9.1　任务

设计并制作一个光伏并网发电模拟装置，其结构框图如图 A-7 所示。用直流稳压电源 U_s 和电阻 R_s 模拟光伏电池，$U_s = 60V$，$R_s = 30 \sim 36\Omega$；u_{REF} 为模拟电网电压的正弦参考信号，其峰-峰值为 2V，频率 f_{REF} 为 45 ~ 55Hz；T 为工频隔离变压器，电压比为 $N_2 : N_1 = 2 : 1$、

$N_3:N_1=1:10$，将 u_F 作为输出电流的反馈信号；负载电阻 $R_L=30\sim36\Omega$。

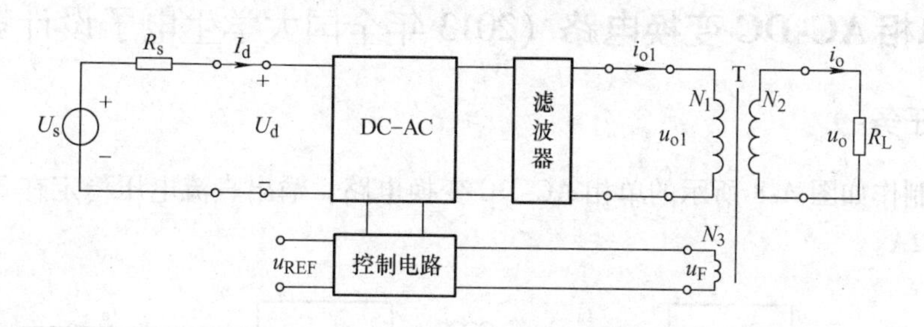

图 A-7　光伏并网发电模拟装置

A.9.2　要求

1. 基本要求

1）具有最大功率点跟踪（MPPT）功能：R_S 和 R_L 在给定范围内变化时，使 $U_d=(1/2)U_S$，相对偏差的绝对值不大于1%。

2）具有频率跟踪功能：当 f_{REF} 在给定范围内变化时，使 u_F 的频率 $f_F=f_{REF}$，相对偏差绝对值不大于1%。

3）当 $R_S=R_L=30\Omega$ 时，DC-AC 变换器的效率 $\eta\geqslant60\%$。

4）当 $R_S=R_L=30\Omega$ 时，输出电压 u_o 的失真度 $THD\leqslant5\%$。

5）具有输入欠电压保护功能，动作电压 $U_d(th)=(25\pm0.5)$V。

6）具有输出过电流保护功能，动作电流 $I_o(th)=(1.5\pm0.2)$A。

2. 发挥部分

1）提高 DC-AC 变换器的效率，使 $\eta\geqslant80\%$（$R_S=R_L=30\Omega$ 时）。

2）降低输出电压失真度，使 $THD\leqslant1\%$（$R_S=R_L=30\Omega$ 时）。

3）实现相位跟踪功能：当 f_{REF} 在给定范围内变化以及加非阻性负载时，均能保证 u_F 与 u_{REF} 同相，相位偏差的绝对值≤5°。

4）过电流、欠电压故障排除后，装置能自动恢复为正常状态。

5）其他。

A.9.3　说明

1）本题中所有交流量除特别说明外均为有效值。

2）U_S 采用实验室可调直流稳压电源，不需自制。

3）控制电路允许另加辅助电源，但应尽量减少路数和损耗。

4）DC-AC 变换器效率 $\eta=P_o/P_d$，其中 $P_o=u_{o1}i_{o1}$，$P_d=U_dI_d$。

5）基本要求1、2和发挥部分3要求从给定或条件发生变化到电路达到稳态的时间不大于1s。

6）装置应能连续安全工作足够长时间，测试期间不能出现过热等故障。

7）制作时应合理设置测试点，以方便测试。

8）设计报告正文中应包括系统总体框图、核心电路原理图、主要流程图、主要测试结果。完整的电路原理图、重要的源程序和完整的测试结果用附件给出。

A.10 单相AC-DC变换电路（2013年全国大学生电子设计竞赛题目）

A.10.1 任务

设计并制作如图A-8所示的单相AC-DC变换电路。输出直流电压稳定在36V，输出电流额定值为2A。

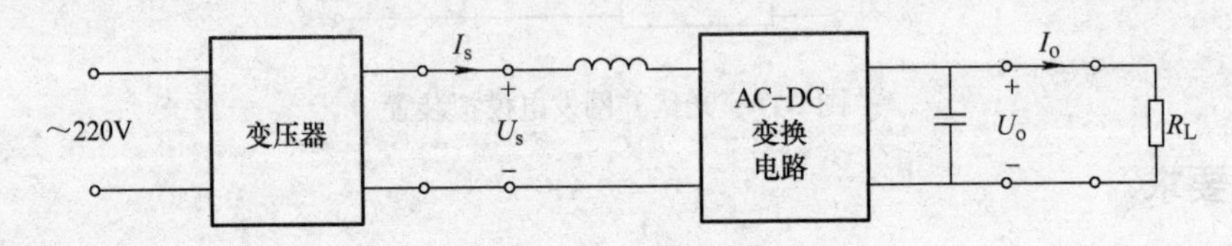

图A-8 单相AC-DC变换电路示意图

A.10.2 要求

1. 基本要求

1）在输入交流电压$U_s=24V$、输出直流电流$I_o=2A$条件下，使输出直流电压$U_o=(36\pm0.1)V$。

2）当$U_s=24V$，I_o在0.2~2.0A范围内变化时，负载调整率$S_I\leqslant0.5\%$。

3）当$I_o=2A$，U_s在20~30V范围内变化时，电压调整率$S_U\leqslant0.5\%$。

4）设计并制作功率因数测量电路，实现AC-DC变换电路输入侧功率因数的测量，测量误差绝对值不大于0.03。

5）具有输出过电流保护功能，动作电流为$(2.5\pm0.2)A$。

2. 发挥部分

1）实现功率因数校正，在$U_s=24V$，$I_o=2A$，$U_o=36V$条件下，使AC-DC变换电路交流输入侧功率因数不低于0.98。

2）在$U_s=24V$，$I_o=2A$，$U_o=36V$条件下，使AC-DC变换电路效率不低于95%。

3）能够根据设定自动调整功率因数，功率因数调整范围不小于0.80~1.00，稳态误差绝对值不大于0.03。

4）其他。

A.10.3 说明

1. 图A-8中的变压器由自耦变压器和隔离变压器构成。

2. 题中交流参数均为有效值，AC-DC电路效率$\eta=(P_o/P_s)\times100\%$，其中$P_o=U_oI_o$，$P_s=U_sI_s$。

3. 本题定义：

1）负载调整率$S_I=\left|\dfrac{U_{o2}-U_{o1}}{U_{o1}}\right|\times100\%$，其中$U_{o1}$为$I_o=0.2A$时的直流输出电压，$U_{o2}$为$I_o=2.0A$时的直流输出电压；

2）电压调整率 $S_U = \left|\frac{U_{o2} - U_{o1}}{36}\right| \times 100\%$，$U_{o1}$为 $U_s = 20V$ 时的直流输出电压，U_{o2}为 $U_s = 30V$ 时的直流输出电压。

3）交流功率和功率因数测量可采用数字式电参数测量仪。

4）辅助电源由220V工频供电，可购买电源模块（也可自制）作为作品的组成部分。测试时，不再另行提供稳压电源。

5）制作时需考虑测试方便，合理设置测试点。

A.11　水温控制系统（1997年全国大学生电子设计竞赛题目）

A.11.1　任务

设计并制作一个水温自动控制系统，控制对象为1L净水，容器为搪瓷器皿。水温可以在一定范围内由人工设定，并能在环境温度降低时实现自动控制，以保持设定的温度基本不变。

A.11.2　要求

1. 基本要求

1）温度设定范围为40～90℃，最小区分度为1℃，标定温度≤1℃。

2）环境温度降低时（例如用电风扇降温），温度控制的静态误差≤1℃。

3）用十进制数码管显示水的实际温度。

2. 发挥部分

1）采用适当的控制方法，当设定温度突变（由40℃提高到60℃）时，减小系统的调节时间和超调量。

2）温度控制的静态误差≤0.2℃。

3）在设定温度发生突变（由40℃提高到60℃）时，自动打印水温随时间变化的曲线。

附录B　部分电力电子元器件参数

表B-1　UC1637的绝对最大额定值

<table>
<tr><th></th><th></th><th>值</th><th>单　位</th></tr>
<tr><td>V_s 电源电压（Supply voltage）</td><td></td><td>±20</td><td>V</td></tr>
<tr><td rowspan="2">I_o 输出电流（流出/流入）（Output current，source/sink（A_{OUT}，B_{OUT}））</td><td>峰值（Peak）</td><td>500</td><td rowspan="2">mA</td></tr>
<tr><td>稳态（Steady-state）</td><td>100</td></tr>
<tr><td>模拟输入（Analog inputs）（$+V_{TH}$，C_T，$-V_{TH}$，$+B_{IN}$，$-B_{IN}$，$-A_{IN}$，$+A_{IN}$，+C/L，-C/L，SHUTDOWN，+E/A，-E/A）</td><td></td><td>$\pm V_s$</td><td>V</td></tr>
<tr><td>误差放大器输出电流（Error amplifier output current）（E/A_{OUTPUT}）</td><td></td><td>±20</td><td rowspan="2">mA</td></tr>
<tr><td>振荡器充电电流（Oscillator charging current）（I_{SET}）</td><td></td><td>-2</td></tr>
</table>

表 B-2　LM629 的主要参数

参　　数	范　　围
任一引脚相对于地的电压（Voltage at any pin with respect to GND）	−0.3 ~ +7.0V
最大功率损耗（Maximum power dissipation）	$T_A \leqslant 85°C$，605 mW
时钟频率（Clock frequency）LM628N-6，LM629N-6，LM629M-6	1.0 MHz < f_{CLK} < 6.0 MHz
时钟频率（Clock frequency）LM628N-8，LM629N-8，LM629M-8	1.0 MHz < f_{CLK} < 8.0 MHz
$V_{DD范围}$（V_{DD} range）	4.5V < V_{DD} < 5.5V

表 B-3　IRLML2402 的绝对最大额定值

	参　　数	最 大 值	单　　位
I_D 在 $T_A = 25℃$	连续漏极电流，$V_{GS} = 4.5V$	1.2	A
I_D 在 $T_A = 70℃$	连续漏极电流，$V_{GS} = 4.5V$	0.95	A
I_{DM}	脉冲漏极电流	7.4	A
p_D 在 $T_A = 25℃$	功率损耗	540	mW
V_{GS}	栅-源极电压	±12	V

表 B-4　IRLML2402 的电气参数

符　　号	参　　数	最 小 值	典 型 值	最 大 值	单　　位	条　　件
$V_{(BR)DSS}$	漏-源极击穿电压	20	—	—	V	$V_{GS} = 0V$，$I_D = 250\mu A$
$R_{DS(ON)}$	静态漏-源极导通电阻	—	—	0.25	Ω	$V_{GS} = 4.5V$，$I_D = 0.93A$
		—	—	0.35		$V_{GS} = 2.7V$，$I_D = 0.47A$
$V_{GS(th)}$	门限电压	0.70	—	—	V	$V_{DS} = V_{GS}$，$I_D = 250\mu A$
g_{fs}	前向传导	1.3	—	—	S	$V_{DS} = 10V$，$I_D = 0.47A$
$t_{d(ON)}$	开通延时时间	—	2.5	—	ns	$V_{DS} = 10V$，$I_D = 0.0.93A$，$R_g = 6.2\Omega$，$R_D = 11\Omega$
t_r	上升时间	—	9.5	—		
$t_{d(OFF)}$	关断延时时间	—	9.7	—		
t_f	下降时间	—	4.8	—		
C_{iss}	输入电容	—	110	—	pF	$V_{GS} = 0V$，$V_{DS} = 15V$，$f = 1.0MHz$
C_{oss}	输出电容	—	51	—		
C_{rss}	反向传输电容	—	25	—		

表 B-5　IRLML2402 的源漏极额定值与特性

符　　号	参　　数	最 小 值	典 型 值	最 大 值	单　　位	条　　件
I_S	连续源极电流（体二极管）	—	—	0.54	A	反向集成了二极管
I_{SM}	脉冲源极电流（体二极管）	—	—	7.4	—	
V_{SD}	二极管正向电压	—	—	1.2	V	$T_j = 0\Omega$，$I_S = 0.93A$，$V_{GS} = 0V$
t_{rr}	反向恢复时间	—	25	38	ns	$T_j = 0\Omega$，$I_F = 0.93A$，

表 B-6　FGA25N120AN 的电气参数

符　　号	参　　数	数　　值	单　　位
V_{CES}	集电极-发射极电压	1200	V

（续）

符 号	参 数	数 值	单 位
V_{GES}	栅极-发射极电压	±20	V
I_C	集电极电流 T_C = 25℃	40	A
	集电极电流 T_C = 100℃	25	A
I_{CM}	脉冲集电极电流	75	A
P_D	最大功率损耗 T_C =25℃	310	W
	最大功率损耗 T_C =100℃	125	W

表 B-7 FGA25N120AN 的电气特性

符 号	参 数	测试条件	最 小	典 型	最 大	单 位
关断特性（Off Characteristics）						
V_{CES}	集电极-发射极击穿电压（Collector-emitter breakdown voltage）	V_{GE} =0V，I_C = 3mA	1200	—	—	V
I_{CES}	集电极关断电流（Collector cut-off current）	V_{CE} = V_{CES}，V_{GE} =0V	—	—	3	mA
I_{GES}	栅极-发射极漏电流（G-E Leakage current）	V_{GE} = V_{GES}，V_{CE} =0V	—	—	±100	nA
导通特性（On Characteristics）						
$V_{GE(th)}$	栅极发射极门限电压（G-E Threshold Voltage）	I_C =25mA，V_{CE} = V_{GE}	3.5	5.5	7.5	V
$V_{CE(sat)}$	集电极－发射极饱和电压（Collector to emitter）Saturation voltage）	I_C =25A，V_{GE} =15V		2.5	3.2	V
		I_C = 25A，V_{GE} =15V，T_C = 125℃		2.9		V
		I_C =40A，V_{GE} =15V		3.1		V
动态特性（Dynamic Characteristics）						
C_{ies}	输入电容（Input capacitance）	V_{CE} =30V，V_{GE} =0V，f=1MHz		2100		pF
C_{oes}	输出电容（Output capacitance）			180		pF
C_{res}	反向转换电容（Reverse transfer capacitance）			90		pF
开关特性（Switching Characteristics）						
$t_{d(on)}$	导通延迟时间（Turn-on delay time）	V_{CC} =600V，I_C = 25A，R_G =10Ω，V_{GE} =15V，感性负载，T_C =25℃		60		ns
t_r	上升时间（Rise time）			60		ns
$t_{d(off)}$	关断时间（Turn-off delay time）			170		ns
t_f	降落时间（Fall time）			45	90	ns

表 B-8　IR2103(S) 的最大绝对额定值

符　号	定　义	最 小 值	最 大 值	单　位
V_B	高位浮动绝对电压 (High side floating absolute voltage)	-0.3	625	V
V_S	高位浮动电源误差电压 (High side floating supply offset voltage)	V_B-25	$V_B+0.3$	
V_{HO}	高位浮动输出电压 (High side floating output voltage)	$V_S-0.3$	$V_B+0.3$	
V_{CC}	低位逻辑固定电源电压 (Low side and logic fixed supply voltage)	-0.3	25	
V_{LO}	低位逻辑输出电压 (Low side output voltage)	-0.3	$V_{CC}+0.3$	
V_{IN}	逻辑输入电压 (Logic input voltage (HIN & LIN))	-0.3	$V_{CC}+0.3$	
P_D	封装功耗，在 $T_A \leqslant +25$℃ (Package power dissipation @ $T_A \leqslant +25$℃)	—	1.0	W
		—	0.625	

表 B-9　IR2103(S) 的推荐工作条件

符　号	定　义	最 小 值	最 大 值	单　位
V_B	高位浮动绝对电压 (High side floating absolute voltage)	V_S+10	V_B+20	V
V_S	高位浮动电源补偿电压 (High side floating supply offset voltage)	逻辑工作时为 -5 ~ +600V，逻辑状态保持时为 -5V ~ $-V_{BS}$ (Logic operational for V_S of -5 to +600V. Logic state held for V_S of -5V to $-V_{BS}$)	600	
V_{HO}	高位浮动输出电压 (High side floating output voltage)	V_S	V_B	
V_{CC}	高位逻辑固定电源电压 (Low side and logic fixed supply voltage)	10	20	
V_{LO}	低位逻辑输出电压 (Low side output voltage)	0	V_{CC}	
V_{IN}	逻辑输入电压 (Logic input voltage (HIN & LIN))	0	V_{CC}	
T_A	环境温度 (Ambient temprature)	-40	125	℃

表 B-10　IR2103(S) 的动态电气参数 ($V_{BIAS}(V_{CC}, V_{BS})=15$V, $C_L=1000$ pF, $T_A=25$℃)

符　号	定　义	最 小 值	典 型 值	最 大 值	单　位	测试条件
t_{on}	开通传输延时 (Turn-on propagation delay)	—	680	820	ns	$V_S=0$V
t_{off}	关断传输延时 (Turn-off propagation delay)	—	150	220		$V_S=600$V
t_r	开通上升时间 (Turn-on rise time)	—	100	170		

（续）

符　号	定　义	最小值	典型值	最大值	单　位	测试条件
t_f	关断下降时间（Turn-off fall time）	—	50	90		
DT	死区时间，低位开关关断到高位开关导通和低位开关导通到高位开关关断（Deadtime，LS turn-off to HS turn-on & HS turn-on to LS turn-off）	400	520	650	ns	
MT	延时匹配，低位开关和高位开关导通/关断（Delay matching，HS & LS turn-on/off）	—	—	60		

表 B-11　IR2103(S) 的静态电气参数（V_{BIAS}(V_{CC}，V_{BS}) = 15V，T_A = 25℃）

符　号	定　义	最小值	典型值	最大值	单　位	测试条件
V_{IH}	逻辑1和逻辑零输入电压（Logic "1"（HIN）& Logic "0"（LIN）input voltage）	3	—	—	V	V_{CC} = 10 ~ 20V
V_{IL}	逻辑1和逻辑零输入电压（Logic "0"（HIN）& Logic "1"（LIN）input voltage）	—	—	0.8		
V_{OH}	高电平输出电压（High level output voltage，VBIAS-VO）	—	—	100	mV	I_O = 0A
V_{OL}	低电平输出电压（Low level output voltage，VO）	—	—			
I_{LK}	误差电源漏电流（Offset supply leakage current）	—	-	50	μA	V_B = V_S = 600V
I_{QBS}	静态 VBS 电源电流（Quiescent VBS supply current）	—	30	55		V_{IN} = 0V 或 5V
I_{QCC}	静态 V_{CC} 电源电流（Quiescent V_{CC} supply current）	—	150	270		
I_{IN+}	逻辑1偏置电流（Logic "1" input bias current）	—	3	10		HIN = 5V，LIN = 0V
I_{IN-}	逻辑零偏置电流（Logic "0" input bias current）	—	—	1		HIN = 0V，LIN = 5V
V_{CCUV+}	V_{CC} 电源欠电压正阈值（V_{CC} supply undervoltage positive going threshold）	8	8.9	9.8	V	
V_{CCUV-}	V_{CC} 电源欠电压负阈值（V_{CC} supply undervoltage negative going threshold）	7.4	8.2	9		

（续）

符　号	定　义	最小值	典型值	最大值	单　位	测试条件
I_{O+}	输出高短路电流（Output high short circuit pulsed current）	130	210	—	mA	$V_O = 0V$，$V_{IN} = V_{IH}$ $PW \leqslant 10\mu s$
I_{O-}	输出低短路电流（Output low short circuit pulsed current）	270	360			$V_O = 15V$，$V_{IN} = V_{IL}$ $PW \leqslant 10\mu s$

表 B-12　TPS54020 的电气参数

参　数	条　件	最小值	典型值	最大值	单　位
电源电压（VIN 和 PVIN）					
PV_{IN}工作输入电压		1.6		17	
V_{IN}工作输入电压		4.5		17	V
V_{IN}内部欠电压锁定阈值	V_{IN}上升		4	4.5	
V_{IN}内部欠电压锁定滞后			150		mV
V_{IN}关断电源电流	$U_{EN} = 0V$		2	10	μA
V_{IN}工作非开关电源电流	$V_{VSESEN} = 610$ mV		600	1000	
使能与欠电压锁定（EN 脚）					
V_{EN}使能阈值	上升		1.22	1.26	V
	下降	1.10	1.17		V
$I_{EN(EN)}$输入电流	$V_{EN} = 1.1V$		−1.15		μA
滞后电流	$V_{EN} = 1.3V$		−3.3		
电压参考值					
V_{REF}电压参考值	$0A \leqslant I_{out} \leqslant 10A$，$-40℃ \leqslant T_A \leqslant 150℃$	0.594	0.6	0.606	V

表 B-13　TPS61040 的绝对最大额定值

	最小值	典型值	最大值	单　位
V_{in}输入电压范围	1.8		6	V
V_{out}输出电压范围			28	V
L电感	2.2	10		μH
f开关频率			1	MHz
C_{IN}输入电容器		4.7		μF
C_{out}输出电容器	1			μF
T_A 工作环境温度	−40		85	℃
T_J 工作结温度	−40		125	℃

表 B-14　L298 电气特性

符　号	参　数	测试条件	最小	典型	最大	单　位
V_S	电源电压（引脚4）	工作的条件	V_{IH} +2.5		46	V
V_{SS}	逻辑电路电源电压（引脚9）		4.5	5	7	V

（续）

符　号	参　数	测试条件		最　小	典　型	最　大	单　位
I_S	静态电源电流（引脚4）	$V_{en}=H$；$I_L=0$	$V_i=L$		13	22	mA
			$V_i=H$		50	70	
		$V_{en}=L$	$V_i=X$			4	mA
I_{SS}	V_{SS}的静态电流（引脚9）	$V_{en}=H$；$I_L=0$	$V_i=L$		24	36	mA
			$V_i=H$		7	12	
		$V_{en}=L$	$V_i=X$			6	mA
V_{iL}	输入低电平电压（引脚5，7，10，12）			−0.3		1.5	V
V_{iH}	输入高电平电压（引脚5，7，10，12）			2.3		V_{SS}	V
I_{iL}	低电平输入电流（引脚5，7，10，12）	$V_i=L$				−10	μA
I_{iH}	高电平输入电流（引脚5，7，10，12）	$V_i=H\leqslant V_{SS}-0.6V$			30	100	μA
$V_{en}=L$	使能端低电平电压（引脚6，11）			−0.3		1.5	V
$V_{en}=H$	使能端高电平电压（引脚6，11）			2.3		V_{SS}	V
$I_{en}=L$	低电平启动电流（引脚6，11）	$V_{en}=L$				−10	μA
$I_{en}=H$	高电平启动电流（引脚6，11）	$V_{en}=H\leqslant V_{SS}-0.6V$			30	100	μA
$V_{CEsat(H)}$	电源饱和电压	$I_L=1A$		0.95	1.35	1.7	V
		$I_L=2A$			2	2.7	
$V_{CEsat(L)}$	电源饱和电压	$I_L=1A$（5）		0.85	1.2	1.6	V
		$I_L=2A$（5）			1.7	2.3	
V_{CEsat}	总压降	$I_L=1A$（5）		1.80		3.2	V
		$I_L=2A$（5）				4.9	
Vsens	监测电压（引脚1，15）			−1（1）		2	V

表B-15　L6203最大额定参数

符　号	参　数	数　值	单　位
V_s	电源电压	52	V
V_{OD}	差分输出电压（在Out1和Out2之间）	60	V
V_{IN}，V_{EN}	输入或使能电压	−0.3～+7	V
I_o	脉冲输出电流 非重复	5 10	A A
V_{sense}	监测电压	−1～+4	V
V_b	自举峰值电压	60	V
P_{tot}	总电能损耗：$T_{case}=90℃$，$T_{amb}=70℃$（以最小铜损耗区域安装在板上）	20 2.3	W W
T_{stg}，T_j	存储和连接温度	−40～+150	℃

表B-16　L6203电气特性

符　号	参　数	测试条件	最　小	典　型	最　大	单　位
V_s	电源电压		12	36	42	V
V_{ref}	参考电压	$I_{REF}=2mA$		13.5		V
I_{REF}	输出电流				2	mA

（续）

符　号	参　数	测试条件	最　小	典　型	最　大	单　位
I_s	静态电源电流	$V_{EN}=H$，$V_{IN}=L$； $V_{EN}=H$，$V_{IN}=H$， $I_L=0$；$V_{EN}=L$		10 10 8	15 15 15	mA mA mA
f_c	折算频率（受功耗限定）			30	100	kHz
T_j	热关断			150		℃
T_d	死区保护			100		ns

表 B-17　LM117 的绝对最大额定值

参　数	条　件	最　小	典　型	最　大	单　位
参考电压（Reference voltage）	$3V \leqslant (V_{IN}-V_{OUT}) \leqslant 40V$， $10mA \leqslant I_{OUT} \leqslant I_{MAX}$	1.20	1.25	1.30	V
供电线路调整率（Line regulation）	$3V \leqslant (V_{IN}-V_{OUT}) \leqslant 40V$		0.02	0.05	%/V
负载调整率（Load regulation）	$10\ mA \leqslant I_{OUT} \leqslant I_{MAX}$		0.3	1	%
调整引脚电流（Adjustment pin current）			50	100	μA
调整引脚电流变化（Adjustment pin current change）	$10\ mA \leqslant I_{OUT} \leqslant I_{MAX}$ $3V \leqslant (V_{IN}-V_{OUT}) \leqslant 40V$		0.2	5	μA
最小负载电流（Minimum load current）	$(V_{IN}-V_{OUT})=40V$		3.5	5	mA
电流限定（Current limit）	$(V_{IN}-V_{OUT}) \leqslant 15V$　NDS　NDT	1.5 0.5	2.2 0.8	3.4 1.8	A
	$(V_{IN}-V_{OUT})=40V$　NDS　ND	0.3 0.15	0.4 0.2		A
V_{OUT}的均方根输出噪声（RMS Output noise，% of V_{OUT}）	$10\ Hz \leqslant f \leqslant 10\ kHz$		0.003		%
谐波抑制率（Ripple rejection ratio）	$V_{OUT}=10V$，$f=120\ Hz$，$C_{ADJ}=0\ \mu F$		65		dB
	$V_{OUT}=10V$，$f=120\ Hz$，$C_{ADJ}=10\ \mu F$	66	80		dB

表 B-18　LM5034 绝对最大额定值

V_{IN}到 GND	−0.3～105V
V_{CC}到 GND	−0.3～16V
RT/SYNC，RES 和 DCL 到 GND	−0.3～5.5V
CS 脚到 GND	0.3～1.25V
所有其他引脚到 GND	−0.3～7V
ESD 额定值	2kV
存储温度范围（Storage temperature range）	−55～150℃
结温度（Junction temperature）	150℃
引脚温度（焊接 4s）（Lead temperature（soldering 4 sec））	260℃

表 B-19　LM5034 工作额定值

V_{IN}电压（V_{IN} voltage）	13.0～100V
加到V_{CC1}和V_{CC2}上的外部电压（External voltage applied to V_{CC1}，V_{CC2}）	8～15V
工作结温（Operating junction temperature）	−40～+125℃

表 B-20　UCC28740 的绝对最大额定值

参　数	符　号	最小值	最大值	单　位
起动引脚电压（Start-up pin voltage）HV	V_{HV}		700	V
偏置电源电压（Bias supply voltage）V_{DD}	V_{VDD}		38	
连续门极电流吸收电流（Continuous gate-current sink）	I_{DRV}		50	mA
连续门极电流源电流（Continuous gate-current source）	I_{DRV}		自限定	
峰值电流（Peak current）VS	I_{VS}		1	
峰值电流（Peak current）FB	I_{FB}		−1.2	
DRV 引脚的门极驱动电压（Gate-drive voltage at DRV）	V_{DRV}	−0.5	自限定	V
电压范围（Voltage range）	CS	−0.5	5	
	FB	−0.5	7	
	V_S	−0.75	7	
工作结温度范围（Operating junction temperature range）	T_J	−55	150	℃

表 B-21　UCC28740 的推荐工作条件

参　数	最小值	典型值	最大值	单　位
V_{VDD}偏置工作电压（Bias-supply operating voltage）	9		35	V
C_{VDD} V_{DD}旁路电容（bypass capacitor）		0.047		μF
I_{FB}连续反馈电路（Feedback current，continuous）		50		μA
I_{VS} VS 引脚电流（pin current，out of pin）			1	mA
T_J 工作结温度（Operating junction temperature）	−20	125		℃

表 B-22　UCC28180 的最大额定值

参　数		最小值	最大值	单　位
输入电压范围（Input voltage range）	VCC，GATE	−0.3	22	V
	FREQ，VSENSE，VCOMP，ICOMP	−0.3	7	
	ISENSE	−24	7	
输入电流范围（Input current range）	VSENSE，ISENSE	−1	1	mA
结温度（Junction temperature），T_J	Operating	−55	150	℃
	Storage	−65	150	
前置温度（Lead temperature，T_{SOL}）	Soldering，10 s		300	
静电放电保护（ESD）（Electrostatic Discharge（ESD）Protection）	Human Body Model（HBM）	2		kV
	Charged Device Model（CDM）		500	V

表 B-23　UCC28180 的推荐工作条件

参　数	最小值	最大值	单　位
低阻抗电源的输入电压（V_{CC} input voltage from a low-impedance source）	V_{CCOFF} +1V	21	V
运动结温度（Operating junction temperature），T_J	−40	125	℃
工作频率（Operating frequency）	18	250	kHz

表 B-24　DRV8818 的绝对最大额定值

参　数	最 小 值	最 大 值	单　位
VMX 电源电压范围（Power supply voltage range）	−0.3	35	V
VCC 电源电压范围（Power supply voltage range）	−0.3	7	V
数字脚电压范围（Digital pin voltage range）	−0.5	7	V
VREF 输入电压范围（Input voltage range）	−0.3 V	V_{CC}	V
ISENSEx 电压范围（pin voltage range）	−0.3	0.5	V
I_O（peak）峰值电动机输出电流（Peak motor drive output current）	内部限定（Internally limited）		
P_D 连续总功率损耗（Continuous total power dissipation）	参见发热数据表（See Thermal Information table）		
T_J 工作结温度范围（Operating junction temperature range）	−40	150	℃
T_{stg} 存放温度范围（Storage temperature range）	−60	150	℃

表 B-25　DRV8818 的推荐工作条件

参　数	最 小 值	正 常 值	最 大 值	单　位
VM 电动机电源电压范围（Motor power supply voltage range）	8		35	V
VCC 逻辑电源电压范围（Logic power supply voltage range）	3		5.5	V
VREF 输入电压（input voltage）	0		V_{CC}	V
R_x 电阻值（resistance value）	12	56	100	V
C_x 电容值（capacitance value）	470	680	1500	pF

表 B-26　DRV8301 的推荐工作条件

参　数	最 小 值	典 型 值	最 大 值	单　位
PVDD1 正常工作时对 PGND 的直流电源电压（DC supply voltage PVDD1 for normal operation，Relative to PGND）	6		60	V
PVDD2 降压转换器的直流电源电压（DC supply voltage PVDD2 for buck converter）	3.5		60	V
C_{PVDD1} 在 PVDD1 脚上的误差 20% 的外部瓷片电容（External capacitance on PVDD1 pin（ceramic cap）20% tolerance）		4.7		μF
C_{PVDD2} 在 PVDD2 脚上的误差 20% 的外部瓷片电容（External capacitance on PVDD2 pin（ceramic cap）20% tolerance）		4.7		μF
C_{AVDD} 在 AVDD 脚上的误差 20% 的外部瓷片电容（External capacitance on AVDD pin（ceramic cap）20% tolerance）		1		μF
C_{DVDD} 在 DVDD 脚上的误差 20% 的外部瓷片电容（External capacitance on DVDD pin（ceramic cap）20% tolerance）		1		μF
C_{GVDD} 在 GVDD 脚上的误差 20% 的外部瓷片电容（External capacitance on GVDD pin（ceramic cap）20% tolerance）		2.2		μF
C_{CP} 在 CP1 和 CP2 之间的充电泵脚上的误差 20% 的外部瓷片电容（Flying cap on charge pump pins（between CP1 and CP2）（ceramic cap）20% tolerance）		22	220	nF
C_{BST} 引导瓷片电容（Bootstrap cap（ceramic cap））		100		nF
I_{DIN_EN} 当 EN_GATE 是高电平时数字脚的输入电流（Input current of digital pins when EN_GATE is high）			100	μA
I_{DIN_DIS} 当 EN_GATE 是低电平时数字脚的输入电流（Input current of digital pins when EN_GATE is low）			1	μA

（续）

参　　数	最小值	典型值	最大值	单　位
C_{DIN}数字输入脚的最大电容（Maximum capacitance on digital input pin）			10	pF
C_{O_OPA}在分流放大器输出的最大输出电容（Maximum output capacitance on outputs of shunt amplifier）			20	pF
R_{DTC}死区时间控制电阻（Dead time control resistor range）	0		150	kΩ
I_{FAULT} FAULT 脚吸收电流，开漏（V=0.4V）（FAULT pin sink current. Open-drain（V=0.4 V））			2	mA
I_{OCTW} OCTW 脚吸收电流，开漏（V=0.4V）（OCTW pin sink current. Open-drain（V=0.4 V））			2	mA
V_{REF}电流分流放大器的外部电压参考（External voltage reference voltage for current shunt amplifiers）	2		6	V
f_{gate}门极驱动器的工作开关频率（Operating switching frequency of gate driver）			200	kHz
I_{gate}总平均门极驱动电流（Total average gate drive current）			30	mA
T_A 环境温度（Ambient temperature）	-40		125	℃

表 B-27　PM20CSJ060 绝对最大额定值

参　　数	符　号	数　值	单　位
电源电压（Supply voltage）（加在 V_{UP1}-V_{UPC}，V_{VP1}-V_{VPC}，V_{WP1}-V_{WPC}，V_{N1}-V_{NC}之间）	V_D	20	V
输入电压（Input voltage）（Applied between 加在 U_P-V_{UPC}，V_P-V_{VPC}，W_P-V_{WPC}，U_N·V_N·W_N-V_{NC}之间）	V_{CIN}	20	
故障输出电源电压（Fault output supply Voltage）（Applied between 加在 U_{FO}-V_{UPC}，V_{FO}-V_{VPC}，W_{FO}-V_{WPC}，F_O-V_{NC}之间）	V_{FO}	20	
故障输出电流（Fault output current）（Sink current of U_{FO}，V_{FO}，W_{FO} and FO Terminal/U_{FO}，V_{FO}，W_{FO}和 FO 端子流入的电流）	I_{FO}	20	mA
集电极-发射极电压（Collector- emitter voltage）（VD = 15V，V_{CIN} = 15V）	V_{CES}	600	V
集电极电流（Collector curren）（TC = 25℃）	I_C	20	A
峰值集电极电流（Peak collector current）（TC = 25℃）	I_{CP}	40	A
电源电压（Supply voltage）（加在 P-N 之间）	V_{CC}	450	V
浪涌电源电压（Supply voltage，surge）（加在 P-N 之间）	V_{CC}（surge）	500	V
集电极损耗（Collector dissipation）	P_C	56	W

表 B-28　PM20CSJ060 推荐工作条件

参　　数	符　号	条　件	数　值
输入导通电源电压（Supply voltage）	V_{CC}	加在 P-N 端子之间（Applied across P-N Terminals）	0～400 V
	V_D	加在（Applied between）V_{UP1}-V_{UPC}，V_{N1}-V_{NC}，V_{VP1}-V_{VPC}，V_{WP1}-V_{WPC}之间	(15±1.5)V
电压（Input ON voltage）	$V_{CIN(on)}$	加在（Applied between）U_P-V_{UPC}，V_P-V_{VPC}，W_P-V_{WPC}，U_N·V_N·W_N-V_{NC}之间	(4.0～VD)V
输入关断电压（Input OFF voltage）	$V_{CIN(off)}$		(4.0～VD)V
PWM 输入频率（PWM Input frequency）	f_{PWM}	使用应用电路（Using Application Circuit）	(5～20)kHz
最小死区时间（Minimum dead time）	t_{dead}	输入信号（Input Signal）	≥2.0 μs

表 B-29　LM5035 的绝对最大额定值

参　数	范　围	参　数	范　围
V_{IN} 到 GND	(−0.3 ~ 105) V	V_{CC} 到 GND	(−0.3 ~ 16) V
HS 到 GND	(−1 ~ 105) V	CS, RT, DLY 到 GND	(−0.3 ~ 5.5) V
HB 到 GND	(−0.3 ~ 118) V	COMP 输入电流	10mA
HB 到 HS	(−0.3 ~ 18) V	其他引脚到 GND	(−0.3 ~ 7) V

表 B-30　4MBI300VG-120R-50 的最大额定值

项　目			符　号	条　件	最大额定值	单　位
VT_1，VT_2	集电极-发射极电压		V_{CES}		1200	V
	门极-发射极电压		V_{GES}		±20	
	集电极电流	IGBT	I_C	连续（T_C = 80℃）	300	A
			I_{CP}	1ms（T_C = 80℃）	600	
		FWD	$-I_C$		300	
			$-I_C$ 脉冲	1ms	600	
	集电极电能损耗		P_C		1250	W
VT_3，VT_4	集电极-发射极电压		V_{CES}		600	V
	门极-发射极电压		V_{GES}		±20	
	集电极电流		I_C	连续（T_C = 80℃）	300	A
	集电极电能损耗		I_{CP}	1ms（T_C = 80℃）	600	
			P_C		1250	W

参 考 文 献

[1] 徐德鸿．电力电子系统建模及控制［M］．北京：机械工业出版社，2006.

[2] 王兆安，黄俊．电力电子技术［M］．4版．北京：机械工业出版社，2006.

[3] 洪乃刚．电力电子技术［M］．北京：清华大学出版社，2008.

[4] 王丁，沈永良，姜志成．电机与拖动基础［M］．北京：机械工业出版社，2011.

[5] 王丁，沈永良，李海燕．机电一体化系统设计［M］．北京：中国电力出版社，2009.

[6] 楠本一幸．电力电子学［M］．北京：科学出版社，2001.

[7] 张兴，张崇巍．PWM整流器及其控制［M］．北京：机械工业出版社，2013.

[8] 叶斌．电力电子技术［M］．北京：清华大学出版社，2006.

[9] 赵良炳．现代电力电子技术基础［M］．北京：清华大学出版社，1995.

[10] 吴京文．DC/DC模块电源的发展方向与标准化［J］．电子质量，2003(3)：104-105.

[11] 张绍．基于DSP的交交矩阵变换器［D］．南京：南京航空航天大学，2006.

[12] 华胜．基于DSP的矩阵变换器交流变频调速技术研究［D］．南昌：华东交通大学，2008.

[13] 张伟军．电流型PWM整流器及在感应加热方面的应用研究［D］．杭州：浙江大学，2007.

[14] 沙占友，王彦朋，于鹏．同步整流技术及其在DC/DC变换器中的应用［J］．电源技术应用，2014，7(12)：723-727.

[15] 袁兆凯．三相电流型逆变器的PWM控制方法研究［D］．北京：中国石油大学，2008.

[16] 吴奎华．三相电流型PWM并网逆变器的研究［D］．杭州：浙江大学，2008.

[17] 陈和权．变频器能耗制动电阻的选型与安装［J］．煤炭工程，2010(7)：94-96.

[18] 张燕宾．变频器制动电阻的选择误区［J］．电气时代，2008(4)：110-113.

[19] 刘元刚．变频器制动电阻设计［J］．机电产品市场，2007(5)：46-47.

[20] 汤勉刚，周震．三相斩控式交流调压调速实验设计［C］//第六届全国高等学校电气工程及其自动化专业教学改革研讨会论文集．杭州：2009：752-755.

[21] 郭枝新．PWM整流前端变频器在提升机电气传动中的应用［J］．有色金属设计，2013，40(1)：70-80.

[22] 孟凡华．能量回馈变频器的控制策略研究［D］．哈尔滨：哈尔滨工业大学，2013.

[23] 王久和．电压型PWM整流器的非线性控制［M］．北京：机械工业出版社，2008.

[24] 邹庆玉．逆阻型IGBT的三相T型逆变控制系统分析与设计［D］．杭州：浙江大学，2012.

[25] 孙兵成，蓝维隆，郭海亚．IRMCF341的无位置传感器PMSM控制系统设计［J］．单片机与嵌入式系统应用，2008(11)：44-47.

参考文献